全国技工院校“十二五”系列规划教材
中国机械工业教育协会推荐教材

机械制图与计算机绘图
（少学时·项目式）

主　编　徐凤琴　柳海强
副主编　范丽颖　高　秋　刘永祥
参　编　张红燕　宋江涛　黄美花　王　敏　杨　婷

机械工业出版社

本书是“全国技工院校‘十二五’系列规划教材”中的专业基础课教材之一，采用项目式编写模式，每个项目下分设若干工作任务，每个工作任务设置“任务描述—任务分析—相关知识—任务实施—知识拓展—问题及防治”六个环节。本书的主要内容包括：制图基本知识与技能，正投影作图基础，轴测图，组合体识读，机械图样的基本表示法，机械图样的特殊表示法，零件图，装配图，计算机绘图 AutoCAD 2012，并有配套习题集和电子教案。

本书可作为技师学院、高级技工学校的机械、数控、模具、机电等专业的教学用书，也可作为相关工种的职业岗位培训教材。

图书在版编目（CIP）数据

机械制图与计算机绘图：少学时：项目式/徐凤琴，柳海强主编．—北京：机械工业出版社，2012.11（2017.1 重印）
全国技工院校“十二五”系列规划教材
ISBN 978-7-111-40472-9

Ⅰ.①机… Ⅱ.①徐…②柳… Ⅲ.①机械制图-技工学校-教材②自动绘图-技工学校-教材 Ⅳ.①TH126

中国版本图书馆 CIP 数据核字（2012）第 276607 号

机械工业出版社（北京市百万庄大街 22 号 邮政编码 100037）
策划编辑：马 晋 责任编辑：马 晋 张振勇 版式设计：霍永明
责任校对：纪 敬 封面设计：张 静 责任印制：张 楠
北京天时彩色印刷有限公司印刷
2017 年 1 月第 1 版第 2 次印刷
184mm×260mm · 15.25 印张 · 376 千字
3001—4500 册
标准书号：ISBN 978-7-111-40472-9
定价：29.80 元

凡购本书，如有缺页、倒页、脱页，由本社发行部调换

电话服务
服务咨询热线：010-88379833
读者购书热线：010-88379649

网络服务
机 工 官 网：www.cmpbook.com
机 工 官 博：weibo.com/cmp1952
教育服务网：www.cmpedu.com
金 书 网：www.golden-book.com

序

“十二五”期间，加速转变生产方式，调整产业结构，将是我国国民经济和社会发展的重中之重。而要完成这种转变和调整，就必须有一大批高素质的技能型人才作为后盾。根据《国家中长期人才发展规划纲要（2010—2020年）》的要求，至2020年，我国高技能人才占技能劳动者的比例将由2008年的24.4%上升到28%（目前一些经济发达国家的这个比例已达到40%）。可以预见，作为高技能人才培养重要组成部分的高级技工教育，在未来的10年必将会迎来一个高速发展的黄金期。近几年来，各职业院校都在积极开展高级工培养的试点工作，并取得了较好的效果。但由于起步较晚，课程体系、教学模式都还有待完善与提高，教材建设也相对滞后，至今还没有一套适合高级技工教育快速发展需要的成体系、高质量的教材。即使一些专业（工种）有高级工教材也不是很完善，或是内容陈旧、实用性不强，或是形式单一、无法突出高技能人才培养的特色，更没有形成合理的体系。因此，开发一套体系完整、特色鲜明、适合理论实践一体化教学、反映企业最新技术与工艺的高级工教材，就成为高级技工教育亟待解决的课题。

鉴于高级技工教材短缺的现状，机械工业出版社与中国机械工业教育协会从2010年10月开始，组织相关人员，采用走访、问卷调查、座谈等方式，对全国有代表性的机电行业企业、部分省市的职业院校进行了历时6个月的深入调研。对目前企业对高级工的知识、技能要求，各学校高级工教育教学现状、教学和课程改革情况以及对教材的需求等有了比较清晰的认识。在此基础上，他们紧紧依托行业优势，以为企业输送满足其岗位需求的合格人才为最终目标，组织了行业和技能教育方面的专家精心规划了教材书目，对编写内容、编写模式等进行了深入探讨，形成了本系列教材的基本编写框架。为保证教材的编写质量、编写队伍的专业性和权威性，2011年5月，他们面向全国技工院校公开征稿，共收到来自全国22个省（直辖市）的110多所学校的600多份申报材料。在组织专家对作者及教材编写大纲进行了严格评审后，决定首批启动编写机械加工制造类专业、电工电子类专业、汽车检测与维修专业、计算机技术相关专业教材以及部分公共基础课教材等，共计80余种。

本系列教材的编写指导思想明确，坚持以达到国家职业技能鉴定标准和就业能力为目标，以各专业的工作内容为主线，以工作任务为引领，由浅入深，循序渐进，精简理论，突出核心技能与实操能力，使理论与实践融为一体，充分体现“教、学、做合一”的教学思想，致力于构建符合当前教学改革方向的，以培养应用型、技术型、创新型人才为目标的教材体系。

本系列教材重点突出了如下三个特色：一是“新”字当头，即体系新、模式新、内容新。体系新是把教材以学科体系为主转变为以专业技术体系为主；模式新是把教材传统章节模式转变为以工作过程的项目为主；内容新是教材充分反映了新材料、新工艺、新技术、新方法。二是注重科学性。教材从体系、模式到内容符合教学规律，符合国内外制造技术水平的实际情况。在具体任务和实例的选取上，突出先进性、实用性和典型性，便于组织教学，以提高学生的学习效率。三是体现普适性。由于当前高级工生源既有中职毕业生，又有高中生，各自学制也不同，还要考虑到在职人群，教材内容安排上尽量照顾到了不同的求学者，适用面比较广泛。

此外，本系列教材还配备了电子教学课件，以及相应的习题集，实验、实习教程，现场操作视频等，初步实现教材的立体化。

我相信，本系列教材的出版，对深化职业技术教育改革，提高高级工培养的质量，都会起到积极的作用。在此，我谨向各位作者和所在单位及为这套教材出力的学者表示衷心的感谢。

原机械工业部教育司副司长

中国机械工业教育协会高级顾问

郝广发

前言

为了更好地适应全国技工院校的教学要求，机械工业出版社组织了全国有关学校的职业教育研究人员、一线教师和行业专家，对技工院校教材进行了编写。本教材编写工作的重点主要体现在以下几个方面：

一、教材内容衔接自然，便于学生理解。根据机械类专业毕业生所从事职业的实际需要，我们将教材内容进行整合，使内容更合理，便于学生理解，使学生学起来“简单、易学、连贯、适用、实用、够用”，从而满足学生需要。

二、根据科学技术发展，合理设置教材内容，尽可能采用比较实用、直观的生产中常用工件作为教学内容，力求使教材贴近生活、贴近生产，从而使教材具有鲜明的时代特征。

三、在教材编写模式上，我们采用项目式，并通过大量图片、实物、表格等将各知识点表达出来，形式新颖，图文并茂，从而提高学生的学习主动性。

四、教材在编写中采用最新国家标准。

本教材的主要内容包括制图基本知识与技能、正投影作图基础、轴测图、组合体识读、机械图样的基本表示法、机械图样中的特殊表示法、零件图、装配图、计算机制图AutoCAD 2012。

本教材由徐凤琴（项目2）、柳海强任主编，范丽颖（项目3）、高秋（项目4）、刘永祥（项目8）任副主编，主要编写成员还有张红燕（绪论、项目1）、宋江涛（项目5）、黄美花（项目6）、王敏、杨婷。其中，项目7和项目9由柳海强、王敏和杨婷共同编写。全书由黑龙江技师学院机械工程系主任王凤伟主审。在本书的编写过程中，参考了其他版本的同类教材以及不少专家学者的文献资料，在此向编著者表示衷心的感谢！

由于编者水平所限，书中错漏之处在所难免，敬请广大读者批评指正。

编　者

目录

绪　论

一、图样的内容和作用

根据投影原理、标准或有关规定表示的工程对象，并有必要技术说明的图，称为图样。在制造机器或部件时，要根据零件图加工零件，再按装配图把零件装配成机器或部件。如图 0-1 所示的千斤顶，它利用螺旋传动来顶举重物。图 0-2 所示为千斤顶装配图，根据装配图中的序号和明细栏，对照千斤顶立体图可看出，该部件由五种零件（其中三种为标准件）装配而成。图 0-3 是千斤顶中顶块的零件图。装配图是表示组成机器或部件中各零件的连接方式和装配关系的图样，零件图是表达零件结构形状、大小及技术要求的图样。根据装配图所表示的装配关系和技术要求，把合格的零件装配在一起，才能制造出机器或部件。

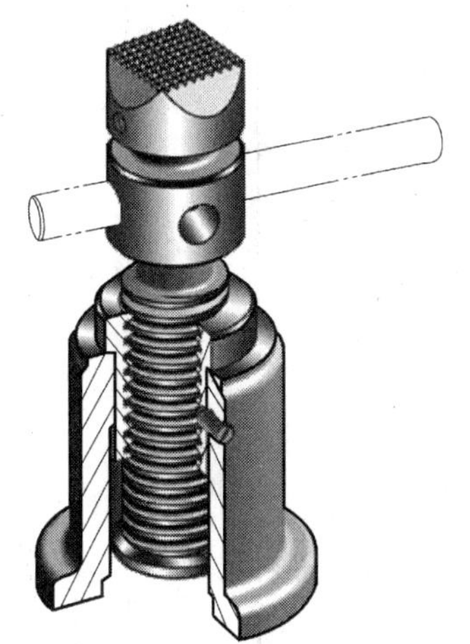

图 0-1　千斤顶

二、学习机械制图课程的目的

在现代工业生产中，机械化工或建筑工程都是根据图样进行制造和施工的。设计者通过图样表达设计意图；制造者通过图样了解设计要求、备料、组织制造和指导生产；使用者通过图样了解机器设备的结构和性能，进行操作、维护和保养。因此，图样是交流传递技术信息、思想的媒介和工具，是工程界通用的技术语言。作为中等职业教育培养目标的生产第一线的现代新型技能型人才，必须学会掌握这种语言，初步具备识读和绘制工程图样的基本能力。

本课程研究的图样主要是机械图样。本课程是学习识读和绘制机械图样的原理和方法的一门主干技术基础课。通过本课程学习，可为学习后续的机械基础和专业课程以及发展自身的职业能力打下必要的基础。

三、本课程的内容和基本要求

本课程的主要内容有以下几方面：

1）机械图样的绘制与识读基础。包括国家标准的有关规定、图示原理、绘图方法、轴测图画法及读图的基本方法。

2）机械图样的表达。包括图样的基本表示法、常用件及常用结构要素的特殊表示法、

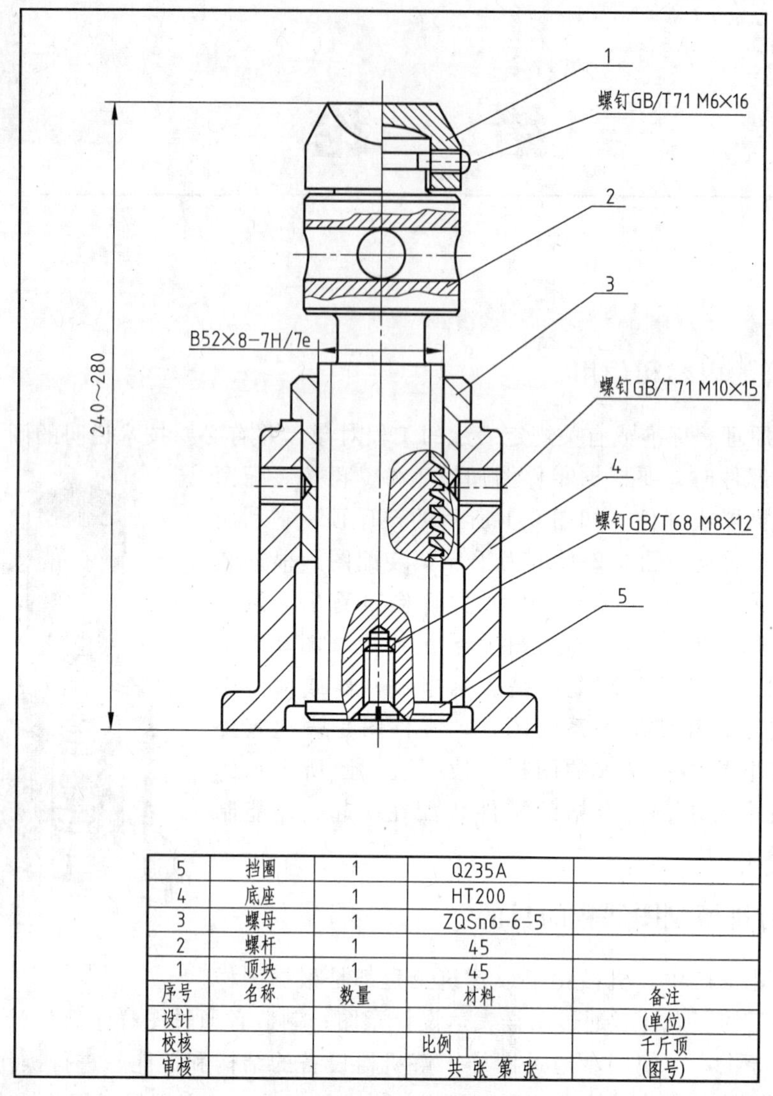

5	挡圈	1	Q235A	
4	底座	1	HT200	
3	螺母	1	ZQSn6-6-5	
2	螺杆	1	45	
1	顶块	1	45	
序号	名称	数量	材料	备注
设计				(单位)
校核			比例	千斤顶
审核			共 张 第 张	(图号)

图 0-2　千斤顶装配图

零件和部件的表达。

3）机械图样的识读。包括图样上技术要求的注写和识读、零件图和装配图的识读方法与步骤等。

4）计算机辅助绘图基础。包括 AutoCAD 软件的使用及绘制平面零件图。

四、学习方法提示

1）本课程的核心内容是如何用二维平面图形来表达三维空间形体，以及由二维平面图形想象三维空间物体的形状。因此，学习本课程的重要方法是自始至终把物体的投影与物体的形状紧密联系，不断地“由物画图”和“由图想物”，既要想象物体的形状，又要思考作图的投影规律，逐步提高空间想象和思维能力。

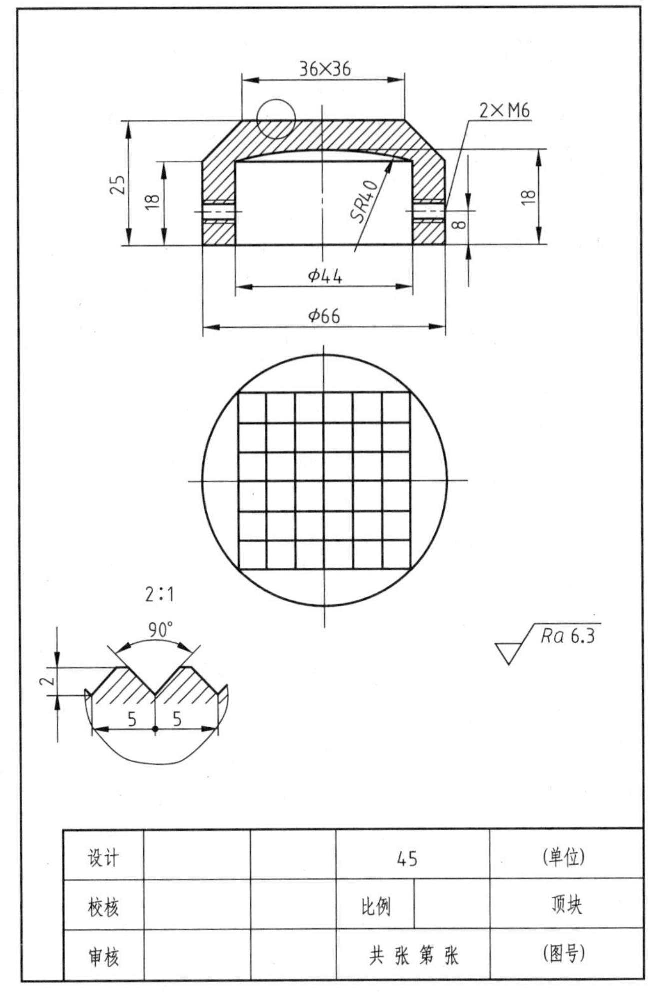

图 0-3　顶块零件图

2）学与练相结合。每堂课后要认真完成相应的习题或作业，及时巩固所学知识。虽然本课程的教学目标是以识图为主，但是读图源于画图，所以要读画结合，以画促读，通过画图训练促进读图能力的提高。

3）工程图样不仅是我国工程界的技术语言，也是国际工程界通用的技术语言，不同国籍的工程技术人员都能读懂。工程图样之所以具有这种性质，是因为工程图样是按国际上共同遵守的规则绘制的。这些规则可归纳为两个方面：一是规律性的投影作图；二是规范性的制图标准。学习本课程时，应遵循这两个规则，不仅要熟练地掌握空间形体与平面图形的对应关系，具有丰富的空间想象能力，同时还要熟悉、了解国家标准《技术制图》和《机械制图》的相关内容，并严格遵守。

五、工程图的历史与发展

自从劳动开创人类文明以来，图形与语言、文字一样，是人们认识自然、表达和交流思想的基本工具。远古时代，人类从制造简单工具到建造建筑物，一直使用图形来表达意图，但均以直观、写真的方法来画图。随着生产的发展，这种简单的图形已不能正确表达形体，人们迫切需要总结出一套绘制工程图的方法，既能正确表达形体，又便于绘制和度量。18世纪欧洲的工业革命，促进了一些国家科学技术的迅速发展。法国科学家蒙日在总结前人经验的基础上，根据平面图形表示空间形体的规律，应用投影方法创建了画法几何学，奠定了理论基础，使工程图的表达与绘制实现了规范化。两百年来，经过不断完善和发展，工程图在工业生产中得到了广泛的应用。

在图学发展的历史长河中，我国人民也有着杰出的贡献。“没有规矩，不成方圆”，反映了我国在古代对尺规作图已有深刻的理解和认识，如春秋时代的《周礼·考工记》中已有规矩、绳墨、悬锤等绘图工具运用的记载。我国历史上保存下来最著名的建筑图样为宋代李明仲所著的《营造法式》（刊印于1103年），书中记载的各种图样与现代的正投影图、轴测图、透视图的画法已非常接近。宋代以后，元代王桢所著《农书》（1313年）、明代宋应星所著《天工开物》（1637年）等书中都附有上述类似图样。明代徐光启所著《农政全书》，画有许多农具的图样，包括构造细部的详图，并附有详细的尺寸和制造技术要求注解。由于我国长期处于封建社会，科学技术发展缓慢，图学方面虽然很早就有相当高的成就，但未能形成专著留传下来。

20世纪50年代，我国著名学者赵学田教授，简明而通俗地总结了三视图的投影规律“长对正、高平齐、宽相等”。1959年，我国正式颁布国家标准《机械制图》，1970年、1974年、1984年相继作了必要修订。为了尽快与国际标准接轨，1992年以来我国又陆续制定了多项适用于多种专业的国家标准《技术制图》，目前，正对1984年发布的《机械制图》国家标准分批进行的修订工作即将完成，逐步实现了与国际标准的接轨。

20世纪50年代，世界第一台平台式自动绘图机诞生。70年代后期，随着微型计算机的出现，计算机绘图进入了高速发展和广泛普及的新时期。

跨入21世纪的今天，计算机绘图、计算机辅助设计（CAD）技术推动了几乎所有领域的设计革命。CAD技术从根本上改变了手工绘图、按图组织生产的管理方式，无图纸生产、甩图板工程已经指日可待了。但是，计算机的广泛应用，并不意味着可以取代人的作用。同时，无图纸生产并不等于无图生产，任何设计都离不开运用图形来表达、构思，因此，图形的作用不仅不会降低，反而显得更加重要。

项目1　制图基本知识与技能

1

知识目标：掌握机械制图的基本知识及国家标准规定，掌握图线、尺寸标注在机械图样中的应用。
技能目标：掌握图幅的种类和格式，正确书写文字、字母和数字；图线的主要应用及画法；尺寸标注要求以及用法。

任务1　制图的基本规定

任务描述

图 1-1 所示是一张完整的机械零件图，它除了图形以外，还包括图纸幅面、图框线、标题栏及文字等相关的知识，如何画出一张符合标准要求的图样，是我们要解决的问题。

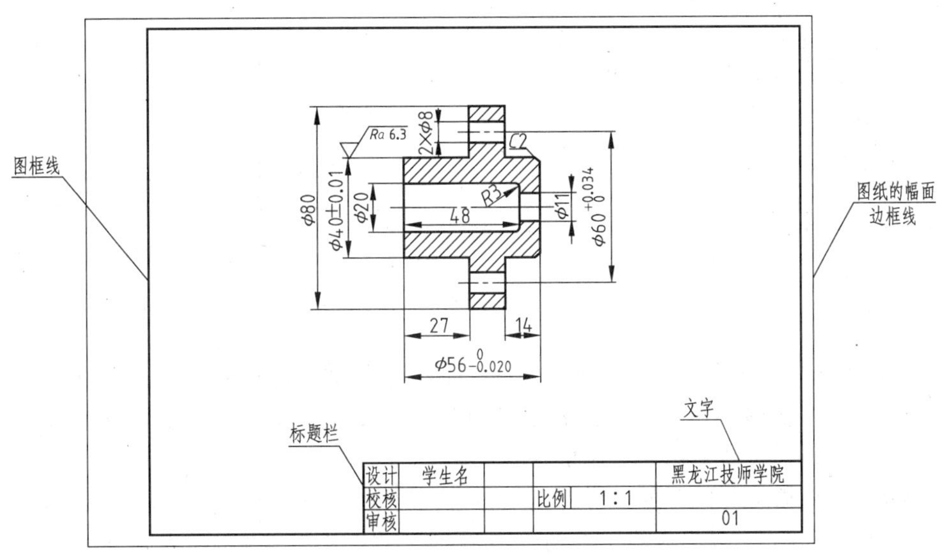

图 1-1　零件图

任务分析

工程图样是现代工业生产中的重要技术资料，也是工程界交流信息的共同语言，具有严格的规范性。掌握制图基本知识与技能，是培养画图和读图能力的基础。如图 1-1 所示，在这张完整的机械图样中，图纸的幅面、图框线、标题栏以及文字都是由国家标准规定的。只有按照国家标准规定绘制的图样才是符合要求的。

相关知识

为适应现代化生产、管理的需要和便于技术交流，我国制定并发布了一系列国家标准，简称“国标”，包括强制性国家标准（代号“GB”）、推荐性国家标准（代号“GB/T”）和国家标准化指导性技术文件（代号“GB/Z”）。

例如：《GB/T 17451—1998　技术制图　图样画法　视图》即表示技术制图标准中图样画法的视图部分，发布顺序号为 17451，发布年号是 1998 年。需要注意的是：《机械制图》标准适用于机械图样；《技术制图》标准则对工程界的各种专业图样普遍适用。本节摘录了《技术制图》和《机械制图》国家标准中有关的基本规定。

1. 图纸幅面和格式（GB/T 14689—2008）

（1）图纸幅面　绘制图样时，应采用表 1-1 中规定的图纸基本幅面尺寸。基本幅面代号有 A0、A1、A2、A3、A4 五种。

图 1-2 中粗实线部分为基本幅面。必要时，可以按规定加长图纸的幅面，加长幅面的尺寸由基本幅面的短边成整数倍后得出。细实线及细虚线部分分别为第二选择和第三选择的加长幅面。

表 1-1　图纸幅面及图框格式尺寸

幅面代号	幅面尺寸	周边尺寸		
	$B \times L$	a	c	e
A0	841 × 1189	25	10	20
A1	594 × 841			
A2	420 × 594			10
A3	297 × 420		5	
A4	210 × 297			

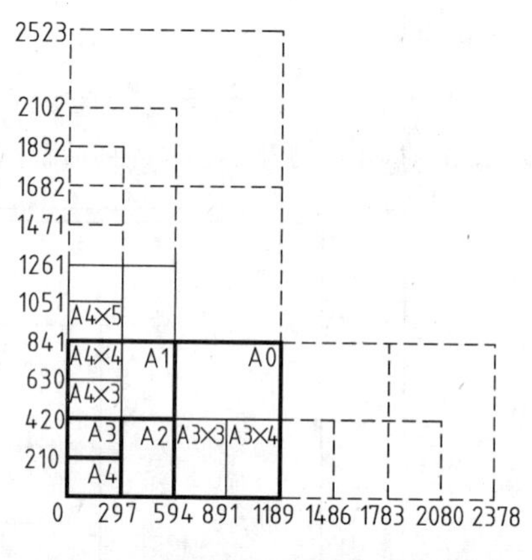

图 1-2　五种图纸幅面及加长边

（2）图框格式　图纸上限定绘图区域的线框称为图框。图框在图纸上必须用粗实线画出，图样绘制在图框内部。其格式分为留装订边和不留装订边两种，如图 1-3 和图 1-4 所示。同一产品的图样只能采用一种图框格式。

为了复制和缩微摄影的方便，应在图纸各边长的中点处绘制对中符号。对中符号是从周边画入图框内 5mm 的一段粗实线，如图 1-4b 所示。当对中符号在标题栏范围内时，则伸入标题栏内的部分予以省略。

（3）标题栏　在每一张技术图样上，均画出标题栏，其位置配置、线型号、字体等需要遵守相关的国家标准。

标题栏位于图纸右下角，标题栏中的文字方向为看图方向。标题栏由名称及代号区、签字区和其他区组成，其格式及尺寸由 GB/T 10609.1—2008 规定，教学中建议采用简化的标题栏（图 1-5）。

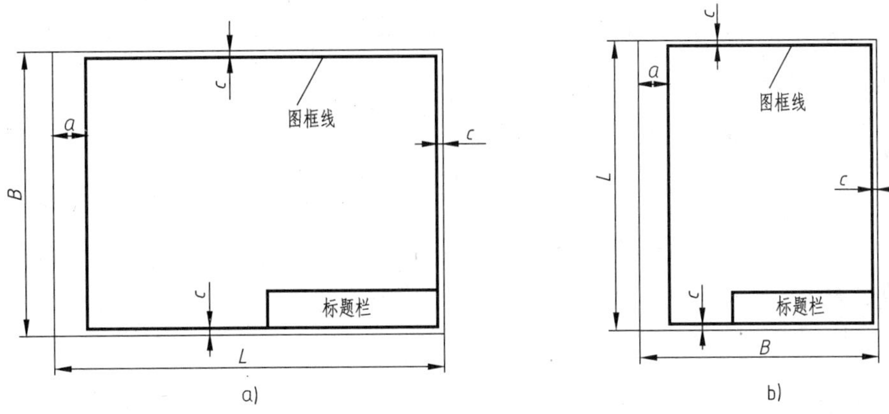

图 1-3 留装订边的图框格式

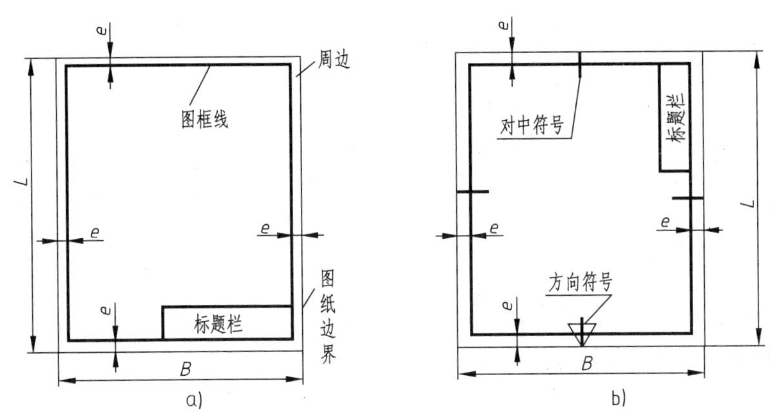

图 1-4 不留装订边的图框格式及对中、方向符号

如果使用预先印制的图纸，需要改变标题栏的方位，必须将其旋转至图纸的右上角，此时，为了明确看图的方向，应在图纸的下边对中符号处画一个方向符号（细实线绘制的正三角形），如图 1-4b 所示。

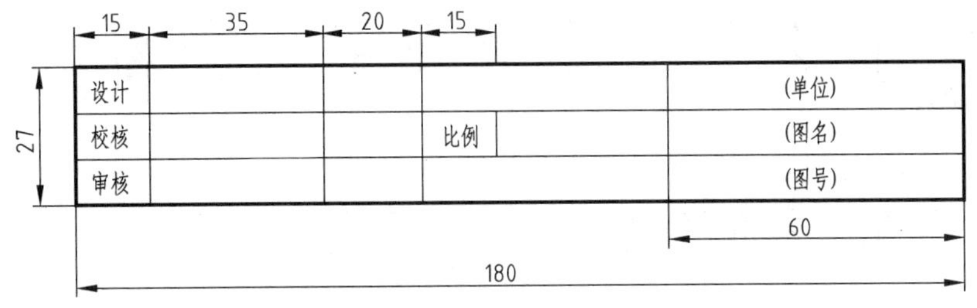

图 1-5 标题栏格式（练习册）

2. 比例（GB/T 14690—1993）

比例是指图样中图形与其实物相应要素的线性尺寸之比。

当需要按比例绘制图样时，应从表 1-2 规定的系列中选取。

表 1-2　绘图比例

原值比例	1:1				
放大比例	2:1 (2.5:1)	5:1 (4:1)	1×10^n:1 (2.5×10^n:1)	2×10^n:1 (4×10^n:1)	5×10^n:1
缩小比例	1:2 (1:1.5) (1:1.5×10^n)	1:5 (1:2.5) (1:2.5×10^n)	1:1×10^n (1:3) (1:3×10^n)	1:2×10^n (1:4) (1:4×10^n)	1:5×10^n (1:6) (1:6×10^n)

注：n 为正整数，优先选用不带括号的比例。

为看图方便，建议尽可能按机件的实际大小即原值比例画图，如机件太大或太小，则采用缩小或放大比例画图。不论放大或缩小，标注尺寸时必须注出设计要求的尺寸。图 1-6 所示为用不同比例画出的同一图形。

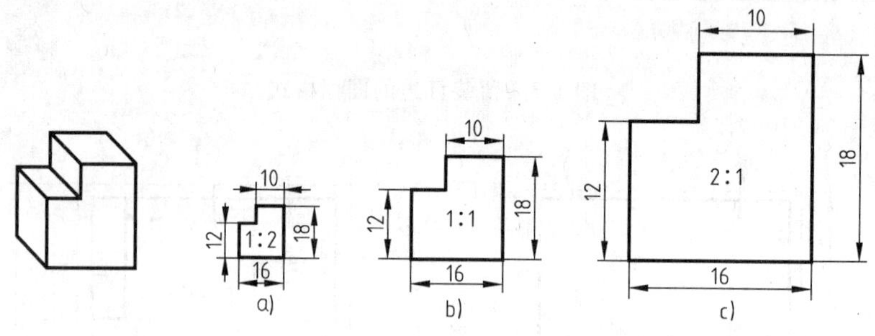

图 1-6　用不同比例画出的同一图形

3. 字体（GB/T 14691—1993）

图样中书写的汉字、数字和字母必须做到“字体工整、笔划清楚、间隔均匀、排列整齐”。

字体的号数，即字体的高度 h 一共有 8 种：20、14、10、7、5、3.5、2.5、1.8mm。

汉字应写成长仿宋体，并采用国家正式公布的简化字。汉字的高度不应小于 3.5mm，其宽度一般为 $h/\sqrt{2}$。

长仿宋体汉字的书写要领是：横平竖直、注意起落、结构匀称、填满方格。

数字和字母可写成直体或斜体（常用斜体），斜体字头向右倾斜与水平线约成 75°角。长仿宋体汉字示例如图 1-7 所示。

10号字

字体工整笔画清楚间隔均匀排列整齐

7号字

横平竖直注意起落结构均匀填满方格

5号字

技术制图机械电子汽车船舶土木建筑矿山井坑港口纺织服装

3.5号字

螺纹齿轮端子接线飞行指导驾驶舱位挖填施工引水通风闸阀坝棉麻化纤

图 1-7　长仿宋体汉字示例

汉字的结构分析示例如图 1-8 所示。

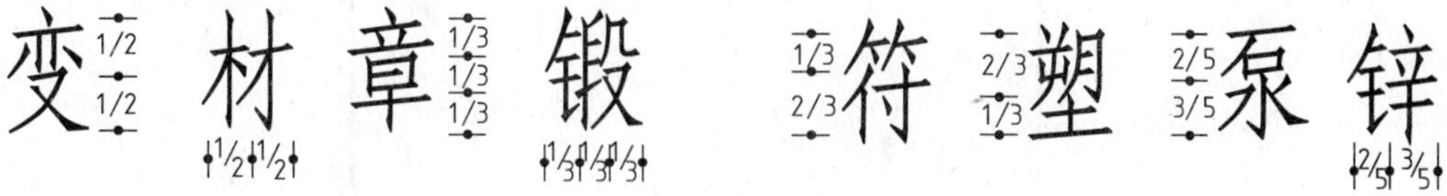

图 1-8　汉字的结构分析示例

数字与字母示例如图 1-9 所示。

图 1-9　数字与字母示例

任务实施

根据图 1-1 所示，可知零件最大尺寸为 80mm × 56mm，可以选用 A4 图纸（210mm × 297mm）。

1）绘制边框，选择留装订边，横装订，边框的尺寸是左面 25mm，其余三面为 5mm，如图 1-10 所示。

2）绘制标题栏，画在图框线的右下角，尺寸如图 1-5 所示。

3）在标题栏中填写文字，字体使用长仿宋体。

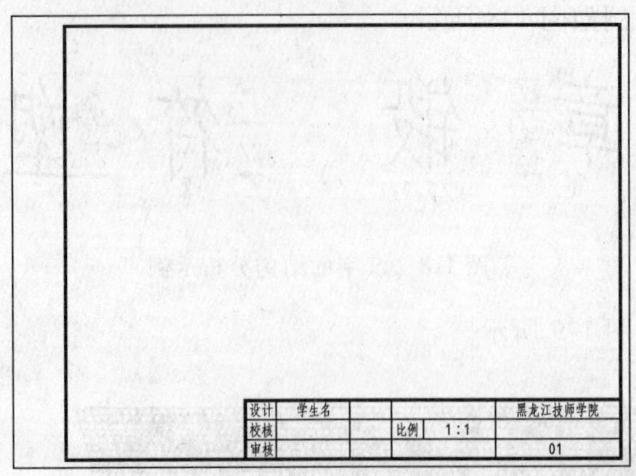

图 1-10　A4 图纸的绘制

 **问题与防治**

在绘制边框线时，要注意强调图框线和边框线的区别，哪部分是粗的，哪部分是细的，让学生在绘图过程中注意区分。

任务 2　图线的使用

 **任务描述**

如图 1-11a 所示，图样是由各种不同的图线构成的，每种图线代表着不同的意义。这些图线的名称是什么？它们的作用是什么？在机械图样中起什么样的作用？是本节课要解决的问题。

 **任务分析**

工程图是为了方便快捷地进行技术交流和正确有效地指导生产工作。在图 1-11 所示的机械图样中，要认真分析每条图线、每个封闭线框表达的意义才能更准确地绘制和理解图样。绘图时应采用国家标准规定的图线线型和画法。

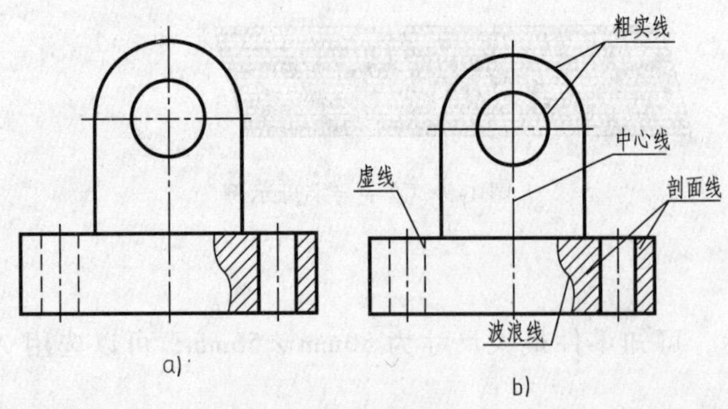

图 1-11　图线

 **相关知识**

国家标准《技术制图 图线》（GB/T 17450—1998）规定了绘制各种技术图样的 15 种基

本线型。根据基本线型及其变形，国家标准《机械制图 图样画法 图线》（GB/T 4457.4—2002）中规定了9种图线，其名称、线型及应用示例见表1-3及图1-12。

表1-3 图线的线型及应用（根据GB/T 4457.4—2002）

图线名称	图线型式	图线宽度	一般应用举例
粗实线	————————	粗	可见轮廓线
细实线	————————	细	尺寸线及尺寸界线 剖面线 重合断面的轮廓线 过渡线
细虚线	--------------	细	不可见轮廓线
细点画线	————·————	细	轴线 对称中心线
粗点画线	————·————	粗	限定范围表示线
细双点画线	————··————	细	相邻辅助零件的轮廓线 轨迹线 极限位置的轮廓线 中断线
波浪线	～～～～	细	断裂处的边界线 视图与剖视图的分界线
双折线	——√——√——	细	同波浪线
粗虚线	--------------	粗	允许表面处理的表示线

机械制图中通常采用两种线宽，粗、细线的比率为2:1，粗线的宽度b应按图的大小和复杂程度，在0.5~2mm间选择，粗线宽度优先采用0.5mm、0.7mm。为了保证图样清晰、便于复制，应尽量避免出现线宽小于0.18mm的图线。

任务实施

绘制图1-11所示图形，对每条线进行分析，明确每条线的名称及作用。绘图步骤如下：

（1）画底稿 底稿一般用较硬的H或2H铅笔轻淡地画出。

1）如图1-13a所示，用细点画线画出对称中心线。

2）以中心线的交点为圆心，画出小圆和半圆（图1-13b、c）。

3）在半圆两端画出直线并与底板相接（图1-13d、e）。

4）在底板左右两侧，先用点画线定出虚线的中心位置，然后画出两条对称的虚线（图1-13f）。

5）在右侧用波浪线画出断裂处边界线，并在空白区域用细实线画出剖面符号（图1-13g）。

（2）描深 底稿完成后，按各种图线的线宽要求进行描深，一般用B或HB铅笔描深粗实线，圆规用的铅芯应比画直线用的铅笔软一号。描深粗实线时，先描深圆或圆弧，再依次描深直线（图1-14）。

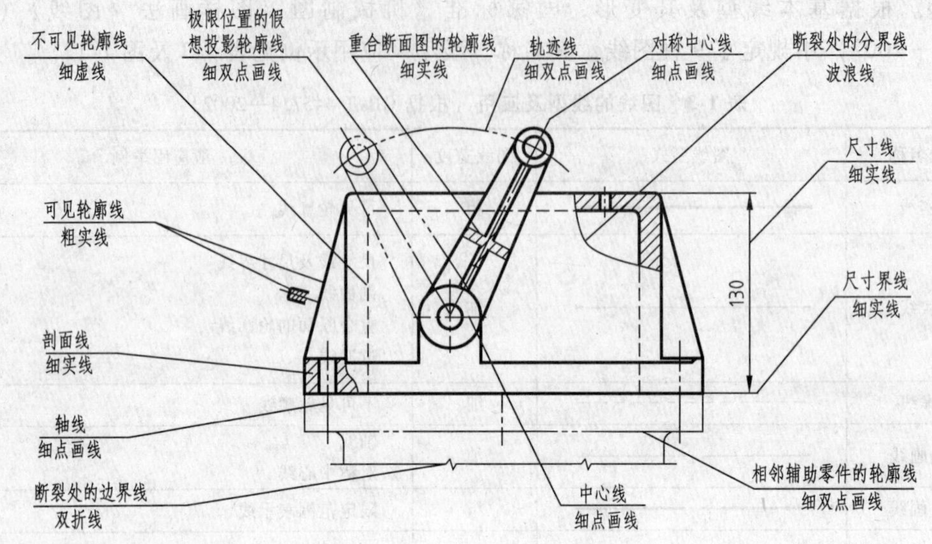

图 1-12　图线应用举例

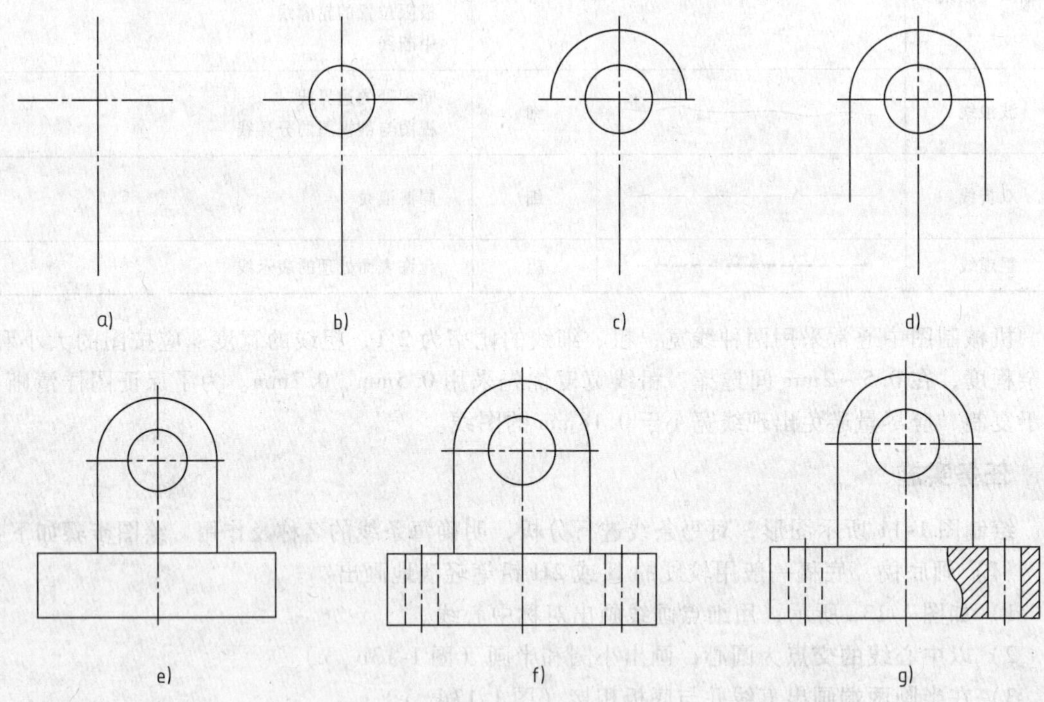

图 1-13　零件的画图步骤

问题与防治

1）细虚线、细点画线、细双点画线与其他图线相交时尽量交于画或长画处。如图1-15a所示，画圆的中心线时，圆心应是长画的交点，细点画线两端应超出轮廓 3～5mm；当细点画线较短时（如小圆直径小于 8mm），允许用细实线代替细点画线，如图 1-15b 所示。图 1-15c所示为正确画法。

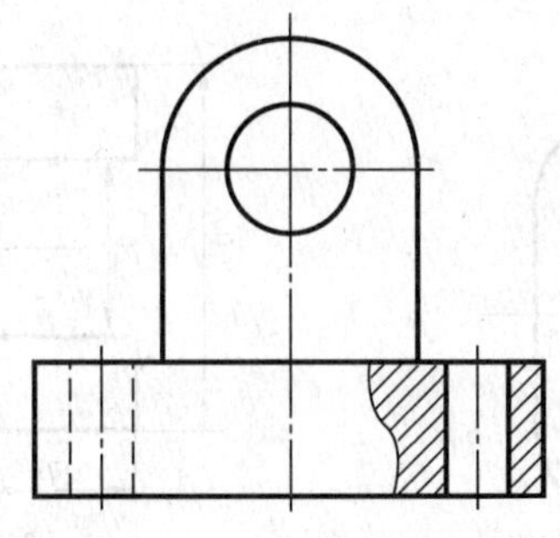

图 1-14 零件完成图

2）细虚线直接在粗实线延长线上相接时，细虚线应留出空隙，如图 1-16a 所示；细虚线与粗实线垂直相接时则不留空隙，如图 1-16b 所示；细虚线圆弧与粗实线相切时，细虚线圆弧应留出空隙，如图 1-16c 所示。

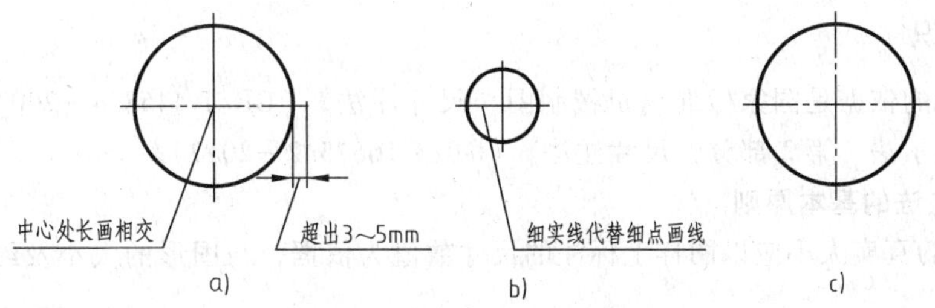

图 1-15 圆中心线的画法

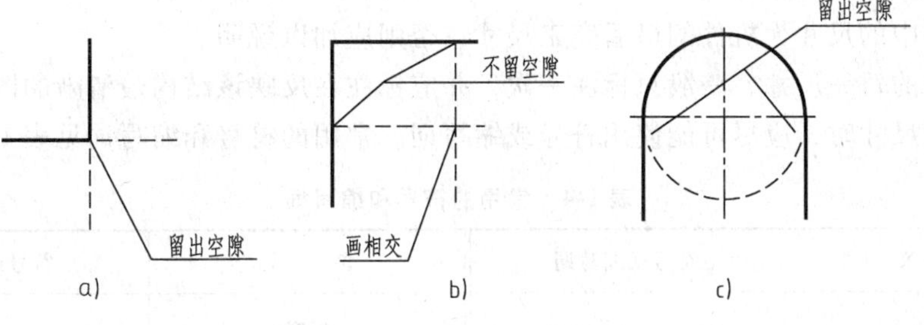

图 1-16 细虚线画法

3）同一图样中同类图线的宽度应基本一致。虚线、点画线及双点画线的线段长短和间隔应各自大致相等。

任务 3 图形中的尺寸标注

任务描述

图形只能表示物体的形状（图 1-17a），而其大小由标注的尺寸确定。如何标注尺寸才能正确完整，并作为加工的依据呢？就需要掌握尺寸的基本要素和原则。

任务分析

尺寸是图样中的重要内容之一，是制造机件的直接依据。因此，在标注尺寸时，必须严

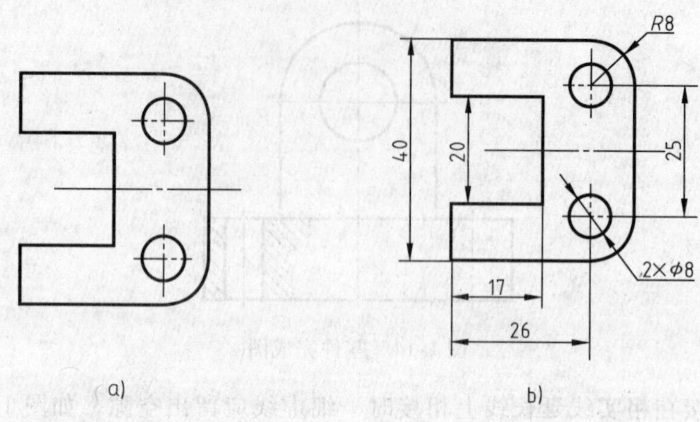

图 1-17　标注尺寸的规定

格遵守国家标准中的有关规定，做到正确、齐全、清晰和合理。

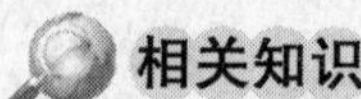

相关知识

尺寸注法的依据是国家标准《机械制图　尺寸注法》(GB/T 4458.4—2003) 和《技术制图　简化表示法　第 2 部分：尺寸注法》(GB/T 16675.2—2012)。

1. 尺寸注法的基本原则

1) 机件的真实大小应以图样上标注的尺寸数值为依据，与图形的大小及绘图的准确度无关。

2) 图样中的尺寸以 mm 为单位时，不需标注计量单位的代号或名称。使用其他单位则必须注明相应的单位符号。

3) 图样中的尺寸为机件的最后完工尺寸，否则应加以说明。

4) 机件的每一尺寸，一般只标注一次，并应标注在反映该结构最清晰的图样上。

5) 标注尺寸时，应尽可能使用符号或缩写词。常用的符号和缩写词见表 1-4。

表 1-4　常用的符号和缩写词

含　义	符号或缩写词	含　义	符号或缩写词
直径	ϕ	深度	↧
半径	R	深孔或锪平	⌴
球直径	$S\phi$	埋头孔	⌵
球半径	SR	弧长	⌒
厚度	t	斜度	∠
均布	EQS	锥度	◁
45°倒角	C	展开长	○→
正方形	□	型材截面形状	(按 GB/T 4656—2008)

2. 尺寸标注的三要素

标注尺寸由尺寸界线、尺寸线和尺寸数字三个要素组成，如图 1-19 所示。

(1) 尺寸界线　尺寸界线表示所注尺寸的起始和终止位置，用细实线绘制，并应从图形的轮廓线、轴线或对称中心线引出；也可以直接利用轮廓线、轴线或对称中心线作为尺寸界线。尺寸界线一般应与尺寸线垂直，并超出尺寸界线约 2mm。

(2) 尺寸线　尺寸线用细实线绘制，应平行于被标注的线段，相同方向的各尺寸线之间的间隔约 7 mm。尺寸线一般不能用图形上的其他图线代替，也不能与其他图线重合或画在其延长线上，并应尽量避免与其他的尺寸线或尺寸界线相交。

尺寸线终端有箭头（图 1-18a）和斜线（图 1-18b）两种形式。通常，机械图样的尺寸线终端画箭头，土木建筑图的直线尺寸线终端画斜线。当没有足够的位置画箭头时，可用小圆点（图 1-18c）或斜线代替（图 1-18d）。

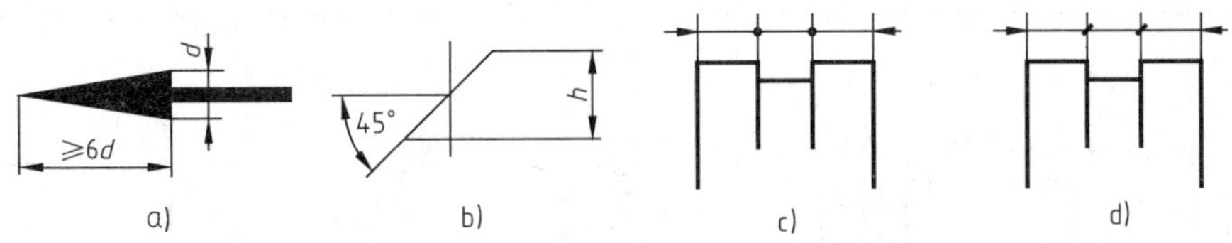

图 1-18　尺寸线终端

(3) 尺寸数字　线性尺寸数字一般应注写在尺寸线的上方或左方，也允许注写在尺寸线的中断处。注写线性尺寸数字，如尺寸线为水平方向时，尺寸数字规定由左向右书写，字头向上；如尺寸线为竖直方向时，尺寸数字由下向上书写，字头朝左；在倾斜的尺寸线上注写尺寸数字时，必须使字头方向有向上的趋势。线性尺寸、角度尺寸、圆及圆弧尺寸、小尺寸等的注法见表 1-5。

表 1-5　尺寸标注法示例

内容	图例及说明
线性尺寸数字方向	当尺寸在图示 30°范围内(阴影区)时，可采用右边几种形式标注，同一张图样中标注形式统一 30° 20 20 20 20 20 20 20 20 20 20 16 16 16 16
线性尺寸注法	ϕ30 42 第一种方法　ϕ30 42 第二种方法　ϕ30 42 第三种方法　必要时尺寸界线与尺寸线允许倾斜

(续)

内容	图例及说明
圆及圆弧尺寸注法	圆的直径数字前面加注“ϕ”。当尺寸线的一端无法画出箭头时，尺寸线要超过圆心一段 圆弧半径数字前面加注“R”。半径尺寸线一般应通过圆心 圆及圆弧尺寸的简化注法
小尺寸注法	无足够位置标注小尺寸时，箭头可外移或用小圆点代替两个箭头，尺寸数字也可写在尺寸界线外或引出标注
图线通过尺寸数字	当尺寸数字无法避免被图线通过时，图线必须断开。图中“3 × ϕ6EQS”表示 3 个 ϕ6mm 孔均布
角度和弧度长尺寸标注法	角度的尺寸界线应沿径向引出，尺寸线画成圆弧，其圆心是该角的顶点。角度的尺寸数字一律水平书写，一般注写在尺寸线的中断处，必要时也可注写在尺寸线的上方、外侧或引出标注 弧长的尺寸线是该圆弧的同心弧，尺寸界线平行于对应弦长的垂直平分线。“⌒28”表示弧长为 28mm

（续）

内容	图例及说明
对称机件的尺寸注法	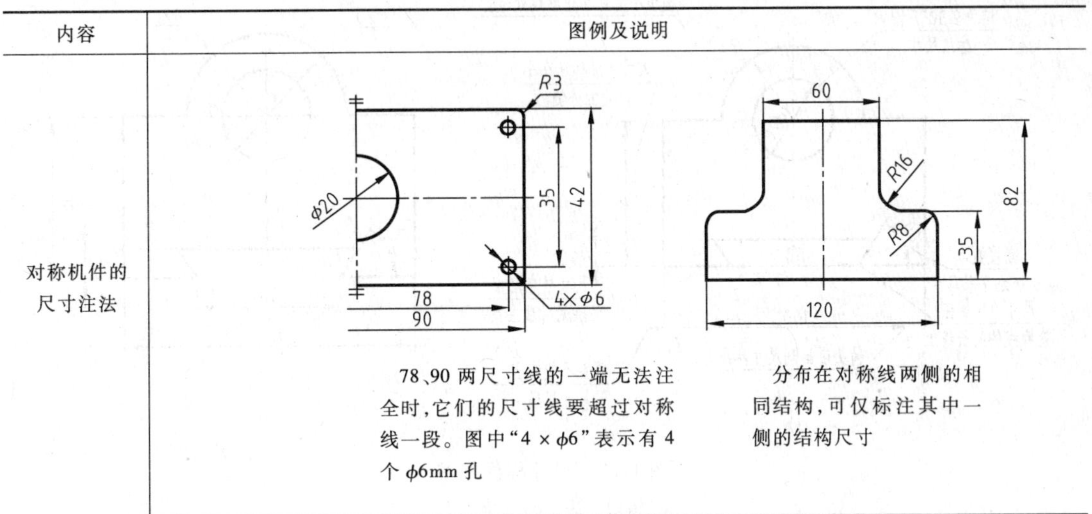 78、90 两尺寸线的一端无法注全时，它们的尺寸线要超过对称线一段。图中“4 × ϕ6”表示有 4 个 ϕ6mm 孔 分布在对称线两侧的相同结构，可仅标注其中一侧的结构尺寸

任务实施

如图 1-17a 所示图形，分析尺寸的位置并进行标注，标注完成图形见图 1-19。

1）20、25、40 三个尺寸属于竖直方向尺寸，尺寸数字应写在尺寸线的左侧，字头向左。

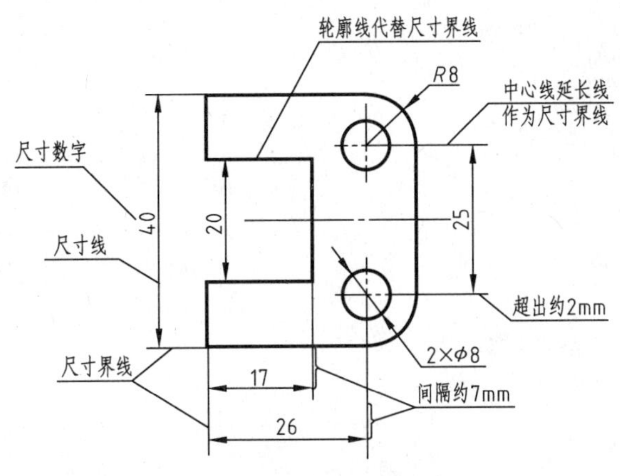

图 1-19　标注尺寸的要素

2）17、26 这两个尺寸属于水平方向尺寸，尺寸数字应写在尺寸线上方，字头向上。

3）*R*8 属于半径标注，尺寸线过圆心，箭头指向圆弧。当尺寸线的一端无法画出箭头时，尺寸线要超过圆心一段。

4）2 × ϕ8 属于直径标注，尺寸线过圆心，指的是 2 个 ϕ8mm 的孔。

问题与防治

在标注尺寸的过程中，经常会出现一些常见的问题，如图 1-20a 是错误的标注，图 1-20b是正确的标注。

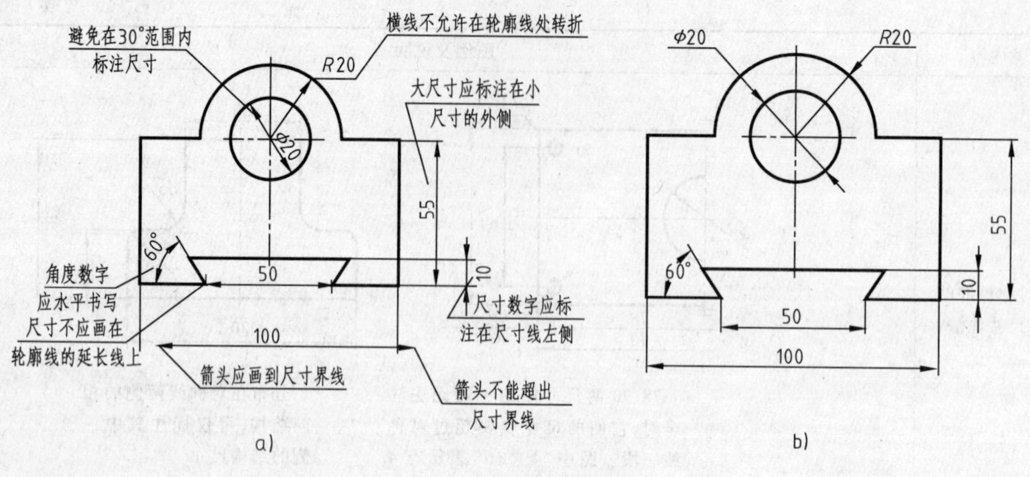

图 1-20 尺寸标注练习

a）错误注法 b）正确注法

项目2　正投影作图基础

2

知识目标：1. 掌握三视图的投影规律。 　　　　　2. 通过三视图的方位关系，能想象出基本体的形状。 技能目标：培养学生空间思维和想象能力，正确识读基本体三视图。

任务1　明确三视图的形成

任务描述

图 2-1a 所示的物体是生活中常见的物体，图 2-1b 所示为这个物体的三视图。这个三视图是怎样形成的？为什么它能表达图 2-1a 所示的物体。要想明白图样的含义，必须先学习三视图的投影规律。

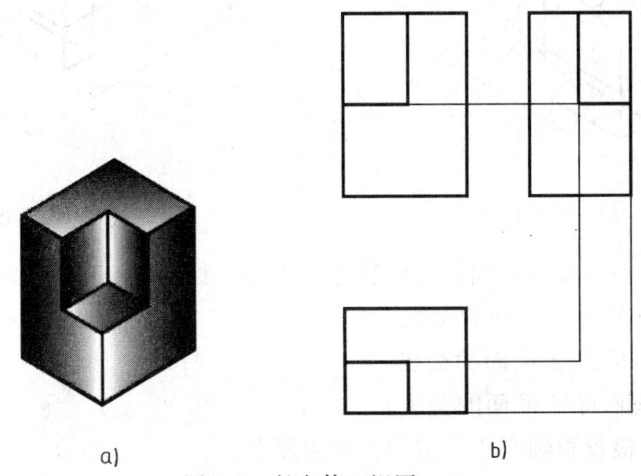

图 2-1　长方体三视图

任务分析

在机械工程上，为了能准确反映设计者的设计意图，常采用正投影法绘制机械图样。因为正投影法能准确表达物体的形状，度量性好，作图方便。在绘图过程中通常采用三视图来表达机件，那么画三视图时应该遵守哪些规定呢？现在我们就来学习三视图的形成。

相关知识

1. 三投影面体系

正投影法就是投射线与投影面垂直的平行投影法。用正投影法在一个投影面上得到的一个视图，只能反映物体一个方向的形状，不能完整反映物体的形状。因此，必须从几个方向进行投射，画出几个视图，机械工程上常采用三视图来表示。

（1）三个投影面　图 2-2 所示竖直放于观察者面前的投影面，称之为正立投影面，简称正面，用字母 *V* 表示。将物体由前向后向 *V* 面投射，得到的视图称为主视图。

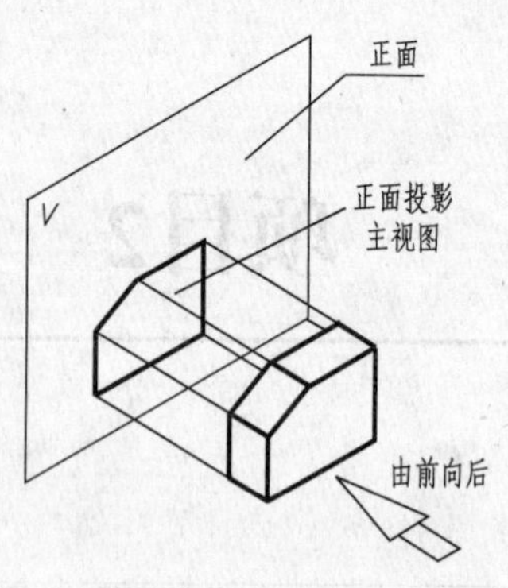

图 2-2　主视图形成

如图 2-3 所示，与正面垂直，并处于水平位置的投影面，称之为水平投影面，简称水平面，用字母 *H* 表示。将物体由上向下向 *H* 面投射，得到的视图称为俯视图。

如图 2-4 所示，与正面和水平面都垂直，并且处于观察者右侧的投影面，我们称之为侧立投影面，简称侧面，用字母 *W* 表示。将物体由左向右向 *W* 面上投射，得到的视图称为左视图。

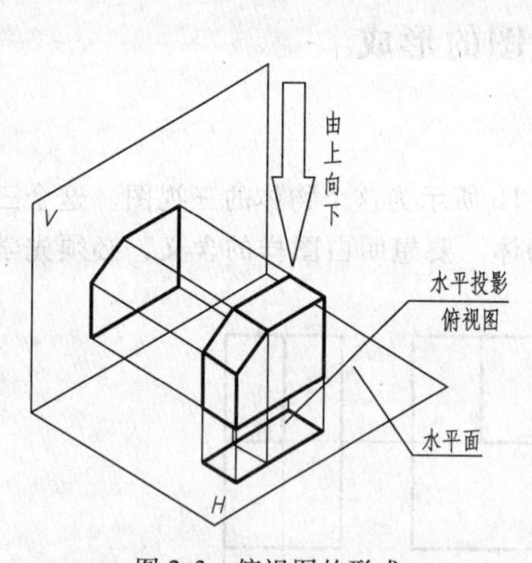

图 2-3　俯视图的形成

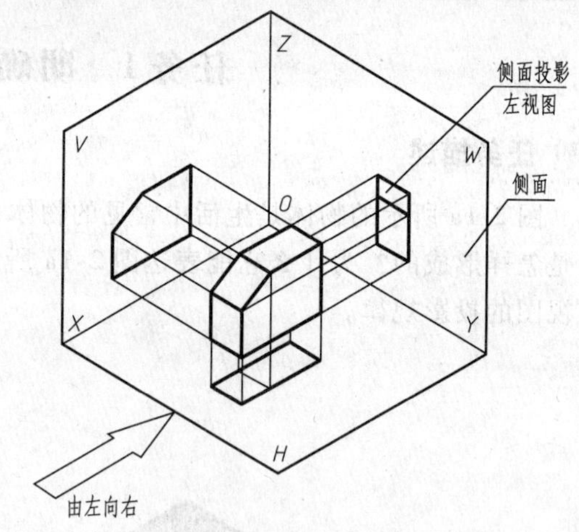

图 2-4　左视图的形成

（2）三根投影轴　投影面间的交线称为投影轴，如图 2-4 所示。

OX 投影轴——*V* 面与 *H* 面的交线。

OY 投影轴——*H* 面与 *W* 面的交线。

OZ 投影轴——*V* 面与 *W* 面的交线。

（3）原点　三根投影轴交于一点 *O*，称为原点。

（4）三视图的展开　由于物体的三个视图处于三个投影面内，观察者读图时很不方便，因此将三个投影面展开到一个平面上。如图 2-5a 所示，规定 *V* 面保持不动，*H* 面绕 *OX* 轴向下旋转 90°，使俯视图位于主视图的正下方，由于 *OY* 轴随着 *H* 面旋转后，位于 *H* 面内，因此该 *OY* 轴用 OY_H 表示，*W* 面绕 *OZ* 轴向右旋转 90°，使左视图位于主视图的右方，由于 *OY* 轴随着 *W* 面旋转后，位于 *W* 面内，因此该 *OY* 轴用 OY_W 表示，这样旋转后 *V*、*H* 和 *W* 三个投影面就在同一平面上，看图比较方便。画三视图时不必画出投影面的边框，所以去掉边框，得到如图 2-5b 所示的三视图。

2. 三视图投影对应关系

物体有长、宽、高三个方向。通常规定：观察者面对物体，物体左右之间的距离为长，

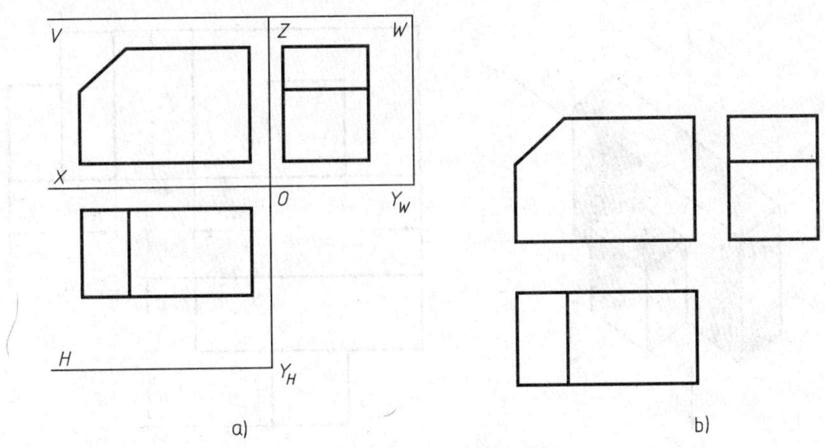

图 2-5 三视图的展开

前后之间的距离为宽，上下之间的距离为高，如图 2-6a 所示。图 2-6b 所示主视图反映物体的长和高，俯视图反映物体的长和宽，左视图反映物体的宽和高。根据三视图展开过程可知，俯视图位于主视图的正下方，对应的长度相等，且左右两端对正，即主、俯视图对应部分的连线为互相平行的竖直线。同理，左视图与主视图高度相等且对齐，即主、左视图对应部分在同一条水平线上。左视图与俯视图均反映物体的宽度，所以俯、左视图对应部分的宽度相等。

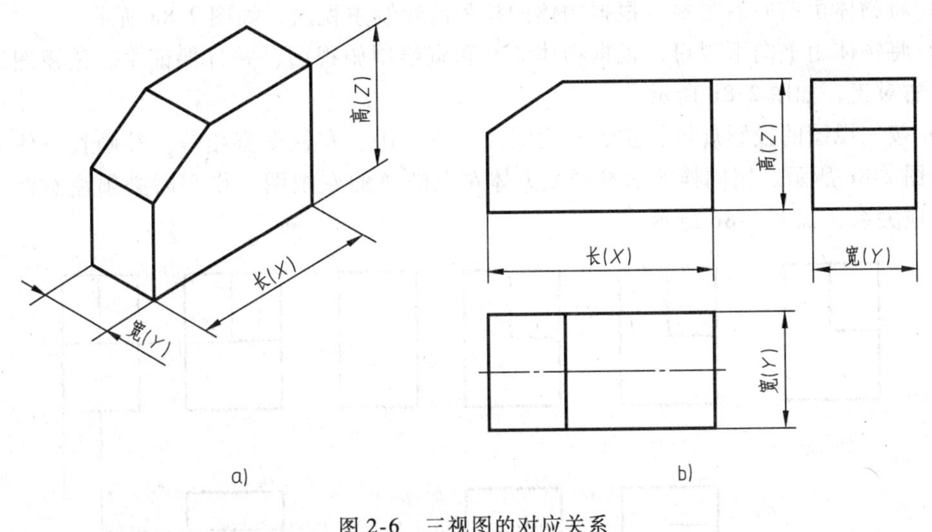

图 2-6 三视图的对应关系

由上述三视图投影对应关系，可归纳出三视图投影规律：

1）主、俯视图长对正。

2）主、左视图高平齐。

3）俯、左视图宽相等。

3. 三视图与物体方位对应关系

如图 2-7 所示，物体有前、后、上、下、左、右六个方位，其中：

主视图反映物体的上、下和左、右。

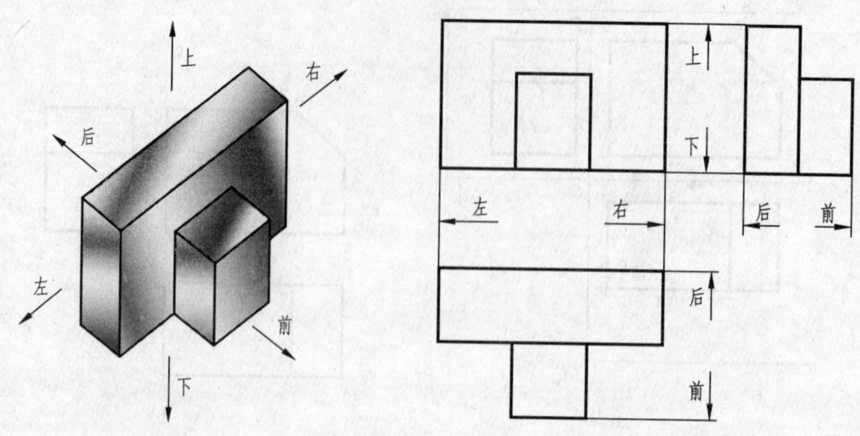

图 2-7　三视图的方位对应关系

俯视图反映物体的前、后和左、右。

左视图反映物体的前、后和上、下。

任务实施

绘制如图 2-1a 所示物体的三视图，并分析该物体表面间的相对位置。

1. 画图步骤

1）将物体由前向后观察，根据物体的长和高绘制主视图，如图 2-8a 所示。

2）将物体由上向下观察，根据物体的长和宽绘制俯视图，并且保证主、俯视图对应部分左、右对正，如图 2-8b 所示。

3）按三视图的投影规律：主、左视图高平齐，俯、左视图宽相等。补画长方体的左视图，如图 2-8c 所示。用同样方法补画长方体左上缺角的左视图，作图时必须注意前、后位置的对应关系，如图 2-8d 所示。

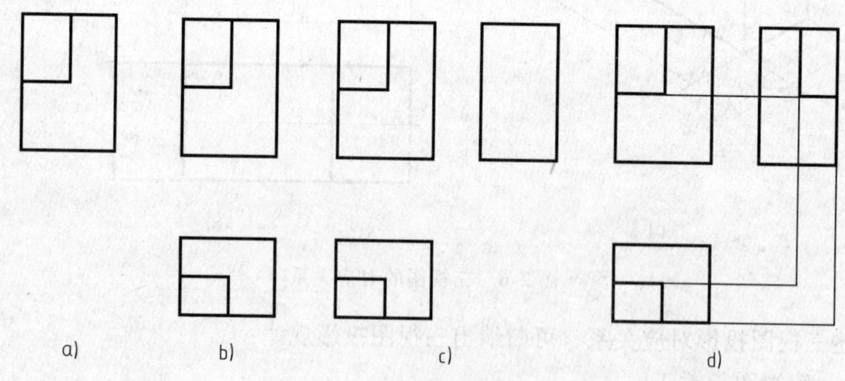

图 2-8　长方体三视图的形成

2. 立体表面相对位置分析

在分析长方体表面间的相对位置时应注意：主视图不能反映物体的前、后方位关系，如果用主视图判断长方体前、后两个表面相对位置时，必须从俯视图或左视图上找到前、后两个表面的位置，才能确定哪个表面在前，哪个表面在后，如图 2-9a 所示；俯视图不能反映物体的上、下方位关系，如果用俯视图判断长方体上、下两个表面的相对位置，必须在主视图或左视图上找到上、下两个表面的位置，才能确定哪个表面在上，哪个表面在下，如图2-9b所示；同理左视图不能反映物体的左、右方位关系，必须在主、俯视图中找到左、右两个表面的位置，才能判断哪个表面在左，哪个表面在右，如图2-9c所示。

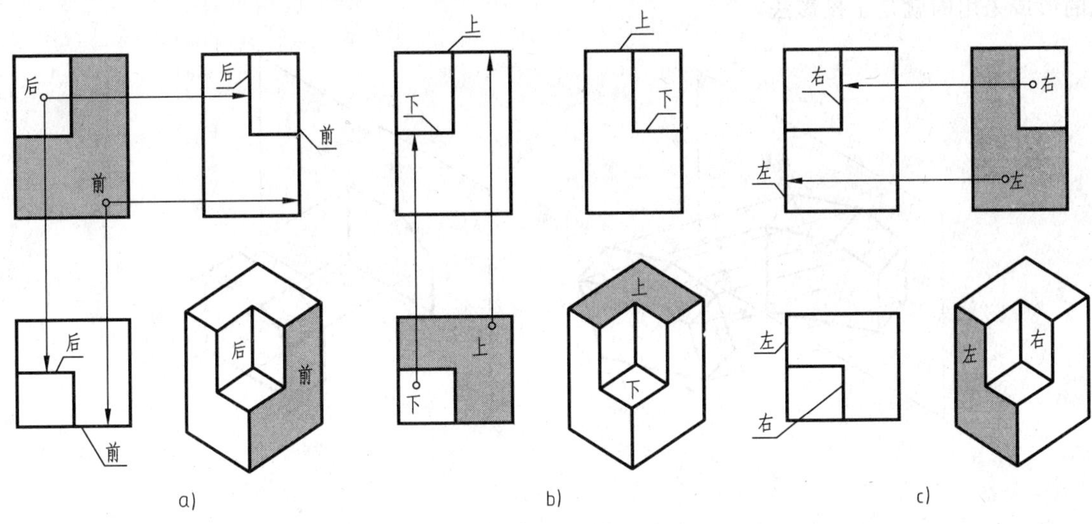

图2-9 立体表面相对位置分析

问题与防治

1）画图和读图时要特别注意俯视图和左视图的前后对应关系。俯视图的下方表示物体的前方，俯视图的上方表示物体的后方；左视图的左侧表示物体的后方，左视图的右侧表示物体的前方。

2）画图时，必须保证俯视图的宽度与左视图的宽度相等。

知识拓展

三视图的绘制采用的是正投影法，除正投影法，还有中心投影法和斜投影法。

1. 中心投影法

投射线交汇于投射中心的投影方法称为中心投影法。

如图2-10所示，S为投射中心，SA、SB、SC为投射线，平面P为投射平面。延长SA、SB、SC与投影面P相交，交点a、b、c即为三角形顶点A、B、C在P面上的投影。中心投影法与人的视觉习惯相符，能体现近大远小的效果，形象逼真，具有强烈的立体感，广泛用于绘制建筑、机械产品等效果图。日常生活中的照相、放映电影都是中心投影的实例。

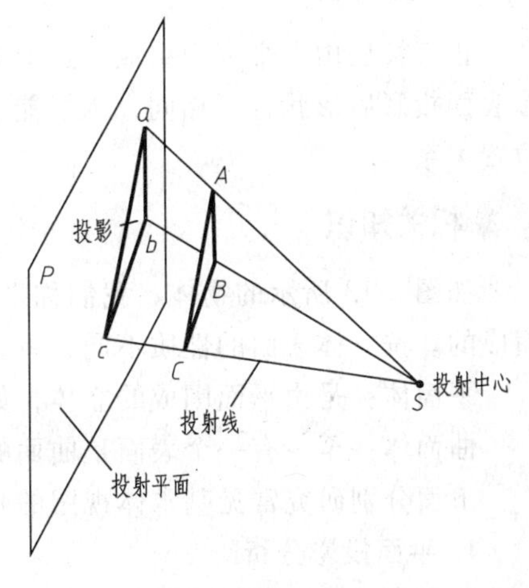

图2-10 中心投影法

2. 平行投影法

投射线互相平行的投影方法称为平行投影法。按投射线与投影面倾斜与垂直，平行投影法又分为斜投影法和正投影法两种。

（1）斜投影法　投射线与投影面倾斜的平行投影法，如图 2-11a 所示。项目 3 的斜二轴测图就是采用斜投影法绘制的。

（2）正投影法　投射线与投影面垂直的平行投影法，如图 2-11b 所示。本节中三视图的形成采用的就是正投影法。

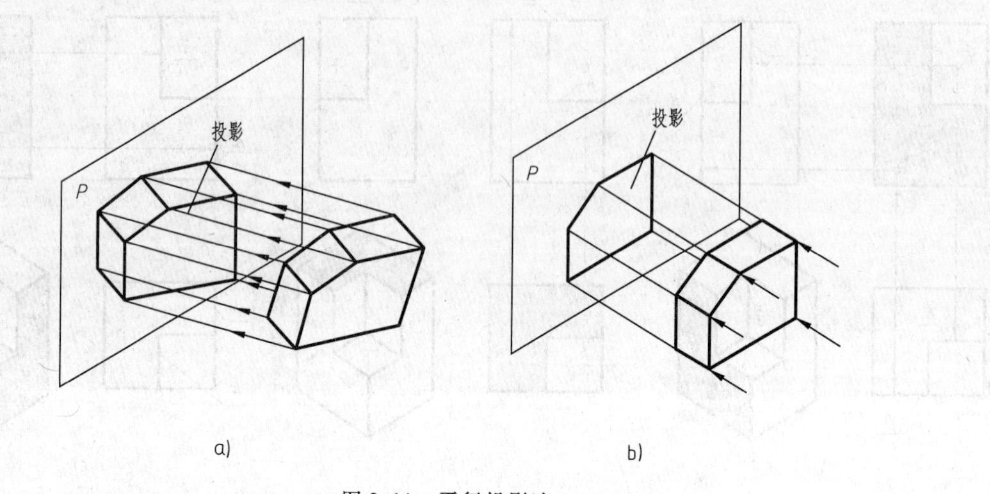

图 2-11　平行投影法

任务 2　基本体的投影

子任务 1　识读正五棱柱

任务描述

图 2-12 所示为正五棱柱的立体图及三视图。正五棱柱是生活中常见的物体，为了能准确地表达它的形状和大小，必须绘制三视图。

任务分析

正五棱柱由七个表面组成，这七个表面处在投影面体系中的不同位置，因此五棱柱的七个表面投影后形状各不相同，为了能正确绘制三个视图，必须先确定组成正五棱柱各表面的位置关系。

相关知识

如图 2-13 所示的物体，我们称之为基本体。任何物体均可以看成是由若干基本体组合而成的。按立体表面的性质不同，将基本体分为平面体和曲面体两类。

平面体：是由平面围成的立体，如棱柱、棱锥等。

曲面体：至少有一个表面是曲面的立体，如圆柱、圆锥、球等。

下面分别研究常见基本体视图的画法及尺寸标注。

1. 平面投影分析

平面相对投影面有三种位置关系：投影面平行面、投影面垂直面和一般位置平面。

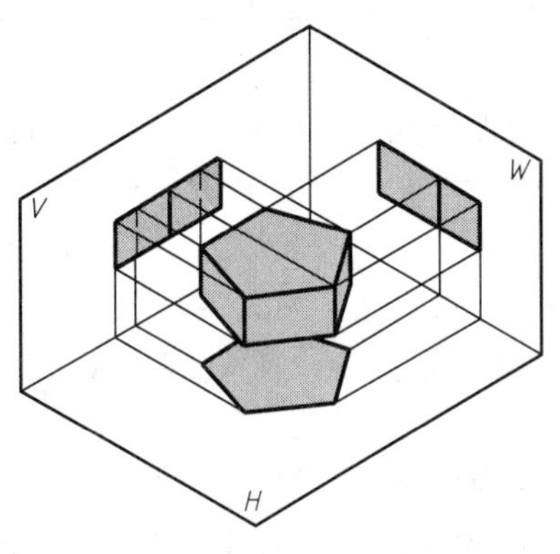

图 2-12　正五棱柱的立体图及三视图

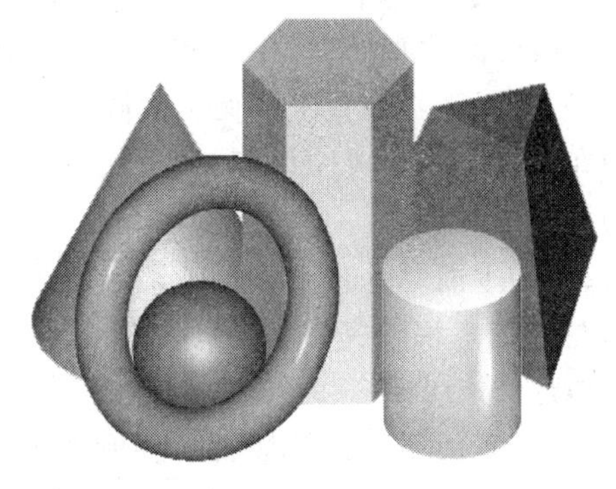
图 2-13　常见基本体

(1) 投影面平行面　平行于一个投影面，垂直于另外两个投影面的平面称为投影面平行面。投影面平行面有：

1) 水平面：平行于 *H* 面，而垂直于 *V*、*W* 面的平面为水平面，如图 2-14 所示。投影特性为在 *H* 面内反映实形，在 *V*、*W* 面内积聚成一条线段，且垂直于 *Z* 轴。

2) 正平面：平行于 *V* 面，而垂直于 *H*、*W* 面的平面为正平面，如图 2-15 所示。投影特性为在 *V* 面内反映实形，在 *H*、*W* 面内积聚成一条线段，且垂直于 *Y* 轴。

3) 侧平面：平行于 *W* 面，而垂直于 *H*、*V* 面的平面为侧平面，如图 2-16 所示。投影特性为在 *W* 面内反映实形，在 *H*、*V* 面内积聚成一条线段，且垂直于 *X* 轴。

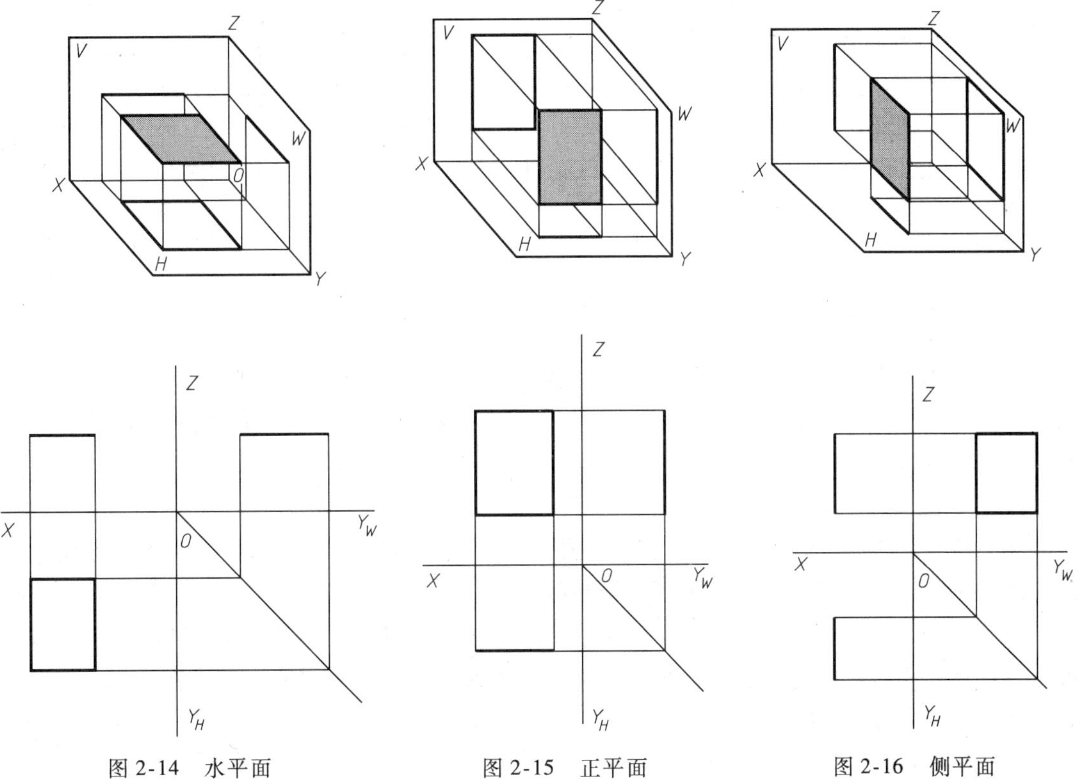

图 2-14　水平面　　图 2-15　正平面　　图 2-16　侧平面

（2）投影面垂直面　垂直于一个投影面而倾斜于另外两个投影面的平面称为投影面垂直面。投影面垂直面有：

1）正垂面：垂直于 V 面，而倾斜于 H、W 面的平面为正垂面，如图 2-17 所示。投影特性为在 V 面内积聚成一条倾斜线段，且反映与 H、W 面的倾角 α、γ，在 H、W 面内，是缩小的类似形。

2）铅垂面：垂直于 H 面，而倾斜于 V、W 面的平面为铅垂面，如图 2-18 所示。投影特性为在 H 面内积聚成一条倾斜线段，且反映与 V、W 面的倾角 β、γ，在 V、W 面内，是缩小的类似形。

3）侧垂面：垂直于 W 面，而倾斜于 V、H 面的平面为侧垂面，如图 2-19 所示。投影特性为在 W 面内积聚成一条倾斜线段，且反映与 H、V 面的倾角 α、β，在 V、H 面内，是缩小的类似形。

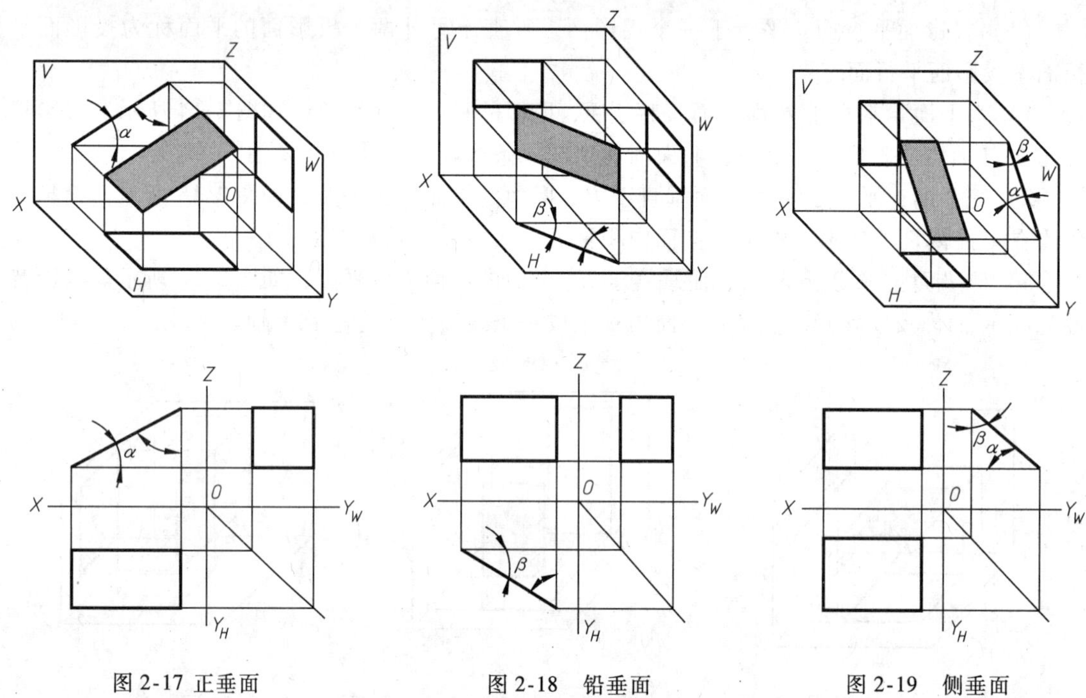

图 2-17 正垂面　　图 2-18 铅垂面　　图 2-19 侧垂面

（3）一般位置平面　与三个投影面都倾斜的平面称为一般位置平面，如图 2-20 所示。投影特性为在三个投影面内均为缩小的类似形，三个投影面上的投影都不能直接反映该平面对投影面的倾角。

2. 圆的五等分

正五棱柱的上、下表面为正五边形，是投影面的水平面。上、下表面在水平面内反映实形，即为正五边形，那么正五边形怎么绘制呢？

确定一个正五棱柱，必须知道正五棱柱中正五边形外接圆直径和正五棱柱的高度。因此说正五棱柱水平投影的正五边形为圆的内接正五边形，即将已知圆进行五等分。

作图步骤（图 2-21a）：

1）以 O 为圆心，以给定直径作圆。

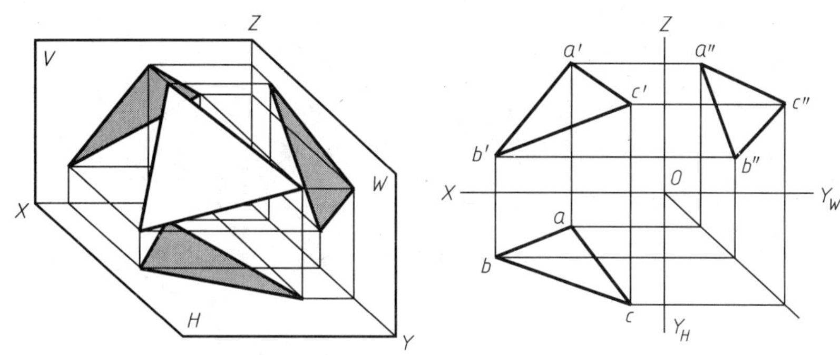

图 2-20 一般位置平面

2）作半径 *OI* 的等分点 *K*，以 *K* 为圆心，*AK* 为半径画圆弧交水平直径线于 *H*。

3）以 *AH* 为半径，分圆周为五等份，即 *A*、*B*、*C*、*D*、*E* 五点。

4）顺序连接各分点即得正五边形，如图 2-21b 所示。

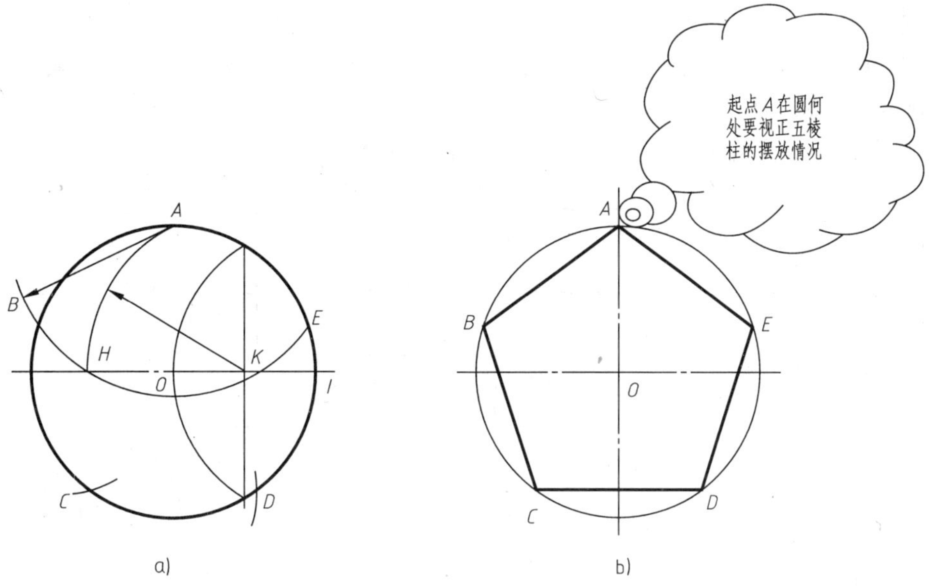

图 2-21 作圆内接正五边形

任务实施

常见的棱柱有三棱柱、四棱柱、五棱柱和六棱柱等。棱柱的棱线互相平行。本节以图 2-22a 所示正五棱柱为例，分析其投影特性、作图方法及尺寸标注。

1. 正五棱柱三视图

正五棱柱由七个平面组成，其中上、下表面 6、7 面为水平面，在水平投影面内反映实形，在 *V*、*W* 面内积聚成一条线段。平面 5 为正平面，在 *V* 面内反映实形，在 *H*、*W* 面内积聚成一条线段，平面 1、2、3、4 为铅垂面，在 *H* 面内积聚成一条线段，在 *V*、*W* 面内为缩小的类似形。通过上述分析，可知正五棱柱俯视图为一个正五边形，主视图、左视图由几个长方形组成，五棱柱三视图如图 2-22b 所示。

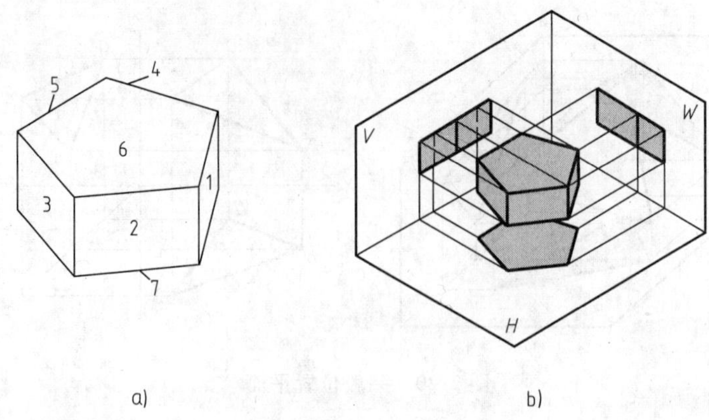

图 2-22　正五棱柱及其三视图

作图步骤：

1）作俯视图正五边形的对称中心线和主、左视图底面基线，确定各视图的位置，如图 2-23a 所示。

2）先画反映主要形状特征的视图即俯视图的正五边形。按长对正的投影关系及五棱柱的高度画出主视图，如图 2-23b 所示。

3）按高平齐、宽相等的投影关系画出左视图，如图 2-23c 所示。

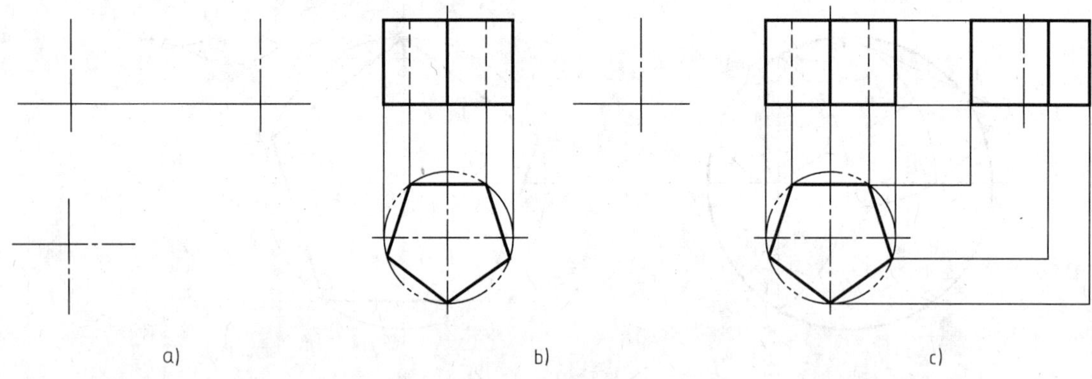

图 2-23　正五棱柱三视图作法步骤

4）擦去多余图线，将三视图进行描深。

2. 正五棱柱尺寸标注

正五棱柱的确定需要知道两个尺寸，一个是正五边形外接圆直径，另一个是正五棱柱的高，正五棱柱三视图画完后，进行尺寸标注，如图 2-24 所示。

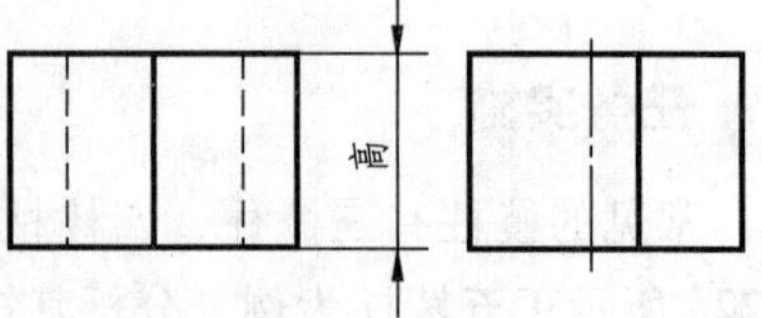

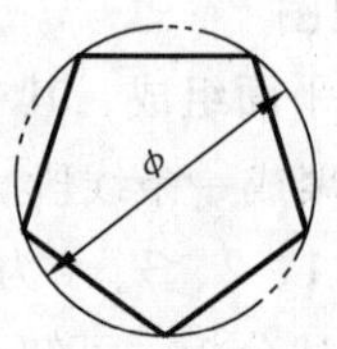

图 2-24　正五棱柱尺寸标注

1）作正五棱柱三视图时一定先进行物体分析，确定组成物体的各个表面的位置关系，然后先画反映物体形状特征的图形。

2）画图时，分析各棱线的位置，判断图线是否可见，如果不可见则采用虚线绘制。

知识拓展

1. 正五棱柱表面取点

正五棱柱的各个表面均处于特殊位置，棱柱表面上点的投影可利用平面投影的积聚性求得。表面取点规定如下：

1）棱柱表面上的点，如图 2-25 所示的 M 点，在俯视图中的投影用 m 来表示，在主视图中的投影用 m'来表示，在左视图中的投影用 m''来表示。

2）如果点的投影不可见，用括号（ ）将字母括起来，如图 2-25 中的（k'）。

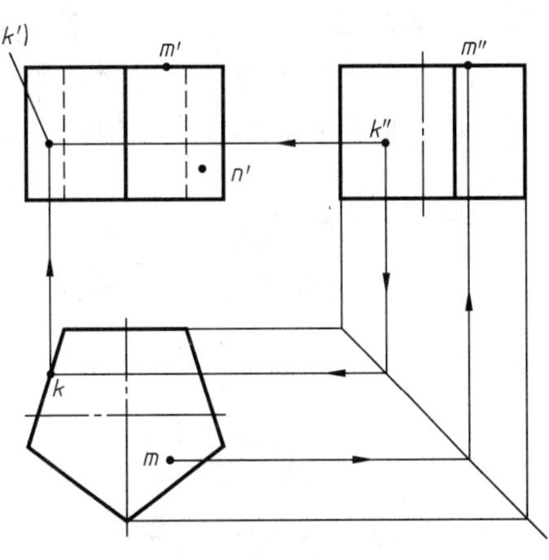

图 2-25 正五棱柱表面取点

3）如果平面积聚成一条线段，则平面内的点也在这条线段上，此时点投影不用括号括起来，如图 2-25 中的 m''和 m'。

现在来分析怎样求正五棱柱表面点的投影。如图 2-25 所示，已知正五棱柱表面 M 点的俯视图投影 m，K 点的左视图投影 k''和 N 点的主视图投影 n'，确定这三点的其他投影。

分析：M 点俯视图投影可见，说明 M 点在正五棱柱的上表面，由于上表面是水平面，在主视图和左视图中具有积聚性，都积聚成一条线段，因此 M 点的主、左视图投影必在上表面的主、左视图上。根据主、俯视图长对正，俯、左视图宽相等，找出 M 点的主、左视图投影 m'和 m''。

K 点的左视图投影可见，根据三视图的投影规律可判定 K 点在图 2-22 的表面 3 上，表面 3 为铅垂面，在俯视图中有积聚性，故先求 K 点的俯视图投影。根据俯、左视图宽相等，求出 k 点，然后再根据主、俯视图长对正，主、左视图高平齐，确定 K 点的主视图投影 k'，求出 k'后，必须判断其可见性。由于 K 点位于物体左侧后表面上，所以其主视图投影不可见，因此 k'必须用括号括起来。

N 点主视图投影可见，根据三视图投影规律可判定 N 点在图 2-22 的表面 1 上，表面 1 为铅垂面，在俯视图中有积聚性，故先求 N 点的俯视图投影，然后再求出 N 点的左视图投影。请同学们根据分析，自己作出 N 点的另外两个投影。

2. 切割正五棱柱

用平面切割立体，它们的表面都有被平面切割而形成的截交线，截交线的形状虽然有多种，但均有以下两个基本特性：

1）截交线为封闭的平面图形。

2）截交线既在截平面上，又在立体表面上，是截平面与立体表面的共有线，截交线上的点均为截平面与立体表面的共有点。

因此，求截交线就是求截平面与立体表面的共有点和共有线。

分析：正五棱柱被不同位置表面切割，产生的截交线不同，现在研究正五棱柱被正垂面切割后所形成的截交线。如图 2-26a 所示，正五棱柱被正垂面切割，截平面 P 与正五棱柱的五条棱都相交，所以截交线是一个五边形。五边形的顶点为各棱线与正垂面 P 的交点。截交线的正面投影积聚在正垂面投影 p'上，1′、2′、3′、4′、5′分别为各棱线与 p'的交点。由于正五棱柱的五条棱线在俯视图上的投影具有积聚性，所以截交线的水平投影为已知。根据截交线的正面和水平面投影可作出侧面投影。

作图步骤：

1）画出被切割前正五棱柱的左视图（图 2-26b）。

2）根据截交线各顶点的正面、水平面投影作出截交线的侧面投影（图 2-26c）。

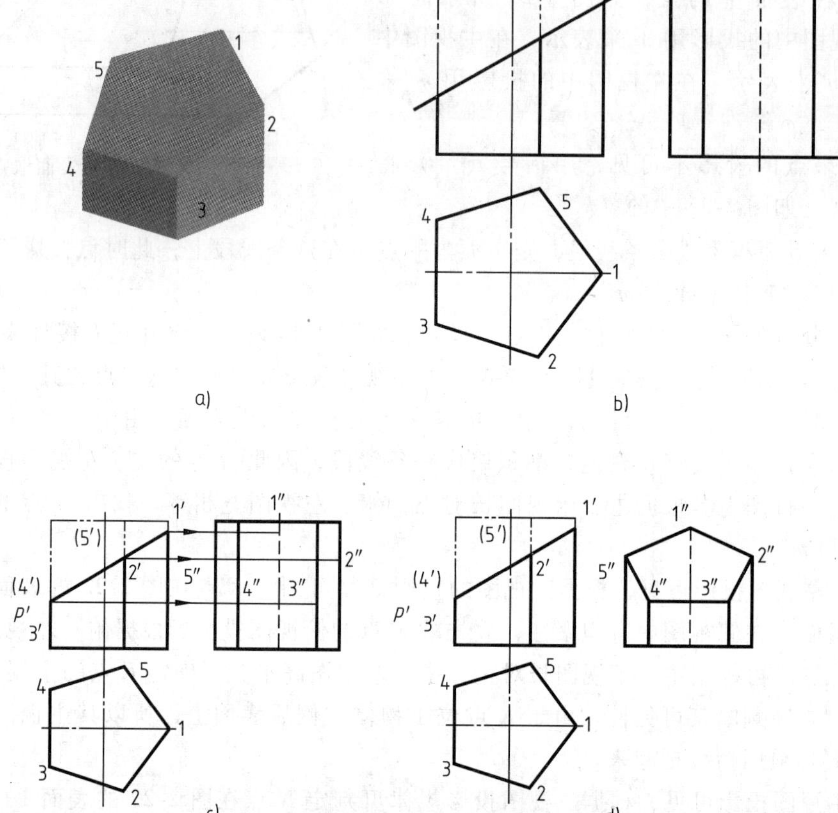

图 2-26 切割正五棱柱

3）顺次连接各点，擦去多余作图线，描深（图 2-26d）。

3. 知识应用

判断图 2-27 中正五棱柱的三视图，请仔细分析三视图，找出错误并改正。

错误分析：三视图中主视图有错误，正五棱柱最前棱线在主视图为可见线，因此其投影为粗实线，主视图中没有画出。正五棱柱最后两条棱线在主视图中不可见，应该画成细虚线，而主视图中画成了粗实线，改正后如图 2-25 所示。

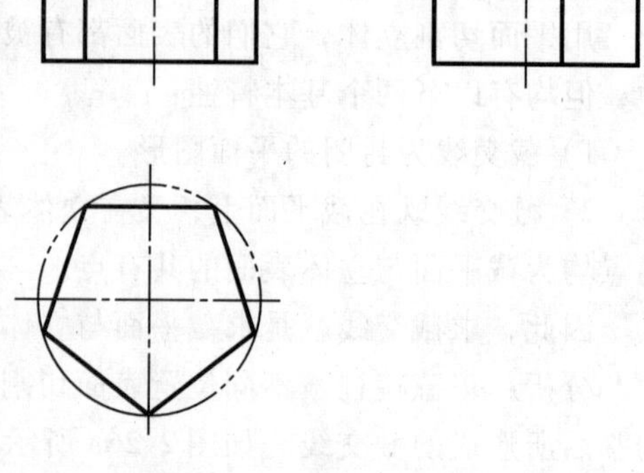

图 2-27 识别正五棱柱

子任务2　识读正六棱柱

任务描述

图2-28所示为六角螺母，它的外形轮廓是一个正六棱柱，在制图中怎样表达这个正六棱柱？

图2-28　六角螺母

任务分析

正六棱柱由八个表面组成，其中上、下表面为水平面，其水平投影反映实形，即为正六边形，在主、左视图中积聚为两条不等高线段。前、后表面为正平面，在主视图中反映实形为四边形，在俯、左视图中积聚为前、后两条线段。其余四个表面为铅垂面，在俯视图中积聚成一条线段，在主、左视图中为类似形。

经过分析，正六棱柱的俯视为正六边形，主、左视图由几个四边形组成。

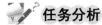

相关知识

1. 怎样确定正六棱柱

如果想确定一个正六棱柱，必须知道正六棱柱的高度和底面尺寸。正六棱柱底面尺寸有两种表示方法：一种是注出正六边形外接圆直径，即正六边形对角尺寸；另一种是注出正六边形的对边尺寸，即内切圆直径，也为扳手尺寸。常用第二种标注方法，而将对角线尺寸作为参考尺寸并加上括号。为讲课方便，在此采用第一种标注方式。

2. 正六边形的画法

已知正六边形外接圆直径 $\phi 50$mm，现将外接圆进行六等分，将六等分点连接起来就得到正六边形。

方法一：作图步骤如图2-29所示。

1）以 O 为圆心，以已知直径 $\phi 50$mm 作圆，如图2-29a所示。

2）以 A、B 点为圆心，以25mm为半径作圆弧，交圆上于 C、D、E、F，如图2-29b所示。顺次连接 A、C、D、B、F、E，即得正六边形，如图2-29c所示。

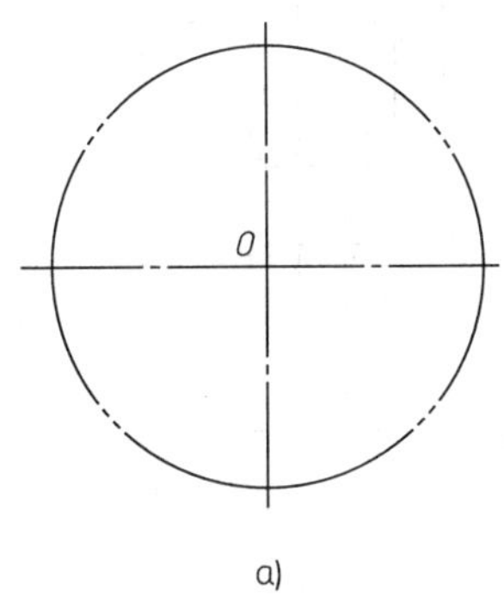

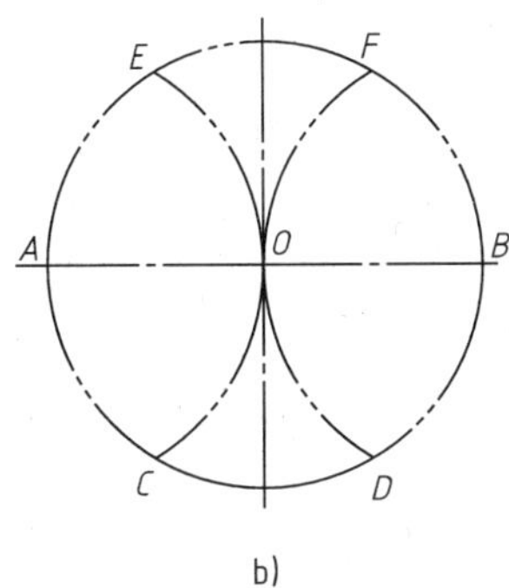

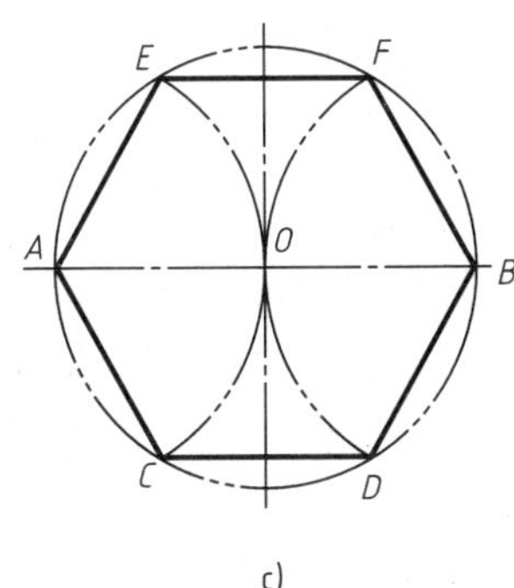

图2-29　正六边形画法（一）

方法二：作图步骤如图2-30所示。

先作圆，步骤同方法一中的1），然后利用30°和60°三角板，使三角板的斜边紧靠在 A、

B 点，要求三角板的直角边处于水平位置，三角板斜边交于圆上的点即为 *C*、*D* 点，利用正六边形的对称性，找出 *E*、*F* 点，然后顺次连接各点，即得到正六边形。

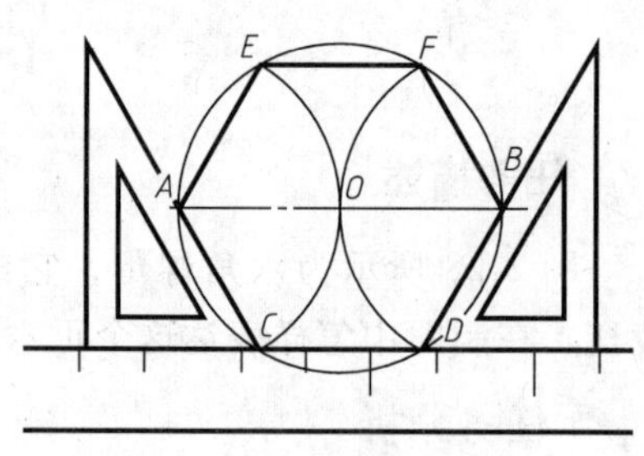

图 2-30　正六边形画法（二）

任务实施

1. 正六棱柱三视图

根据前面分析，作正六棱柱三视图，作图步骤如下：

1）作正六棱柱的对称中心线和底面基线，确定各视图的位置，如图 2-31a 所示。

2）先画俯视图的正六边形。按长对正的投影关系及正六棱柱的高度画出主视图，如图 2-31b 所示。

3）按高平齐、宽相等的投影关系画出左视图，如图 2-31c 所示。

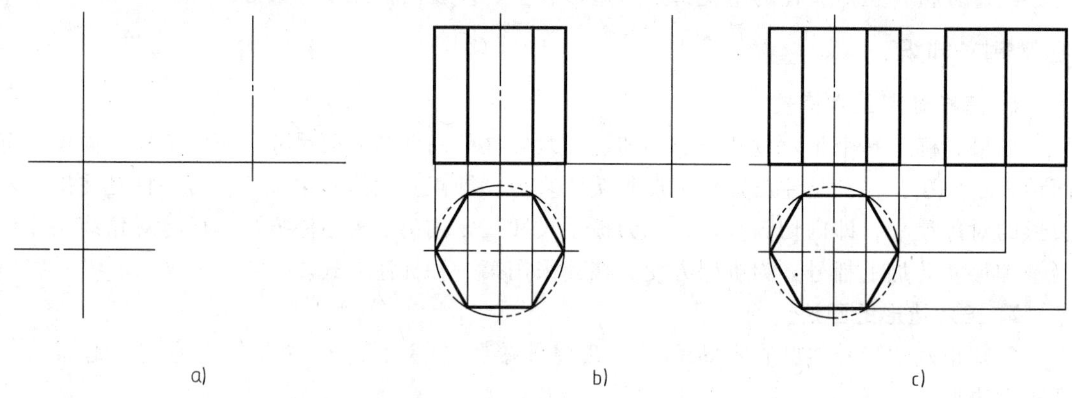

图 2-31　正六棱柱三视图作法步骤

2. 正六棱柱尺寸标注

正六棱柱尺寸标注时，需标注正六棱柱的高和正六棱柱的对边长度。而将对角线尺寸作为参考尺寸并加上括号，如图 2-32 所示。

问题与防治

1）作图时一定先对物体进行分析，确定组成物体的各个表面的位置关系，然后先画反映物体形状特征的图形，即俯视图。

2）画图时，分析各棱线的位置，判断图线是否可见。如图 2-31c 所示，正六棱柱前表面两条棱线挡住了后表面两条棱线，画主视图时只用粗实线画前表面两条棱线，而后表面两条棱线的虚线省略。

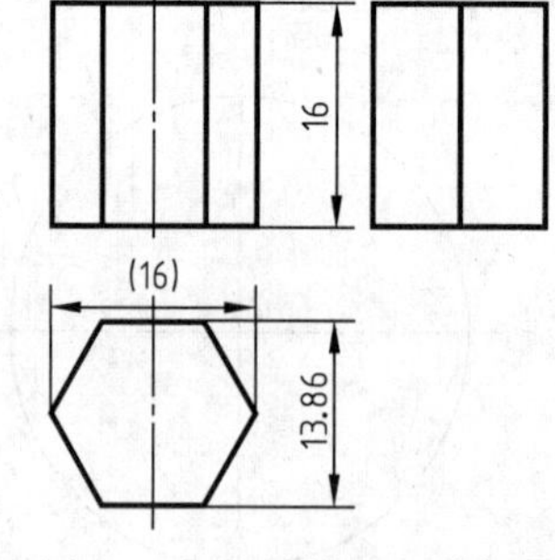

图 2-32　正六棱柱尺寸标注

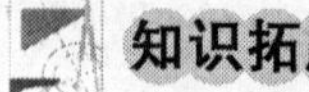

知识拓展

1. 正六棱柱表面取点

如图 2-33 所示，已知正六棱柱面上 *K* 点的左视图投影，*M* 点的主视图投影和 *N* 点的俯视图投影，要求作出这三点的其他投影。

由于 k''不可见，可判断 K 点在正六棱柱右后表面上，该表面为铅垂面，在俯视图中积聚成一条线段，故先求出 K 点的俯视图投影，然后再根据主、俯视图长对正，主、左视图高平齐求出 K 点的主视图投影，最后判断 K 点的主视图投影不可见，故用括号括起来。作图步骤如图 2-33 所示，另外两点的投影请同学们自己作出。

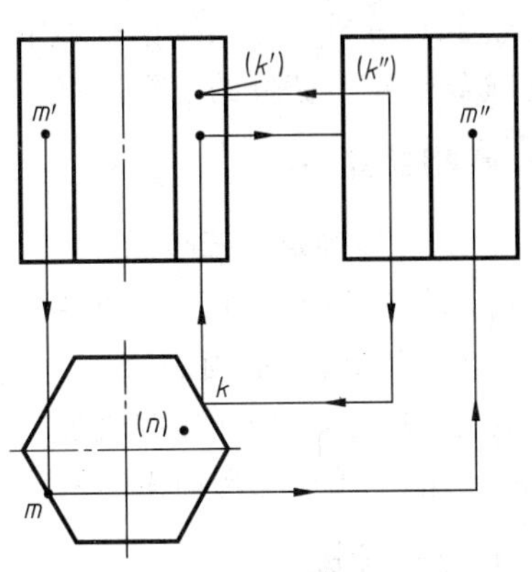

图 2-33 正六棱柱表面取点

2. 切割正六棱柱

正六棱柱被正垂面切割，画出切割后的三视图。

1）画出被切割后正六棱柱的主、俯视图，左视图按不切割时画出（图 2-34a）。

2）根据截交线各顶点的正面、水平面投影作出截交线的侧面投影，顺次连接各点，补画遗漏的虚线（最右棱线的侧面投影为不可见），擦去多余作图线，描深（图 2-34b）。

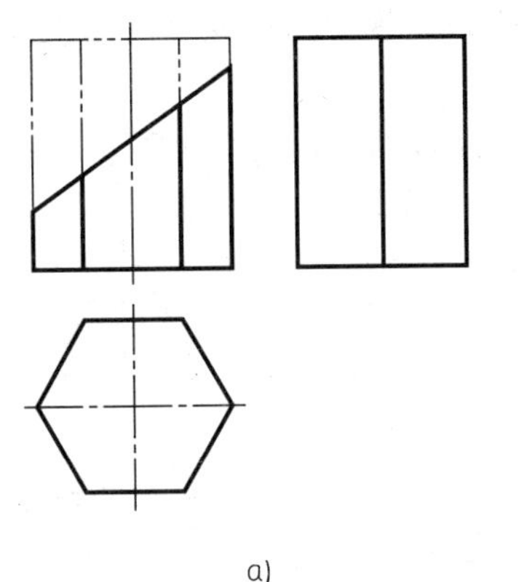

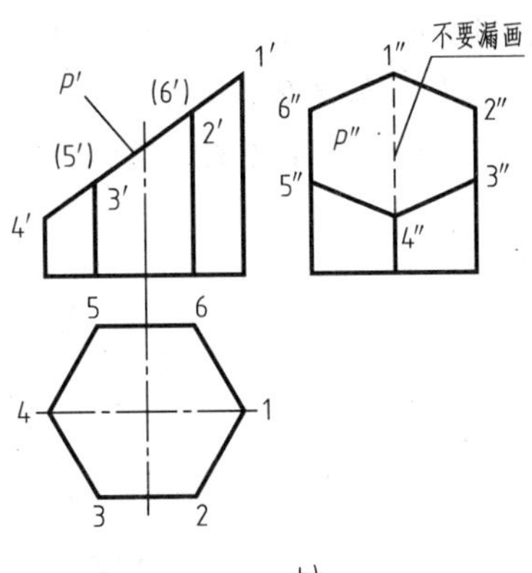

图 2-34 切割正六棱柱

子任务 3 识读正三棱锥

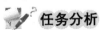

任务描述

图 2-35 所示为正三棱锥的三视图，棱锥各棱线交于一点，常见的棱锥有三棱锥、四棱锥和五棱锥等。如何正确绘制棱锥的三视图？棱锥体的投影有什么特征？如何确定棱锥表面上点的投影？棱锥经过不同位置平面切割后，三视图怎样绘制？如何正确标注棱锥的尺寸？

任务分析

图 2-35 中的正三棱锥由四个表面组成，其中正三棱锥的底面 ABC 为水平面，水平投影反映实形为正三角形；侧面 SAC 为侧垂面，侧面投影积聚成线段，另两面投影为类似形；侧面 SAB 和 SBC 为一般位置平面，三面投影均为类似

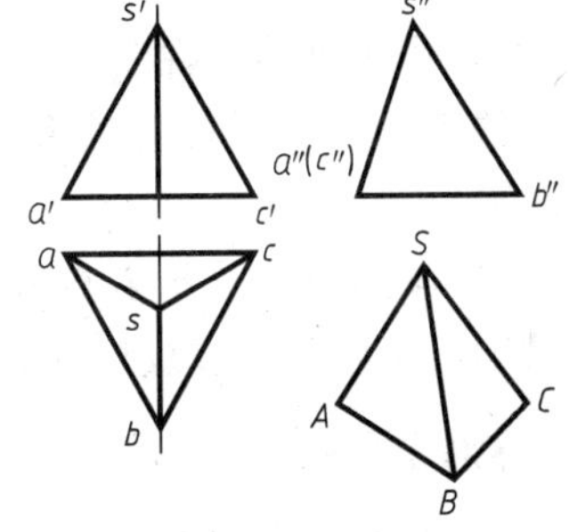

图 2-35 正三棱锥的三视图

形。经过分析，正三棱锥投影中的正三边形和锥顶 S 是画正三棱锥三视图的关键，那么如何正确绘制正三棱锥的三视图呢?

相关知识

1. 怎样确定正三棱锥

如果想确定一个正三棱锥，必须知道正三棱锥的高度和底面尺寸。

2. 正三边形的画法

已知正三边形外接圆直径，将外接圆进行三等分，将三等分点连接起来就得到正三边形。圆的三等分参考前面的六等分，画法略。

任务实施

1. 正三棱锥三视图

根据前面分析，作正三棱锥的三视图，其作图步骤如下：

1）作正三棱锥的对称中心线和底面基线，确定各视图的位置，如图 2-36a 所示。

2）画俯视图的正三边形。按棱锥高度确定锥顶主视图的位置，按高平齐、宽相等确定左视图中锥顶的位置，如图 2-36b 所示。

3）按投影规律画出各面视图，描深，得正三棱锥的三视图，如图 2-36c 所示。

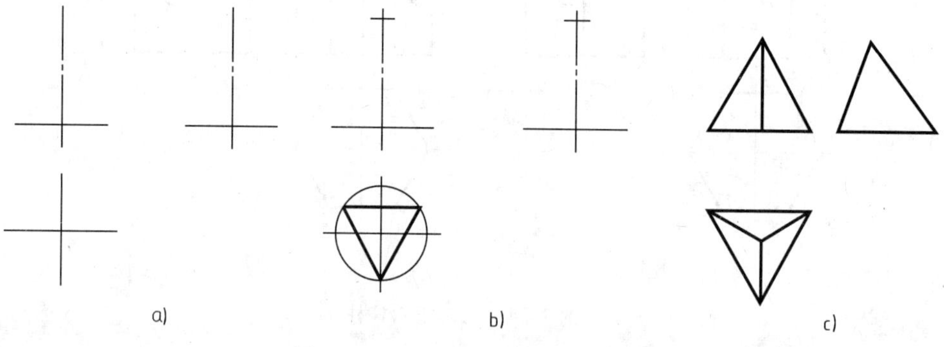

图 2-36　正三棱锥三视图作法步骤

2. 正三棱锥尺寸标注

正三棱锥尺寸标注时，需标注正三棱锥的长度、宽度和高度，如图 2-37 所示。

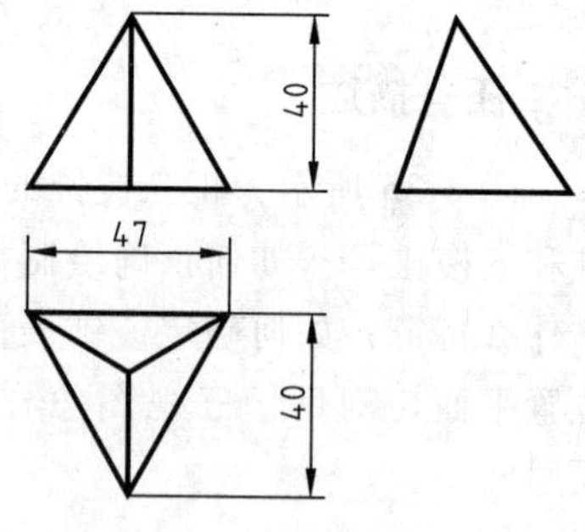

图 2-37　正三棱锥尺寸标注

问题与防治

1）作棱锥体三视图时一定先进行形体分析，确定组成物体的各个表面的位置关系，然后先画反映物体形状特征的图形。

2）画图时，分析各棱线的位置，判断图线是否可见，如果不可见则采用虚线绘制。

知识拓展

1. 正三棱锥表面取点

如图 2-38 所示，已知正三棱锥表面上 M 点的 V 面投影 m'，如何求 M 点的另外两面投影呢？

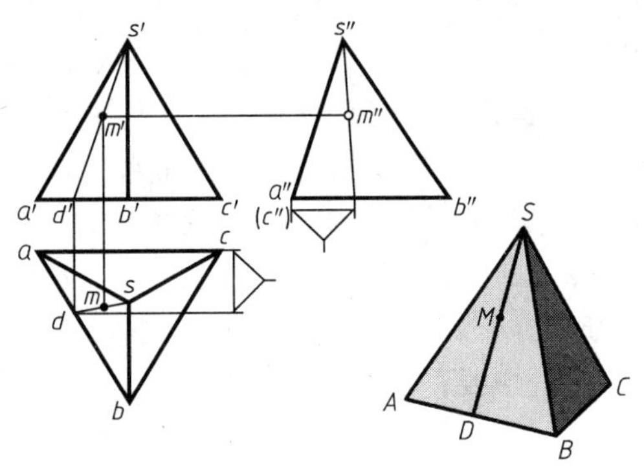

图 2-38 正三棱锥表面取点

棱锥的表面可能是特殊位置平面，也可能是一般位置平面，凡属特殊位置平面上的点，其投影可根据平面投影的积聚性直接求得，与棱柱表面取点相同；一般位置平面上点的投影则可通过在该面作辅助线的方法求得。其作图步骤如下：

1）连接 $s'm'$，并延长交 $a'b'$ 于 d'，得辅助线 SD 的 V 面投影 $s'd'$。再求出 SD 的 H 面投影 sd，则 m 必在 sd 上，按长对正求得 M 点的 H 面投影 m。

2）按点的投影规律求 M 点的 W 面投影 m''。

3）判断 m、m''的可见性，如果不可见用括号括起来。

思考一下：除了辅助线法，一般位置平面上点的投影还有其他的作图方法吗？

2. 切割正四棱锥

如图 2-39a 所示，正四棱锥被正垂面 P 切割，截交线是一个四边形，四边形的顶点是四

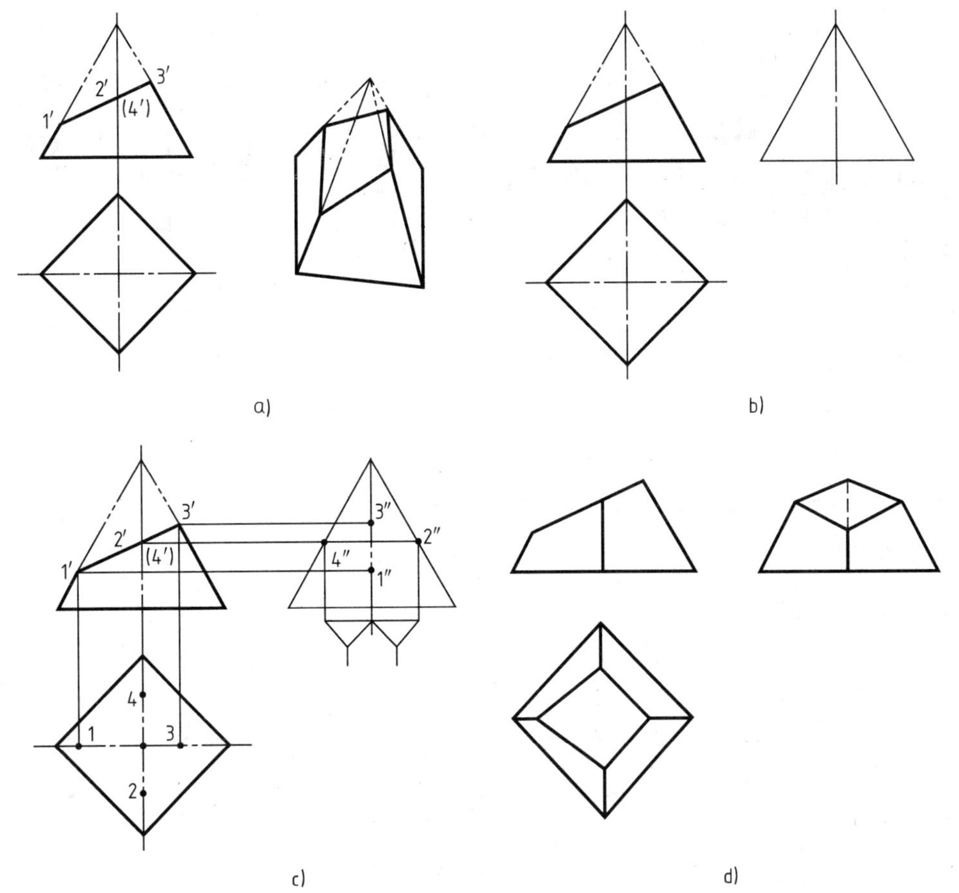

图 2-39 切割正四棱锥

条棱线与截平面 P 的交点。由于正垂面的正面投影具有积聚性，所以截交线的正面投影积聚在平面 P 的正面投影 p'上，1′、2′、3′、4′分别为四条棱线与 p'的交点。其作图步骤如下：

1）画出被切割前正四棱锥的左视图，如图 2-39b 所示。

2）根据截交线的正面投影作水平投影和侧面投影：水平投影 1、3 可由正面投影按长对正的投影关系直接作出；侧面投影 2″、4″可由正面投影按高平齐的投影关系直接作出。再按投影规律分别作出 1″、3″和 2、4 的投影，如图 2-39c 所示。

3）在俯视图和左视图上顺次连接各点的投影，擦去多余的图线并描深。注意不要漏画左视图的虚线，如图 2-39d 所示。

子任务 4　识读圆柱体

任务描述

图 2-40 所示为圆柱体中的轴类件和圆柱头内六角螺母，其中圆柱体由圆柱面和上、下两端面围成。圆柱面可看做由一条直线绕与其平行的轴线回转而成。圆柱面上任意一条平行于轴线的直线，称为圆柱面的素线。如何绘制圆柱的三视图？圆柱的投影有什么特点？圆柱表面上的点怎么确定？圆柱经过不同位置平面切割后的三视图如何绘制？圆柱的尺寸如何标注呢？

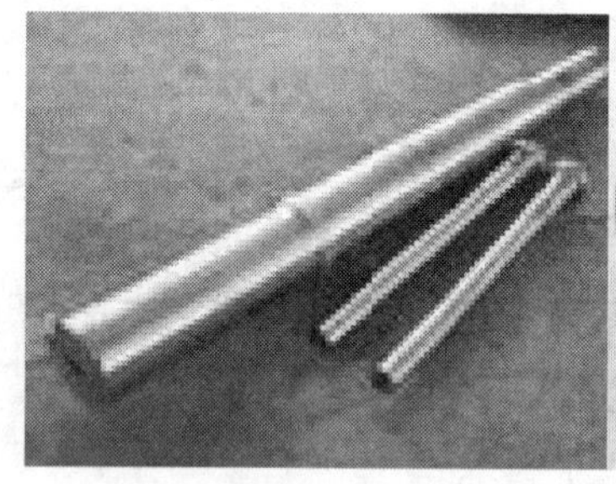

图 2-40　圆柱体

任务分析

图 2-40 中的圆柱体由三个表面组成，其中上、下表面为水平面，其水平投影反映实形，即为圆，正、侧面投影积聚成直线；圆柱面为铅垂面，其水平投影积聚为直线，与两端面的水平投影重合，那么圆柱的三面投影如何绘制呢？

相关知识

1. 怎样确定正圆柱

如果想确定圆柱的三面投影，必须知道圆柱的高度和圆柱两端面圆的直径。

2. 圆柱轴线和圆的中心线的画法

用细点画线绘制圆柱的轴线和圆的中心线，细点画线应超出轮廓 3 ~ 5mm，圆心处应是长画交点。

任务实施

1. 圆柱的三视图

根据前面分析，作圆柱的三面投影，作图步骤如下：

1）先画出圆柱的轴线、底圆的对称中心线及底面圆的基准线，确定各视图的位置，如图 2-41a 所示。

2）画出投影为圆的俯视图。按长对正、高平齐的投影关系及圆柱的高度画出主视图和左视图，描深，完成圆柱的三面投影，如图 2-41b 所示。

2. 圆柱的尺寸标注

标注圆柱的尺寸时，标注圆柱的高度和直径即可，如图 2-42 所示。

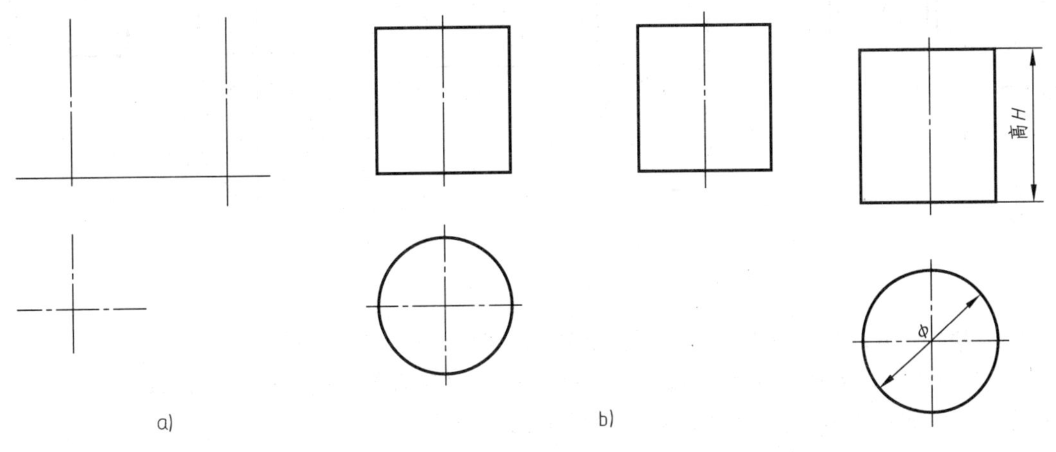

图 2-41 圆柱三视图作法步骤　　图 2-42 圆柱尺寸标注

问题与防治

1）在作圆柱体的投影时首先确定圆柱的摆放位置，先画出反映圆柱体结构特征的那面投影，然后再按照三视图的投影规律画出另外两面投影。

2）圆柱体的投影特征是一面投影是圆，另两面投影是长方形。

知识拓展

1. 圆柱体的表面取点

根据前面的分析，圆柱的两端面和圆柱面均为特殊位置平面，其各表面上的点的投影均可根据平面的积聚性求得。如图 2-43 所示，已知圆柱面上两点 M、N 点的 V 面投影 m'、n'，求作它们的 H 面投影和 W 面投影。其作图步骤如下：

1）由于 m'可见，所以 M 点在前半个圆柱面上，即在 H 面投影的前半圆的圆周上，按长对正求得 m，再由 m、m'求 m''，因 M 点在左半圆柱面上，所以 m''可见。

2）同理可求出 n、n''，由于 N 点在右半个圆柱面上，所以 n''不可见，故用括号括起来。

思考一下：如果点在圆柱的两端面上，其点的投影有什么样的特点，怎么样作出点的投影呢？

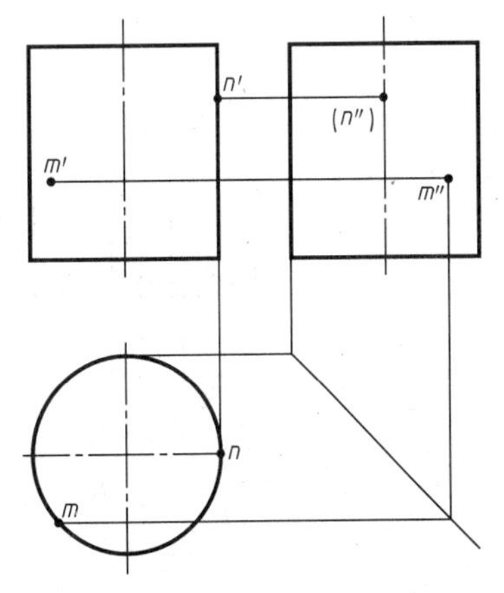

图 2-43 圆柱体表面取点

2. 切割圆柱体

圆柱被平面切割分以下几种情况：

一是截平面与圆柱轴线平行，其截交线为矩形，如图 2-44a 所示；二是截平面与圆柱轴线垂直，其截交线为圆形，如图 2-44b 所示；三是截平面与圆柱轴线倾斜，其截交线为椭圆，如图 2-44c 所示。那么如何正确绘制各类不同情况下的圆柱的截交线呢？

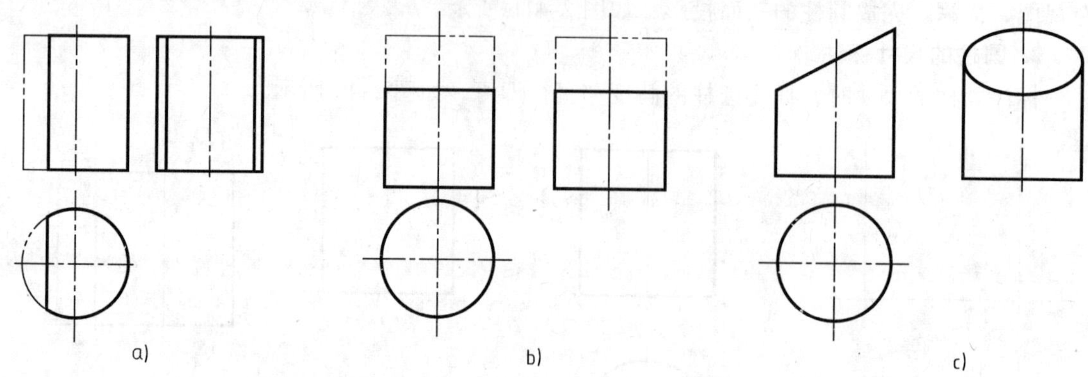

图 2-44　切割正圆柱

图 2-45a 所示为圆柱被正垂面斜切，已知主、俯视图，求作左视图。

1）求特殊点，最低点 *A* 和最高点 *B* 是椭圆长轴的两端点，也是位于圆柱最左、最右素线上的点，最前点 *C* 和最后点 *D* 是椭圆短轴的两端点，也是位于圆柱最前、最后素线上的点。*A*、*B*、*C*、*D* 的正面投影和水平投影可利用积聚性直接作出。然后由正面投影和水平投影作出侧面投影 a''、b''、c''、d''，如图 2-45b 所示。

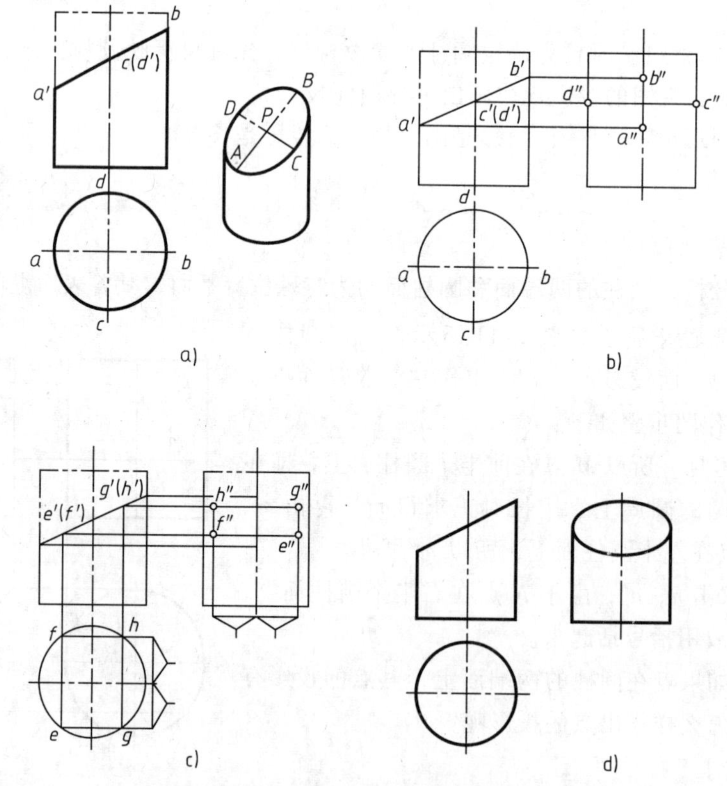

图 2-45　切割正圆柱的画法步骤

2）求中间点，为了准确作图，还必须在特殊点之间作出适当数量的中间点，如 E、F、G、H 各点。可先作出它们的水平投影和正面投影，再作出侧面投影，如图 2-45c 所示。

3）依次光滑连接 a''、e''、c''、g''、b''、h''、d''、f''、a''，即为所求截交线椭圆的侧面投影，描深切割后的图形轮廓，如图 2-45d 所示。

课堂练习：如图 2-46 和图 2-47 所示，该基本体为圆柱被与圆柱轴线平行和垂直的两平面切割所得到的几何体，这两个物体有什么相同和不同之处？思考一下，画出这两个物体的左视图。

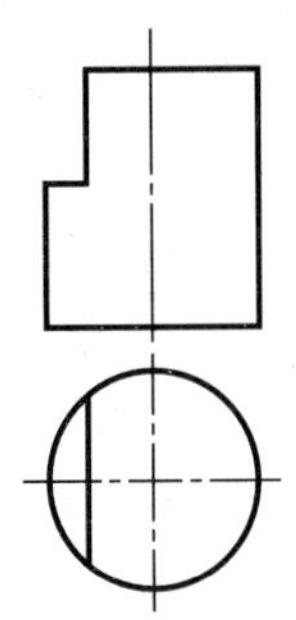

图 2-46　圆柱体切割（一）

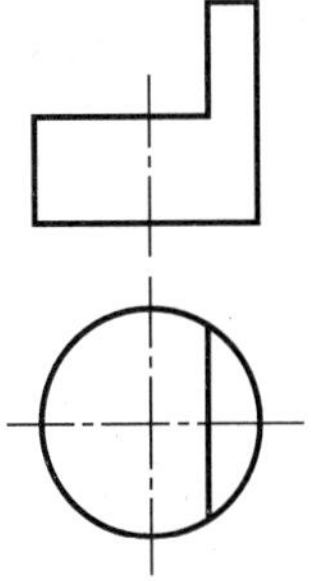

图 2-47　圆柱体切割（二）

子任务 5　识读圆锥体

任务描述

图 2-48 所示圆锥体是由圆锥面和底面围成的。圆锥面可看做由一条直素线绕与其相交的轴线回转而成。如何正确绘制圆锥的三视图？圆锥投影有什么特点？这节课来学习这些内容。

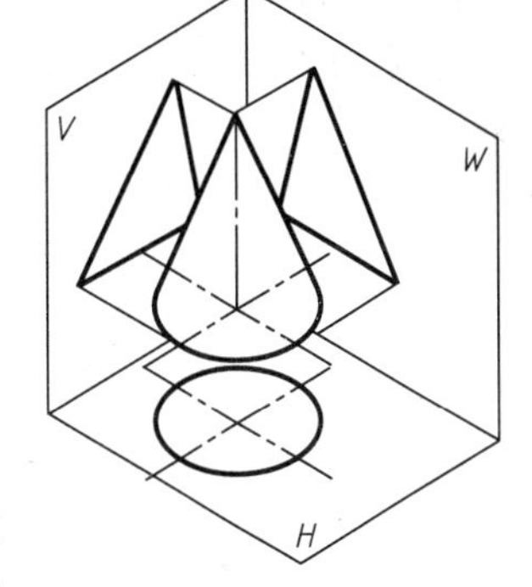

图 2-48　圆锥的三视图

任务分析

正圆锥底面为水平面，水平投影反映实形，即为圆，正面和侧面投影积聚成直线；圆锥面为一般位置平面，圆锥面的三面投影都没有积聚性，其水平投影与底面投影重合，全部可见，在正面投影中，前、后两个半圆锥面投影重合为一等腰三角形，三角形的两腰分别是圆锥的最左、最右素线的投影，也是圆锥面前、后分界的转向轮廓线；在圆锥的侧面投影中，左、右两半圆锥的投影重合为一等腰三角形，三角形的两腰分别是圆锥最前、最后素线的投影，也是圆锥面的左、右分界的转向轮廓线。如何正确绘制圆锥的三面投影呢？

相关知识

1. 怎样确定正圆锥

如果想确定圆锥的三面投影，必须知道圆锥的高度和底圆直径。

2. 圆锥轴线和圆的中心线的画法

用细点画线绘制圆锥的轴线和圆的中心线，细点画线应超出轮廓 3 ~ 5mm，圆心处应是长画的交点。

任务实施

1. 圆锥的三视图

根据前面分析，作正圆锥的三视图，作图步骤如下：

1）画圆锥的轴线、底圆的对称中心线和底面圆的基准线，如图 2-49a 所示。

2）画投影为圆的圆锥的俯视图，按圆锥的高度确定锥顶的主视图和左视图的位置，如图 2-49b 所示。

3）按长对正、高平齐、宽相等的投影关系画出圆锥的主视图和左视图，如图 2-49c 所示。

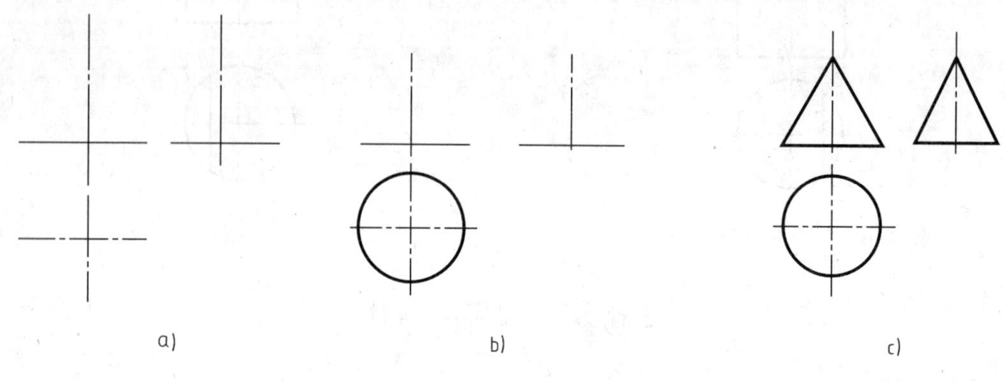

图 2-49　圆锥的三视图

2. 圆锥的尺寸标注

圆锥尺寸标注时，需标注圆锥的高度和圆锥的底圆直径，如图 2-50 所示。

图 2-51 所示的几何体是圆台，其尺寸标注如图所示。思考一下，它的左视图应如何绘制？

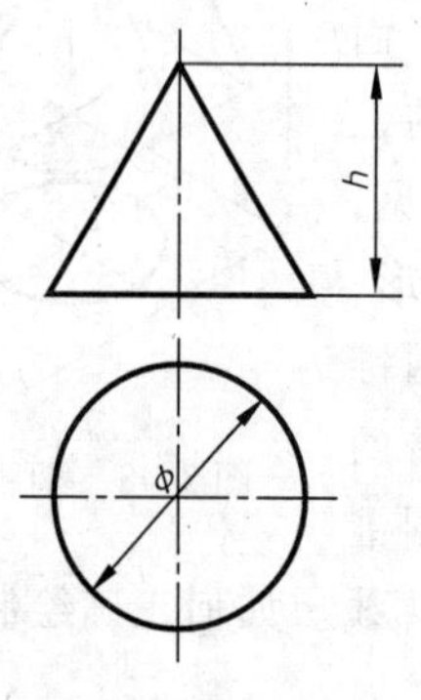

图 2-50　圆锥尺寸标注

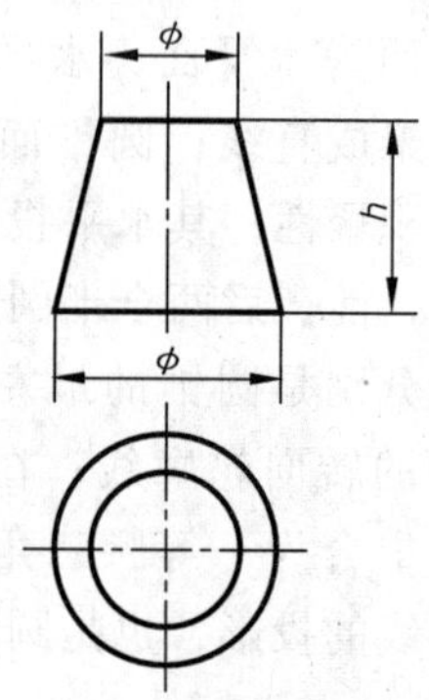

图 2-51　圆台尺寸标注

问题与防治

1）在作圆锥体的投影时首先确定圆锥的摆放位置，先画出反映圆锥体结构特征的那面投影，然后再按照三视图的投影规律画出另外两面投影。

2）圆锥体的投影特征是一面投影是圆，另两面投影是三角形。

3）分析圆锥和圆柱、圆锥和棱锥投影各有什么相同点和不同点。

知识拓展

1. 圆锥体表面取点

如图 2-52 所示，已知圆锥表面上 M 点的 V 面投影 m'，如何求 M 点另外两面投影呢？

根据前面的分析，图示圆锥底面是特殊位置平面，其投影可根据平面投影的积聚性直接求得；圆锥面是一般位置平面，其表面上的点可通过作辅助线的方法求得。其作图步骤如下：

1）过锥顶作包含 M 点的素线 SA，即连接 $s'm'$，并延长交底圆于一点 a'，由于 m'可见，故 M 点在前半个圆锥面上，按点的投影规律求出 A 点的 H 面投影 a。

2）连接 sa，按点的投影规律求出 M 点的 H 面投影 m。

3）按投影规律求出 M 点的 W 面投影 m''，因 M 点在左半个圆锥面上，故 m''可见。如果不可见用括号括起来。

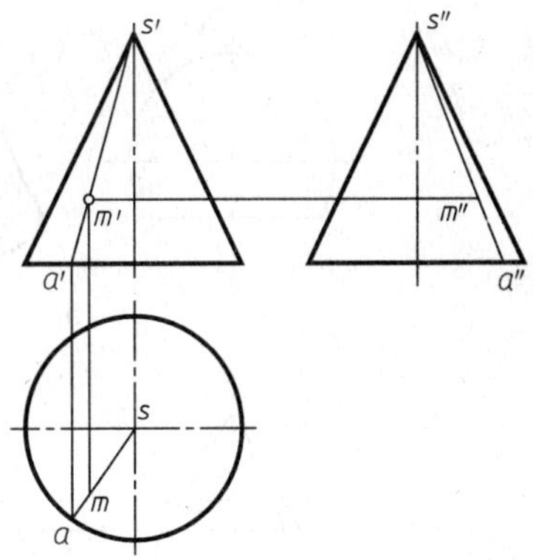

图 2-52 圆锥体表面取点

思考一下：圆锥面上的点的投影还有其他的作图方法吗？

2. 切割正圆锥

圆锥被平面切割分以下几种情况：

一是截平面与圆锥轴线平行，其截交线为双曲线加直线，如图 2-53a 所示；二是截平面与圆锥轴线垂直，其截交线为圆形，即圆台，如图 2-53b 所示；三是截平面与圆锥轴线倾斜，其截交线为椭圆，如图 2-53c 所示。那么如何正确绘制各类不同情况下的圆锥的截交线？

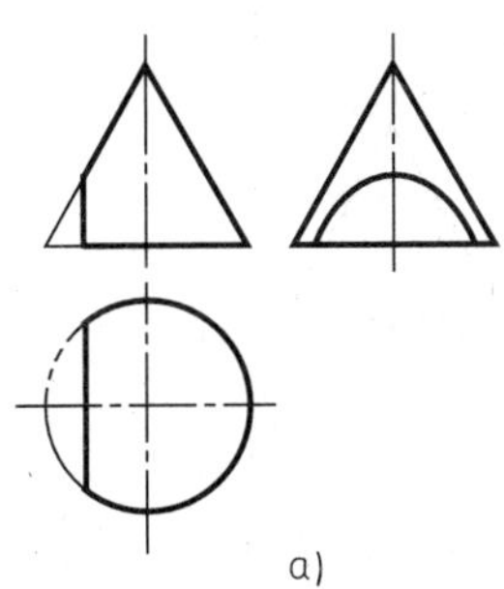

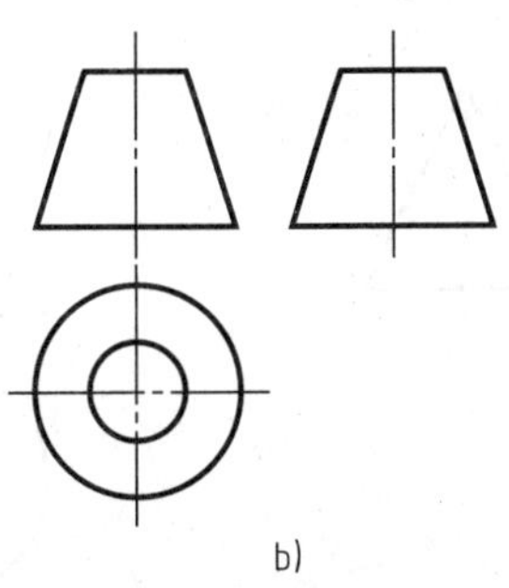

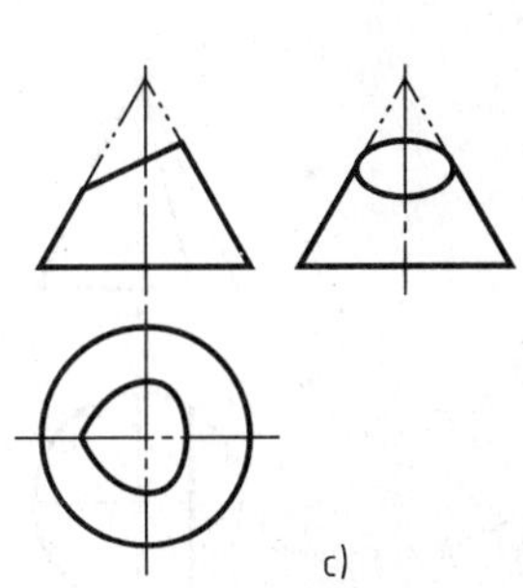

图 2-53 切割正圆锥

图 2-54a 所示为圆锥被正平面切割，补全其正面投影。

1）求特殊点，最高点 C 是圆锥面上最前素线与正平面的交点，利用积聚性直接作出侧面投影 c''和水平投影 c，由 c''和 c 作出正面投影 c'；最低点 A、B 是圆锥底面与正平面的交点，直接定出 a、b 和 a''、b''，再作出 a'、b'，如图 2-54b 所示。

2）求中间点，在适当位置作水平纬圆，该圆的水平投影与正平面的水平投影的交点 d、e 即为交线上两点的水平投影，再作出 d'、e'和 d''、e''，如图 2-54c 所示。

3）依次光滑连接 a'、d'、c'、e'、b'，补全切割后的正面投影，如图 2-54d 所示。

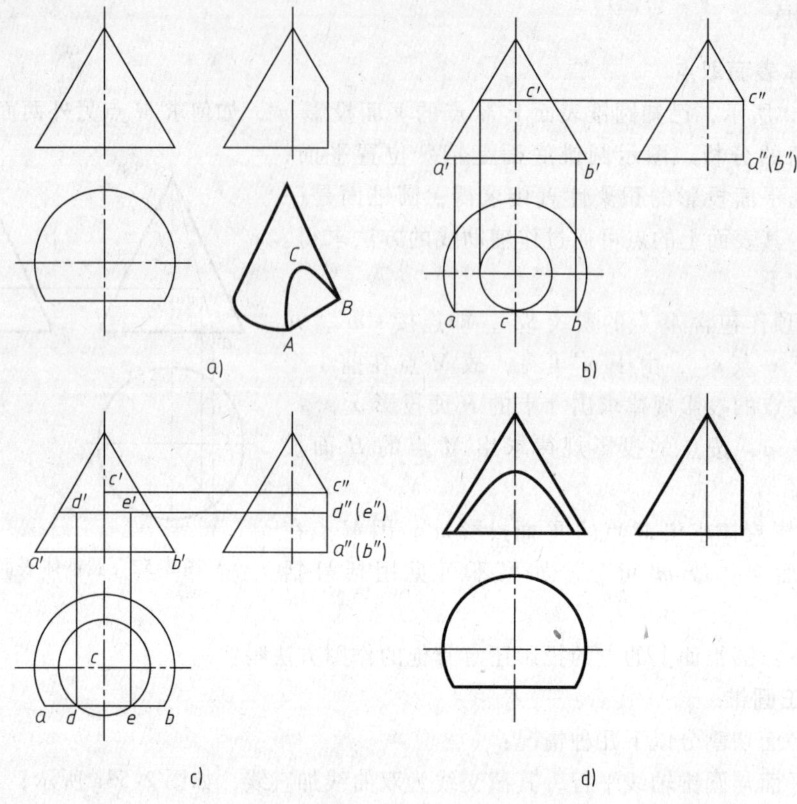

图 2-54 切割正圆锥的作图步骤

课堂练习：如图 2-55 所示，该基本体是什么物体，根据各基本体投影的特点补全这两个物体的三面投影。

图 2-55 思考题

子任务 6 识读圆球

任务描述

圆球的表面可以看做是由一条圆母线通过圆心的轴线回转而成。图 2-56 所示为圆球的形成以及它的三视图，那么如何绘制圆球的三视图？圆球的投影有什么特点？圆球表面上的点怎么确定？圆球经过不同位置平面切割后的三视图如何绘制？圆球的尺寸如何标注呢？

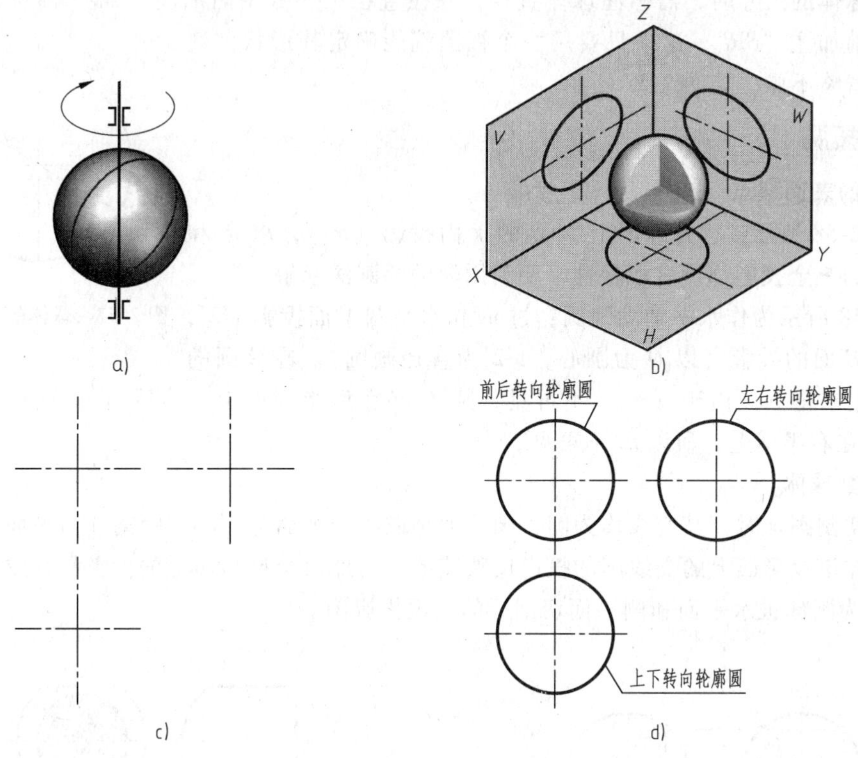

图 2-56 圆球及其三视图

任务分析

从图 2-56d 中可以看出，球的三个视图都为等径圆，并且是球面上平行于相应投影面的三个不同位置的最大轮廓圆。正面投影的轮廓圆是前、后两半球面可见与不可见的分界线；水平投影的轮廓圆是上、下两半球面可见与不可见的分界线；侧面投影的轮廓圆是左、右两半球面可见与不可见的分界线。

相关知识

1. 怎样确定球体

如果想确定球体的三面投影，必须知道球体的直径。

2. 球体轴线的画法

用细点画线绘制球体的轴线，细点画线应超出轮廓 3～5mm，圆心处应是长画的交点。

任务实施

1. 球体的三视图

根据前面分析，作球体的三面投影，作图步骤如下：

1）先画出球体的轴线投影，确定各视图的位置，如图 2-56c 所示。

2）画出投影为圆的俯视图，按长对正、高平齐的投影关系及圆球的高度画出主视图和左视图，描深，完成圆球的三面投影，如图 2-56d 所示。

2. 球体的尺寸标注

标注球体的尺寸时，需标注球体直径，并在直径尺寸数字前加注“$S\phi$”即可，在半径尺寸数字前加注“SR”，这样只要用一个视图就能确定其形状，其余视图可省略不画，如图 2-57 所示。

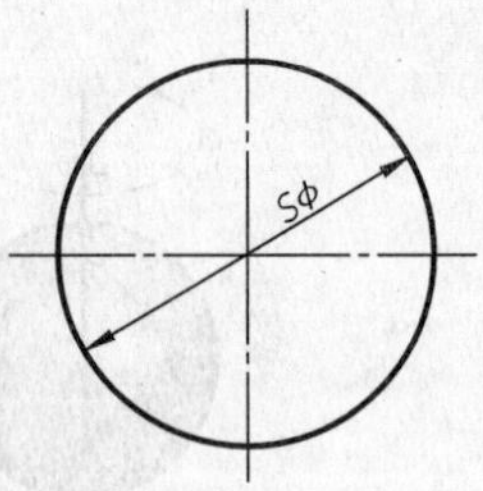

图 2-57　球体的尺寸标注

知识拓展

1. 球的表面取点

如图 2-58 所示，已知球面上 M 点的 V 面投影（m'），求 m 和 m''。球面的三个投影都没有积聚性，要利用辅助纬圆法求解。

图 2-58 所示为作水平辅助纬圆：过 m' 作水平圆 V 面投影 $1'2'$，再作出其 H 面的投影（以 O 为圆心，$1'2'$ 为直径画圆）。在该圆的 H 面投影上求得 m。由于（m'）不可见，则 M 必在后半球面上。然后由 m' 和 m 求出 m''，由于 M 点在右半球上，所以 m'' 不可见。

2. 切割球体

平面切割圆球时，其交线均为圆，圆的大小取决于平面与球心的距离。当平面平行于投影面时，在该投影面上的交线圆的投影反映实形，另外两个投影面上的投影积聚成直线。图 2-59 所示为圆球被水平面和侧平面切割后的三面投影图。

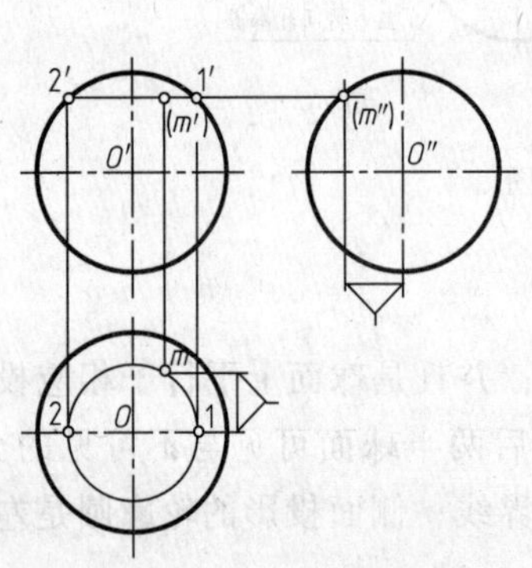

图 2-58　球体的表面取点

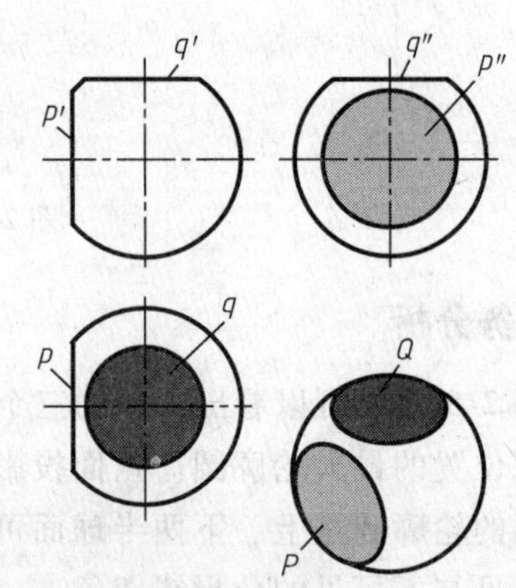

图 2-59　平面切割圆球

如图 2-60 所示，已知半球开槽的主视图，补画俯视图以及左视图。

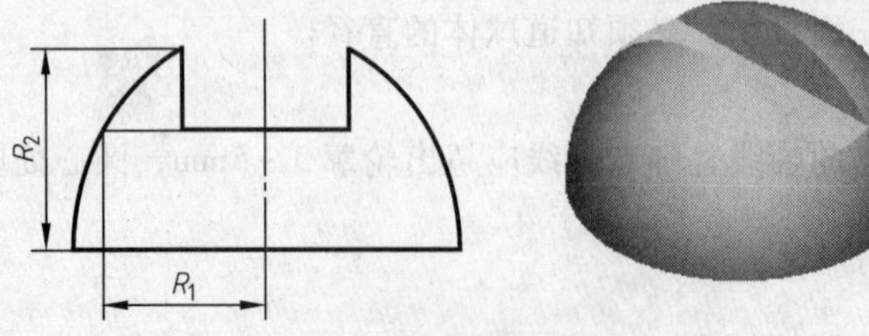

图 2-60　半球开槽

分析：半球上部的通槽是由左右对称的两个侧平面和一个水平面切割而成，它们与球面的截交线均为圆弧。

作图：

1）作半球的俯视图，如图 2-61a 所示。

2）作通槽的水平投影，通槽底面的水平投影由两段相同的圆弧和两段积聚性直线组成，圆弧的半径为 R_1，如图 2-61b 所示，可以从正面投影中量取。

3）作通槽的侧面投影，通槽的两侧面为侧平面，其侧面投影为圆弧，半径 R_2 可从正面投影中量取。通槽的底面为水平面，侧面投影积聚为一直线，中间部分不可见，画成虚线，如图 2-61c 所示。

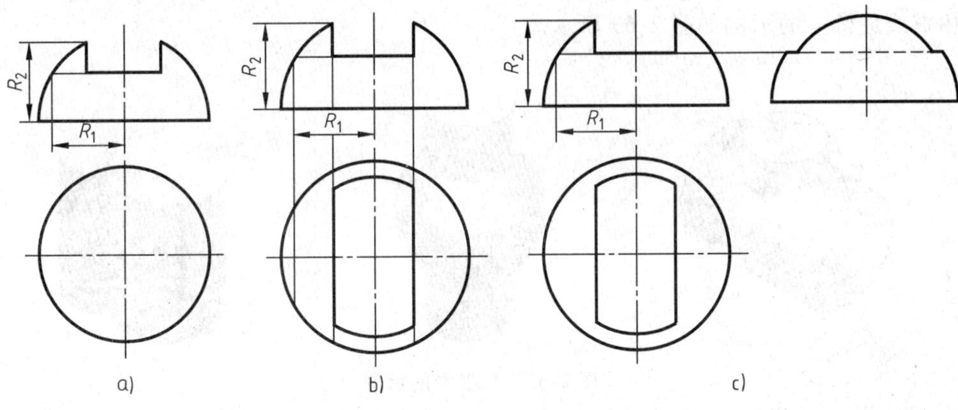

图 2-61 切槽半球体的投影作图

问题与防治

必须注意：图 2-61 所示的球体被切割后，在侧面投影中，球面上通槽部分转向轮廓线被切去。

任务3 相贯线的识读

任务描述

图 2-62 是两圆柱体相交，其交线称为相贯线。那么究竟怎样绘制相贯线的投影以及补

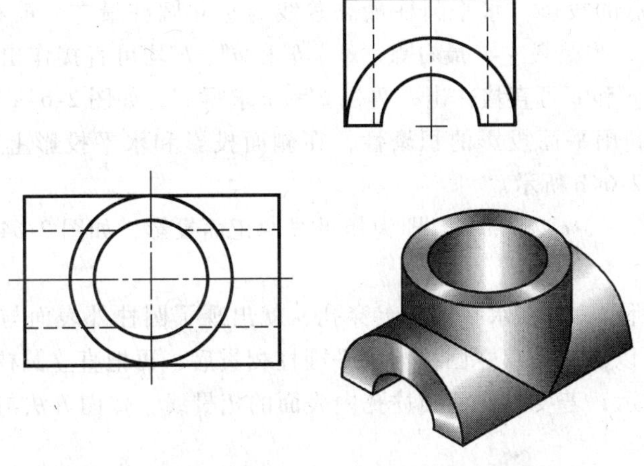

图 2-62 两圆柱体相交实例

画具有相贯线的物体的三视图呢?

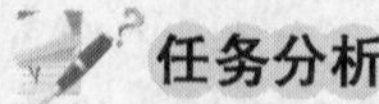

任务分析

相贯线的形状取决于两回转体各自的形状、大小和相对位置，一般情况下为闭合的空间曲线。两回转体的相贯线，实际上是两回转体表面上一系列共有点的连接，求作共有点的方法通常采用表面取点法（积聚性法）和辅助平面法。

相关知识

相贯线最常见的示例如图 2-63 所示。

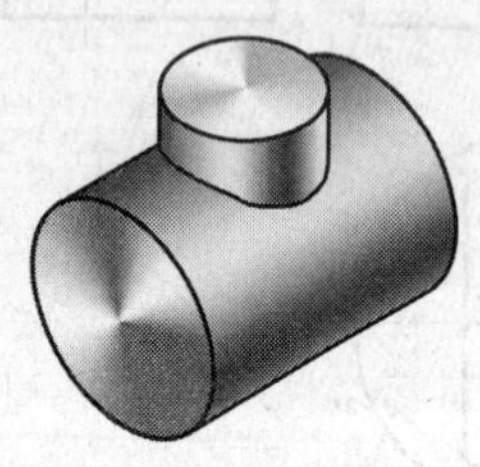

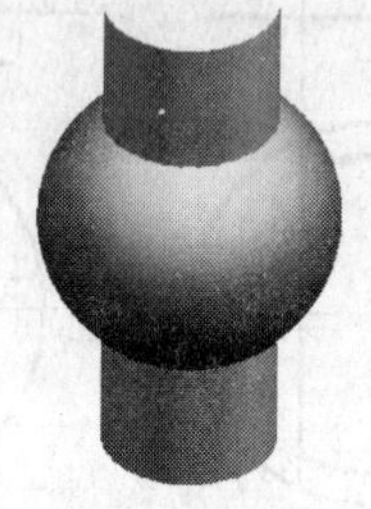

图 2-63　相贯线的示例

1. 圆柱与圆柱相交

两圆柱正交是工程上最常见的，如三通管就是轴线正交的两圆柱表面形成的相贯线。

下面以两个直径不等的圆柱正交为例，说明如何作相贯线的投影。

分析：两圆柱轴线垂直相交称为正交，当直立圆柱轴线为铅垂线，水平圆柱轴线为侧垂线时，直立圆柱面的水平和水平圆柱面的侧面投影都具有积聚性，所以相贯线的水平和侧面投影分别积聚在它们的圆周上，如图 2-64a 所示。因此，只要根据已知的水平和侧面投影，求作相贯线的正面投影即可。两不等径圆柱正交形成的相贯线为空间曲线，如图 2-64 中立体图所示。因为相贯线前后对称，在其正面投影中，可见的前半部分与不可见的后半部分重合，且左右对称。因此，求作相贯线的正面投影，只需作出前面的一半。

作图：

1）求特殊位置点的投影。水平圆柱最高素线与直立圆柱最左、最右素线的交点 A、B 是相贯线上的最高点，也是最左、最右点。a'、b'和 a''、b''均可直接作出。点 C 是相贯线的最低点也是最前点，c''和 c'可直接作出，再由 c''和 c 求得 c'，如图 2-64a 所示。

2）求中间点。利用平面投影的积聚性，在侧面投影和水平投影上定出 e''、f''和 e、f，再作出 e'、f'，如图 2-64b 所示。

3）光滑连接 a'、e'、c'、f'、b'，即为相贯线的正面投影，如图 2-64b 所示。

讨论：

1）如图 2-65a 所示，若在水平圆柱上穿孔，就出现了圆柱外表面与圆柱孔内表面的相贯线。这种相贯线可以看成是直立圆柱与水平圆柱相贯后，再把直立圆柱抽去而形成的。

再如图 2-65b 所示，若要求作两圆柱孔内表面的相贯线，作图方法与求作两圆柱外表面相贯线的方法相同。

2）如图 2-66 所示，当正交两圆柱的相对位置不变，而相对大小发生变化时，相贯线的

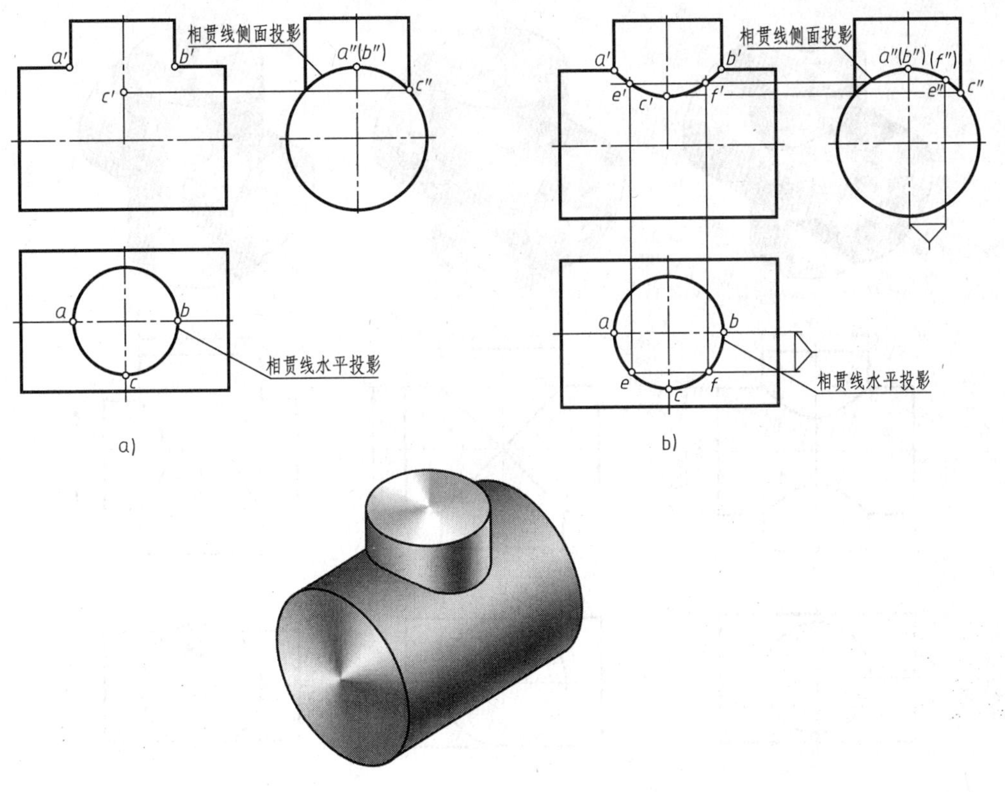

图 2-64 不等径两圆柱正交

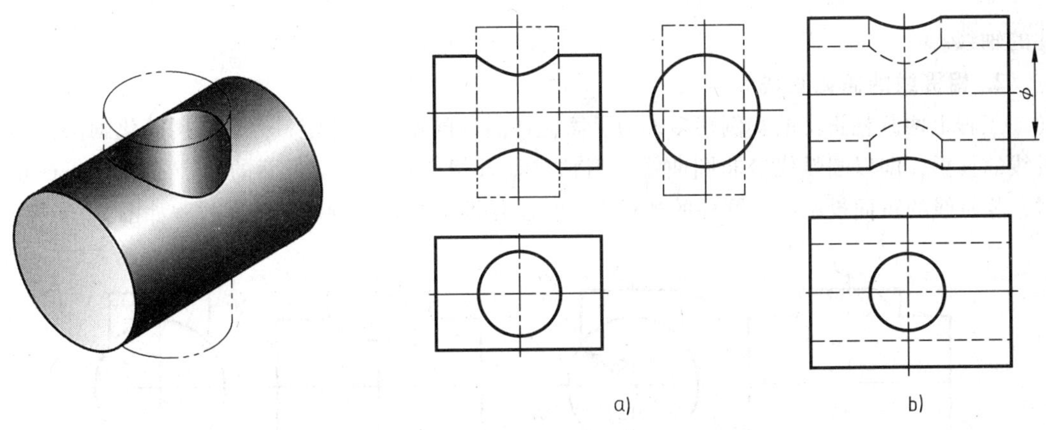

图 2-65 圆柱穿孔后相贯线的投影

形状和位置也将随之变化。

当 $\phi_1>\phi$ 时，相贯线的正面投影为上下对称的曲线，如图 2-66a 所示。

当 $\phi_1=\phi$ 时，相贯线在空间为两个相交的椭圆，其正面投影为两条相交的直线，如图 2-66b 所示。

当 $\phi_1<\phi$ 时，相贯线的正面投影为左右对称的曲线，如图 2-66c 所示。

从图 2-66a、c 可看出，在相贯线的非积聚性投影上，相贯线弯曲方向总是朝向较大圆

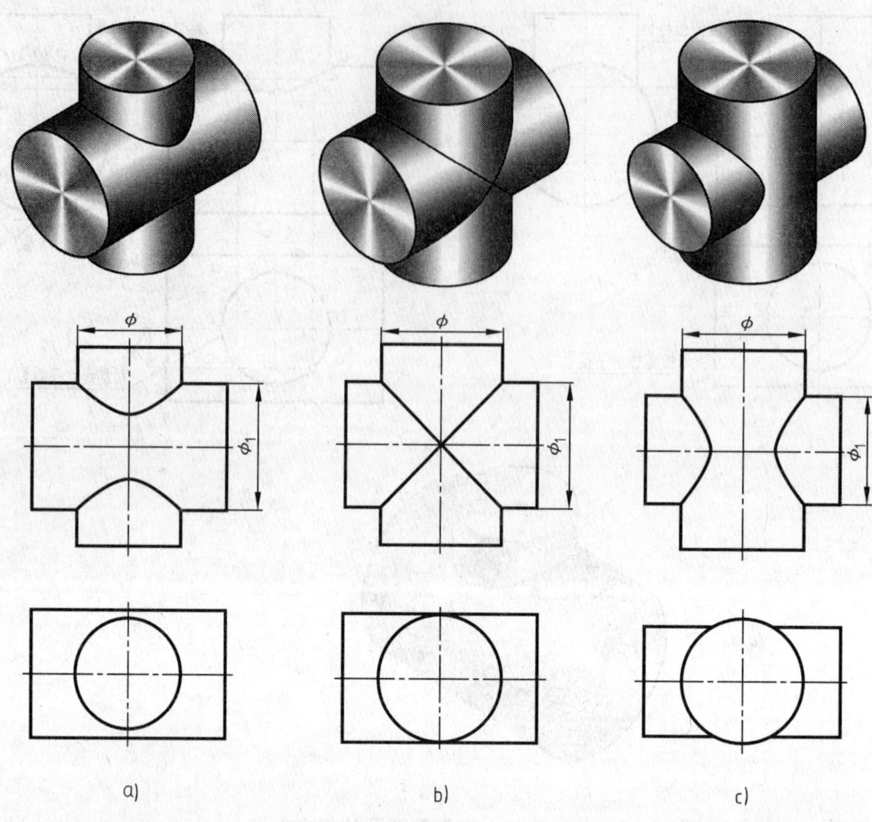

图 2-66　两圆柱正交时相贯线的变化

柱的轴线。

2. 相贯线的简化画法

工程上两圆柱正交的实例很多，为了简化作图，国家标准规定，允许采用简化画法作出相贯线的投影，即以圆弧代替非圆曲线。当轴线垂直相交且平行于正面的两个不等径圆柱相交时，相贯线的正面投影以大圆柱的半径为半径画弧即可。简化画法的作图过程如图 2-67 所示。

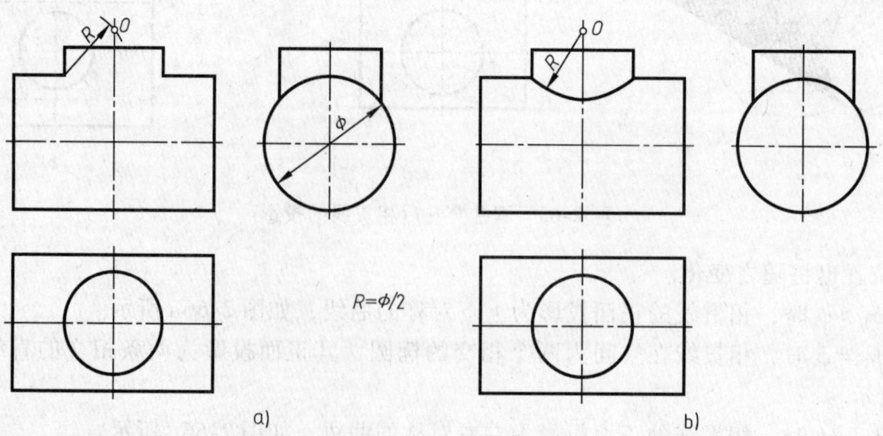

图 2-67　相贯线的简化画法

任务实施

如图 2-62 所示，已知相贯体的俯、左视图，求作主视图。

分析：由图 2-62 所示立体图可看出，该相贯体由一直立圆筒与一水平圆筒正交，内外表面都有交线。外表面为两个等径圆柱面相交，相贯线为两条相交的直线，其水平投影和侧面投影都积聚在它们所在的圆柱面有积聚性的投影上，正面投影为两段直线。内表面的相贯线为空间曲线，水平投影和侧面投影也都积聚在圆柱孔有积聚性的投影上，正面投影为两段曲线。

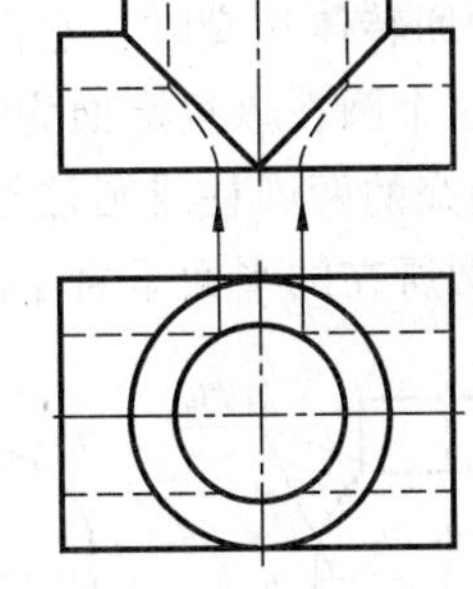

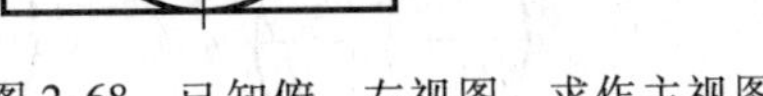

图 2-68 已知俯、左视图，求作主视图

作图：

1）作两等径圆柱外表面相贯线的正面投影，即两段对称 45°斜线。

2）作圆柱孔内表面相贯线的正面投影。可以用图 2-63 所示的方法作这两段曲线，也可以采用图 2-67 所示的简化画法作两段圆弧，如图 2-68所示。

知识拓展

如图 2-69 所示，求作半球与两个圆柱三体相交的相贯线的投影。

分析：水平小圆柱的上半部与半球相交，由于小圆柱与半球是共有侧垂轴的同轴回转体，所以相贯线为垂直于轴线的半圆，其侧面投影为半圆的实形，正面和水平投影都是侧平线；小圆柱的下半部与直立的大圆柱相交，相贯线是一段空间曲线，其水平、侧面投影具有积聚性，正面投影可利用积聚性取点的方法或简化画法作出。由于相贯体前后对称，所以相贯线的正面投影前后重合。

作图：作图过程如图 2-69a 所示，请读者自行阅读。作图结果如图 2-69b 所示。水平圆柱与直立圆柱的相贯线的正面投影可以用简化画法画出。

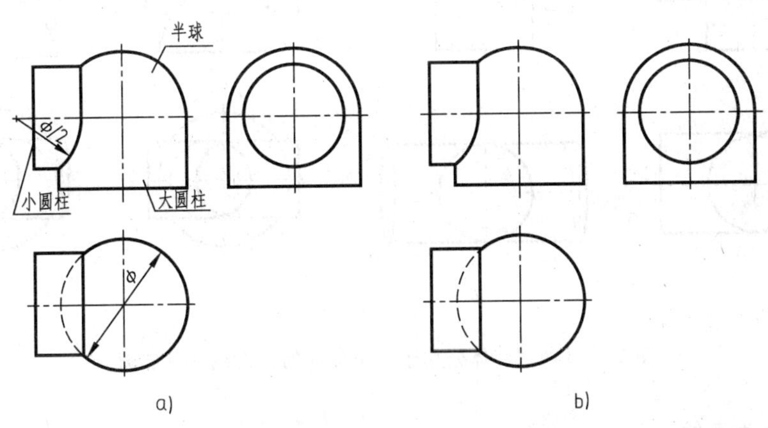

图 2-69 作半球与两个圆柱的组合相贯线

a）已知条件，分析和作图过程 b）作图结果

问题与防治

在一般情况下，相贯线为封闭的空间曲线，但也有特例，下面是相贯线的几种特殊情况。

1. 相贯线为平面曲线

1）两个同轴回转体相交时，它们的相贯线一定是垂直于轴线的圆，当回转体轴线平行于某投影面时，这个圆在该投影面为垂直于轴线的直线，如图 2-70 所示。

2）当轴线相交的两圆柱或圆柱与圆锥公切于一个球面时，相贯线是平面曲线——两个相交的椭圆。椭圆所在的平面垂直于两条轴线所决定的平面，如图 2-71 所示。

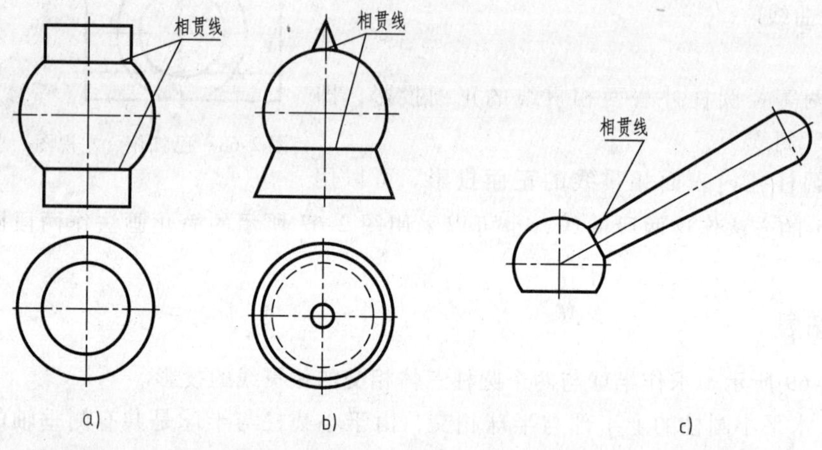

图 2-70　同轴回转体的相贯线——圆

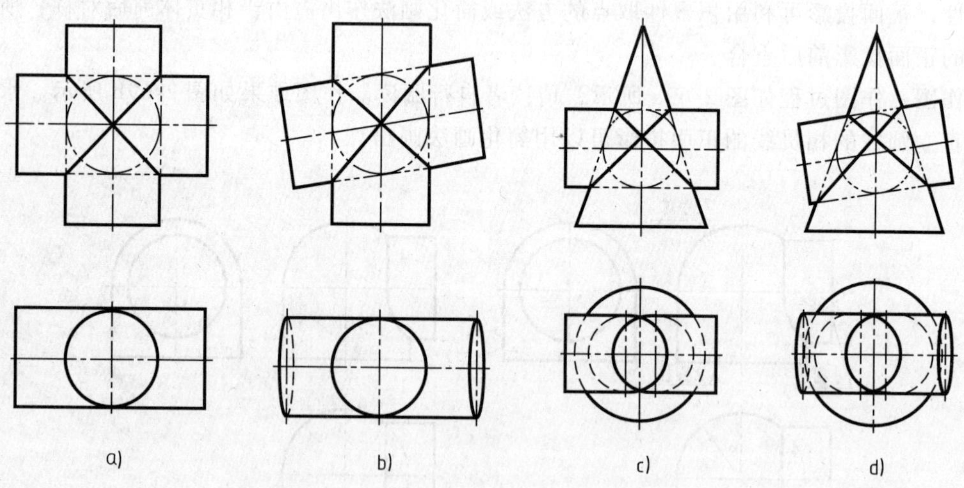

图 2-71　两回转体公切于一个球面的相贯线——椭圆

2. 相贯线为直线

当两圆柱的轴线平行时，相贯线为直线，如图 2-72 所示。当两圆锥共顶时，相贯线为直线，如图 2-73 所示。

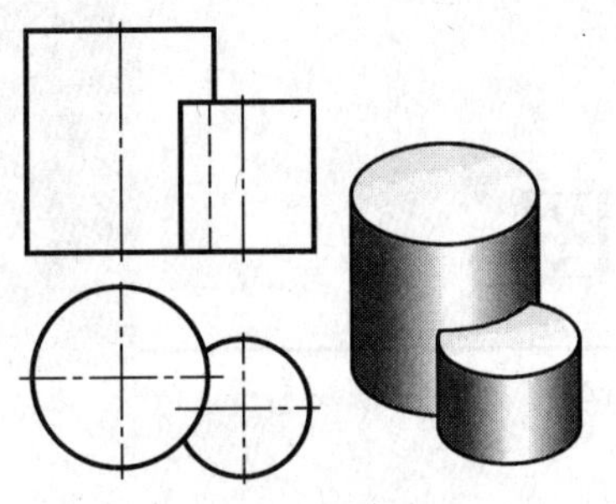

图 2-72　相交两圆柱轴线平行的相贯线——直线

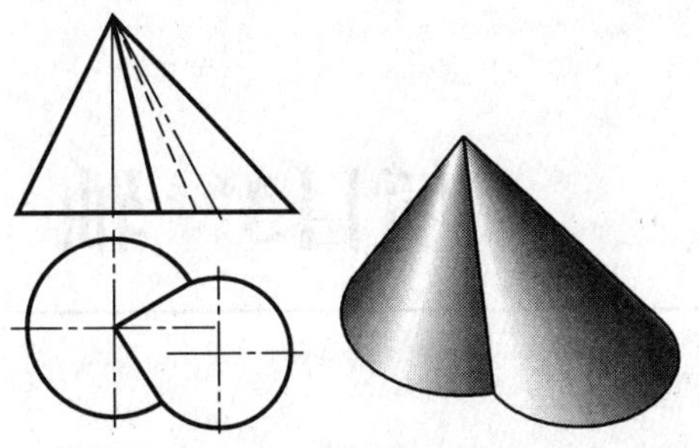

图 2-73　相交两圆锥共顶的相贯线——直线

项目3 轴 测 图

3

知识目标： 1. 了解轴测图的形成和轴测投影的基本原理。
2. 掌握轴测图的轴间角和轴向伸缩系数。

技能目标： 能正确熟练地绘制物体的正等轴测图和斜二轴测图。

任务1 物体的正等轴测图的绘制

子任务1 平面立体的正等轴测图的绘制

任务描述

了解轴测图的形成、分类及相关知识，掌握轴测投影的基本性质。图 3-1a 所示为长方体的三面投影图，它不仅能够确定物体的形状和大小，而且画图简便。但由于这种图立体感不强，缺乏读图能力的人很难看懂。

图 3-1b 所示为长方体的轴测图。它能在一个投影面上同时反映出物体长、宽、高三个方向的尺度，比三面投影图形象生动，立体感强。但它不易反映物体各个表面的实形，度量性差，作图比正投影图复杂。因此在工程上常用轴测图作为辅助图样来表达物体的结构形状，以帮助人们看懂正投影图。那么轴测图是怎么形成的？轴测图包括哪几种？如何正确绘制物体的轴测图呢？本任务主要研究平面立体的轴测图的绘制。

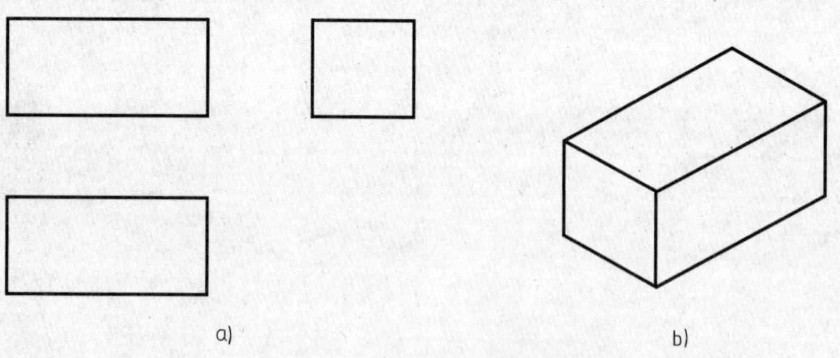

图 3-1 长方体三视图及轴测图

任务分析

图 3-2a 所示为正六棱柱的主、俯视图，图 3-2b 为正六棱柱的正等轴测图，图 3-2c 为

螺母立体图。如何根据物体的投影图画其轴测图呢？

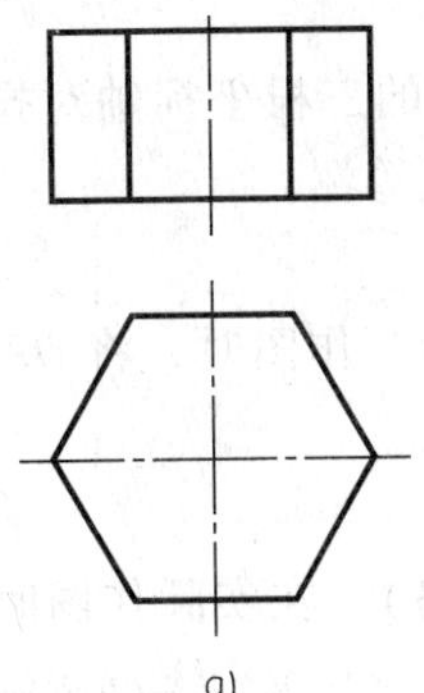

a)

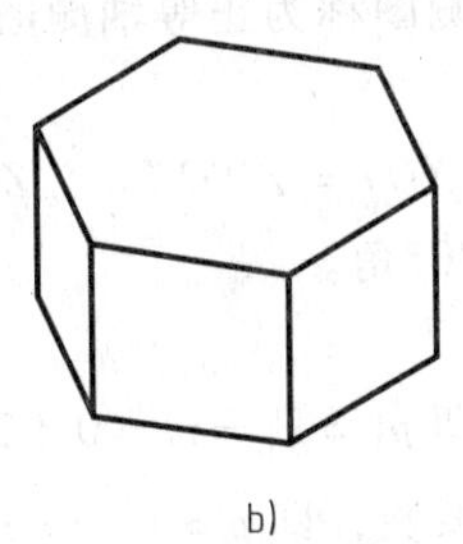

b)

c)

图 3-2 正六棱柱的视图和正等轴测图

a）正六棱柱的主、俯视图 b）正六棱柱的正等轴测图 c）螺母立体图

相关知识

1. 轴测图的形成

轴测图是将物体连同其直角坐标系，沿不平行于任一坐标面的方向，用平行投影法投射在单一投影面上所得到的具有立体感的图形，如图 3-3 所示。该单一投影面称为轴测投影面，直角坐标轴 O_0X_0、O_0Y_0、O_0Z_0 在轴测投影面上的投影 OX、OY、OZ 称为轴测轴。轴测轴之间的夹角 $\angle XOY$、$\angle YOZ$、$\angle ZOX$ 称为轴间角，三根轴测轴的交点 O 称为原点，轴测轴的单位长度与相应直角坐标轴的单位长度的比值称为轴向伸缩系数。X 向、Y 向和 Z 向的轴向伸缩系数分别用 p_1、q_1、r_1 表示。

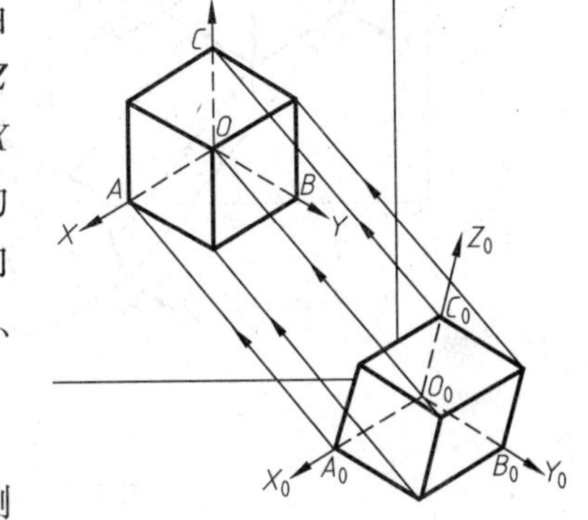

图 3-3 轴测图的形成

2. 轴测图的分类

根据投射方向与轴测投影面的相对位置不同，轴测图可分为两大类：

（1）正轴测图　投射方向与轴测投影面垂直所得的轴测图称为正轴测图。它包括正等测、正二测和正三测三种。

（2）斜轴测图　投射方向与轴测投影面倾斜所得的轴测图称为斜轴测图。它包括斜等测、斜二测和斜三测三种。

国家标准《机械制图》推荐使用正等测、正二测和斜二测投影。本章只介绍工程上用得较多的正等测和斜二测的画法。

3. 轴测投影的基本性质

1）物体上相互平行的线段，轴测投影仍相互平行；平行于坐标轴的线段，轴测投影仍平行于相应的轴测轴；同一轴向所有线段的轴向伸缩系数相同。

2）物体上不平行于轴测投影面的平面图形，在轴测图上变成原形的类似形，如正方形的轴测投影为菱形，圆的轴测投影为椭圆等。

画轴测图时，凡物体上与轴测轴平行的线段的尺寸可以沿轴向直接量取。所谓“轴测”

就是指沿轴向进行测量的意思。

4. 正等轴测图的概念

如图 3-4a 所示，投射方向垂直于轴测投影面，而且参考坐标系的三根坐标轴对投影面的倾角都相等，在这种情况下画出的轴测图称为正等轴测图，简称正等测。

5. 正等轴测图的轴间角

如图 3-4b 所示，投影后，轴间角 $\angle XOY = \angle YOZ = \angle ZOX = 120°$。作图时，将 OZ 轴画成铅垂线，OX、OY 轴分别与水平线成 30°角。

6. 正等轴测图的轴向伸缩系数

正等轴测图各轴向伸缩系数相等，即 $p_1 = q_1 = r_1 = 0.82$（证明略）。在实际作图时，为了作图简便，通常采用简化的轴向伸缩系数，即 $p = q = r = 1$。作图时，凡平行于轴测轴的线段，可直接按物体上相应线段的实际长度量取，不需换算。这样画出的正等轴测图，各轴向长度是原长的 1/0.82 = 1.22 倍，但形状没有改变。

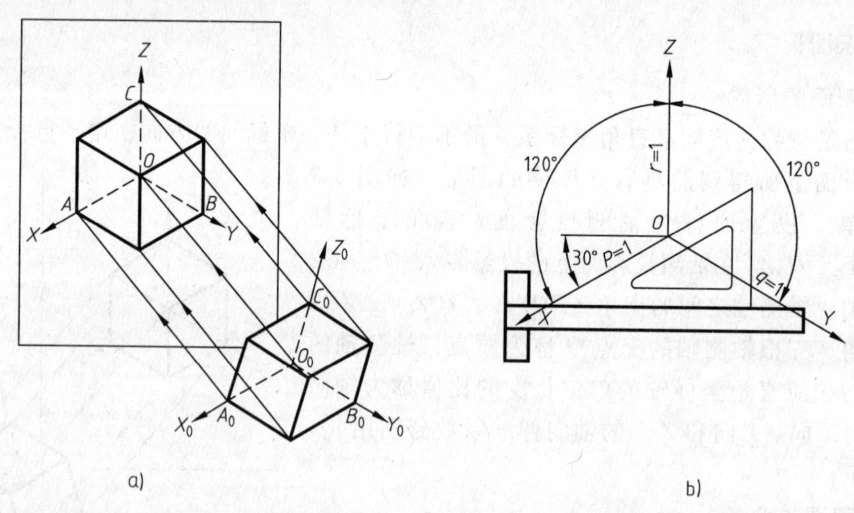

图 3-4 正等测图的轴间角和轴向伸缩系数

任务实施

常用的轴测图画法是坐标法和切割法。作图时先定出直角坐标轴和坐标原点，画出轴测轴，再按立体表面上各顶点或线段端点的坐标，画出其轴测投影，然后连接有关点，完成轴测图。下面以正六棱柱为例来介绍正等轴测图的画法。

正六棱柱的前后、左右对称。设坐标原点 O_0 为顶面六边形的对称中心，X_0、Y_0 轴分别为六边形的对称中心线，Z_0轴与六棱柱的轴线重合，这样便于直接定出顶面六边形各顶点的坐标。从顶面开始作图。其具体的作图步骤如下：

1）选定正六棱柱顶面正六边形的对称中心为坐标原点，定出各坐标轴，如图 3-5a 所示。

2）画轴测轴 OX、OY，由于 a_0、d_0 和 1_0、2_0 分别在 OX、OY 轴上，可直接定出 A、D 和Ⅰ、Ⅱ四点，如图 3-5b 所示。

3）过Ⅰ、Ⅱ两点分别作 OX 轴的平行线，在线上定出 B、C、E、F 各点。依次连接各顶点即得顶面的轴测图，如图 3-5c 所示。

4）过顶点 A、B、C、F 沿 OZ 轴向下画棱线，并在其上量取高度 h，依次连接得底面的轴测图，擦去多余作图线，描深，完成正六棱柱正等轴测图，如图 3-5d 所示。

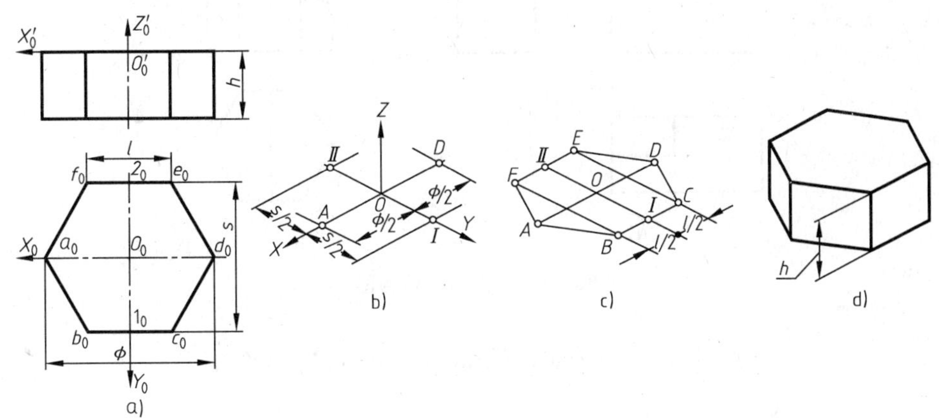

图 3-5 正六棱柱的正等测画法

问题与防治

1）物体上相互平行的直线，轴测图上仍然相互平行。

2）与坐标轴平行的直线，轴测图上与相应的轴测轴平行。

知识拓展

对于图 3-6a 所示的楔形块，可采用切割法作图，将它看成是由一个长方体斜切一角而成。其作图步骤如下：

1）定坐标原点及坐标轴，如图 3-6a 所示。

2）按给出的尺寸 a、b、h 作出长方体的轴测图，如图 3-6b 所示。

3）按给出的尺寸 c、d 定出斜面上线段端点的位置，并连成平行四边形，如图 3-6c 所示。

4）擦去作图线，描深，完成楔形块的正等轴测图，如图 3-6d 所示。

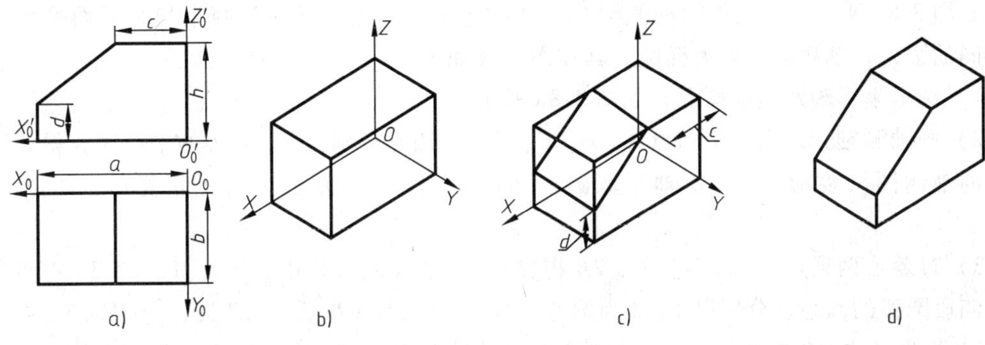

图 3-6 楔形块正等测画法

课堂练习：如图 3-7 所示，由给定的视图画物体的正等轴测图。

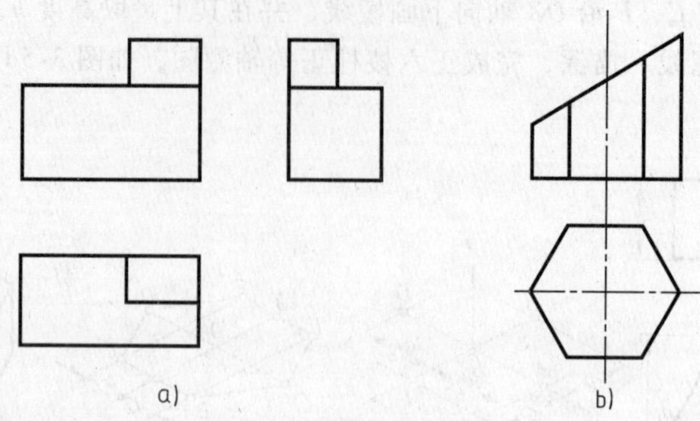

图 3-7 由视图画轴测图

子任务 2 曲面立体的正等轴测图的绘制

任务描述

曲面立体包括圆柱、圆锥、球及带曲面的物体，如何根据物体的三视图，绘制其正等轴测图？

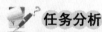

任务分析

图 3-8a 所示为直立圆柱，其上、下底面平行于水平面，前后、左右对称。为了减少不必要的作图线，从顶面开始作图比较方便。故选择顶面的中点作为空间直角坐标系的原点，圆柱的轴线作为 OZ 轴，顶面的两条对称中心线作为 OX、OY 轴。那么如何正确绘制圆柱的正等轴测图呢？

相关知识

1）正确选择坐标轴和相应的轴测轴。

2）根据轴测投影的基本性质确定曲面立体各圆弧的中心和切点，正确绘制各种曲面立体的正等轴测图。

任务实施

如图 3-8a 所示，直立正圆柱的轴线垂直于水平面，上、下底为两个与水平面平行且大小相同的圆，在轴测图中均为椭圆。其作图步骤如下：

1）选定坐标轴及坐标原点，如图 3-8a 所示。

2）画轴测轴，定出四个切点 A、B、C、D，过四点分别作 X、Y 轴的平行线，得外切正方形的轴测图（菱形），沿 Z 轴量取圆柱高度 h，用同样方法作出下底菱形，如图 3-8b 所示。

3）过菱形两顶点 1、2，连 $1C$、$2B$ 得交点 3，连 $1D$、$2A$ 得交点 4。1、2、3、4 即为椭圆的四段圆弧的圆心。分别以 1、2 为圆心，$1C$ 为半径作 CD 弧和 AB 弧；分别以 3、4 为圆心，$3B$ 为半径作 BC 弧和 AD 弧，得圆柱上底的轴测图（椭圆）。将椭圆的三个圆心 2、3、4 沿 Z 轴平移距离 h，作出下底椭圆，不可见的圆弧不必画出，如图 3-8c 所示。

4）作两椭圆的公切线，擦去多余图线，描深，完成圆柱轴测图，如图 3-8d 所示。

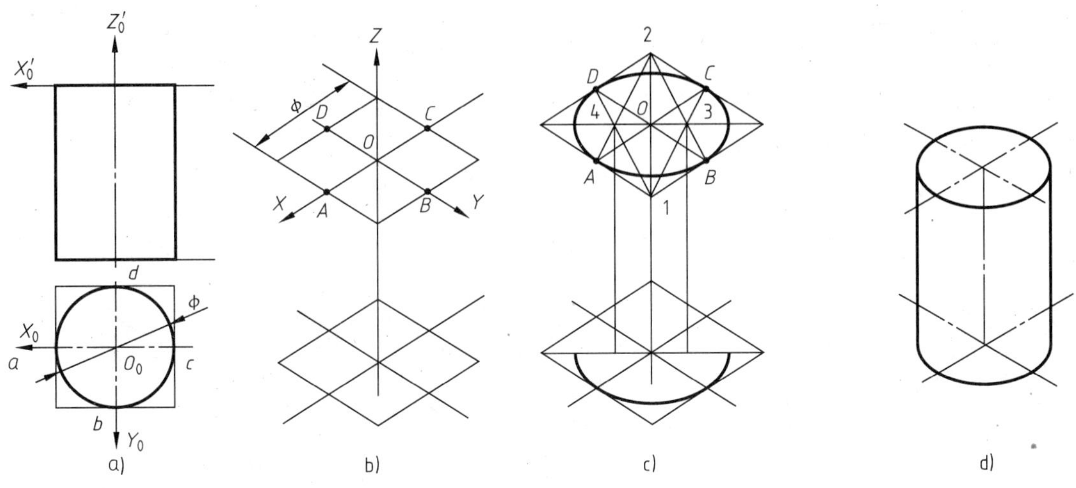

图 3-8 圆柱的正等测画法

思考一下：当圆柱轴线垂直于正面和侧面时，轴测图的画法如何呢？

问题与防治

1）画图前根据视图特点合理选择坐标原点和坐标轴的位置，严格遵循轴测投影的基本性质。

2）在画轴测图时只画可见部分，不可见的部分不要画出。

知识拓展

1. 圆角

平行于坐标面的圆角是圆的一部分，其正等测图是椭圆四段圆弧中的一段。可先画出长方体的轴测图，再画出圆弧即可，其作图步骤如下：

1）根据圆角半径 R，在平板上底面相应的棱线上作出切点 1、2、3、4，如图 3-9a 所示。

2）作出平板长方体的轴测图，如图 3-9b 所示。

3）过切点 1、2 分别作相应棱线的垂线，得交点 O_1，过切点 3、4 作相应棱线的垂线，得交点 O_2，如图 3-9c 所示。以 O_1 为圆心，$O_1 1$ 为半径作弧 12，以 O_2 为圆心，$O_2 3$ 为半径作弧 34，得平行于底面两圆角的轴测图，如图 3-9d 所示。

4）将圆心 O_1、O_2 下移平板厚度 h，再用与上底面圆弧相同的半径分别作两圆弧，得平板下底面圆角的轴测图，如图 3-9e 所示。在平板右端作上、下两个小圆弧的公切线，描深可见部分轮廓线，如图 3-9f 所示。

2. 半圆头板

根据图 3-10a 给出的尺寸作出包括半圆头的长方体，再作出半圆头和圆孔的轴测图。其作图步骤如下：

1）画长方体的轴测图，并标出切点 1、2、3，如图 3-10b 所示。

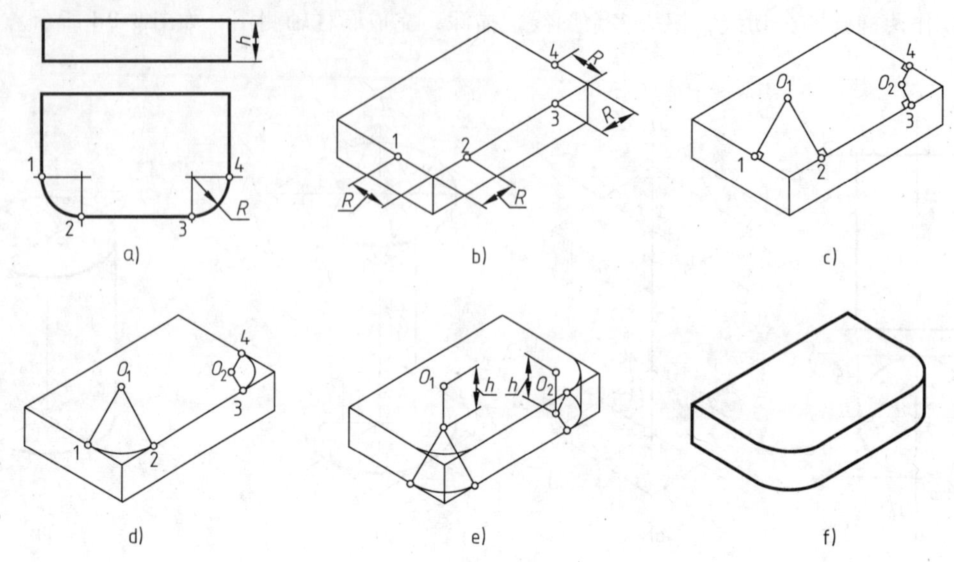

图 3-9　圆角的正等测画法

2）过切点 1、2、3 作相应棱线的垂线，得交点 O_1、O_2，以 O_1 为圆心，O_12 为半径作圆弧 12，以 O_2 为圆心，O_22 为半径作圆弧 23，如图 3-10c 所示。将 O_1、O_2 和 1、2、3 各点向后平移板厚 t，作相应的圆弧，再作小圆弧公切线，如图 3-10d 所示。

3）作半圆头板前端面圆孔的轴测图（椭圆），后端面的椭圆只画出可见部分的一段圆弧，擦去作图线，描深，如图 3-10e 所示。

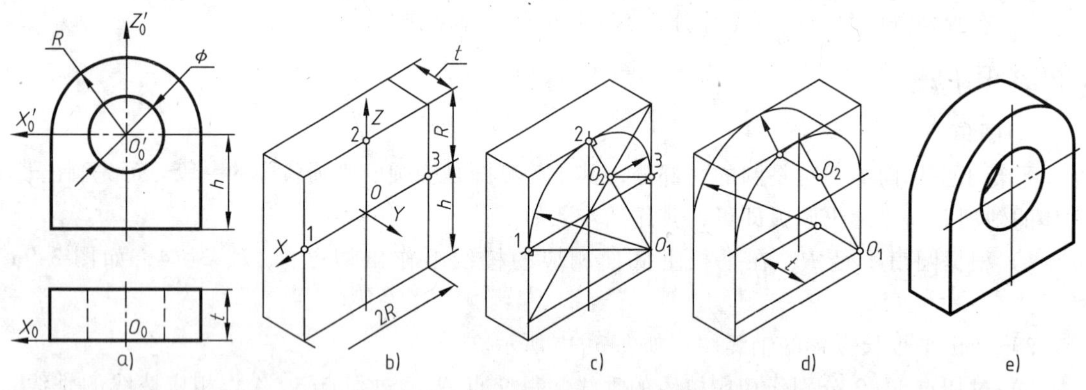

图 3-10　半圆头板的正等测画法

任务 2　物体的斜二轴测图的绘制

任务描述

掌握斜二轴测图的轴间角和轴向伸缩系数及其适应条件，正确绘制带圆孔六棱柱的斜二轴测图。

任务分析

如图 3-11a 所示，将坐标轴 O_0Z_0 放置成铅垂位置，并使坐标面 $X_0O_0Z_0$ 平行于轴测

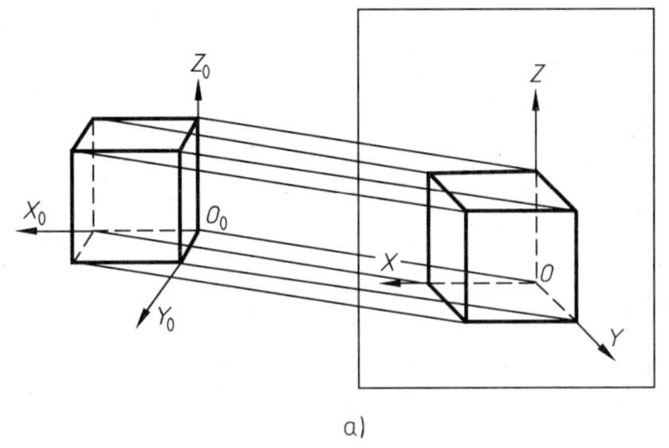

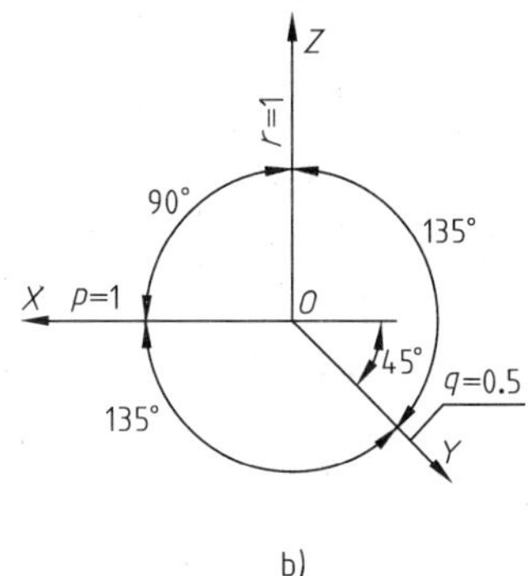

图 3-11 斜二测图

a）斜二测图的形成 b）斜二轴测图的轴间角和轴向伸缩系数

投影面 V，用斜投影法将物体连同其坐标轴一起向 V 面投射，所得到的轴测图称为斜轴测图。斜轴测图包括斜等测、斜二测和斜三测三种。本节只介绍斜二轴测图的绘制及其适用条件。

相关知识

1. 斜二轴测图的轴间角和轴向伸缩系数

如图 3-11b 所示，由于 $X_0O_0Z_0$ 坐标面平行于轴测投影面 V，所以轴测轴 OX、OZ 仍分别为水平方向和铅垂方向，其轴向伸缩系数 $p=r=1$，轴间角 $\angle XOZ=90°$。轴测轴 OY 的方向和轴向伸缩系数 q 可随着投射方向的变化而变化。为了绘图简便，国家标准规定，选取轴间角 $\angle XOY=\angle YOZ=135°$，$q=0.5$。

2. 斜二轴测图的适应条件

由于物体上平行于 $X_0O_0Z_0$ 坐标面的直线和平面图形均反映实长和实形，所以当物体上有较多的圆或圆弧平行于 $X_0O_0Z_0$ 坐标面时，采用斜二测作图比较方便。

任务实施

图 3-12a 所示为带圆孔的六棱柱，其前、后端面平行于正面，确定直角坐标系时，使坐标轴 O_0Y_0 与圆孔轴线重合，坐标面 $X_0O_0Z_0$ 与正面平行，选取正面为轴测投影面。这样，物体上的六边形和圆的轴测投影均为实形，作图很简单。其作图步骤如下：

1）定出直角坐标轴并画出轴测轴，如图 3-12a 所示。

2）画出前端面正六边形，由六边形各顶点沿 Y 轴方向向后平移 $h/2$，画出后端面正六边形，如图 3-12b 所示。

3）根据圆孔直径 ϕ 在前端面上作圆，由点 O 沿 Y 轴方向向后平移 $h/2$ 得 O_1，作出后端面的可见部分，如图 3-12c 所示。

问题与防治

1）根据视图特点选择合适的轴测图，当物体上平行于正面有正多边形、圆或圆弧时采用斜二测作图较简单。

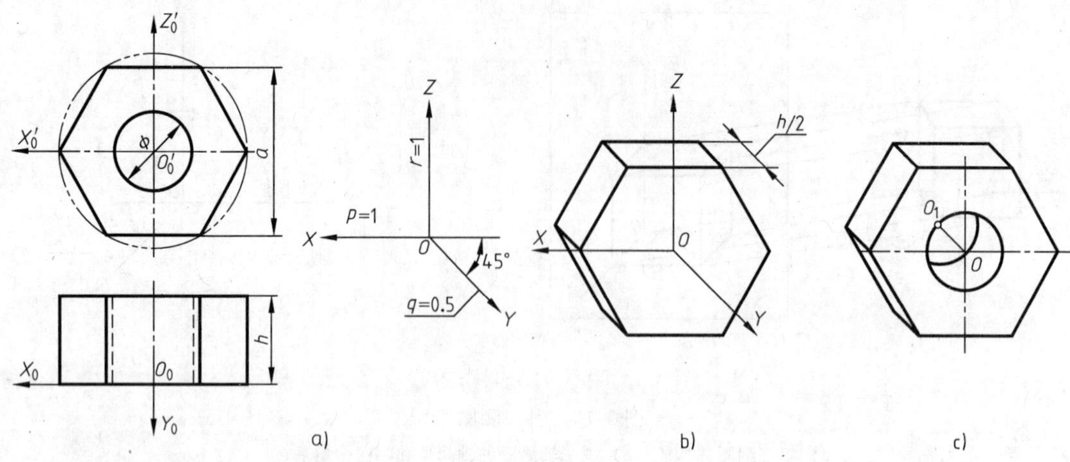

图 3-12　带圆孔的六棱柱的画法

2）在画轴测图时只画可见部分，不可见的部分不要画出。

3）注意斜二轴测图的轴向伸缩系数。

知识拓展

图 3-13a 所示为一个具有同轴圆柱孔的圆台，圆台的前、后端面及孔口都是圆。因此，将前、后端面平行于正面放置，作图很方便。其作图步骤如下：

1）作轴测轴，在 Y_0 轴上量取 $L/2$，定出前端面的圆心 A，如图 3-13b 所示。

2）画出前、后端面的轴测图，如图 3-13c 所示。

3）作两端面圆的公切线及前孔口和后孔口的可见部分。擦去多余作图线，描深，如图 3-13d 所示。

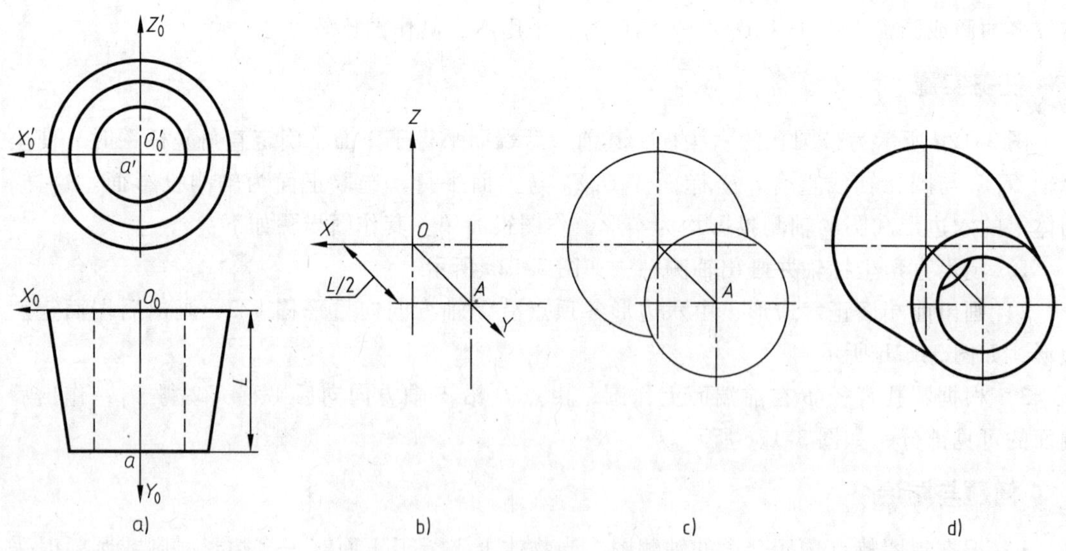

图 3-13　带孔圆台的斜二测画法

课堂练习：如图 3-14 所示，由给定的视图画物体的斜二轴测图。

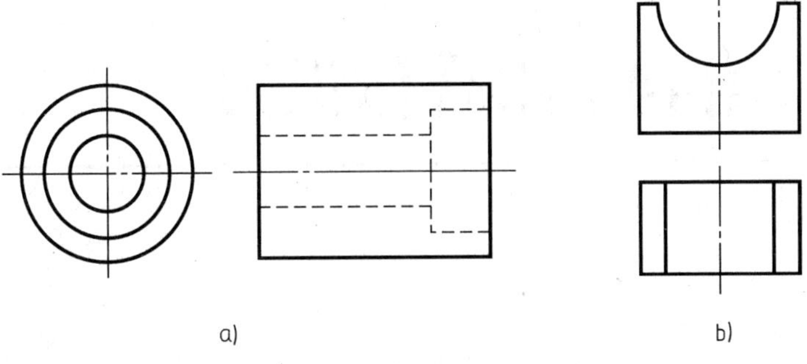

图 3-14 由视图作斜二轴测图

项目4　组合体识读

4

> **知识目标：** 掌握组合体的组合形式，确定组合的位置关系，进行组合体的绘图与标注。
> **技能目标：** 能正确识读组合体三视图。

任务1　画组合体视图的方法与步骤

任务描述

图 4-1a 和 4-2b 所示分别是叠加类和切割类组合体，正确绘制这两类组合体的视图。

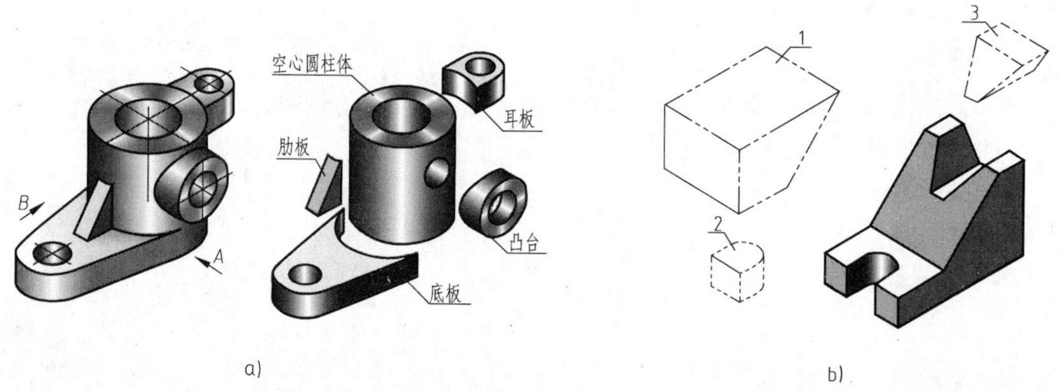

图 4-1　组合体

a）叠加类组合体　b）切割类组合体

任务分析

画组合体的视图时，首先要运用形体分析法将组合体分解为若干个基本形体，分析它们的组合形式和相对位置，判断形体间相邻表面连接关系，然后逐个画出各基本形体的三视图。必要时还要对组合体中的投影面垂直面或一般位置平面及其相邻表面关系进行面形分析。

相关知识

1. 组合体的组合形式与表面连接关系

（1）组合体的组合形式

1）图 4-2a 所示形体由五部分组成，其中包括底板、空心圆柱体、凸台、耳板和肋板。这五部分根据不同的工作位置组合而成整体，所以把这种组合形式称为叠加类组合体。

2）图 4-2b 所示组合体可看成是一个完整的基本体经过几次切割或穿孔后形成的，这样的组合体称之为切割类组合体。

3）在生产或生活中，许多组合体是既有叠加又有切割，因此把这样的组合体称之为综合类组合体，如图 4-2c 所示。

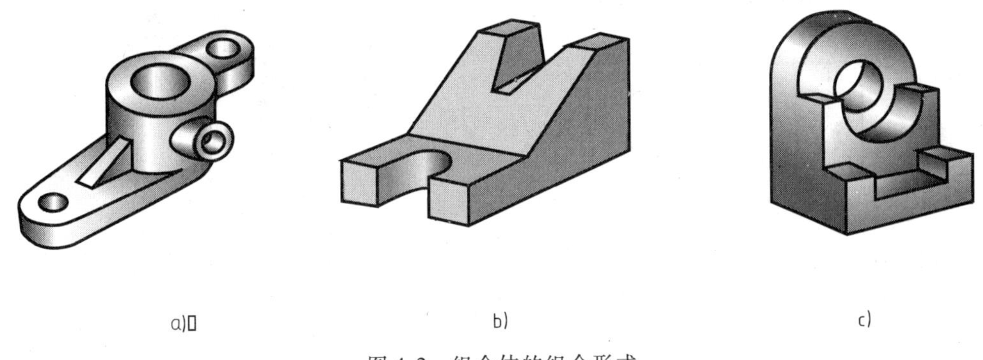

a)　　b)　　c)

图 4-2　组合体的组合形式

因此组合体分为叠加类、切割类和综合类三种，在这三种类型中，最常见的就是综合类的组合体。

（2）组合体中相邻形体的表面连接关系　组合体中的基本形体经过叠加、切割或穿孔后，相邻形体表面间可形成共面、不共面、相切或相交几种关系，如图 4-3 所示。

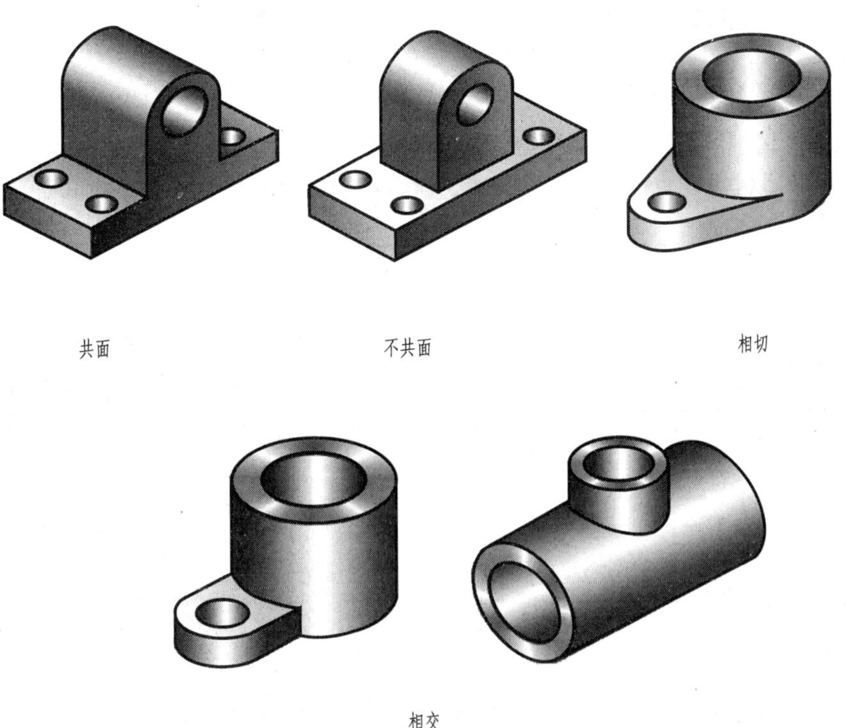

图 4-3　表面连接关系

1）共面。图 4-4 所示形体底板前表面与上部分形体前表面在同一个平面内，画主视图时，两形体表面间没有分界线。

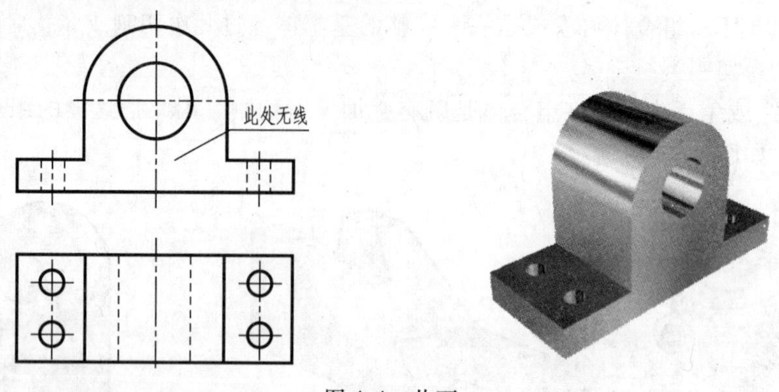

图 4-4　共面

2）不共面。如图 4-5 所示形体，由于底板的前表面与上部分形体的前表面不在同一个平面内，画主视图时，两形体间投影应有线隔开。

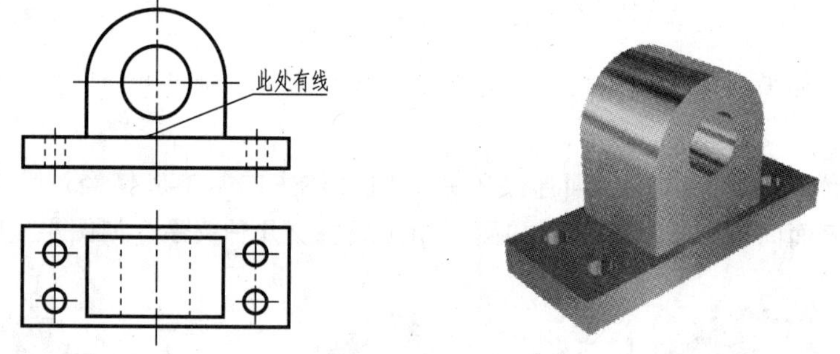

图 4-5　不共面

3）相切。图 4-6 所示形体由底板和空心圆柱组成，底板的前后表面分别与圆柱表面相切，由于两形体相邻表面相切是光滑过渡，所以相切处没有线。

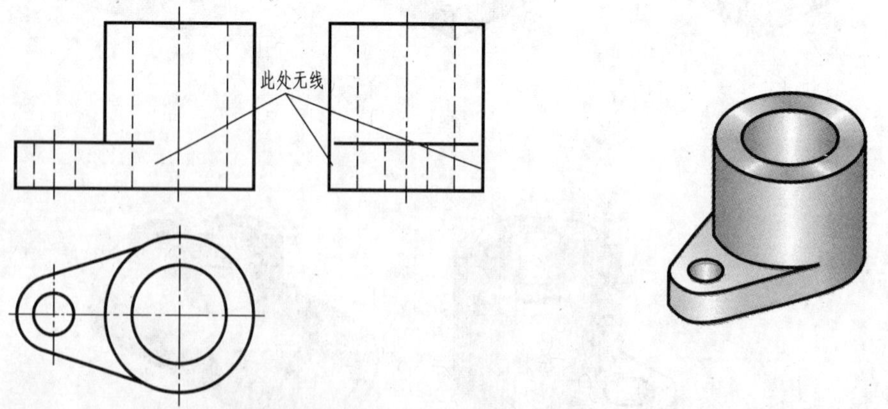

图 4-6　相切

4）相交。如图 4-7 所示形体，底板前后表面与圆柱体相交，其相邻表面必产生交线，因此在相交处应画出交线的投影。

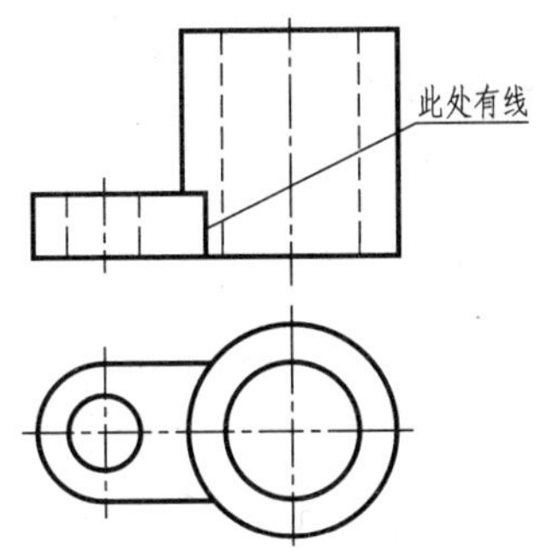

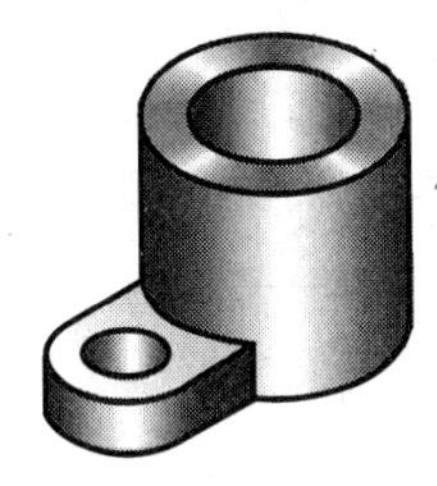

图 4-7 相交

2. 叠加型组合体的视图画法

（1）形体分析 图 4-1a 所示的轴承座组合体，由底板、空心圆柱体、凸台、耳板和肋板五部分组成，图中可以看出：肋板的底面与底板的顶面叠合；底板的两侧面与圆柱体相切；肋板和耳板的侧面均与圆柱体相交；凸台与圆柱体垂直相交，两圆柱的通孔连通。

（2）选择视图 图 4-1a 箭头所指的两个投射方向，哪个比较好？选择 *A* 向比较好，因为组成支座的基本形体及它们之间的相对位置关系在 *A* 向表达最清楚，能反映结构的形状特征。

3. 切割型组合体的视图画法

（1）形体分析 图 4-1b 所示组合体可看成是由长方体经过三次切割后形成的。切割型组合体视图的画法可在形体分析法的基础上结合面形分析法作图。

（2）面形分析法 这是根据表面的投影特性来分析组合体表面的性质、形状和相对位置，从而完成画图和读图的方法。

任务实施

1. 叠加类组合体的作图过程

选好适当比例和图纸幅面，然后确定视图位置，确定各视图主要中心线和基线。按形体分析法，从主要的形体（如圆柱体）着手，并按各基本形体的相对位置，逐个画出它们的三视图，具体作图步骤如图 4-8 所示。

2. 切割类组合体的作图过程

图 4-1b 所示组合体可看成是由长方体切去基本形体 1、2、3 而成。其具体作图过程如图 4-9 所示。

问题与防治

1. 组合体中相邻形体的表面连接关系中的特殊情况及易出现的问题

1）圆柱面与半球面相切，其表面应是光滑过渡，切线的投影不画，如图 4-10a 所示；两个圆柱面相切，当圆柱面的公共切平面垂直于投影面时，应画出两个圆柱面的分界线，如图 4-10b 所示。

2）当两实形体相交时已融为一体，圆柱面上原有的一段转向轮廓线已不存在，如图 4-11a所示；圆柱被穿方孔后的一段转向轮廓线已被切去，如图 4-11b 所示。

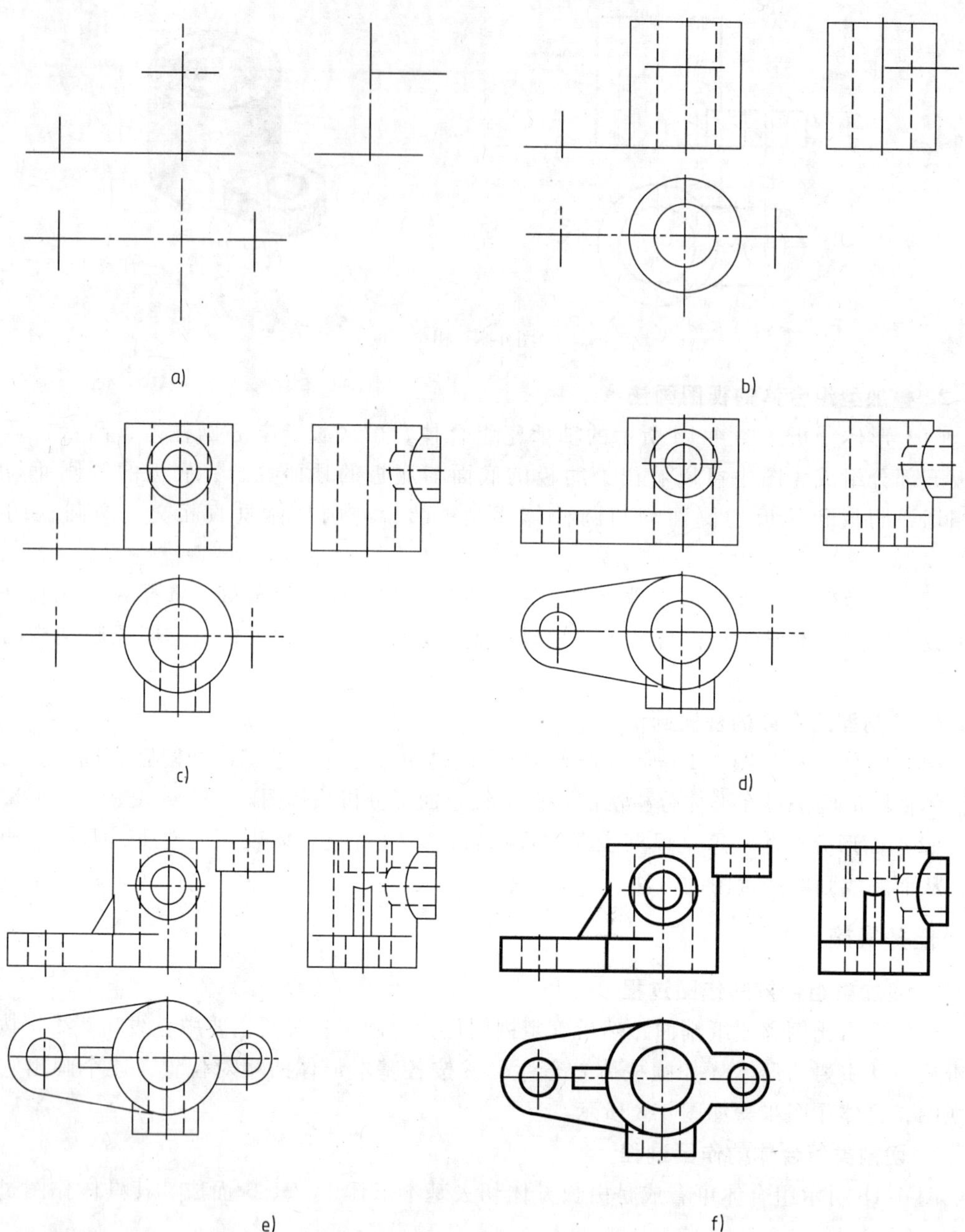

图 4-8 支座的画图步骤

a）画各视图的主要中心线和基准线 b）画主要形体直立中空圆柱体 c）画凸台
d）画底板 e）画肋板和耳板 f）检查并擦去多余的线段，按要求描深

2. 画叠加类组合体视图的注意事项

1）运用形体分析法，逐个画出各部分基本形体，同一形体的三视图应按投影关系同时进行，而不是先画完组合体一个视图后再画另一个视图。这样可以减少投影作图错误，也能提高绘图速度。

2）画每一部分基本形体时，应先画反映该部分形状特征的视图。

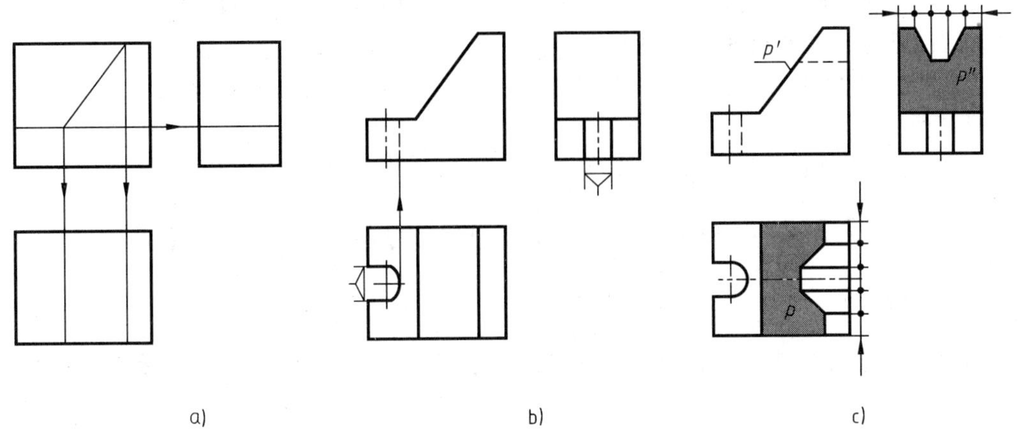

图 4-9　切割类组合体的画图步骤

a）第一次切割　b）第二次切割　c）第三次切割

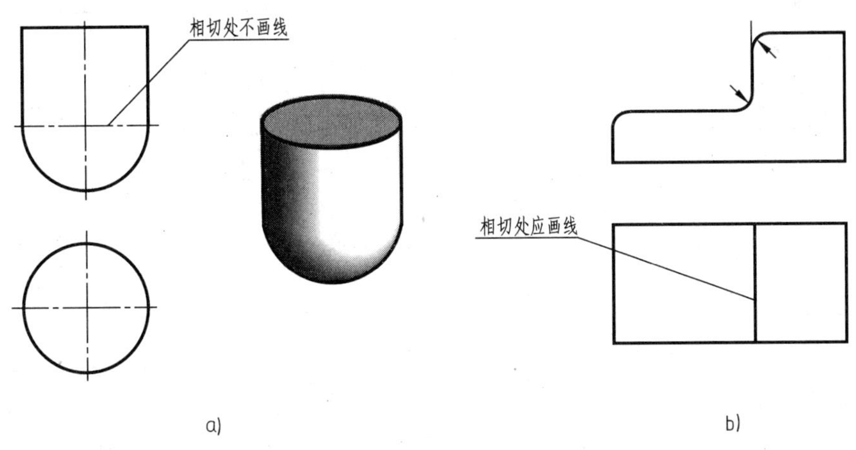

图 4-10　相切及其特殊情况

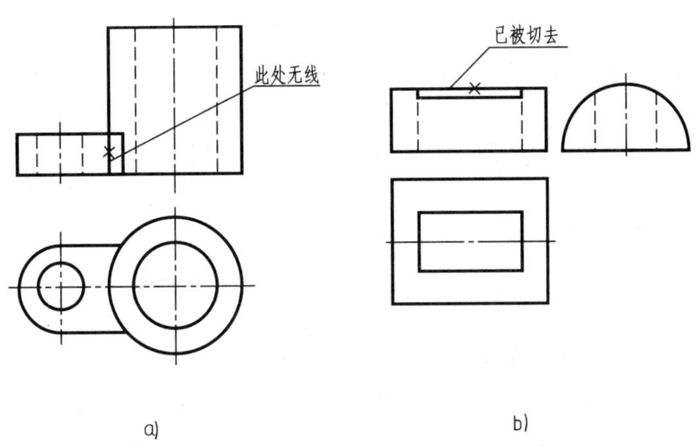

图 4-11　相交易出现的问题

3）完成每个基本形体的三视图后，应检查形体间表面连接处的投影是否正确。

3. 画切割类组合体视图的注意事项

1）作每个切口投影时，应先从反映形体特征轮廓且有积聚性的视图开始，再按投影关系画出其他视图。

2）注意切口截面投影的类似性，如图 4-9 中的 P 面投影。

任务2　掌握组合体尺寸标注的基本方法及要求

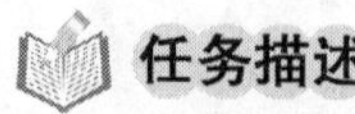

任务描述

如图 4-12 所示的组合体，通过学习掌握尺寸基准的概念、尺寸类型以及组合体尺寸标注的基本方法，能正确地对图形进行尺寸标注。

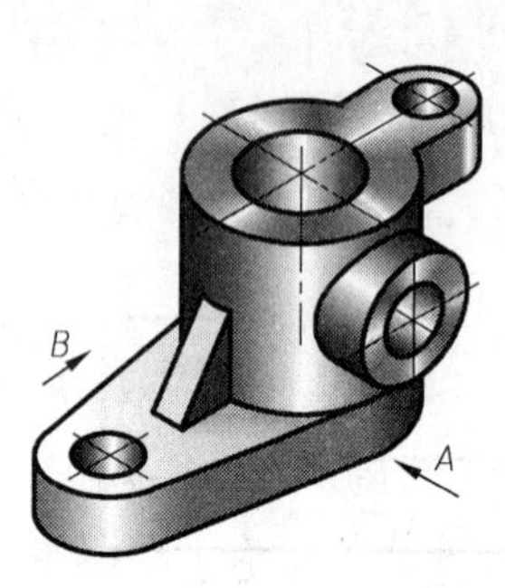

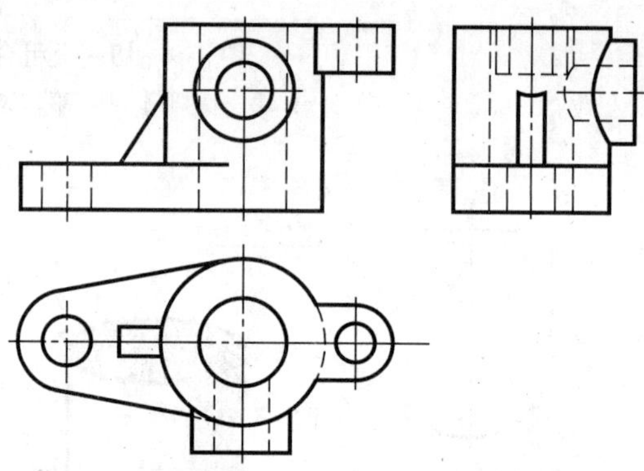

图 4-12　支座的立体图及其投影

任务分析

在组合体的投影图上标注尺寸，应掌握形体分析的方法，除了符合标注尺寸的基本原则以外，还要达到尺寸标注的六字原则：“完整”、“正确”、“清晰” 的要求。“完整” 即各类尺寸齐全，也不重复；“正确” 即尺寸数字和选择基准正确，符合国家标准的规定；“清晰” 即标注清晰。

相关知识

下面以图 4-13 为例，说明标注尺寸的基本方法。

1. 尺寸齐全

（1）尺寸基准　标注尺寸的起点，称为尺寸基准。空间形体都有长、宽、高三个方向尺寸，每个方向至少有一个基准，以便确定各基本形体在各方向上的相对位置。通常选择组合体的底面、端面或对称平面以及回转体轴线等作为尺寸基准。如图 4-13b 所示，组合体的左右对称平面为长度方向尺寸基准；后端面为宽度方向尺寸基准；底面为高度方向尺寸基准（图中用符号“▼”表示基准的位置）。

（2）尺寸的分类　根据尺寸在投影图中的作用，可分为三类。

1）定形尺寸：确定组合体各基本形体大小的尺寸，如图 4-13a 所示。例如底板的长、宽、高尺寸（40、24、8），底板上圆孔和圆角尺寸（$2\times\phi6$、$R\,6$），竖板的圆孔 $\phi9$。但必须注意，相同的圆孔 $\phi6$ 要注写数量，如 $2\times\phi6$，但相同的圆角 $R\,6$ 不注数量，两者都不必重复标注。

2）定位尺寸：确定组合体各基本形体之间相互位置的尺寸，如图4-13b所示。如底板上两圆孔的定位尺寸28，底板上圆孔与后端面的定位尺寸18，竖板与后端面的定位尺寸5，竖板上圆孔与底面的定位尺寸20。

3）总体尺寸：确定组合体在长、宽、高三个方向的总长、总宽和总高尺寸，如图4-13c所示。

组合体的总长和总宽尺寸即底板的长40和宽24，不再重复标注。总高尺寸30应从高度方向尺寸基准处注出。总高尺寸标注以后，原来标注的竖板高度尺寸22取消。

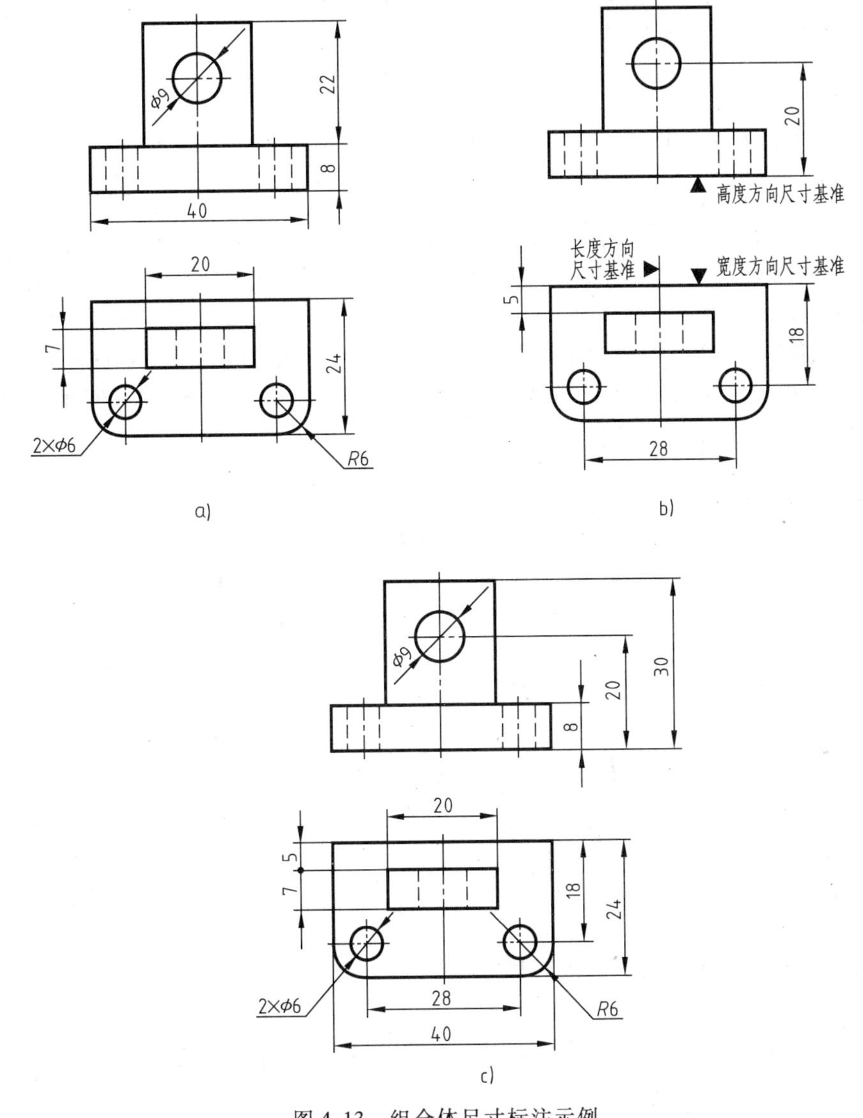

图4-13　组合体尺寸标注示例

2. 尺寸清晰

为了便于读图和查找相关尺寸，尺寸的布置必须整齐清晰，下面以尺寸已经标注齐全的组合体为例，说明尺寸布置应注意的几个方面（图4-13c）。

(1) 突出特征　定形尺寸应尽量注在表达形体特征最明显的视图上，并尽量避免注在虚线上。如图底板的圆孔 $\phi6$ 和圆角 $R6$、竖板的圆孔 $\phi9$。

(2) 相对集中　同一个基本形体的定形尺寸和有关定位尺寸，要尽量集中标注在一个或两个视图上，这样便于看图。如图在长度和宽度方向上，底板的定形尺寸及两小圆孔的定形和定位尺寸集中标注在俯视图上；而在长度和高度方向上，竖板的定形尺寸即圆孔的定形和定位尺寸集中标注在主视图上。

(3) 布局整齐　尺寸尽可能布置在两视图之间，便于对照。同方向的平行尺寸，应使小尺寸在内，大尺寸在外，间隔均匀，避免尺寸线与尺寸界线相交（如俯视图上的尺寸 18、24 与主视图上的尺寸 8、20）。同方向的串联尺寸应排列在同一直线上，这样既整齐又便于画看图（如俯视图上的尺寸 7、5）。

任务实施

下面以图 4-12 中支座的投影为例讲述如何正确的标注尺寸。

标注组合体尺寸的顺序为逐个标出基本形体的定形和定位尺寸，具体步骤如下：

1. 逐个注出各基本形体的定形尺寸

将支座分解为五个基本形体（参阅图 4-1a），分别注出其定形尺寸，如图 4-14 所示。这些尺寸标注在哪个视图上，要根据具体情况而定。如直立圆柱的尺寸 80 和 $\phi40$ 可注在主视图上（根据情况，$\phi40$ 也可注在俯视图上），但 $\phi72$ 在主视图上标注不清楚，所以标注在左视图上。底板的尺寸 $\phi22$ 和 $R22$ 注在俯视图上最合适，而厚度尺寸 20 只能注在主视图上。其余各部分尺寸请读者自行分析。

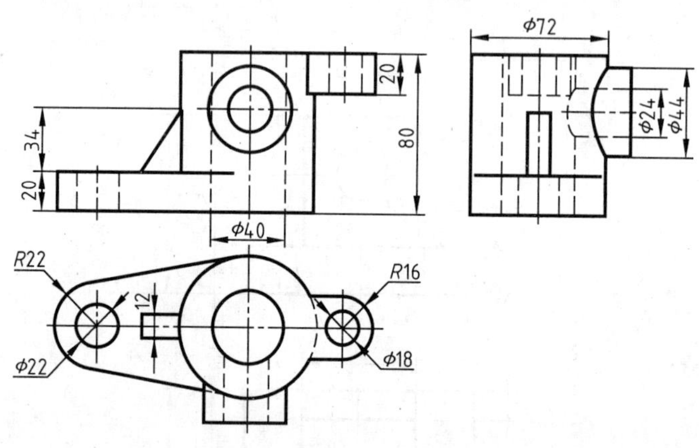

图 4-14　支座的定形尺寸分析

2. 标注确定各基本形体相对位置的尺寸

先选定支座长、宽、高三个方向的尺寸基准，如图 4-15 所示。在长度方向上注出相对位置的尺寸（80、56、52）；在宽度和高度方向上，注出凸台与直立圆柱的相对位置尺寸（48、28）。

3. 标注总体尺寸

为了表示组合体外形的总长、总宽和总高，应标注相应的总体尺寸。支座的总高尺寸为 80，而总长和总宽尺寸则由于标出了定位尺寸而不独立，这时一般不再标注其总体尺寸。如图 4-16 中在长度方向上标注了定位尺寸 80、52，以及圆弧半径 $R22$ 和 $R16$ 后，就不再标注总体尺寸（80 +52 +22 +16 =170）。左视图在宽度方向上注出了定位尺寸 48 后，不再标注总宽尺寸（48 +72/2 =84）。支座完整的尺寸标注如图 4-16 所示。

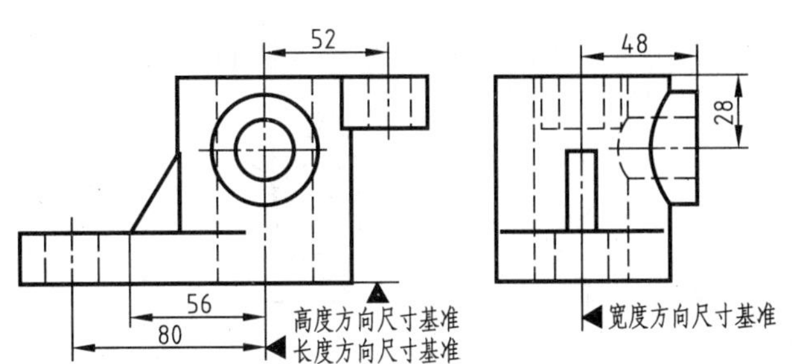

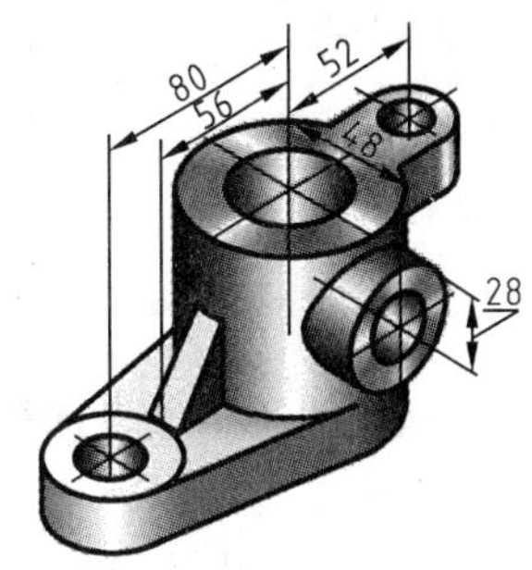

图 4-15 支座的定位尺寸分析

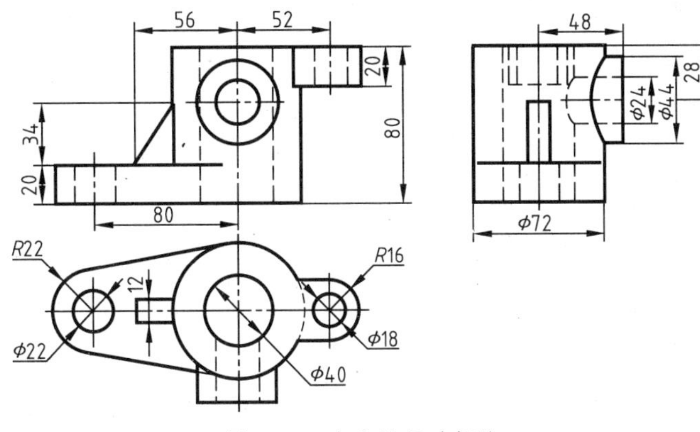

图 4-16 支座的尺寸标注

问题与防治

1）带切口形体的尺寸标注。对于切割后的基本体，除注出自身的尺寸外，还要注出截平面位置的尺寸。对于相贯线的尺寸，除注出相贯体各自的尺寸外，还要注出彼此间的相对位置尺寸。图 4-17 中画出“*X*”的为多余尺寸。

2）当组合体的一端为同心圆孔的回转体时，通常仅标注孔的定位尺寸和外端圆柱的半径，不标注总体尺寸，如图 4-18 所示。

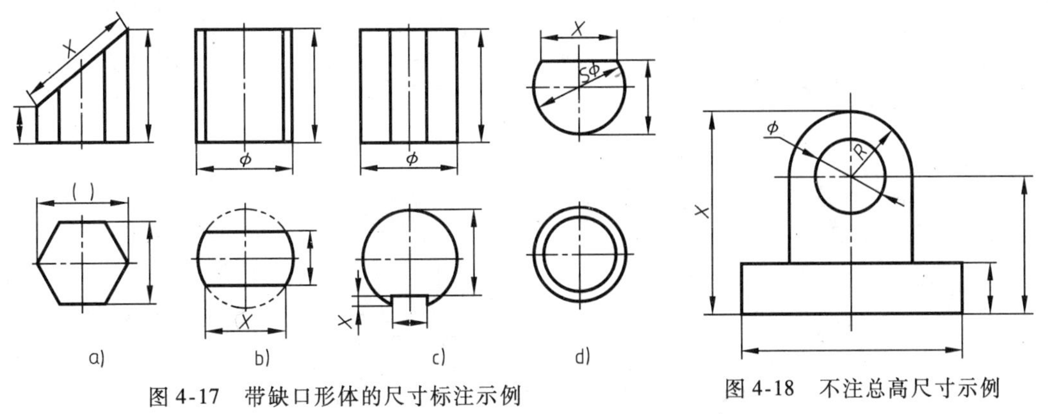

图 4-17 带缺口形体的尺寸标注示例

图 4-18 不注总高尺寸示例

任务3　识读组合体视图

任务描述

图4-19所示为支承的主、左视图，究竟怎样由已知视图想象出物体的形状，并能根据物体的两面视图补画第三视图呢？

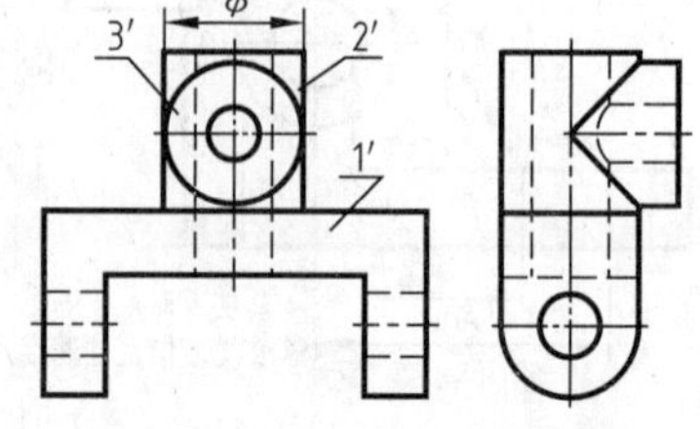

图4-19　支承的主、左视图

任务分析

读图和画图是学习本课程的两个重要方面。画图是运用正投影法把空间形体表达在平面上，而读图则是运用正投影原理，根据视图想象出来空间形体的结构形状。

1）树立“组合体的一个视图为多个体的投影，一个图框为一个体的投影”的概念，抓住特征视图进行分析，即“抓特征，分线框；对投影，想形状；合起来，想整体”。

2）树立整体意识，即要读懂组合体的三视图，必须把所给的几个视图联系起来整体考虑，才能想象出物体的形状，因为一个视图只能反映物体在一个方向上的形状。

相关知识

1. 读图的基本要领

（1）几个视图联系起来读图

1）一个视图不能唯一确定物体的形状，如图4-20所示。

2）两个视图不能唯一确定物体的形状，如图4-21所示。

由此可见，读图时必须将给出的全部视图联系起来分析，才能想象出物体的形状。

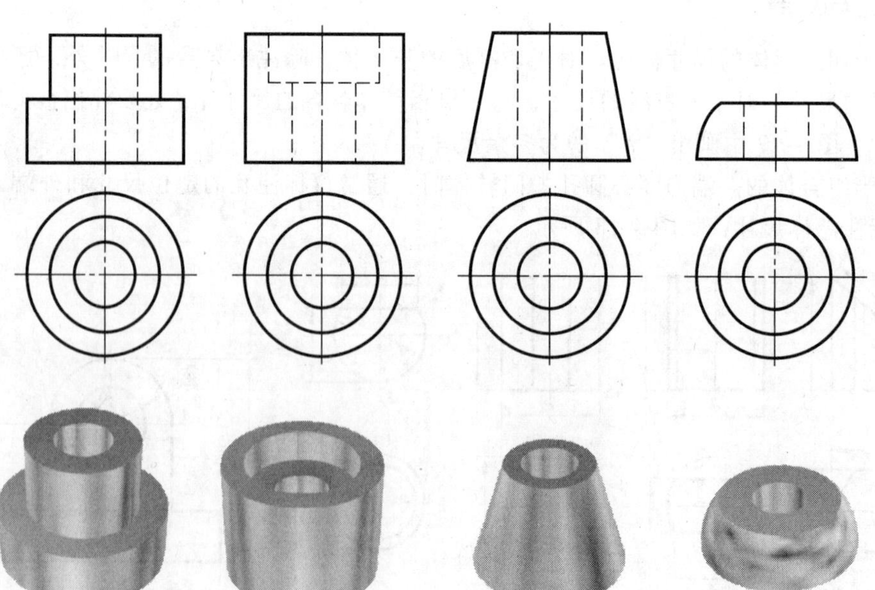

图4-20　一个视图不能唯一确定物体形状的示例

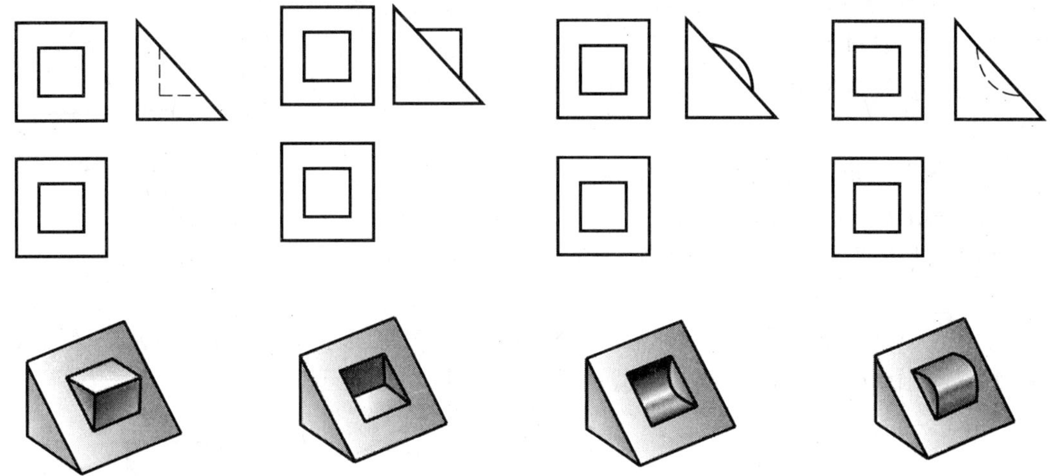

图 4-21 两个视图不能唯一确定物体形状的示例

（2）明确视图中图线和线框的含义

1）视图中的每个封闭线框，通常表示物体上一个表面（平面或曲面）的投影。如图4-22a视图上封闭线框 a'，是正平面的投影；线框 b'、c'是铅垂面的投影。而线框 d'则是曲面的投影。

2）相邻的两线框或大线框中有小线框，则表示物体不同位置的两个表面。可能是两表面相交，如图 4-22a 中的 A、B、C 面依次相交；也可能是同向错位（如上下、前后、左右），如图 4-22a 中的俯视图中的大线框六边形中的小线框圆，就是六棱柱顶面与圆柱顶面的投影。

3）视图中的每条图线，可能是立体表面有积聚性的投影，如图 4-22b 所示主视图中的 1′是圆柱顶面 I 的投影；或者是两平面交线的投影，主视图中的 2′是 A 面与 B 面交线 II 的投影；也可能是曲面转向轮廓线的投影，主视图中的 3′是圆柱面前后转向轮廓线 III 的投影。

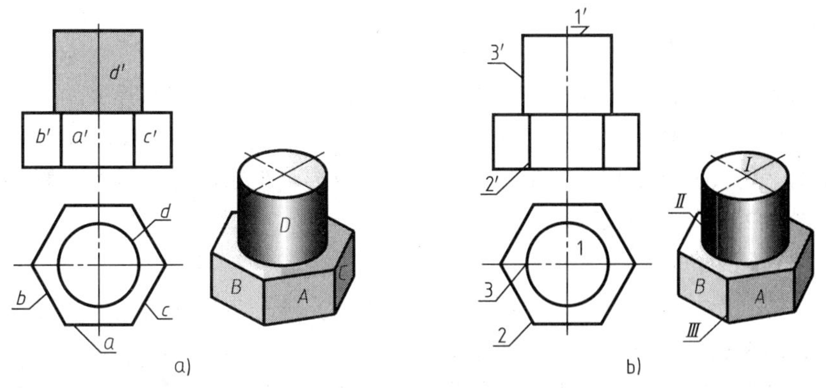

图 4-22 视图中线框和图线的含义

（3）善于构思物体的形状 下面以一个有趣的例子来说明构思物体形状的方法和步骤。

如图 4-23 所示，已知某一物体三个视图的外轮廓，要求通过构思想象出这个物体的形状。构思过程如图 4-24 所示。

1）主视图为正方形的物体，可以想象出很多，如立方体、圆柱体等，如图 4-24a 所示。

2）主视图为正方形、俯视图为圆的物体，必定是圆柱体，如图 4-24b 所示。

3）左视图三角形只能由对称圆轴线的两相交侧垂面切出，而且侧垂面要沿圆柱顶面直径切下（保证主视图高度不变），并与圆柱底面交于一点（保证俯视图和左视图不变），结果如图 4-24c 所示。

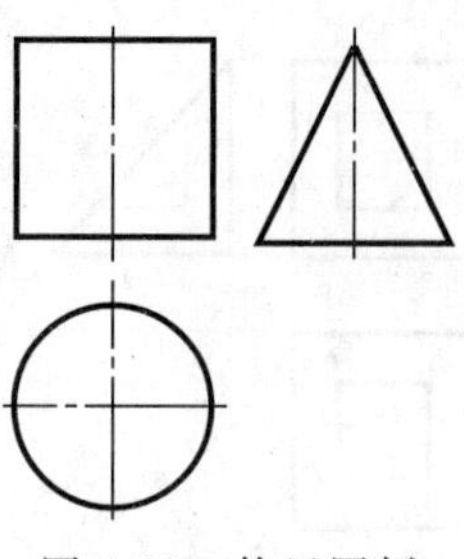

图 4-23　构思图例

4）图 4-24d 所示为物体的实际形状。必须注意，主视图上应添加前、后两个椭圆重合的投影，俯视图上应添加两个截面交线的投影，如图 4-24e 所示。

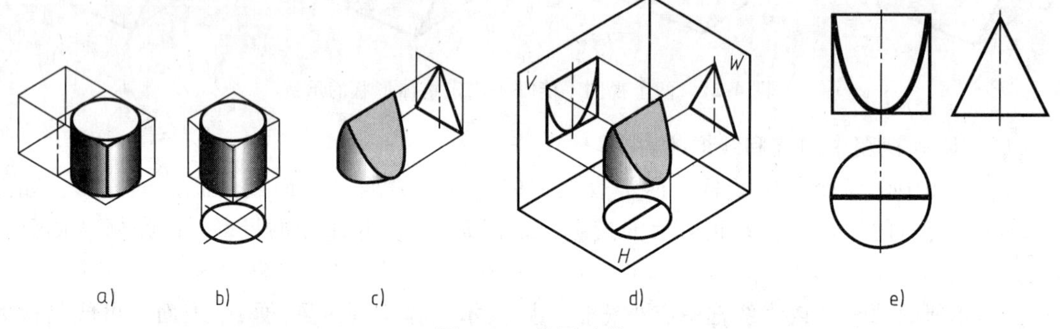

图 4-24　构思过程

2. 读图的基本方法

（1）形体分析法（基本方法）　把比较复杂的视图按线框划分为几个部分，然后运用三视图的投影规律，先分别想象出各线框的形状和位置，再综合起来，想象出组合体的整体结构形状。

现以图 4-25 所示组合体的主、俯视图为例，说明运用形体分析法识读组合体视图的方法与步骤。

步骤一：划线框，分形体。

从主视图入手，将该组合体按线框划分为四个部分，如图 4-25a 所示。

步骤二：对投影，想形状。

从主视图开始，分别把每个线框所对应的其他投影找出来，确定每组投影所表示的形体的形状，如图 4-25b、c 、d 所示。

步骤三：合起来，想整体。

在读懂每部分形状的基础上，根据物体的三视图，进一步研究它们的相对位置和连接关系，综合想象而形成一个整体，如图 4-25e 所示。

（2）面形分析法　读图时，对比较复杂的组合体中不易读懂的部分，还常应用面形分析法来帮助想象和读懂某些局部的形状。这种方法比较适合用来分析比较复杂的切割类组合体。

1）分析面的形状。当基本体或不完整的基本体被投影面垂直面切割时，与截平面倾斜的投影面上的投影成类似形。如图 4-26a 中有一个 L 形的铅垂面，图 4-26b 中有一个工字形

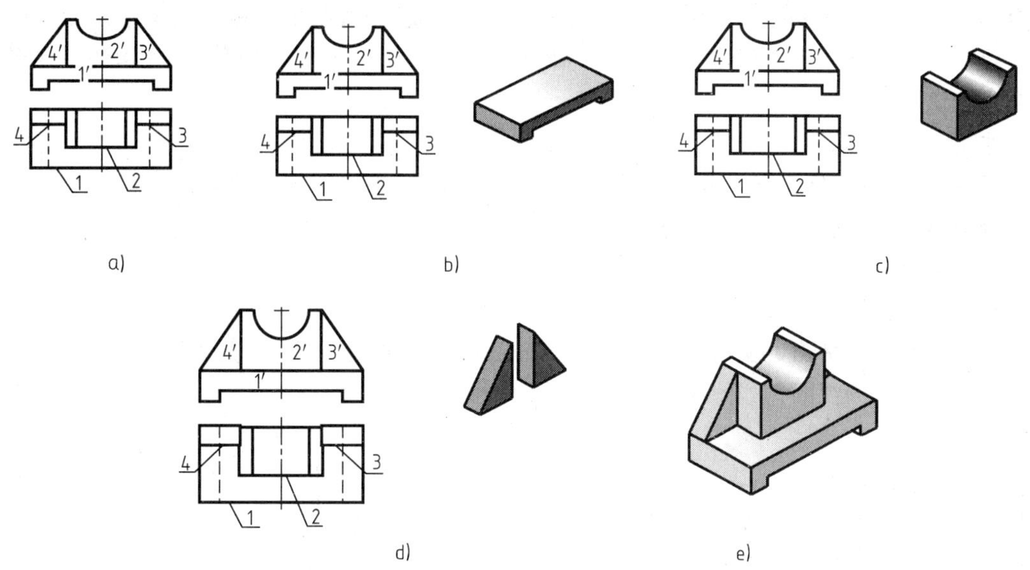

图 4-25 用形体分析法读图

的正垂面，图 4-26c 中有一个凹字形的侧垂面。在它们的三视图中，与截平面垂直的投影面上的投影积聚成直线，与截平面倾斜的另两个投影面上的投影均为类似形。

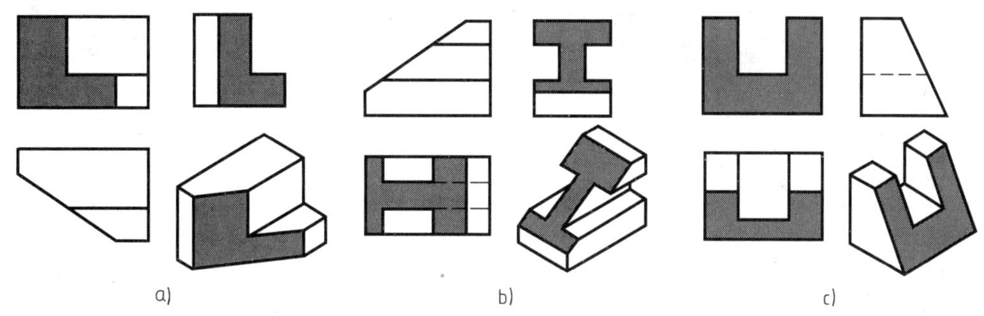

图 4-26 倾斜于投影面的截面的投影为类似形

2）分析面的相对位置。如前所述，视图中每个线框表示组合体上的一个表面，相邻两线框（或大线框里有小线框）通常是物体上不同的两个面。如图 4-27 所示，主视图中线框 a'、b'、c'、d'所表示的四个面在俯视图中积聚成水平线 a、b、c、d。因此，它们都是正平面，B 面和 C 面在前，D 面在后，A 面在中间。主视图中的线框 d'里的小线框圆 e'，表示物体上两个不同层次的表面，小线框圆表示的圆可能凸出，也可能凹入，或者是圆柱孔面的积聚投影。对照俯视图上相应两条虚线，可判断是圆柱孔。

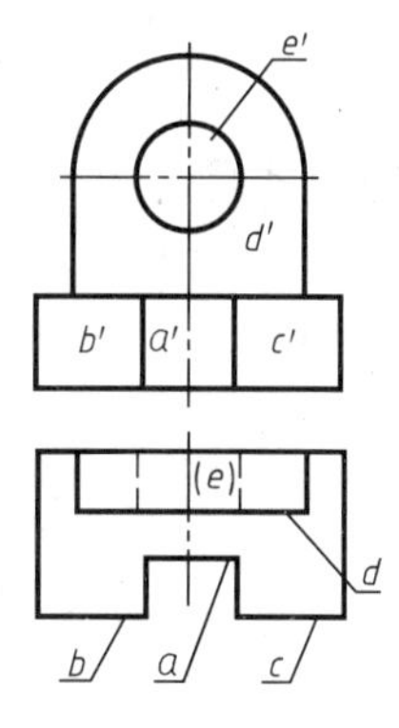

图 4-27 分析面的相对位置

任务实施

已知支承的主、左视图，补画俯视图，如图 4-19 所示。

分析：对照左视图，把主视图中的线框划分为三个封闭的线框，作为组成支承的三个部分：1′是下部分凹字形线框，2′是上部分矩形线框，3′是圆形线框。可以想象出，该支承由两侧带耳板的底板及两个轴线正交的圆柱体叠加而成，这三个部分均有圆柱孔。再分析它们的相对位置，就可以对支承的整体形状有初步认识。

作图：

1）在主视图上分离出底板的线框，由主、左视图可看出它是一块长方形平板，左右是下部分为半圆柱体、上部分是长方体的耳板，耳板上各有一个圆柱形通孔。画出底板的俯视图，如图 4-28a 所示。

2）在主视图上分离出上部的矩形线框，因为在图 4-19 中注有直径 ϕ，对照左视图可知，它是垂直于水平面的圆柱体，中间有穿通底板的圆柱孔，圆柱与底板的前、后端面相切。画出圆柱的俯视图，如图 4-28b 所示。

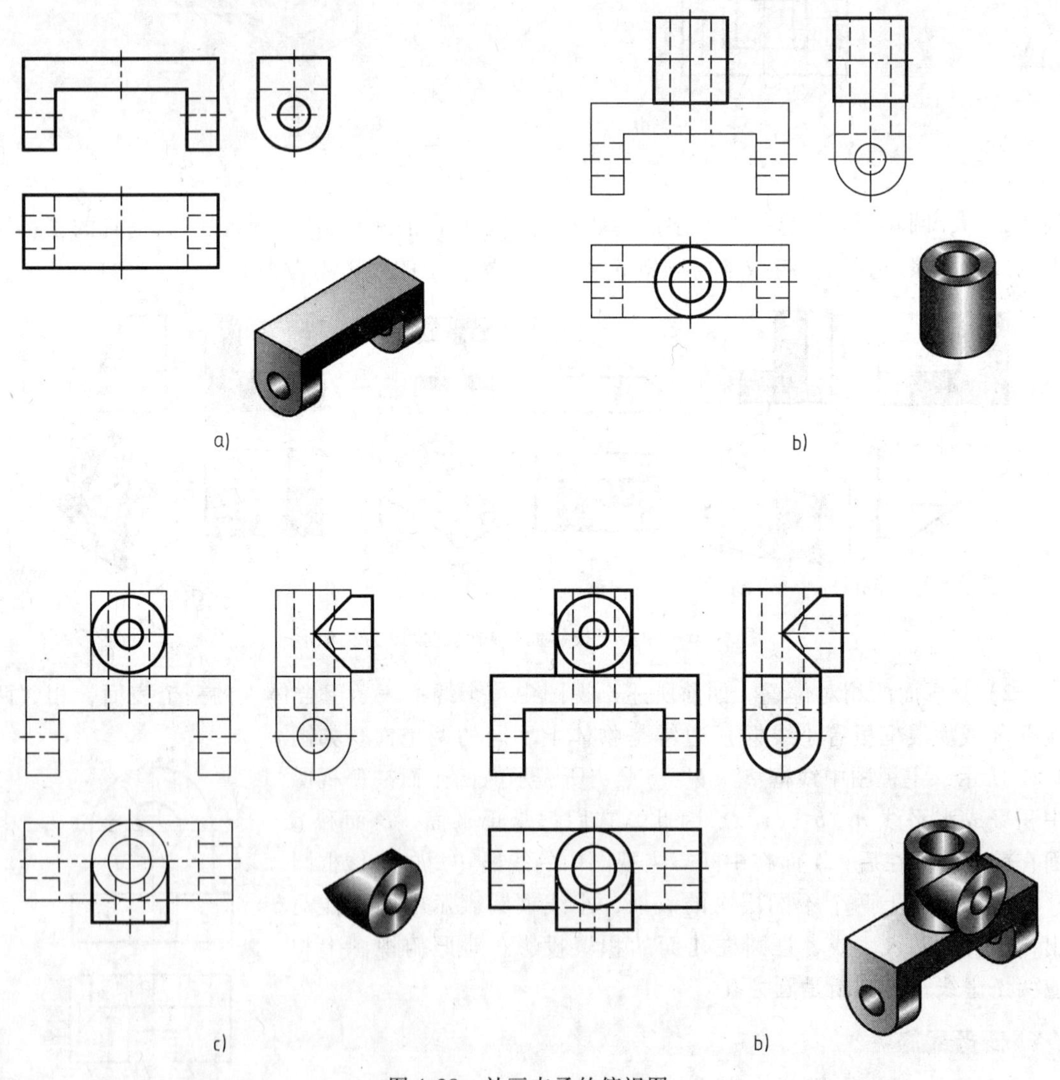

图 4-28　补画支承的俯视图

3）在主视图上分离出上部的圆形线框（框中还有一个小圆），对照左视图可知，它也是一个中间有圆柱孔的垂直于正面的圆柱体，直径与圆柱体相等，而孔的直径比圆柱体的孔小。两圆柱体的轴线垂直正交，且均平行于侧面。画出圆柱体的俯视图，如图4-28c所示。

4）根据底板和两个圆柱体的形状，以及它们的相对位置，可以想象出支承的整体形状，如图 4-28d 所示，然后校核补画出俯视图，描深。

问题与防治

1）读图时首先树立整体意识，即要读懂组合体的三视图，必须把所给的几个视图联系起来整体考虑，才能想象出物体的形状。因为一个视图只能反映物体一个方向的形状，每一个视图反映的都是物体的片面。

2）读图的具体方法主要是形体分析法，必要的时候辅以面形分析法，尤其在出现投影面垂直面时（图中出现斜线时），要充分利用投影的类似性进行分析，补画视图或漏线，这样较为简便易行。

知识拓展

1）如图 4-29a 所示，已知压板的主、俯视图，补画左视图。

分析：主视图三个封闭线框 a'、b'、e'，对应俯视图中压板前半部的三个平面 A、B、E 积聚成直线的投影 a、b、e。其中 A 和 E 是正平面，B 是铅垂面。俯视图中封闭线框 c 和 d，对应主视图中两个平面 C 和 D 积聚成直线的投影 c'和 d'。其中，C 是正垂面，D 是水平面。俯视图中压板前半部虚线与实线组成的封闭线框 f，对应主视图中平面 F 积聚成直线的投影 f'。显然 F 是水平面。由此可想象压板是一个长方体左端被三个平面切割，底部被前后对称的两组平面切割，如图 4-29b 所示。

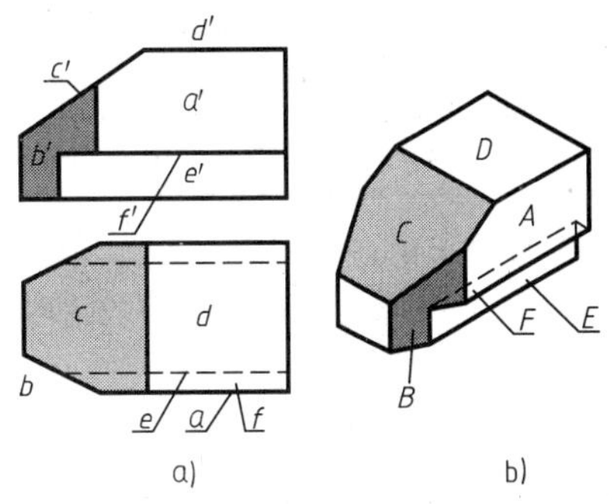

图 4-29 压板的主、俯视图

作图：

① 长方体被正垂面 C 切去左上角，由主视图补画左视图，如图 4-30a 所示。

② 长方体被两个铅垂面切去前后对称的两个角，按投影规律和前后对应的投影关系补画左视图，如图 4-30b 所示。必须注意正垂面 C 的水平投影 c。

③ 下部分被前后对称的两组水平面 F 和正平面 E 切去前后对称的两块，F 和 E 在左视图上均有积聚性，由“高平齐、宽相等”作出它们的左视图，如图 4-30c 所示。

综上所述，对压板主、俯视图作面形分析，并逐步补画出左视图，就可以想象出压板的整体形状，补画出压板的左视图。

2）如图 4-31 所示，已知架体的主、俯视图，补画左视图。

分析：在主视图上有三个线框，经主、俯视图对照可知，三个线框分别表示架体上三个不同位置的表面：A 线框是一个凹形块，处于架体的前面；C 线框是半圆头竖板，其中还有一个小圆线框，与俯视图上两条虚线对应，可知是半圆头竖板上穿了一个圆孔，由俯视图可知，它处于 A 面之后；B 线框的主视图上部有个半圆槽，在俯视图上找到对应的两条线，可处于架体的中部。补画左视图时，可同时徒手画轴测草图，逐个记录想象和构思的过程。因为架体的正面投影有较多的圆及圆弧，所以采用斜二测画轴测草图比

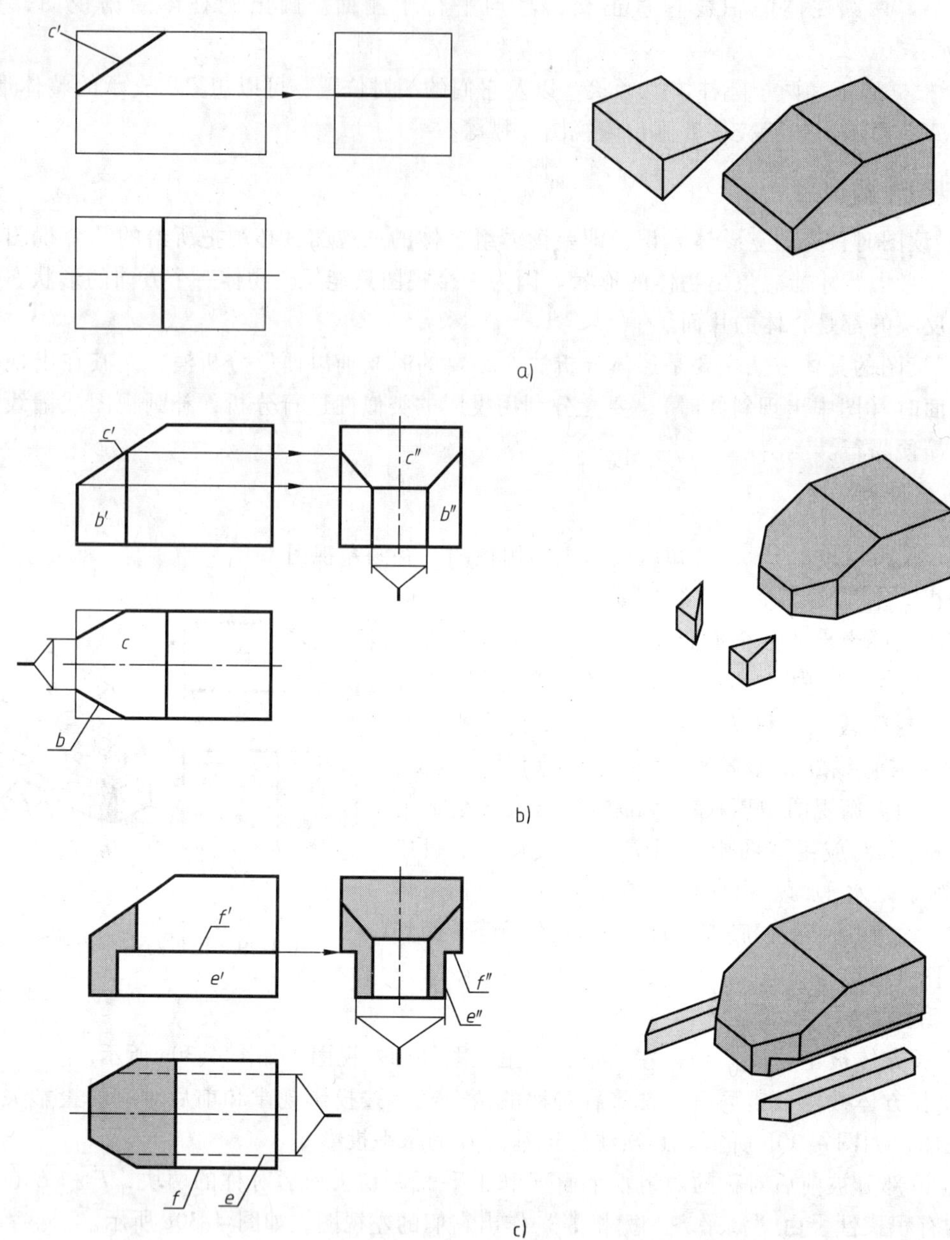

图 4-30　补画压板左视图

较方便。

作图：

① 画出左视图的轮廓，并由主、俯视图分出架体上三个面的前后、高低层次，如图4-32a所示。

② 由前层切出凹形槽，补画左视图上的相应图线，如图 4-32b 所示。

③ 由中层切出半圆槽，补画左视图上的相应图线，如图 4-32c 所示。

④ 由后层挖去圆柱孔，补画左视图上的相应图线，如图 4-32d 所示。按画出的轴测草

图对照补画的左视图，检查无误后描深。

3）如图 4-33a 所示，补画三视图中的漏线。

分析：如图 4-33a 所示，从已知三个视图的分析可知，该组合体是长方体被几个不同位置的平面切割而成。可采用边切割边补线的方法逐个补画出三个视图中的漏线。在补线过程中，要应用“长对正、高平齐、宽相等”的投影规律，特别要注意俯、左视图宽相等及前后对应的投影关系。

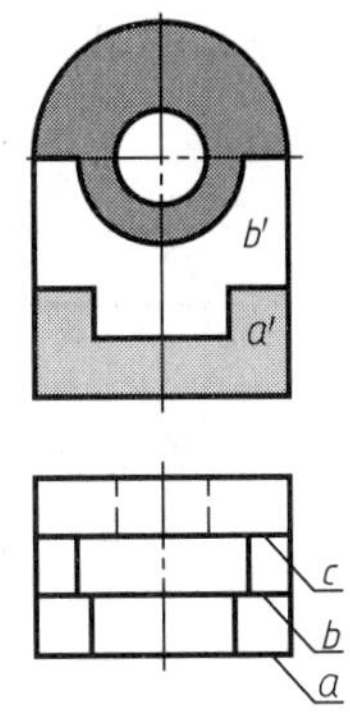

图 4-31 架体的主、俯视图

作图：

① 从左视图上的斜线可知，长方体被侧垂面切去一角。在主、俯视图中补画相应的漏线，如图 4-33b 所示。

② 从主视图上的凹槽可知，长方形的上部被一个水平面和两个侧平面开了一个槽。补画俯、左视图中相应的漏线，如图 4-33c 所示。

③ 从俯视图可知，长方体前面被两组正平面和侧平面左右对称各切去一角。补全主、左视图中相应的漏线，如图 4-33d 所示。

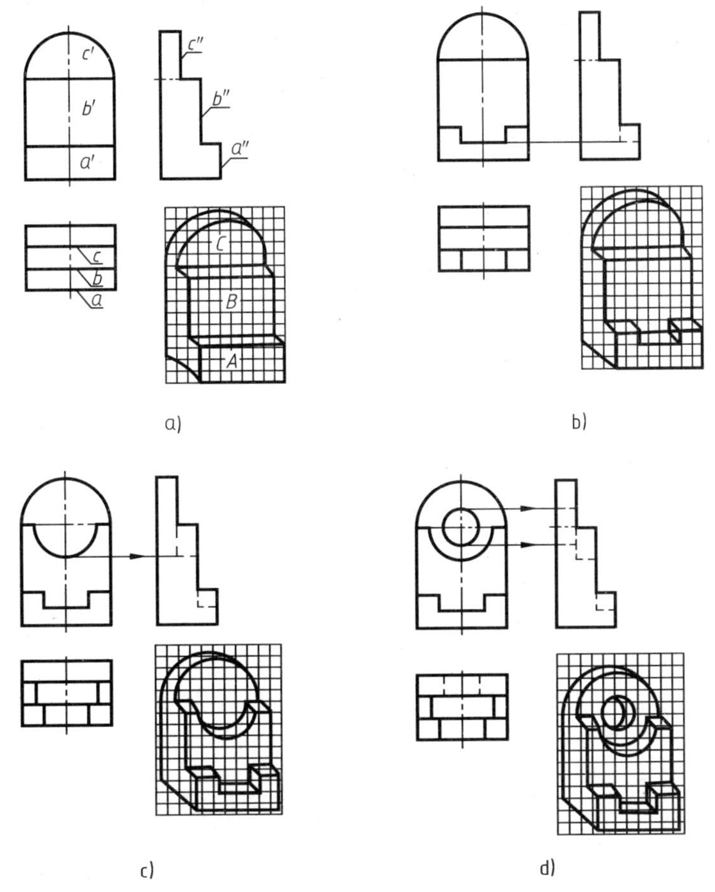

图 4-32 补画架体左视图

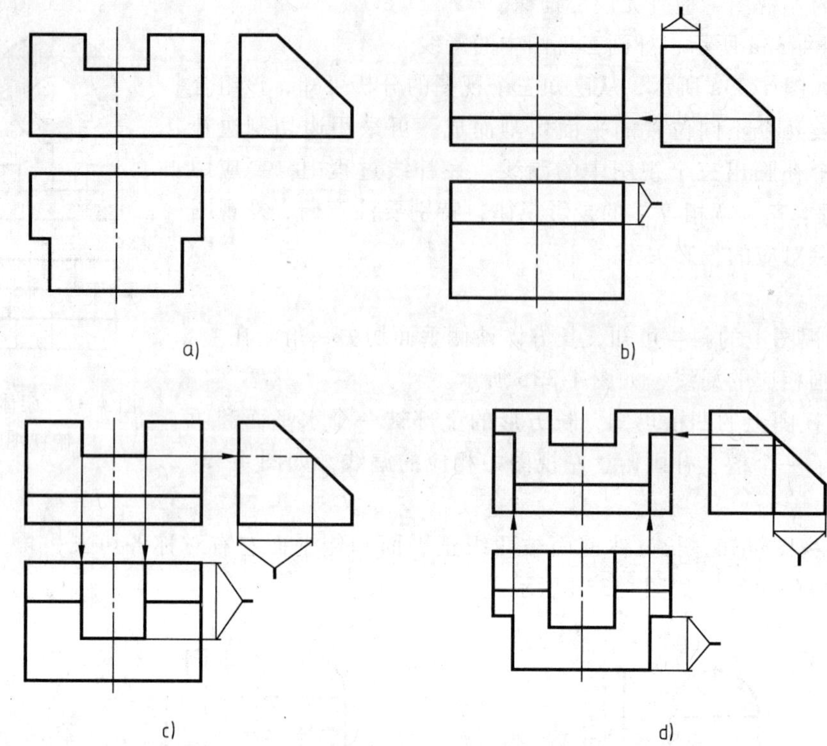

图 4-33　补画三视图中的漏线

项目5　机械图样的基本表示法

5

知识目标： 了解各种表示方法的特点、画法、标注规定及有关基本知识。
技能目标： 能够根据机件的特点正确选择表示方法并进行绘图。

任务1　正确选择机件外部形状的表示方法

任务描述

对图5-1所示的压紧杆选择正确的外部形状表示方法，并进行绘图。

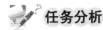

任务分析

在实际生产中，机件的结构形状是多种多样的，仅仅运用前面介绍的三个视图还不能表达清楚。如图5-1所示为压紧杆，由于压紧杆左端耳板是倾斜的，所以俯视图和左视图都不反映实形，画图比较困难，表达不清晰。为此，国家标准《机械制图　图样画法》（GB/T 4458—2002）中规定了视图、剖视图、断面图等基本表示法。熟悉并掌握这些基本表示法，才能根据机件不同的结构特点，完整、清晰、简明地表达机件的各部分形状。

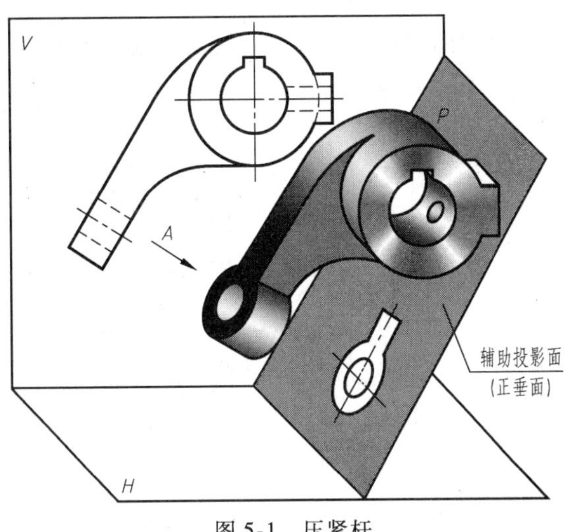

图5-1　压紧杆

相关知识

绘制出物体的多面正投影图形称为视图。视图主要用于表达机件的外部结构形状，对机件中不可见的结构形状在必要时才用细虚线画出。

视图包括基本视图、向视图、局部视图和斜视图四种。

1. 基本视图

为更清楚地表达机件的结构形状，可按国标规定，在原有的 H、V、W 三个投影面的基础上再增加三个基本投影面，构成一个六面投影体系。基本视图是物体向六个基本投影面上投射所得的视图。基本视图除了主视图、俯视图、左视图外，还有三个视图：由右向左投影所得的视图称为右视图，由下向上投影所得的视图称为仰视图，由后向前投影所得的视图称为后视图。

若想使六个基本视图位于同一平面内，可以将六个基本投影面展开。六个基本视图的展开方法是：保持正投影面（主视图）不动，其余各投影面按图 5-2 中箭头方向旋转，展开到与正面在同一平面上。

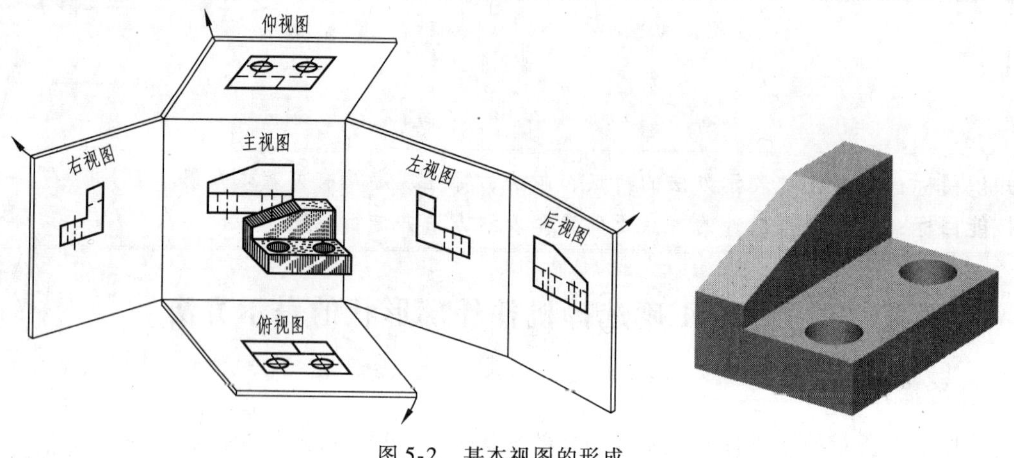

图 5-2　基本视图的形成

在机械图样中，六个基本视图的名称和配置关系如图 5-3 所示。如按此投影关系配置视图，一律不标注视图名称。

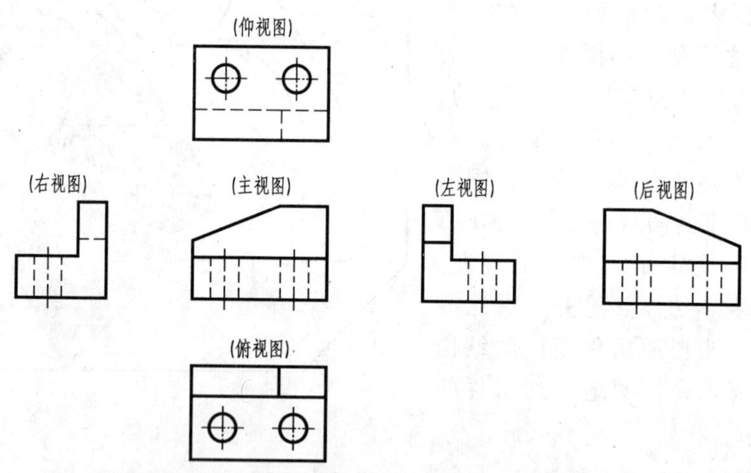

图 5-3　六个基本视图的配置和方位对应关系

六个基本视图仍保持“长对正、高平齐、宽相等”的三等关系，即仰视图与俯视图同样反映物体长、宽方向的尺寸；右视图与左视图同样反映物体高、宽方向的尺寸；后视图与主视图同样反映物体长、高方向的尺寸。

实际绘图时，应根据机件外形的复杂程度，灵活选用必要的基本视图，应使视图的数量尽量减少，但其中必须有主视图。

2. 向视图

向视图是可自由配置的基本视图，但向视图必须做相应的标注。它的标注方向是在向视图上方标注“×”(“×”为大写拉丁字母，注写时按 A、B、C…的顺序)，并在相应视图的附近用箭头指明投射方向，同时注写相同的字母，如图 5-4 所示。

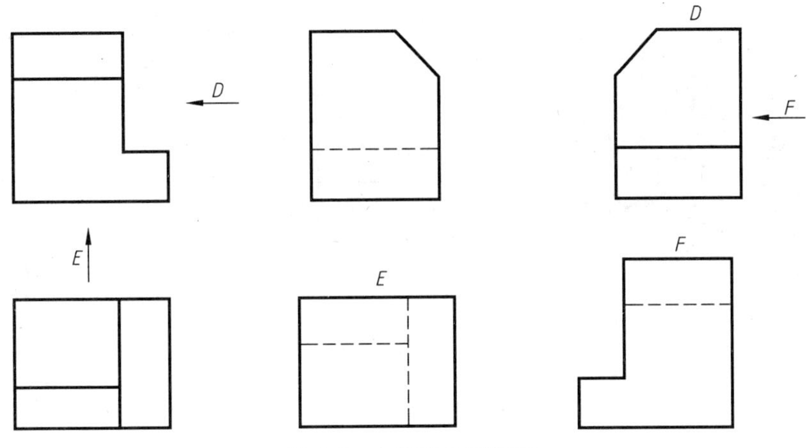

图 5-4 向视图及其标注

3. 局部视图

局部视图是将机件的某一部分向基本投影面投射所得的视图。

局部视图是不完整的基本视图，利用局部视图可以减少基本视图的数量，使表达简洁，重点突出。

如图 5-5 采用了主视图和俯视图，其主要结构已经表达清楚，还有左、右两侧的凸缘结构尚未表达清楚，若再画两个完整的基本视图(左视图和右视图)，大部分投影重复，此时便可像图中 A、B 两个局部视图，只画出所需要表达的部分，这样重点突出、简单明了，有利于看图和画图。

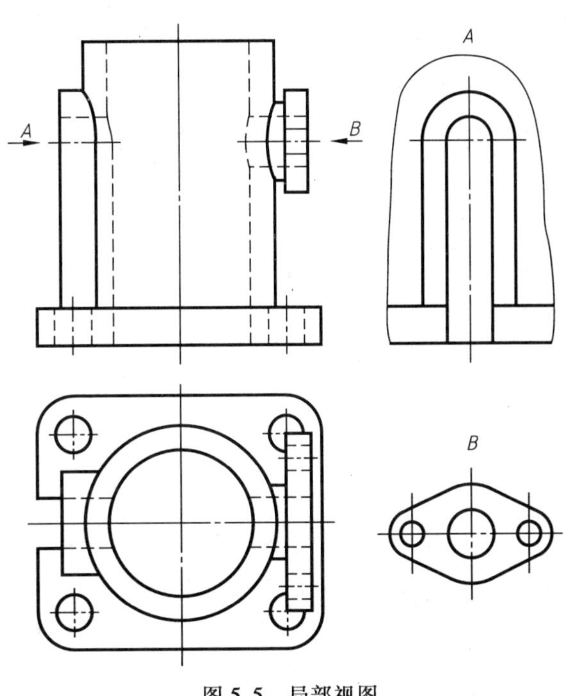

图 5-5 局部视图

4. 斜视图

斜视图是将机件向不平行于基本投影面的平面投射所得的视图。

当机件上有不平行于基本投影面的倾斜结构时，基本视图就不能反映该结构的实形。例如图 5-6 所示是一个弯板形机件，它的倾斜部分在俯视图和左视图上的投影都不是实形。此时可增加平行于该倾斜结构的表面，且垂直某一基本投影面的辅助投影面，然后将倾斜结构向该辅助投影面投射，所得的视图称为斜视图。

任务实施

以上介绍了基本视图、向视图、局部视图和斜视图，在实际画图时，并不是每个机件的

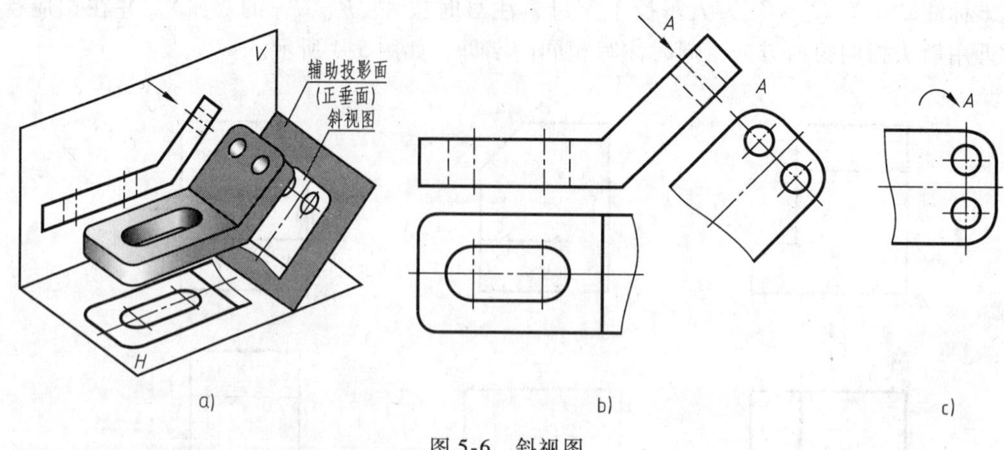

图 5-6 斜视图

表达方案中都有这四种视图，而是根据需要灵活选用。下面根据所学知识，选择合适压紧杆的表达方案并绘制图形。

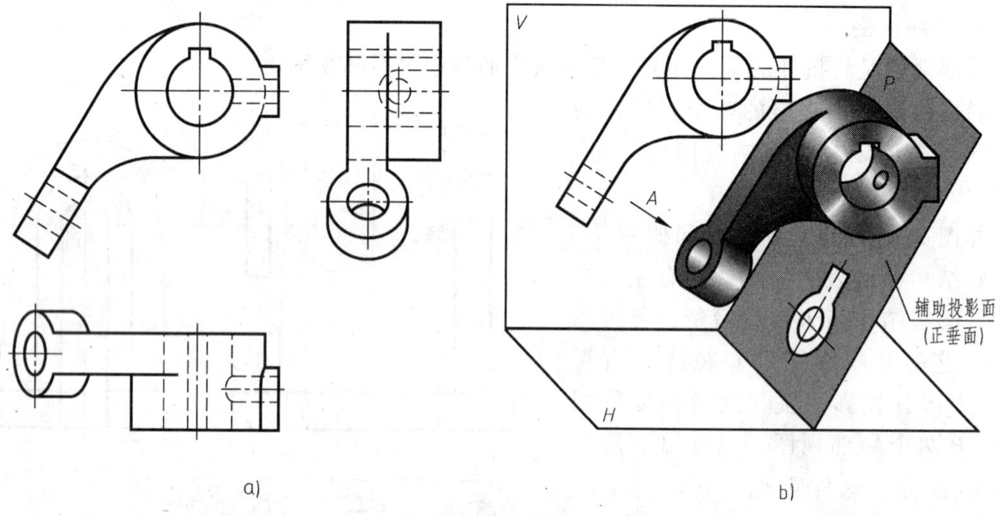

图 5-7 压紧杆

作图步骤如下：

1）主视图采用一个基本视图，能够反映机件的主要结构。

2）俯视图由于压紧杆左端耳板是倾斜的，所以不反映实形，如图 5-7a 所示，画图既困难，又表达不清楚。这种情况下俯视图可以采用一个局部视图，将与连接左端耳板的边界用波浪线断开。

3）为了表达倾斜结构，可作出耳板的斜视图，以反映耳板的实形。因为斜视图只表达压紧杆倾斜结构的局部形状，所以画出耳板的实形后，用波浪线断开，其余部分的轮廓线不必画出。为方便读图可将斜视图旋转配置在合适位置，并加以标注。

4）最后将右端的凸台采用第三角画法配置的局部视图（用细点画线连接，不必标注）。

这样一组视图就完成了，如图 5-8 所示。这种表达方案不仅结构表达清楚、作图简单，而且视图布置更加紧凑。

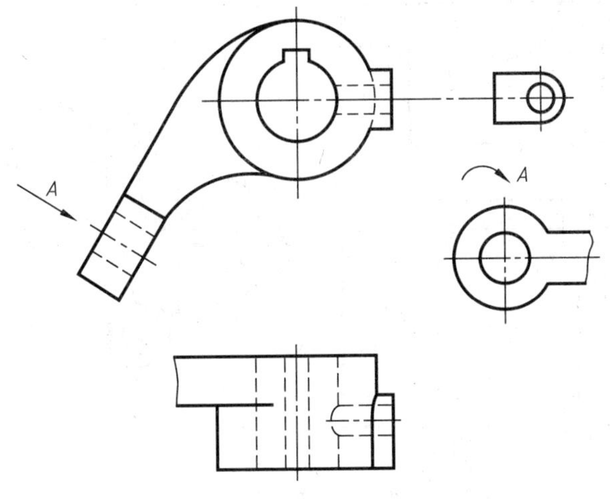

图 5-8　压紧杆的表达

问题与防治

1. 画局部视图时的注意事项

1）在相应的视图上用带字母的箭头指明所表示的投影部位和投射方向，并在局部视图上方用相同的字母标明“×”。

2）局部视图最好画在有关视图的附近，并直接保持投影关系，也可以画在图纸内的其他地方，如图 5-5 中的 *B* 向视图。

3）局部视图的范围用波浪线表示，但要注意波浪线不能超出实体，如图 5-5 中的 *A* 向视图。当所表示的图形结构完整且外轮廓线又封闭时，波浪线可省略，如图 5-5 中的 *B* 向视图。

2. 画斜视图时的注意事项

1）斜视图常用于表达机件上的倾斜结构。画出倾斜结构的实形后，机件的其余部分不必画出，此时在适当位置用波浪线或双折线断开即可，如图 5-8 所示。

2）斜视图的配置和标注一般按向视图相应的规定，必要时允许将斜视图旋转配置。此时应按向视图标注，且加注旋转符号，如图 5-8 所示。

任务 2　正确选择机件内部结构形状的表示方法

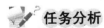

任务描述

对图 5-9 所示的机件选择正确的内部结构表示方法，并进行绘图。

任务分析

视图主要用来表达机件的外部形状。在视图中，不可见的内部结构用虚线表示，当机件有比较复杂的内部结构时，视图就会有很多虚线从而影响视图的清晰，给绘图、识图带来不便，如图 5-9 所示。为清晰地表达机件的内部结构形状，国标图样画法规定采用剖视图来表达。

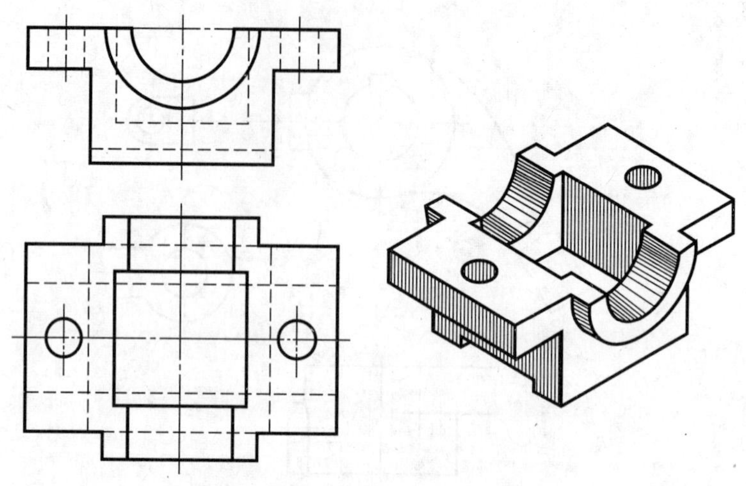

图 5-9　采用视图表达内部结构形状较复杂的机件

相关知识

1. 剖视图的基本概念

（1）剖视图的形成　假想用剖切面剖开机件，将处在观察者与剖切面之间的部分移去，将其余部分向投影面投射所得的图形称为剖视图，简称剖视。图 5-10 所示为剖视图的形成。

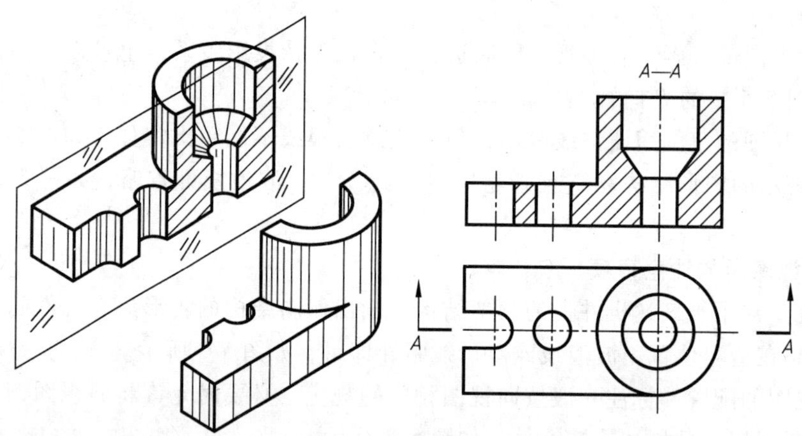

图 5-10　剖视图的形成

（2）剖视图的画法　画剖视图时，首先要确定剖切位置。一般用平面作剖切面（也可用柱面）。为了在主视图上表达出机件内部结构的真实形状，避免剖切后产生不完整的结构要素，在选择剖切平面时，应使其平行于投影面，并尽量通过机件的对称面或内部孔、槽等结构的轴线。

其次要画剖视图的轮廓线。机件剖开后，处在剖切平面之后的所有可见轮廓线都应画齐。最后画上剖面符号。在剖视图中，凡与剖切面接触到的实体部分称为剖面区域。不同的材料用不同的剖面符号，国家标准规定了各种材料类别的剖面符号，详见表 5-1。

（3）剖视图的标注　剖视图的标注包括三个部分：剖切平面位置、投射方向和剖视图的名称。

表 5-1　各种材料的剖面符号

材料	剖面符号	材料	剖面符号
金属材料（已有规定的剖面符号者除外）		转子、变压器、电抗器等的叠钢片	
线圈绕组元件		非金属材料（已有规定的剖面符号者除外）	
型砂、填砂、粉末冶金、砂轮、陶瓷刀片、硬质合金刀片等		混凝土	
木质胶合板		钢筋混凝土	
基础周围的泥土		砖	
玻璃及供观察用的其他透明材料		网格（筛网、过滤网等）	
木材		液体	

在剖视图中用剖切符号（粗短画线）标明剖切平面的位置，并注写剖视图的名称（大写字母），最后用箭头指明投射方向，如图 5-11 中 *A—A* 所示。

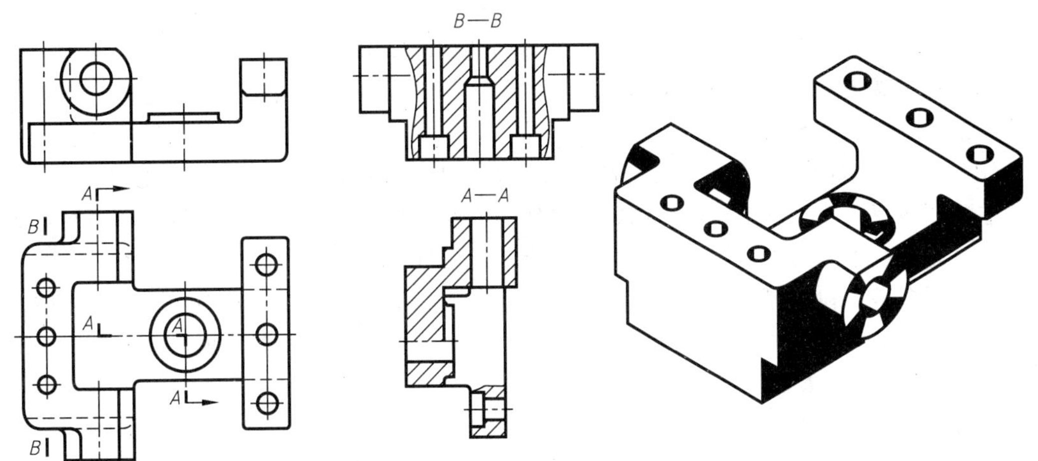

图 5-11　剖视图的配置和标注

在下列情况下，剖视图可简化或省略标注。

1）当剖视图按投影关系配置，中间又无其他图形隔开时，可省略箭头，如图 5-11 中 *B—B* 所示。

2）当单一的剖切平面通过机件的对称（或基本对称）平面剖切，且剖视图按投影关系配置时。

2. 剖视图的分类

剖视图按图形特点和剖切范围的大小，可分为全剖视图、半剖视图和局部剖视图三类。

(1) 全部视图　用剖切平面，将机件全部剖开后进行投影所得到的剖视图，称为全剖视图，如图 5-12 所示。

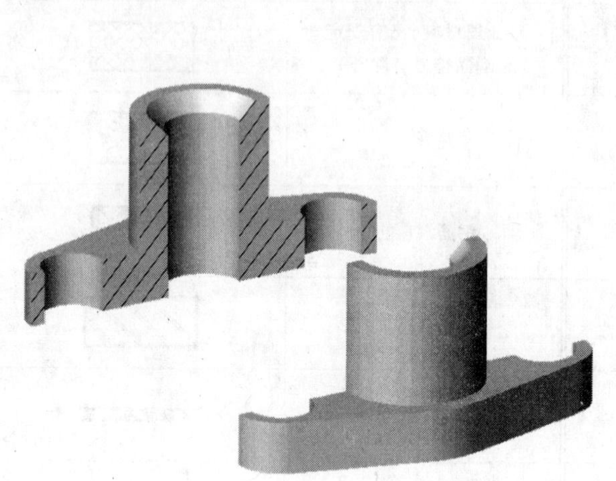

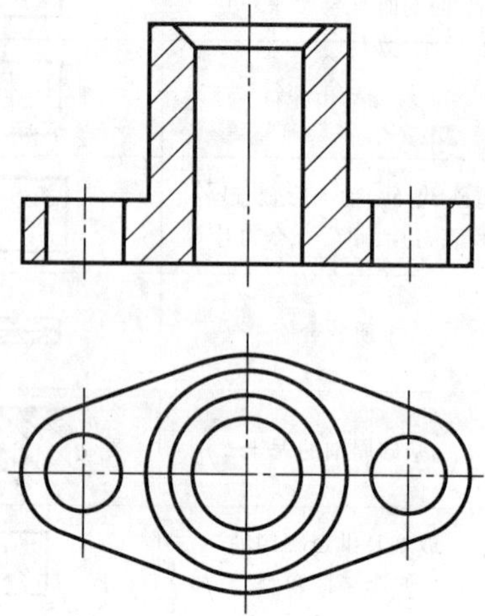

图 5-12　全剖视图

全剖视图一般用于表达外部形状比较简单、内部结构比较复杂的机件。

(2) 半剖视图　如图 5-13a 所示，该机件如果主视图采用全剖，就不能表达此机件的外形，而且前面的耳板也没有表达清楚。此时这种类型的机件需采用半剖视图。

当机件有对称平面时，以对称中心线为界，在垂直于对称平面的投影面上进行投影，一半画成剖视图，另一半画成视图，称为半剖视图，如图 5-13c 所示。

半剖视图既表达了机件的内部形状，又保留了外部形状，所以常用于表达内、外形状都比较复杂的对称机件。

(3) 局部剖视图　用剖切平面局部地剖开机件所得的剖视图称为局部剖视图。

在局部剖视图中，视图与剖视图的分界线为细波浪线或双折线。波浪线不应画在轮廓线的延长线上，也不能用轮廓线代替或与图样上其他图线重合。

局部剖视是一种较灵活的表达方法，剖切范围根据实际需要决定。但在一个视图中，局部剖视的数量不宜过多，在不影响外形表达的情况下，可在较大范围画成局部剖视图，以减少局部剖视图的数量，如图 5-14 所示。

3. 剖切面的种类

生产中的机件，由于内部结构形状各不相同，剖切时常采用不同位置和不同数量的剖切面。

国家标准规定，根据机件的结构特点，可选择以下剖切面：单一剖切面、几个平行的剖切面、几个相交的剖切面（交线垂直于某一投影面）。

当选择不同剖切面时，得到的剖视图可给予相应的名称，主要包括阶梯剖视图、旋转剖视图、斜剖视图和复合剖视图。

(1) 阶梯剖视图　用几个互相平行的剖切平面剖开机件，各剖切平面的转折必须是直角的剖切方法，称为阶梯剖，所画出的剖视图，称为阶梯剖视图。

阶梯剖视图适宜于表达机件内部结构的中心线排列在两个或多个互相平行的平面内的情

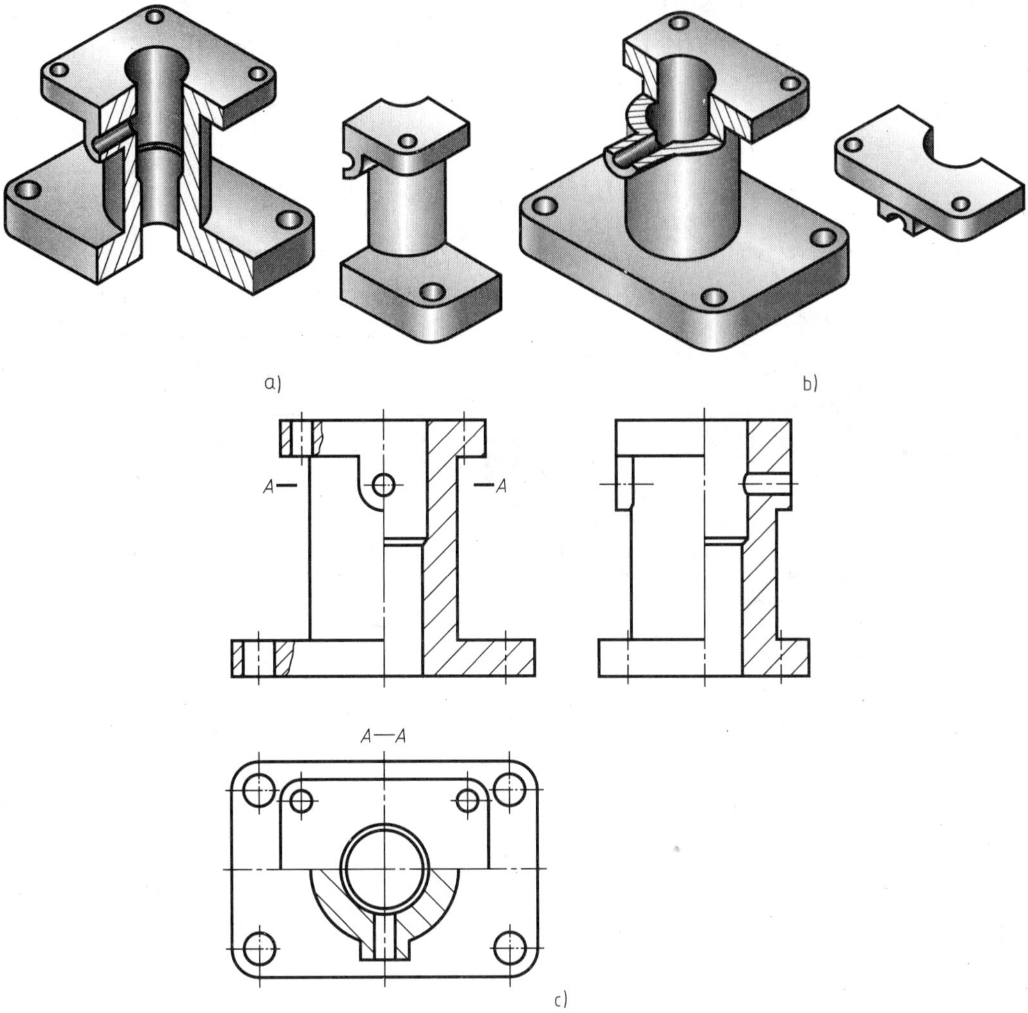

a)　　b)

A—A

c)

图 5-13　半剖视图

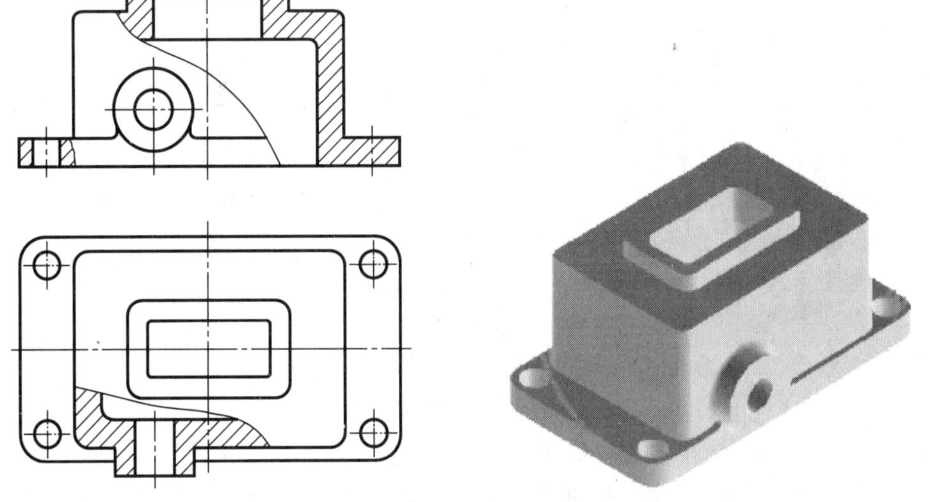

图 5-14　局部剖视图

况。如图 5-15 所示，机件内部结构（小孔和大孔）的中心位于两个平行的平面内，不能用单一剖切平面剖开，而是采用两个互相平行的剖切平面将其剖开，主视图即为采用阶梯剖方法得到的阶梯剖视图。

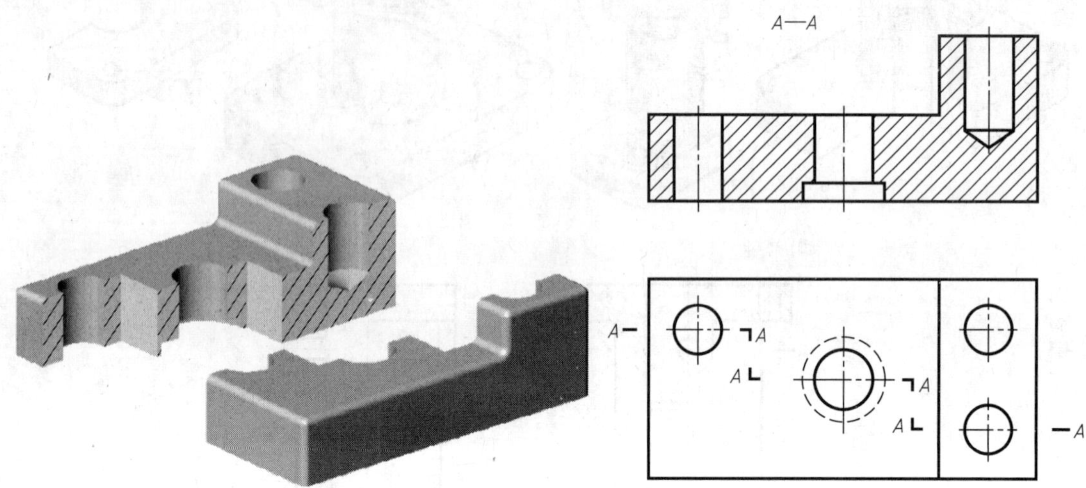

图 5-15　阶梯剖视图

（2）旋转剖视图　两个相交的剖切平面，其交线应垂直于某一基本投影面。用相交剖切平面剖开机件的剖切方法称为旋转剖视图。

如果机件内部的结构形状仅用一个剖切面不能完全表达，而且这个机件又具有较明显的主体回转轴，可采用旋转剖视图。

采用这种方法画剖视图时，先假想按剖切位置剖开机件，然后将被剖切平面剖开的倾斜部分结构及其有关部分，绕回转中心（旋转轴）旋转到与选定的基本投影面平行后再投影，如图 5-16 所示。

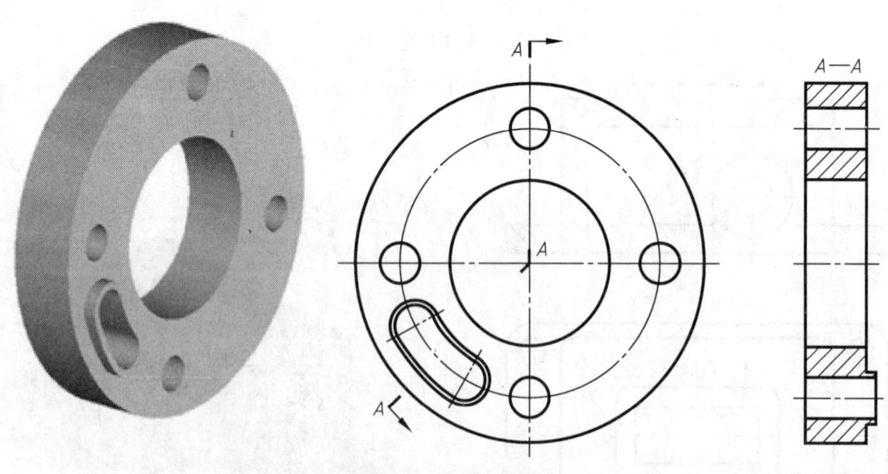

图 5-16　旋转剖视图

（3）斜剖视图　用不平行于任何基本投影面的剖切平面剖开机件的方法称为斜剖视图。

斜剖视图适用于表达机件内部的倾斜部分。这种剖视图一般应与倾斜部分保持投影关系，但也可以配置在其他位置。为了画图和读图方便，可把视图转正，但必须按规定标注，如图 5-17 所示。

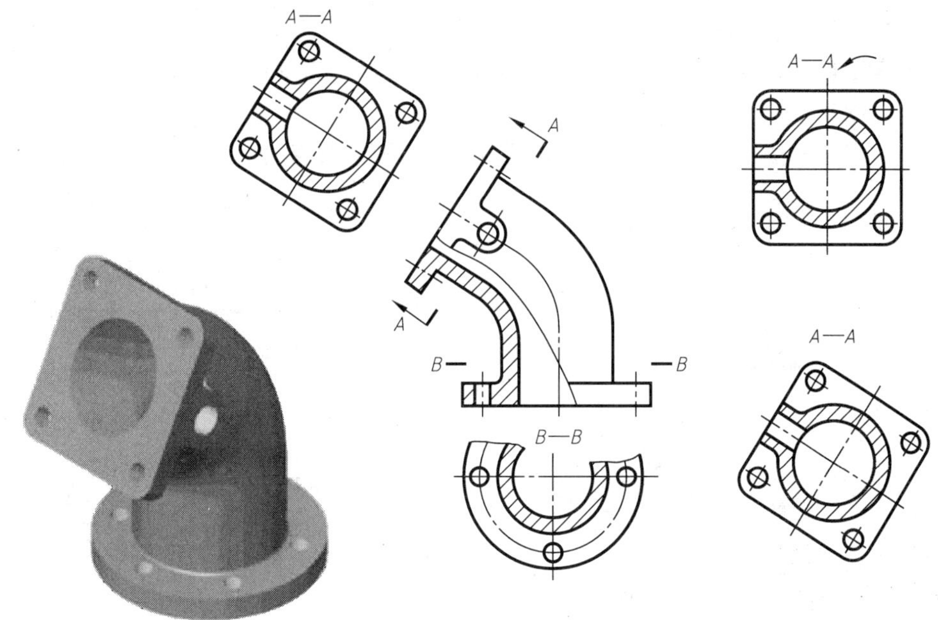

图 5-17　斜剖视图

（4）复合剖视图　当机件的内部结构比较复杂，用单纯的阶梯剖或旋转剖仍不能完全表达清楚时，可以采用以上几种剖切方法的组合来剖开机件，这种剖切方法称为复合剖，所画出的剖视图称为复合剖视图，如图 5-18 所示。

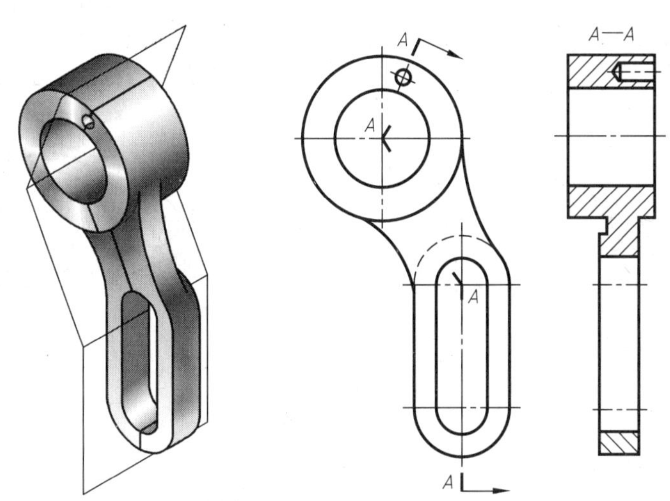

图 5-18　复合剖视图

任务实施

前面学习了剖视图的相关知识，那么如何正确地选择机件的内部表达方式又如何绘制剖视图呢？下面将按步骤绘制剖视图。

作图步骤如下：

1）参照图 5-19a、b 分析机件，该机件外部结构简单，内部结构相对复杂，适合用全剖视图来表达。

2）确定剖切平面的位置，即取通过两孔轴线的平面作为剖切面，如图 5-19c 所示。

3）画出剖切平面与机件接触部分的断面图形和外部轮廓，如图 5-19d 所示。

4）按照规定方法进行标注。(由于该机件符合省略标注条件，所以可不标注。)

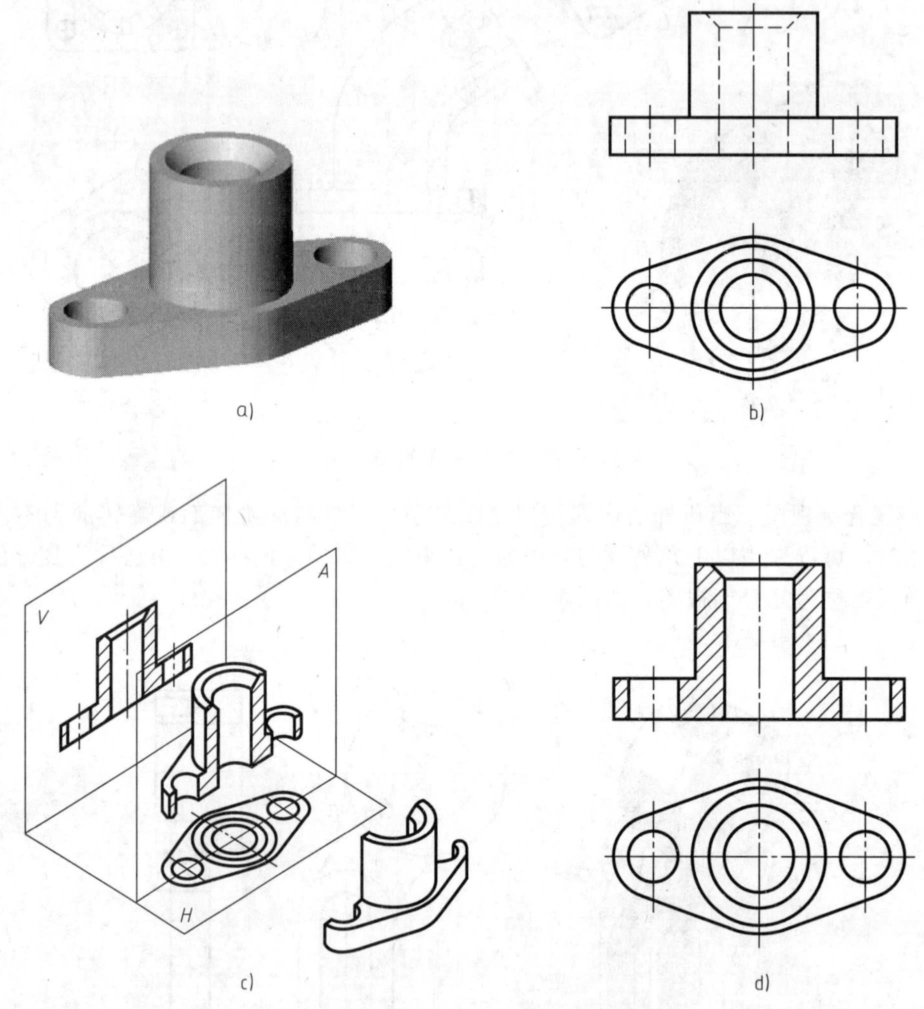

图 5-19　机件内部表达方案

问题与防治

1）由于剖切面是假想的，故剖视图上不允许画出剖切平面转折处的分界线。要恰当地选择剖切位置，避免在剖视图上出现不完整的要素。

2）剖切平面起、讫、转折处画粗短线并标注字母，并在起、讫外侧画上箭头，表示投射方向；在相应的剖视图上方以相同的字母“×—×”标注剖视图的名称。当剖视图按投影关系配置时，也可省略箭头，如图 5-17 中 *B*—*B* 所示。

3）画旋转剖视图时，倾斜的平面必须旋转到与选定的基本投影面平行，以使投影能够表达实形。

任务3 掌握断面图的画法

任务描述

表达图 5-20 所示轴类机件中键槽和孔的结构。

任务分析

轴类机件是生产生活中最为常见的机件之一。若想了解该机件的孔和键槽的结构，需得到横截面图，如果采用剖视图，还需将除断面外的可见部分全部画出，比较麻烦，此时可采用断面图。

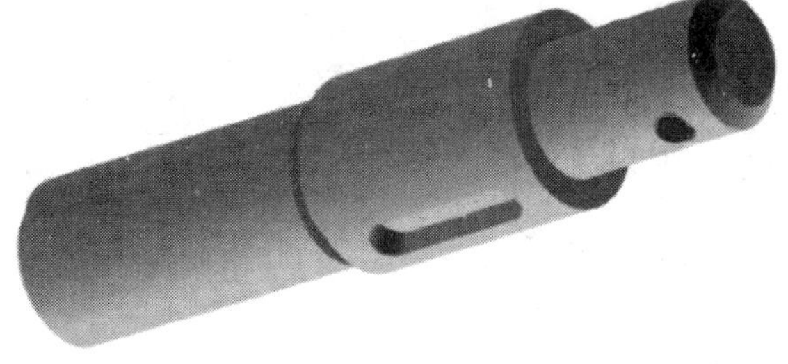

图 5-20 轴类机件

相关知识

假想用剖切平面将机件的某处切断，仅画出剖切面与机件接触部分的图形称为断面图，如图 5-21 所示。

断面图与剖视图的主要区别：断面图是仅画出机件断面的真实形状，如图 5-21 左侧

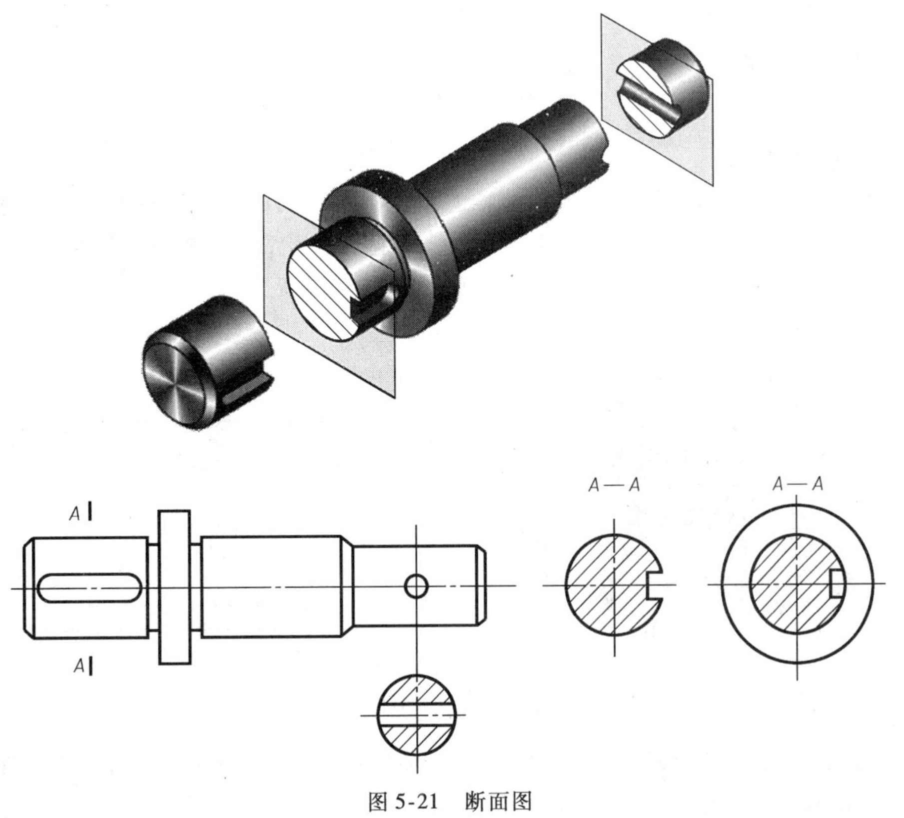

图 5-21 断面图

A—A 所示；而剖视图不仅要画出其断面形状，还要画出剖切平面后面所有的可见轮廓线，如图 5-21 右侧 *A—A* 所示。

国家标准规定，按所画的位置不同，断面图可分为移出断面图和重合断面图两种。

1. 移出断面图

画在轮廓之外的断面图称为移出断面图。图 5-21 就是移出断面图。

国标规定，当剖切平面通过回转面形成的孔或凹坑的轴线时，这些结构按剖视绘制，如图 5-22 所示。另外当剖切面通过非圆孔导致断面图出现分离的两个断面时，这些结构也按剖视绘制。

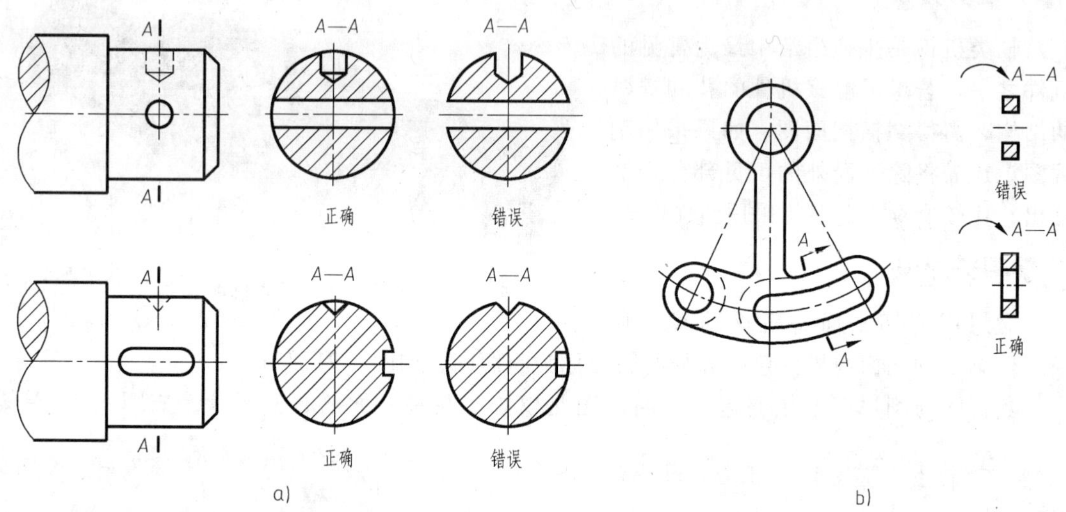

图 5-22　断面图的特殊画法

2. 重合断面图

画在视图轮廓之内的断面图称为重合断面图，如图 5-23 所示。为了使图形清晰，避免与视图中的线条混淆，重合断面的轮廓线用细实线画出。当重合断面的轮廓线与视图的轮廓线重合时，仍按视图的轮廓线画出，不应中断，如图 5-23 所示。

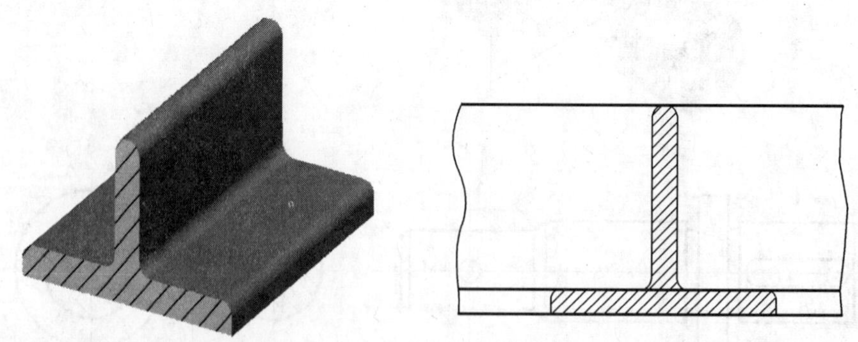

图 5-23　重合断面图

重合断面图的标注规定不同于移出断面。对称的重合断面不必标注，不对称的重合断面在不致引起误解时可省略标注。

任务实施

图 5-20 是一个典型的轴类工件，带有一个深 4mm 的键槽。若想了解该机件的孔和键槽的结构，需得到横截面图，这种情况适合用断面图来表达，如图 5-24 所示。

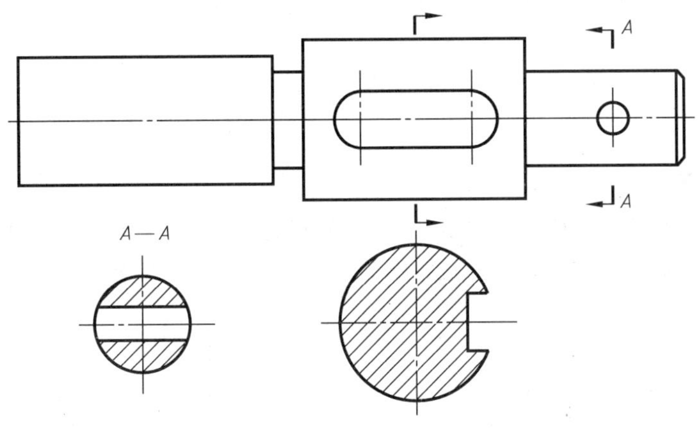

图 5-24　断面图画法

作图步骤如下：

1）移出断面的轮廓线用粗实线画出，断面上画出剖面符号。在画键槽的结构需注意单面槽深 4mm，并标注投射方向。

2）移出断面应尽量配置在剖切平面的延长线上，必要时也可以画在图纸的适当位置，但要标注清楚，断面图的特点是仅画出断面的图形，其余部分不必表示，如图 5-24 中 *A*—*A* 所示。

问题与防治

移出断面图的轮廓线用粗实线绘制。由两个或多个相交的剖切平面获得的移出断面，中间一般应断开，如图 5-25 所示。

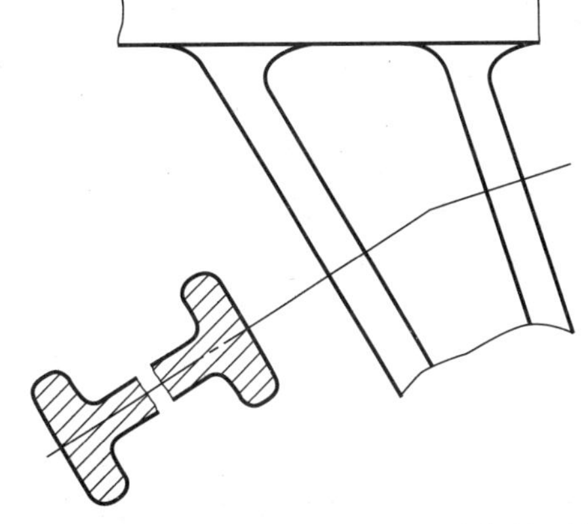

图 5-25　两相交平面剖切得到的移出断面图

任务 4　正确运用局部放大图和各种简化表示法

任务描述

将图 5-26 中的机件在不放大全图的前提下，把线圈内的细小结构表达清楚。

任务分析

绘图过程中，有些机件按正常比例绘制视图后，其中一些细小结构表达不够清楚，或不便于标注尺寸（图 5-26 所示机件），此时应采用局部放大图来表达。

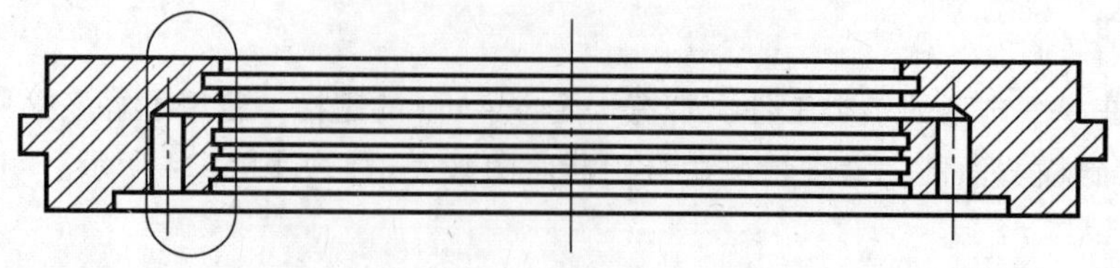

图 5-26　机件的细小结构

相关知识

1. 局部放大图

当机件上某些细小结构在视图中表达得不够清楚，或者不便于标注尺寸时，可将这些部分用大于原图形所采用的比例画出，这种图称为局剖放大图，如图 5-27 所示。

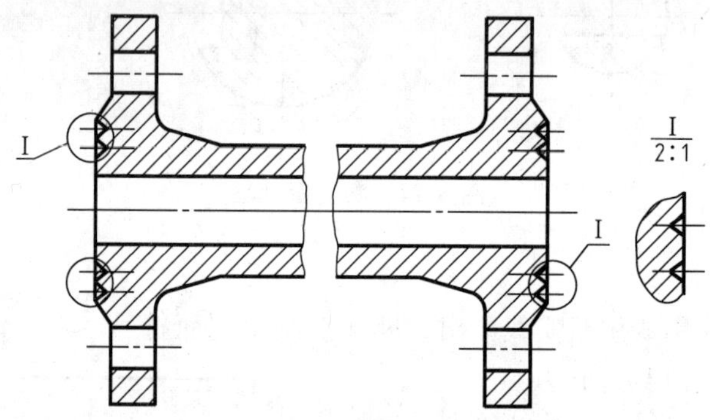

图 5-27　局部放大图

2. 相同结构的简化画法

当机件上具有若干相同结构（齿、槽、孔等），并按一定规律分布时，只要画出几个完整结构，其余用细实线相连或标明中心位置，并注明总数，如图 5-28 所示。

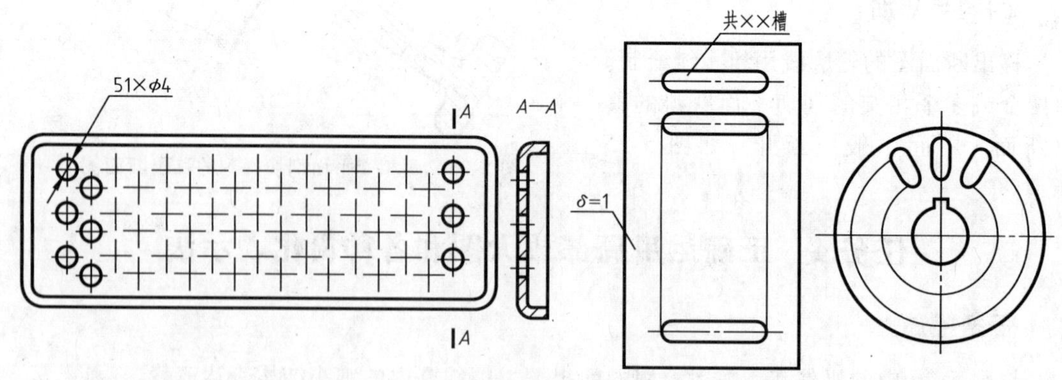

图 5-28　相同结构的简化画法

3. 示意画法

当图形不能充分表达平面时，可以用平面符号（相交的细实线）表示，如图 5-29 所示。

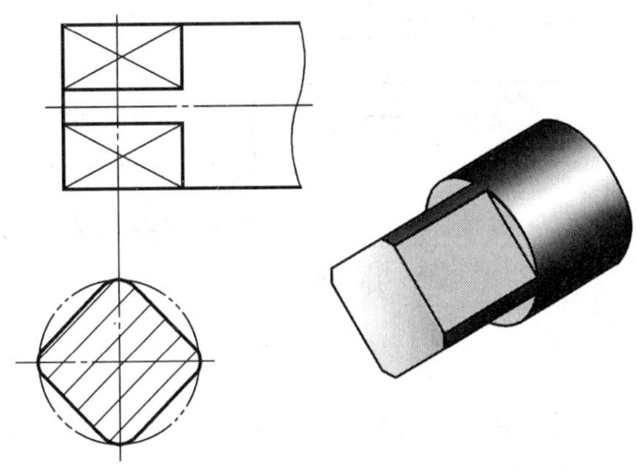

图 5-29 示意画法

4. 折断画法

对于较长的机件（轴、杆、型材、连杆等）沿长度方向的形状一致或按一定的规律变化时，可断开缩短画出，但标注尺寸时仍须标注实际长度，如图 5-30 所示。

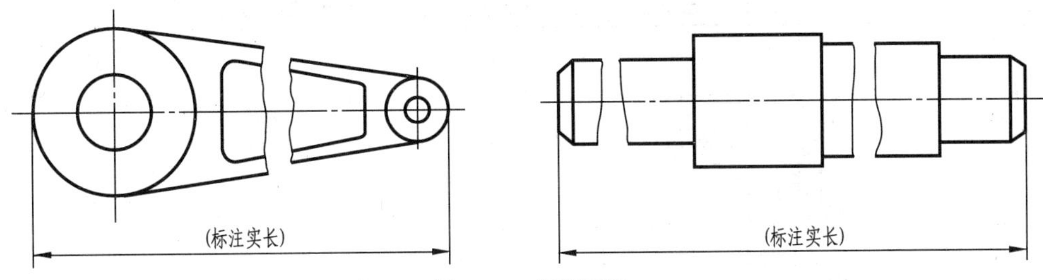

图 5-30 折断画法

5. 对称机件的简化画法

在不致引起误解时，对称机件的视图可只画 1/2 或 1/4，并在对称中心线的两端画出两条与其垂直的平行细实线，如图 5-31 所示。

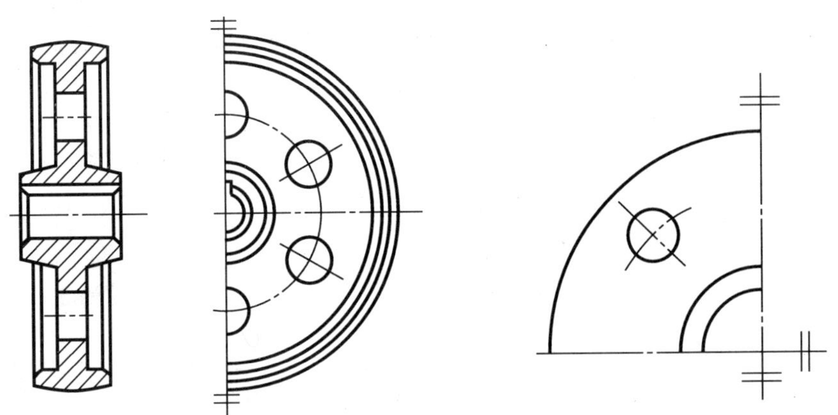

图 5-31 对称机件的简化画法

6. 局部视图简化画法

零件上对称结构的局部视图，可按图 5-32 所示的方法简化。

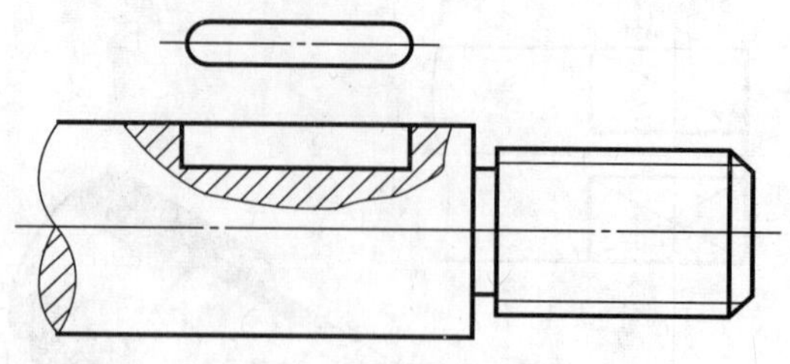

图 5-32　局部视图简化画法

任务实施

绘制局部放大图时，一般应用细实线圈出被放大的部位，在放大图的上方注明所用的比例，并尽量配置在被放大部位的附近。当同一机件有几处被放大时，必须用罗马数字依次标明被放大的部位，如图 5-33 所示；如果只有一处被放大，则只标注出放大比例即可。

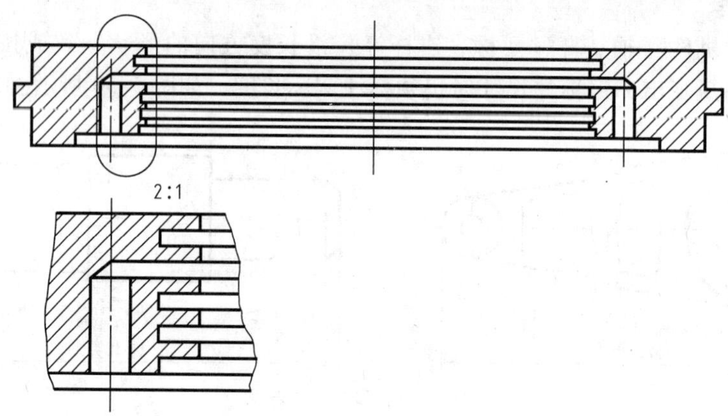

图 5-33　局部放大图的绘制

问题与防治

1）局部放大图可以画成视图、剖视图和断面图，与放大结构的表达方式无关。

2）局部放大图的比例，指该图形与实物的比例，与原图采用的比例无关。

项目6　机械图样的特殊表示法

6

知识目标：1. 了解螺纹的种类、用途和要素。
2. 掌握标准件和常用件的规定画法和标注。

技能目标：掌握标准件和常用件的绘制方法及查表方法。

任务1　螺纹紧固件的识读

子任务1　螺纹的绘制及标注

任务描述

如图6-1所示为常见的螺纹联接形式，图中的螺栓、螺母是日常生活和生产中常见的零件，这些零件应用广、用量大，国家标准对这些零件的结构、规格尺寸和技术要求等作了统一规定，称为标准件。为了很好地表达螺纹联接件，必须掌握螺纹的一些基本知识，尤其要掌握螺纹的规定画法。

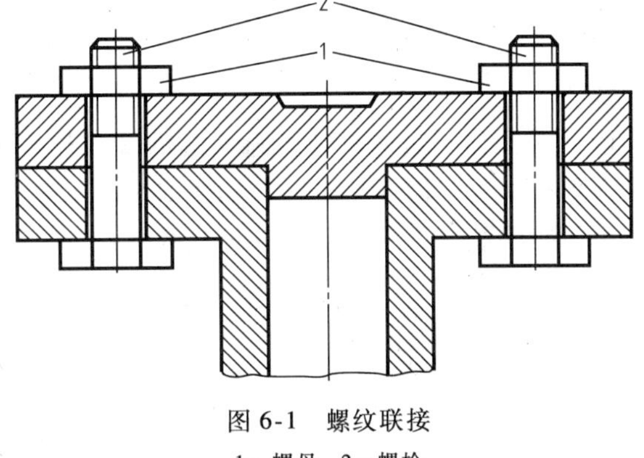

图6-1　螺纹联接
1—螺母　2—螺栓

任务分析

螺纹轮廓特别复杂，如果按实形绘图，非常烦琐，增大了绘图的工作量，为了提高工作效率和画图方便，国标规定螺纹采用规定画法绘图。

相关知识

1. 螺纹

在圆柱（锥）表面上，沿螺旋线所形成的具有规定牙型的连续凸起和沟槽称为螺纹。在圆柱（锥）外表面上形成的螺纹称为外螺纹，如图6-2a所示；在圆柱（锥）内表面上形成的螺纹称为内螺纹，如图6-2b所示。

螺纹的加工方法很多，外螺纹在车床上车削，如图6-2a所示。内螺纹加工有两种方法：一种是在车床上直接加工时，工件和刀尖形成圆柱螺旋线，如图6-2b所示；另一种是螺孔直径较小，可先用钻头钻出光孔（钻孔的顶角应画成120°），再用丝锥攻制加工内螺纹，如图6-2c所示。

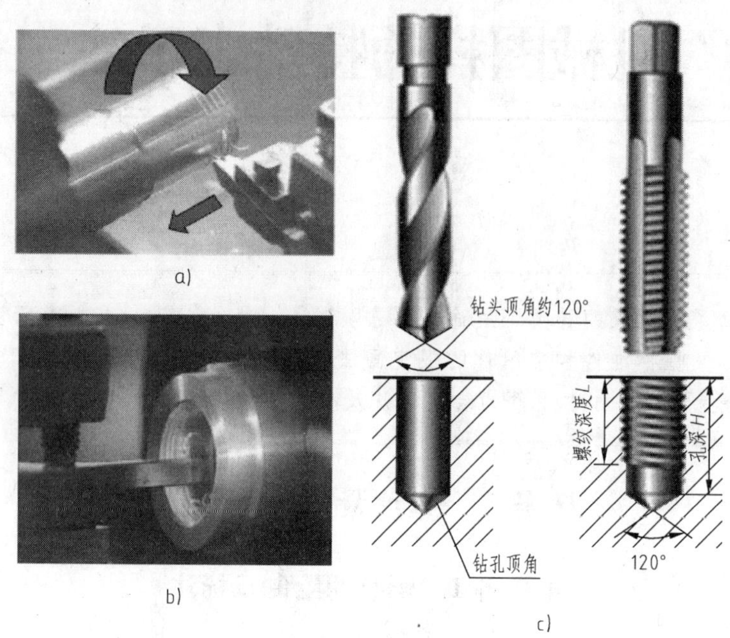

图6-2 螺纹加工方法

a）外螺纹 b）内螺纹 c）直径较小的螺孔

2. 螺纹结构要素

内、外螺纹正常旋合的条件是：螺纹的牙型、公称直径、螺距、线数和旋向五个要素完全一致。

（1）牙型 通过螺纹轴线断面上的螺纹轮廓形状称为螺纹的牙型。常见螺纹的牙型有三角形、梯形、锯齿形和矩形，如图6-3所示。其中，矩形螺纹尚未标准化，其余牙型的螺纹均为标准螺纹，不同的牙型有不同的用途。

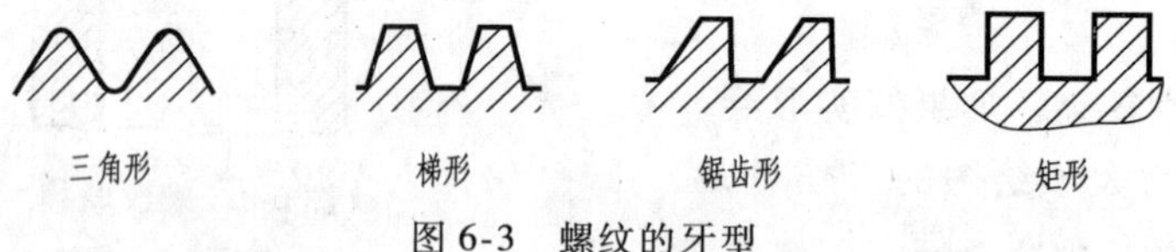

图6-3 螺纹的牙型

（2）公称直径 螺纹有大径、中径、小径，如图6-4所示。公称直径是指螺纹的大径。

1）大径是指与外螺纹牙顶或内螺纹牙底相切的假想圆柱（锥）的直径，即螺纹的公称直径，内、外螺纹的大径分别用D和d表示。

2）中径是指母线通过螺纹牙型上沟槽和凸起宽度相等处假想圆柱（锥）的直径，内、外螺纹的中径分别用D_2和d_2表示。

3）小径是指与外螺纹牙底或内螺纹牙顶相切的假想圆柱（锥）的直径，内、外螺纹的小径分别用D_1和d_1表示。

（3）线数 螺纹有单线和多线之分。沿一条螺旋线形成的螺纹为单线螺纹；沿两条或

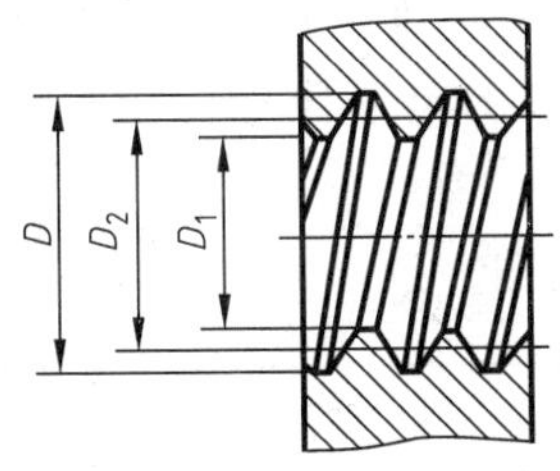

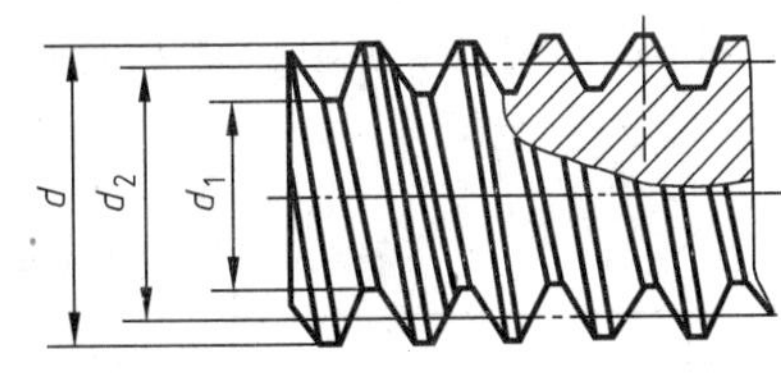

图 6-4　螺纹的直径

两条以上螺旋线形成的螺纹为双线或多线螺纹，如图 6-5 所示。

（4）螺距和导程　螺纹上相邻两牙在中径线上对应两点间的轴向距离称为螺距（P）；同一条螺旋线上相邻两牙在中径线上对应两点间的轴向距离称为导程（Ph）。导程和螺距的关系：单线螺纹 $P=Ph$；多线螺纹 $Ph=nP$，如图 6-5 所示。

（5）旋向　螺纹有右旋和左旋两种。工程上常用右螺旋纹。若顺着螺杆旋进方向观察，顺时针旋进的螺纹称右旋螺纹，反之为左旋螺纹，判断方法如图 6-6 所示。

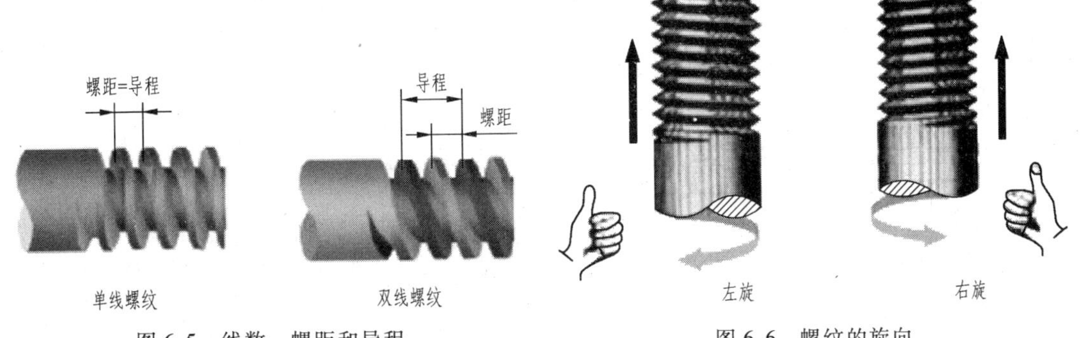

图 6-5　线数、螺距和导程

图 6-6　螺纹的旋向

2. 螺纹分类

（1）按螺纹要素分类

1）标准螺纹：牙型、直径和螺距均符合国家标准的螺纹。

2）特殊螺纹：牙型符合国家标准，直径或螺距不符合标准的螺纹。

3）非标准螺纹：牙型不符合标准的螺纹。

（2）按螺纹用途分类

1）紧固螺纹：用来联接零件的螺纹，如应用最广的普通螺纹。

2）传动螺纹：用来传递动力和运动的螺纹，如梯形螺纹、锯齿形螺纹和矩形螺纹等。

3）管螺纹：如 55°非密封管螺纹、55°密封管螺纹、60°密封管螺纹等。

4）专用螺纹：如自攻螺钉用螺纹、木螺钉螺纹、气瓶专用螺纹等。

3. 螺纹的标记

（1）螺纹的标记规定　由于螺纹的画法相同，无论是普通螺纹还是梯形螺纹，按规定画法画出后，图上均不能反映它的牙型、螺距、线数和旋向等结构要素，所以为了区分它们，必须按规定的标记在图样中进行标注。

常用标准螺纹的标记规定见表 6-1。在该表中，螺纹标记为紧固螺纹（序号 1、2）、传动螺纹（序号 3、4）和管螺纹（序号 5、6）。用拉丁字母表示的螺纹特征代号均在标记的左端，紧随螺纹特征代号之后的数值分两种情况：序号 1 ~ 4 中的该数值是指螺纹的公称直径，单位为 mm；序号 5 ~ 6 中的该数值是指螺纹的尺寸代号，无单位，不得称为公称直径。

表 6-1 常用标准螺纹的标记规定

序号	螺纹类别		标准编号	特征代号	标记示例	螺纹副标记例	说明
1	普通螺纹		GB/T 197—2003	M	M10 × 1-LH M10 M16 × Ph6P2-5g6g-S	M20-6H/5g6g	粗牙不注螺距，左旋时末尾加“-LH”，中等公差精度（如 6H、6g）不注公差带代号；中等旋合长度不注 N（下同），多线时注出 Ph（导程）、P（螺距）
2	小螺纹		GB/T 15054.4—1994	S	S0.8-4H5 S1.2LH-5h3	S0.9-4H5/5h3	标记中末尾 5 和 3 为顶径公差等级代号。顶径公差带位置仅有一种，故只注等级，不注位置
3	梯形螺纹		GB/T 5796.4—2005	Tr	Tr40 × 7-7H Tr40 × 14(P7)LH-7e	Tr36 × 6-7H/7e	公称直径一律用外螺纹的基本大径表示，仅需给出中径公差带代号，无短旋合长度
4	锯齿形螺纹		GB/T 13576.4—2008	B	B40 × 7-7a B40 × 14(P7)LH-8e-L	B40 × 7-7H/7e	
5	55°非密封管螺纹		GB/T 7307—2001	G	G1A G1/2LH	G1A	外螺纹需注出公差等级 A 或 B；内螺纹公差等级只有一种，故不注出；表示螺纹副时仅需标注外螺纹的标记
6	55°密封管螺纹	圆锥外螺纹	GB/T 7306.1—2000	R_1	$R_1 3$	$Rp/R_1 3$	内外螺纹均只有一种公差带，故不注，表示螺纹副时，尺寸代号只注写一次
		圆柱内螺纹		Rp	Rp1/2		
		圆锥外螺纹	GB/T 7306.2—2000	R_2	$R_2 3/4$	$Rc/R_2 3/4$	
		圆锥内螺纹		Rc	Rc1½-LH		

螺纹中应用最广的为普通螺纹，普通螺纹的完整标记由螺纹特征代号、尺寸代号、公差带代号、旋合长度代号和旋向代号组成。

普通螺纹的标记示例：

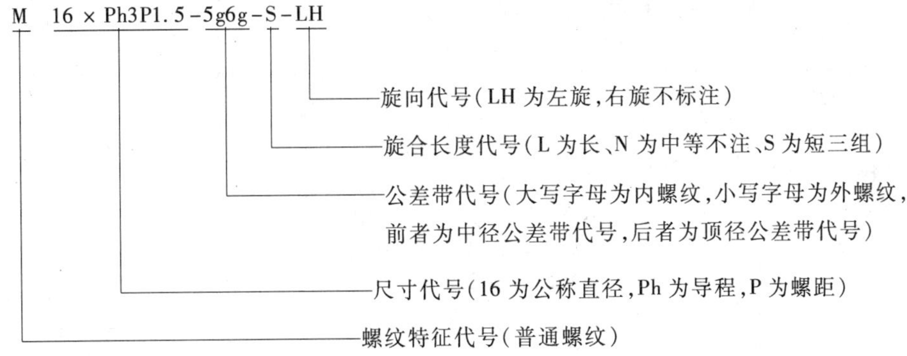

普通螺纹标记遇到以下情况时，其标记可简化：

1）普通螺纹分粗牙和细牙螺纹，细牙螺纹为“公称直径 × 螺距”，表示粗牙时不注螺距。

2）中径和顶径的公差带代号相同时，只注写一个公差带代号。

3）中等公差精度螺纹（公称直径≤1.4mm 的 5H、6h 和公称直径≥1.6mm 的 6H、6g）不标注公差带代号。

（2）普通螺纹、梯形螺纹和管螺纹尺寸参数　普通螺纹、梯形螺纹的直径与螺距和管螺纹的尺寸代号及公称尺寸见表 6-2、6-3、6-4。

表 6-2　普通螺纹直径与螺距、公称尺寸（GB/T 193—2003 和 GB/T 196—2003）

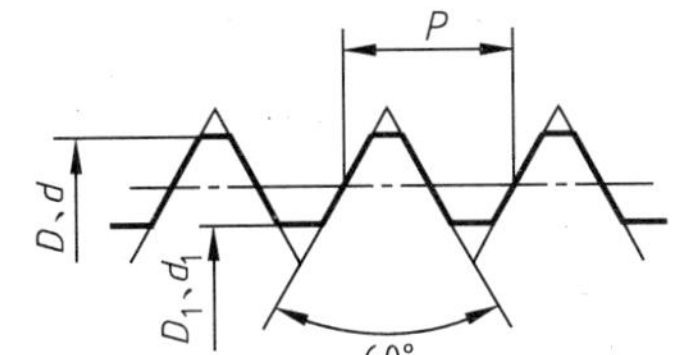

标记示例

公称直径 10，螺距 1.5，右旋粗牙普通纹，公差带代号 6g，其标记为：M10

公称直径 10，螺距 1，左旋细牙普通螺纹，公差带代号 7H，其标记为：M10 × 1-7H-LH

内外螺纹旋合的标记：M16-7H/6g

公称直径 D、d		螺距 P		粗牙小径 d_1、D_1	公称直径 D、d		螺距 P		粗牙径 D_1、d_1
第一系列	第二系列	粗牙	细牙		第一系列	第二系列	粗牙	细牙	
3		0.5	0.35	2.459	16		2	1.5、1	13.835
4		0.7	0.5	3.242		18	2.5	2、1.5、1	15.294
5		0.8		4.134	20				17.294
6		1	0.75	4.917		22			19.294
8		1.25	1、0.75	6.647	24		3	2、1.5、1	20.752
10		1.5	1.25、1、0.75	8.376	30		3.5	(3)、2、1.5、1	26.211
12		1.75	1.5、1.25、1	10.106	36		4	3、2、1.5	31.670
	14	2		11.835		39			34.670

注：1. 优先选用第一系列，括号内尺寸尽可能不用。
2. 内螺纹螺纹公差带代号有：4H、5H、6H、7H、5G、6G、7G。
3. 外螺纹螺纹公差带代号有：6e、6f、6g、8g、5g6g、7g6g、4h、6h、3h4h、5h6h、5h4h、7h6h。

表 6-3　梯形螺纹直径与螺距、公称尺寸（GB/T 5796.2—2005、GB/T 5796.3—2005 和 GB/T 5796.4—2005）

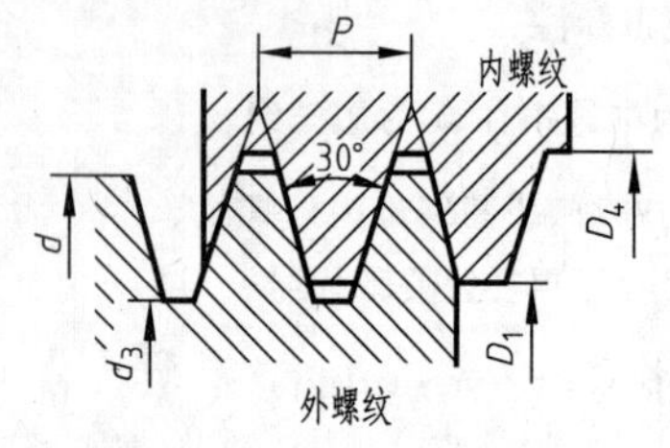

标记示例

公称直径为 24mm、螺距 5mm、中径公差代号为 7H 的单线右旋梯形内螺纹，其标记为：Tr24×5-7H

公称直径为 24mm、导程 10mm、螺距 5mm、中径公差代号为 8e 的双线左旋梯形外螺纹，其标记为：Tr24×10(P5)LH-8e

内外螺纹旋合所组成的螺纹副标记为：Tr24×8-7H/8e

公称直径 d		螺距 P	大径 D_4	小径	
第一系列	第二系列			d_3	D_1
16		2	16.50	13.50	14.00
		4		11.50	12.00
	18	2	18.50	15.50	16.00
		4		13.50	14.00
20		2	20.50	17.50	18.00
		4		15.50	16.00
	22	3	22.50	18.50	19.00
		5		16.50	17.00
		8	23.00	13.00	14.00
24		3	24.50	20.50	21.00
		5		18.50	19.00
		8	25.00	15.00	16.00
	26	3	26.50	22.50	23.00
		5		20.50	21.00
		8	27.00	17.00	18.00
28		3	28.50	24.50	25.00
		5		22.50	23.00
		8	29.00	19.00	20.00

注：外螺纹公差带代号有 9c、8c、8e、7e、；内螺纹公差带代号有 9H、8H、7H。

表 6-4　管螺纹尺寸代号及公称尺寸

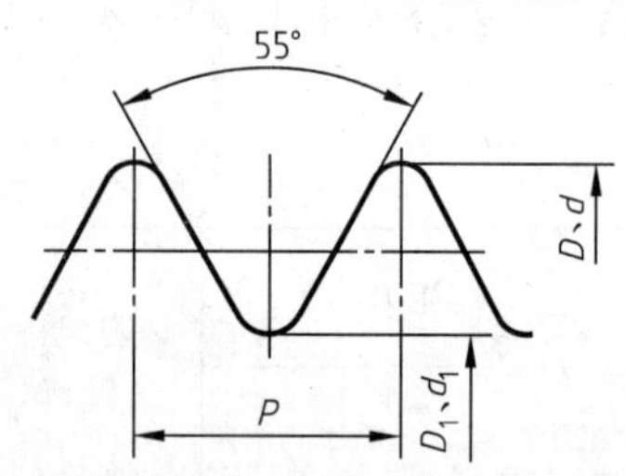

标记示例

尺寸代号为 3/4 的 A 级右旋外螺纹的标记为：G 3/4A

尺寸代号为 3/4 的 B 级左旋外螺纹的标记为：G 3/4B LH

尺寸代号为 3/4 的右旋内螺纹的标记为：G 3/4

上述右旋内外螺纹所组成的螺纹副的标记为：G 3/4A

当螺纹为左旋时的标记为：G 3/4A LH

尺寸代号	每 25.4mm 内的牙数 n	螺距 P/mm	大径 D = d/mm	小径 $D_1 = d_1$/mm	基准距离/mm
1/4	19	1.337	13.157	11.445	6
3/8	19	1.337	16.662	14.950	6.4
1/2	14	1.814	20.955	18.631	8.2
3/4	14	1.814	26.441	24.117	9.5
1	11	2.309	33.249	30.291	10.4
1¼	11	2.309	41.910	38.952	12.7
1½	11	2.309	47.803	44.845	12.7
2	11	2.309	59.614	56.656	15.9

注：1. 55°密封圆柱内螺纹牙型与 55°非密封管螺纹牙型相同，尺寸代号为 3/4 的右旋圆柱内螺纹的标记为 Rp3/4；它与外螺纹所组成的螺纹副的标记为 Rp/$R_1$3/4，详见 GB/T 7306.1—2000。

2. 55°密封圆锥管螺纹大径、小径是指基准平面上的尺寸。圆锥内螺纹的端面向里 0.5P 处即为基面，而圆锥外螺纹的基准平面与小端相处一个基准距离。

3. 55°密封圆柱管螺纹的锥度为 1:16，即 ϕ=1°47′24″。

任务实施

1. 螺纹的规定画法

（1）外螺纹的规定画法

图 6-1 所示螺栓上的螺纹就属外螺纹结构，外螺纹结构的规定画法如图 6-7 所示。

1）牙顶线（大径）用粗实线表示。

2）牙底线（小径）用细实线表示，细实线画入倒角内。

3）在投影为圆的视图中，表示牙顶的粗实线画整圆，表示牙底的细实线只画约 3/4 圈，此时轴上的倒角圆省略不画。

4）螺纹终止线用粗实线绘制。

（2）内螺纹的规定画法　图 6-1 所示螺母上的螺纹就属内螺纹结构，内螺纹结构的规定画法如图 6-8 所示。

1）在剖视图中，螺纹牙顶线（小径）用粗实线表示，牙底线（大径）用细实线表示。

2）剖面线画到牙顶线粗实线处。

3）在投影为圆的视图中，表示牙顶的粗实线画整圆，表示牙底的细实线画约 3/4 圈，孔口的倒角圆省略不画。

4）螺纹终止线用粗实线绘制。

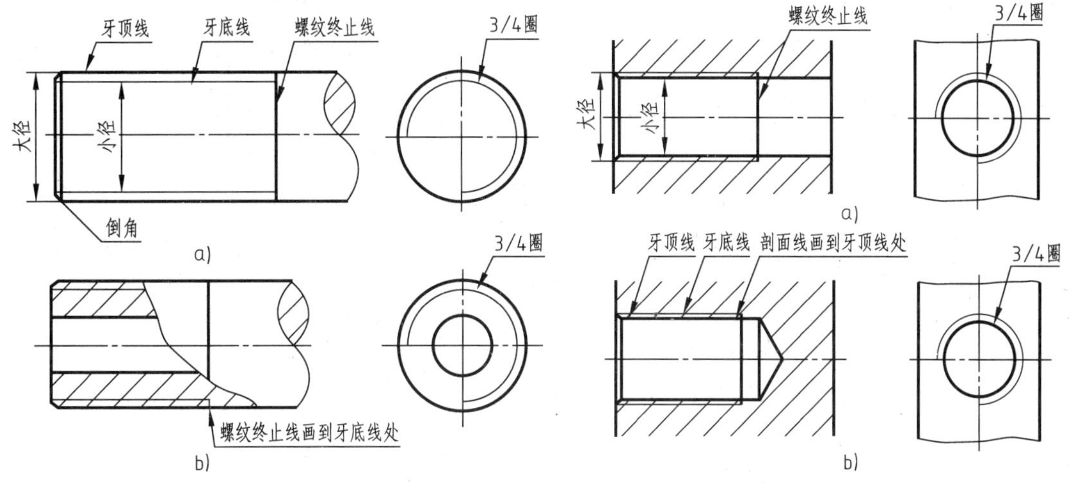

图 6-7　外螺纹的规定画法　　　图 6-8　内螺纹的规定画法

（3）内、外螺纹旋合的规定画法　如图 6-1 所示，螺母与螺栓正处旋合状态，内、外螺纹旋合的规定画法如图 6-9 所示。

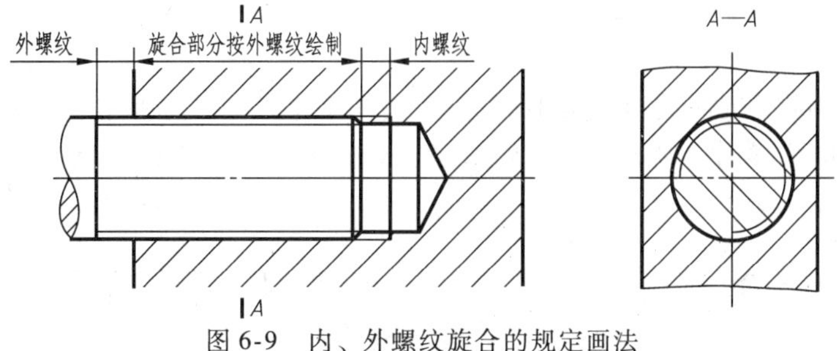

图 6-9　内、外螺纹旋合的规定画法

1）在剖视图中，内、外螺纹的旋合部分按外螺纹的画法绘制。

2）未旋合部分按各自规定的画法绘制，表示大小直径的粗实线与细实线应分别对齐。

（4）螺纹牙型的表示方法　螺纹的牙型可采用局部剖视图或局部放大图画出几个完整的牙型来表示，如图 6-10 所示。

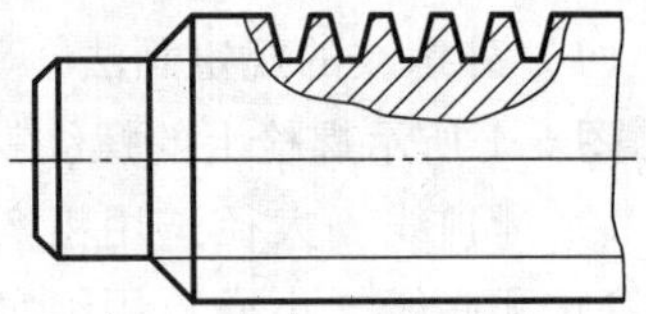

图 6-10　螺纹牙型画法

问题与防治

1）绘制螺纹图样时，螺纹小径值取 0.85D。

2）在剖视图中，内外螺纹未旋合部分按各自规定画法绘制，绘制大小径的粗细实线必须对齐。

知识拓展

标准螺纹在图样上进行标注时必须遵循 GB/T 4459.1—1995 的规定。

1）公称直径以 mm 为单位的螺纹，其标记应直接注在大径的尺寸线上，螺纹长度均指不包括螺尾在内的有效螺纹长度，如图 6-11 所示。

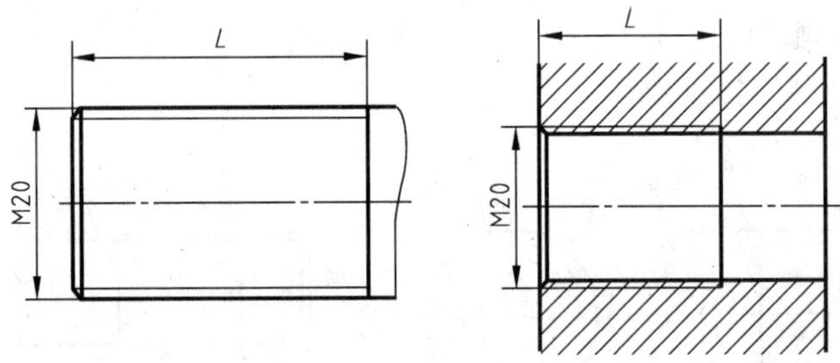

图 6-11　螺纹标记的图样标注及长度标注

2）管螺纹的标注一律注在引出线上，引出线应由大径处引出，如图 6-12 所示。

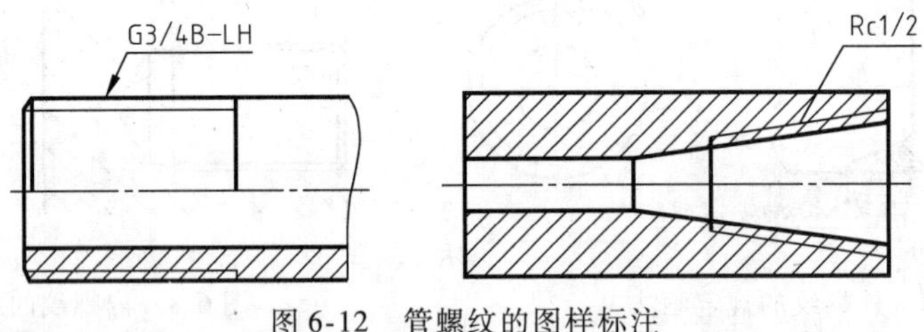

图 6-12　管螺纹的图样标注

子任务 2　螺纹紧固件联接画法

任务描述

生产中常用螺纹对机件进行紧固联接，被称为螺纹紧固件联接，常见的联接类型如图 6-13 所示。其联接图样的绘制方法，是螺纹紧固件内容中必须掌握的重点内容。

任务分析

图 6-13 所示的螺栓、螺钉、螺柱联接画法若按真实结构画出比较麻烦，绘图特别费时，为了能简单明了地表达它们，机械上常采用规定画法。

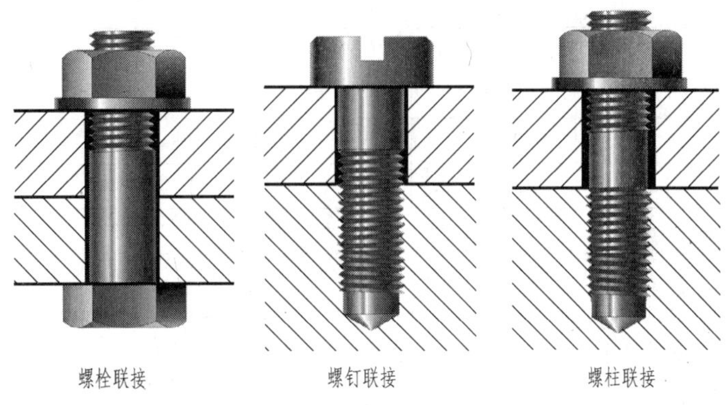

图 6-13　螺栓、螺钉、螺柱联接

相关知识

1. 常用螺纹紧固件的种类和标记

常用的螺纹紧固件有螺栓、螺钉、螺柱等，如图 6-14 所示，由于这些螺纹紧固件已经标准化，使用时按标记规定可直接按规格购买。几种常见的螺纹紧固件规格与标记见表6-5、表 6-6 和表 6-7。

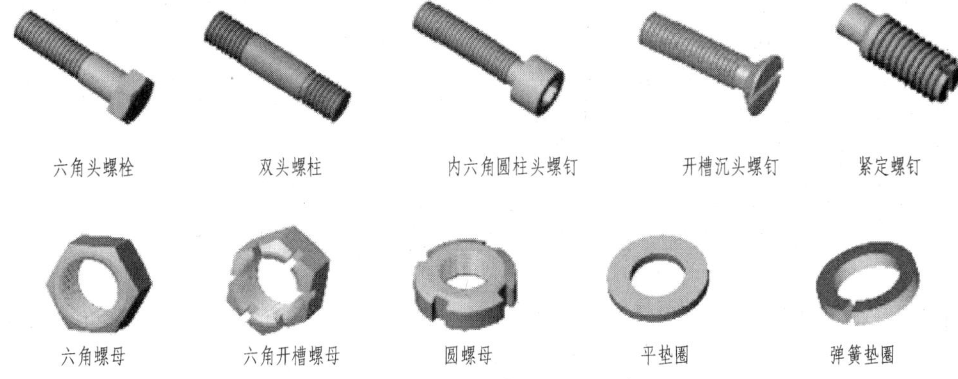

图 6-14　常用螺纹紧固件

表 6-5　六角头螺栓（GB/T 5782—2000）

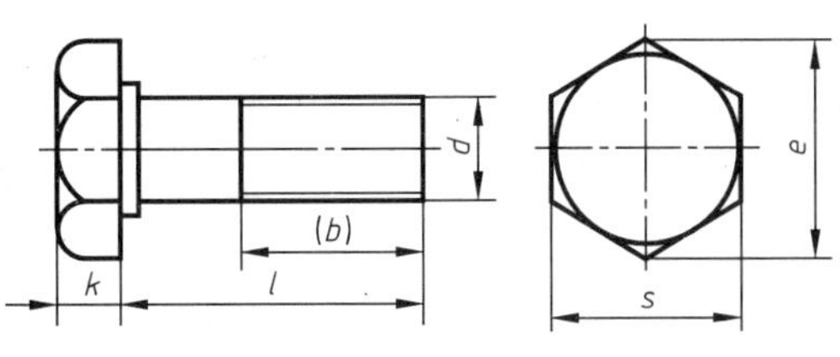

标记示例说明

螺栓 GB/T 5782　M12 × 50

螺纹规格 d = M12、公称长度 l = 50mm、性能等极为 8.8 级、表面氧化、A 级的六角头螺栓

螺纹规格 d	M3	M4	M5	M6	M8	M10	M12	(M14)	M16	(M18)	M20	(M22)	M24	(M27)	M30	M36
s	5.5	7	8	10	13	16	18	21	24	27	30	34	36	41	46	55
k	2	2.8	3.5	4	5.3	6.4	7.5	8.8	10	11.5	12.5	14	15	17	18.7	22.5
r	0.1	0.2	0.2	0.25	0.4	0.4	0.6	0.6	0.6	0.6	0.6	1	0.8	1	1	1

(续)

螺纹规格 d		M3	M4	M5	M6	M8	M10	M12	(M14)	M16	(M18)	M20	(M22)	M24	(M27)	M30	M36
e	A	6.01	7.66	7.66	11.05	14.38	17.77	20.03	23.36	26.75	30.14	33.53	37.72	39.98	—	—	—
	B	5.88	7.50	7.50	10.89	14.20	17.59	19.85	22.78	26.17	29.56	32.95	37.29	39.55	45.20	50.85	51.11
(b) GB/T 5782	$l \leqslant 125$	12	14	16	18	22	26	30	34	38	42	46	50	54	60	66	—
	$125 < l \leqslant 200$	18	20	22	24	28	32	36	40	44	48	52	56	60	66	72	84
	$l > 200$	31	33	35	37	41	45	49	53	57	61	65	69	73	79	85	97
l 范围(GB/T 5782)		20 ~ 30	25 ~ 40	25 ~ 50	30 ~ 60	40 ~ 80	45 ~ 100	50 ~ 120	60 ~ 140	65 ~ 160	70 ~ 180	80 ~ 200	90 ~ 220	90 ~ 240	100 ~ 260	110 ~ 300	140 ~ 360
l 范围(GB/T 5783)		6 ~ 30	8 ~ 40	10 ~ 50	12 ~ 60	16 ~ 80	20 ~ 100	25 ~ 120	30 ~ 140	30 ~ 150	35 ~ 150	40 ~ 150	45 ~ 150	50 ~ 150	55 ~ 200	60 ~ 200	70 ~ 200
l 系列		6、8、10、12、16、20、25、30、35、40、45、50、(55)、60、(65)、70、80、90、100、110、120、130、140、150、160、180、200、220、240、260、280、300、320、340、360、380、400、420、440、460、480、500															

表 6-6　1 型六角螺母（GB/T 6170—2000）

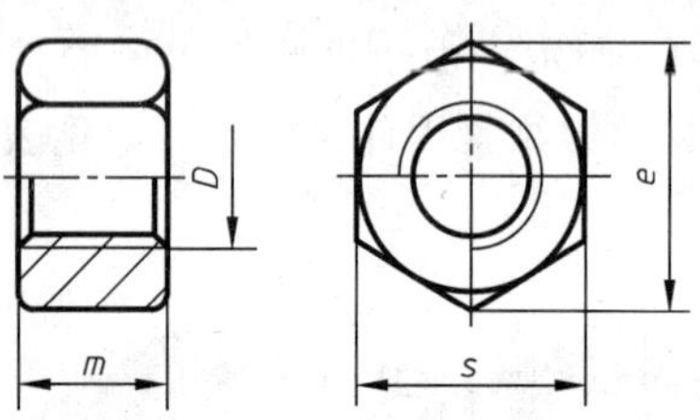

标记示例说明

螺母　GB/T 6170　M16

螺纹规格 D = M16、性能等级为 10 级不经表面处理的 1 型六角螺母

螺纹规格 D		M3	M4	M5	M6	M8	M10	M12	M16	M20	M24	M30	M36
e(min)		6.01	7.66	8.79	11.05	14.38	17.77	20.03	26.75	32.95	39.55	50.85	60.79
s	(max)	5.5	7	8	10	13	16	18	24	30	36	46	55
	(min)	5.32	6.78	7.78	9.78	12.73	15.73	17.73	23.67	29.16	35	45	53.8
c(max)		0.4	0.4	0.5	0.5	0.6	0.6	0.6	0.8	0.8	0.8	0.8	0.8
d_w(min)		4.6	5.9	6.9	8.9	11.6	14.6	16.6	22.5	27.7	33.2	42.7	51.1
d_w(max)		3.45	4.6	5.75	6.75	8.75	10.8	13	17.3	21.6	25.9	32.4	38.9
m	(max)	2.4	3.2	4.7	5.2	6.8	8.4	10.8	14.8	18	21.5	25.6	31
	(min)	2.15	2.9	4.4	4.9	6.44	8.04	10.37	14.1	16.9	20.2	24.3	29.4

表 6-7　平垫圈——A 级（GB/T 97.1—2002）

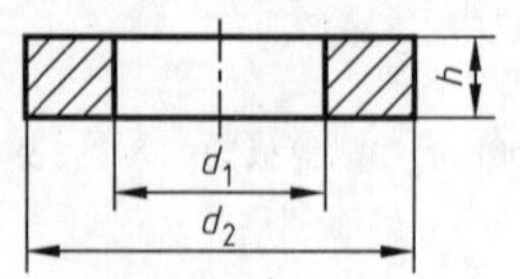

标记示例说明

垫圈　GB/T 97.1　16

标准系列、公称规格 16mm、硬度等级为 200 HV 级不经表面处理的 A 级平垫圈

公称规格(螺纹大径 d)	2	2.5	3	4	5	6	8	10	12	16	20	24	30
内径 d_1	2.2	2.7	3.2	4.3	5.3	6.4	8.4	10.5	13	17	21	25	31
外径 d_2	5	6	7	9	10	12	16	20	24	30	37	44	56
厚度 h	0.3	0.5	0.5	0.8	1	1.6	1.6	2	2.5	3	3	4	4

2. 螺栓联接、螺钉联接和螺柱联接

绘制螺纹联接时必须遵循以下规定：当剖切平面通过螺杆的轴线时，螺栓、螺柱、螺钉及螺母、垫圈等均按未剖切绘制，只画外形，不画剖面线。在剖视图上，相邻两零件的接触表面画一条线，不接触的表面画两条线。相邻两零件的剖面线应有区别，相反或间隔、倾角不等。

（1）螺栓联接　螺栓联接由螺栓、螺母、垫圈组成，用于联接不太厚并能钻成通孔的两零件。联接时将螺栓穿过联接两零件的光孔（孔径比螺栓略大，可按 $1.1d$ 画出）套上垫圈，然后用螺母紧固，螺栓联接通常采用比例画法，如图 6-15 所示。

螺纹公称长度：

$$l=\delta_1+\delta_2+h+m+a\text{（查表后取最短的标准长度）}$$

$$b=2d\quad h=0.15d\quad m=0.8d\quad a=0.3d\quad k=0.7d\quad e=2d\quad d_2=2.2d$$

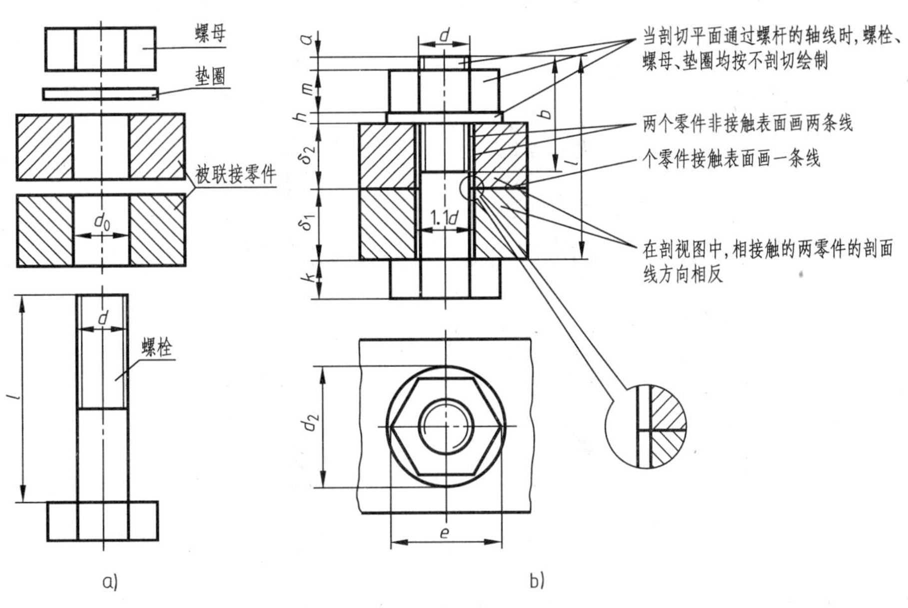

图 6-15　螺栓联接画法

a）联接前　b）联接后

（2）螺钉联接　螺钉联接不用螺母和垫圈，而把螺钉直接旋入下部零件的螺孔中。按用途可分为联接螺钉和紧定螺钉两种。

1）联接螺钉。用于联接零件受力不大和经常拆卸的场合，如图 6-16 所示，装配时螺钉直接穿过联接零件上的通孔，再拧入另一个联接零件上的螺孔中，靠螺钉头部压紧被联接零件。

为保证联接强度，螺钉旋入端的长度 b_m 随被旋入零件材料的不同而有四种规格：

$b_m=1d$（GB/T 897—1988）钢、青铜或硬铝　$b_m=2d$（GB/T 900—1988）铝或其他软材料

$b_m=1.25d$（GB/T 898—1988）　$b_m=1.5d$（GB/T 899—1988）铸铁

螺钉公称长度

$$l=\delta+b_m$$

按公称长度的计算值 l 查表确定。

2）紧定螺钉。用于固定零件，固定两个零件的相对位置，如图 6-17 中的轴和齿轮

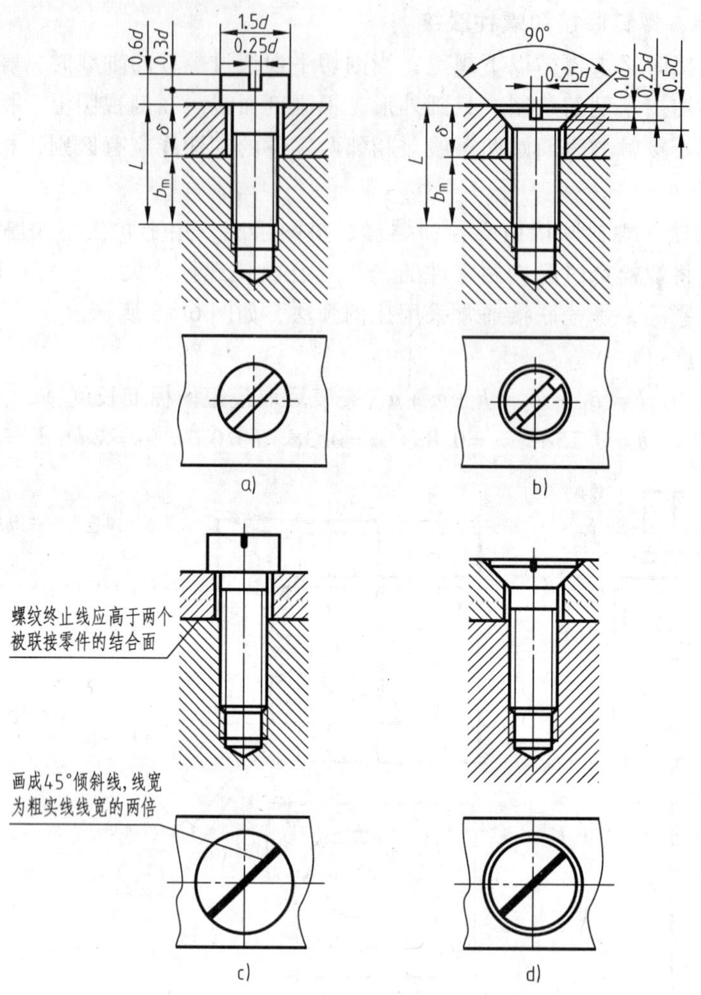

图 6-16　螺钉联接

（图中齿轮仅画出轮毂部分），用一个开槽锥端紧定螺钉旋入轮毂的螺孔，使螺钉端部的 90°锥坑压紧，固定轴和齿轮的相对位置。

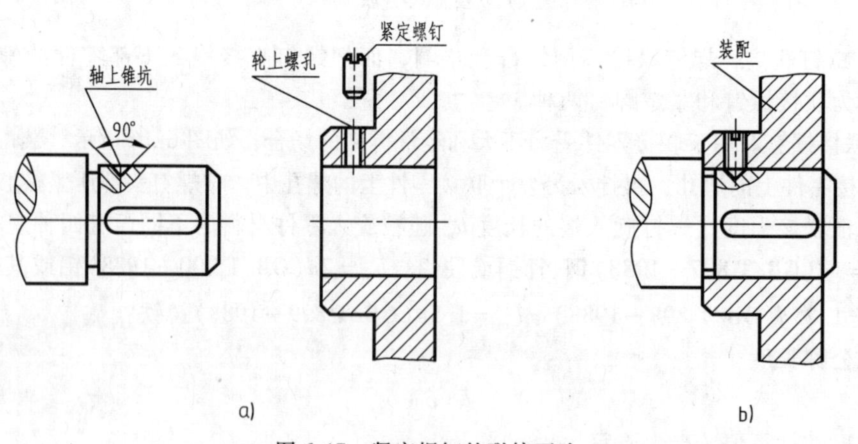

图 6-17　紧定螺钉的联接画法

a）联接前　b）联接后

（3）螺柱联接　螺柱联接由双头螺柱、垫圈和螺母组成。当两个被联接零件之一较厚，不适合用螺栓联接时，可采用螺柱联接。螺柱两端均制有螺纹。联接前，先在较厚的零件上制出螺孔，在另一个零件上加工出通孔，如图 6-18a 所示。将螺柱的一端（称旋入端）全部旋入螺孔内，再在另一端（称紧固端）套上制出通孔的零件，加上弹簧垫圈（弹簧垫圈用来防止松动，开口槽方向与水平成 60°角且向左上倾斜两条粗实线或一条加粗线），拧紧螺母，即完成螺柱联接，其联接图样如图 6-18b 所示。

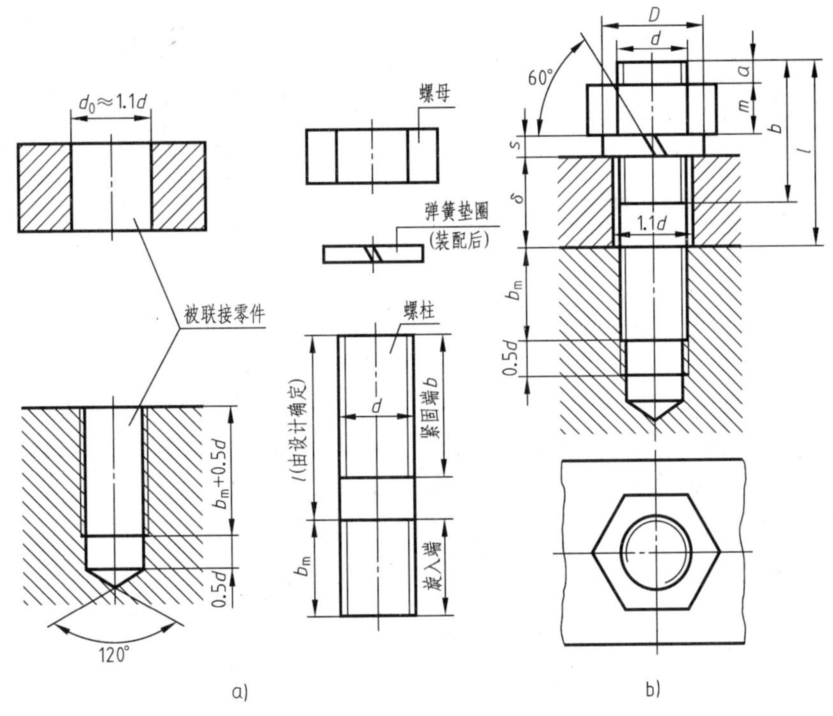

图 6-18　螺柱联接画法
a）联接前　b）联接后

螺柱有效长度可按下式估算：

$$l = \delta + s + m + a\text{（查表后取最短的标准长度）}$$

式中 b_m 的取值方式与螺钉联接相同，按比例作图时取 $s = 0.2d$，$D = 1.5d$。

任务实施

参照图 6-13 完成如图 6-19a 所示的螺栓紧固件联接的绘图工作。螺栓为 GB/T 5782 M12×55 、垫圈为 GB/T 97.1—2002　16，采用 1∶1 的比例完成绘图。

画图步骤如下：

1）按比例画法计算各零件的尺寸。

2）按规定画法计算并画出螺栓、垫圈和螺母联接图形。

$b = 2d = 24$　$h = 0.15d = 1.8$　$m = 0.8d = 9.6$　$a = 0.3d = 3.6$　$k = 0.7d = 8.4$　$e = 2d = 24$　$d_2 = 2.2d = 26.4$

3）擦去多余的线段完成其图形，如图 6-19b 所示。

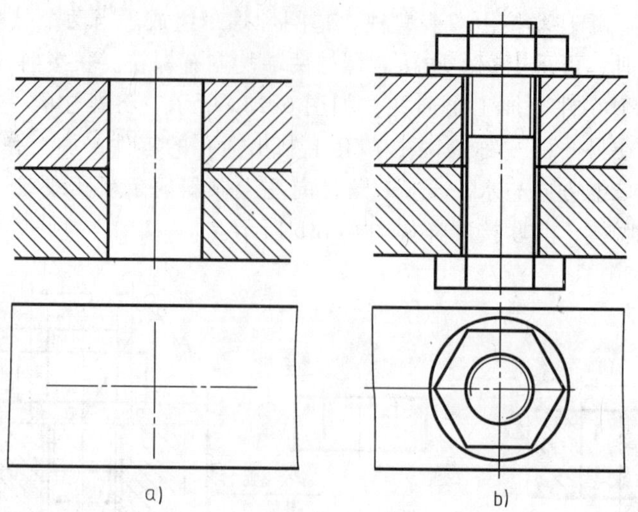

图 6-19 螺栓联接

问题与防治

1）在同一张图上，同一零件各视图中零件剖面线方向和间隔必须一致。

2）在绘制不穿通的螺纹孔时，应将钻孔深度和螺孔深度分别画出；一般钻孔深度比螺孔深度大 0.5D，钻头实际锥角 118°，画图时取 120°。

3）画螺柱联接时，旋入端完全旋入螺孔中，旋入端的螺纹终止线应与螺纹孔口的端面平齐。

4）绘制螺钉联接时，螺纹终止线应画在螺纹孔口之上。

5）螺钉头部的沟槽，在投影为圆的视图上画成 45°斜线，且沟槽的投影可涂黑，线宽为粗实线线宽的 2 倍。

任务 2 齿轮识读

任务描述

图 6-20 所示为几种常见的齿轮啮合传动形式。齿轮的轮齿等部分结构国家已经做了标准规定，属于常用件。绘制齿轮的机械图样时，轮齿部分必须按国家的标准规定画法绘制，其他部分按实际结构绘制。

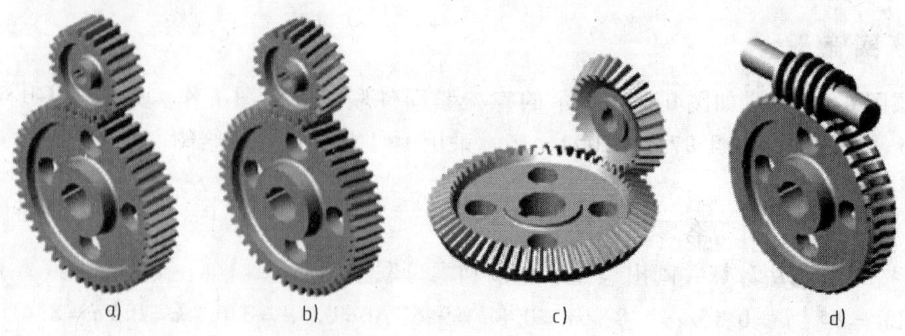

图 6-20 常见的齿轮传动形式

a）直齿圆柱齿轮 b）斜齿圆柱齿轮 c）直齿锥齿轮 d）蜗轮蜗杆

任务分析

齿轮是机器或部件中的传动零件，用来传递动力、改变机件的回转方向和转动速度。齿轮种类很多，常见的传动形式可分为三大类。圆柱齿轮：用于平行两轴之间的传动，如图6-20a、b所示。锥齿轮：用于相交两轴之间的传动，如图6-20c所示。蜗轮蜗杆：用于交错两轴之间的传动，如图6-20d所示。在机械传动中圆柱齿轮应用非常广泛，本节重点学习直齿圆柱齿轮的几何要素、尺寸计算和规定画法。

相关知识

1. 直齿圆柱齿轮的几何要素及尺寸关系（图6-21）

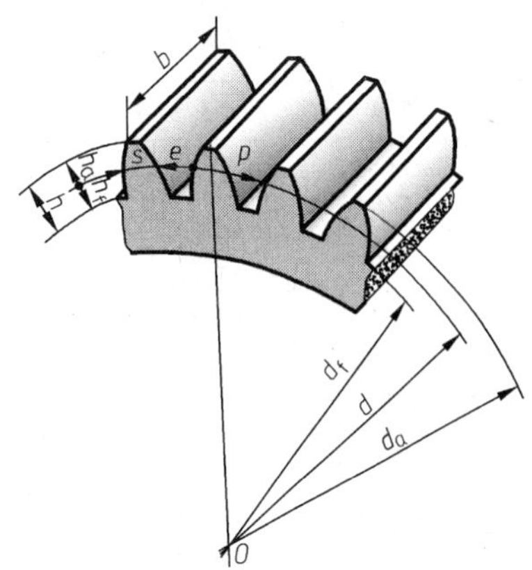

图6-21 齿轮各部分的名称及代号

(1) 齿顶圆直径（d_a） 通过轮齿顶部的圆的直径。

(2) 齿根圆直径（d_f） 通过轮齿根部圆的直径。

(3) 分度圆直径（d） 分度圆是一个约定的假想圆，齿轮的轮齿尺寸均以此圆直径为基准确定，该圆上的齿厚 s 和槽宽 e 相等。

(4) 齿顶高（h_a） 齿顶圆与分度圆之间的径向距离。

(5) 齿根高（h_f） 齿根圆与分度圆之间的径向距离。

(6) 齿高（h） 齿顶圆与齿根圆之间的径向距离。

(7) 齿厚（s） 一个齿的两侧齿廓之间的分度圆弧长。

(8) 齿槽宽（e） 一个齿槽的两侧齿廓之间的分度圆弧长。

(9) 齿距（p） 相邻两齿的同侧齿廓之间的分度圆弧长。

(10) 齿宽（b） 齿轮轮齿的轴向宽度。

(11) 齿数（z） 一个齿轮的轮齿总数。

(12) 模数（m） 齿轮的齿数 z、齿距 p 和分度圆直径 d 之间有以下关系

$$\pi d = zp \quad 即 \quad d = zp/\pi$$

令 $m = p/\pi$，则 $d = mz$。

m 称为齿轮的模数。因为两啮合齿轮的齿距 p 必须相等，所以啮合两齿轮的模数也必须相等。

模数 m 是设计、制造齿轮的重要参数。模数大，齿距 p 也大，齿厚 s、齿高 h 也随之增大，因而齿轮的承载能力增大。为了便于齿轮的设计和制造，我国规定的标准模数值见表6-8。

表6-8 圆柱齿轮模数系列（GB/T 1357—2008）

第一系列	1、1.25、1.5、2、2.5、3、4、5、6、8、10、12、16、20、25、32、40、50、
第二系列	1.125、1.375、1.75、2.25、2.75、3.5、4.5、5.5、(6.5)、7、9、11、14、18、22、28、35、45

注：选用模数时，应优先选用第一系列，括号内的模数尽可能不用。

(13) 压力角（α） 齿廓曲线和分度圆的交点处的径向直线与齿廓在该点处的切线所夹的锐角。

(14) 传动比 (i)　传动比为主动齿轮的转速 n_1 (r/min) 与从动齿轮的转速 n_2 (r/min)之比，即 n_1/n_2。由 $n_1 z_1 = n_2 z_2$ 可得：$i = n_1/n_2 = z_2/z_1$。

(15) 中心距 (a)　两圆柱齿轮轴线之间的最短距离称为中心距，即 $a = (d_1 + d_2)/2 = m(z_1 + z_2)/2$。

2. 直齿圆柱齿轮几何要素的尺寸计算

标准直齿圆柱齿轮各几何要素尺寸的计算公式见表 6-9。

表 6-9　直齿圆柱齿轮几何要素的尺寸计算

名　　称	代　　号	计算公式
齿顶高	h_a	$h_a = m$
齿根高	h_f	$h_f = 1.25m$
齿高	h	$h = 2.25m$
分度圆直径	d	$d = mz$
齿顶圆直径	d_a	$d_a = m(z+2)$
齿根圆直径	d_f	$d_f = m(z-2.5)$
标准中心距	a	$a = (d_1 + d_2)/2 = m(z_1 + z_2)/2$

3. 圆柱齿轮的规定画法

(1) 单个圆柱齿轮的规定画法　根据 GB/T 4459.2—2003 规定的画法画齿轮。

1) 在非剖视图中齿顶圆和齿顶线用粗实线绘制，分度圆和分度线用细点画线绘制，齿根圆和齿根线用细实线绘制（也可省略不画），如图 6-22a 所示。

2) 在剖视图中，当剖切平面通过齿轮的轴线时，轮齿部分一律按不剖处理，齿根线画成粗实线，如图 6-22b 所示。

3) 当需要表示斜齿或人字齿的齿线形状时，可用三条与齿线方向一致的细实线表示，如图 6-22c 所示。

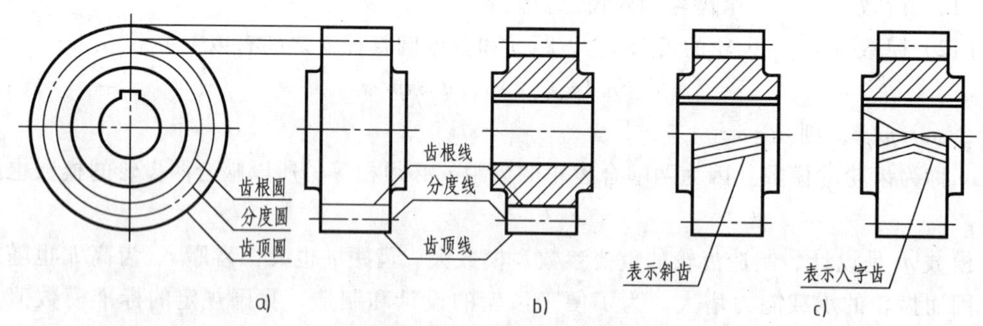

图 6-22　圆柱齿轮的画法

(2) 圆柱齿轮啮合的画法　对于标准圆柱齿轮，啮合时两齿轮的分度圆相切。

1) 在投影为圆的视图中，啮合区的齿顶圆均用粗实线绘制，如图 6-23a 所示的左视图，或按省略画法绘制，如图 6-23b 所示。

2) 在剖视图中，当剖切平面通过两啮合齿轮轴线时，在啮合区内，将一个齿轮的轮齿用粗实线绘制，另一个齿轮的轮齿被遮挡的部分用细虚线绘制，如图 6-23a 所示的主视图，被挡住的部分也可省略不画。

3）在平行于圆柱齿轮轴线的投影面外形视图中，啮合区的齿顶线不用画出，只用粗实线画出节线（啮合时标准直齿圆柱齿轮的分度圆又称节圆，分度线又称节线），如图 6-23c 所示。

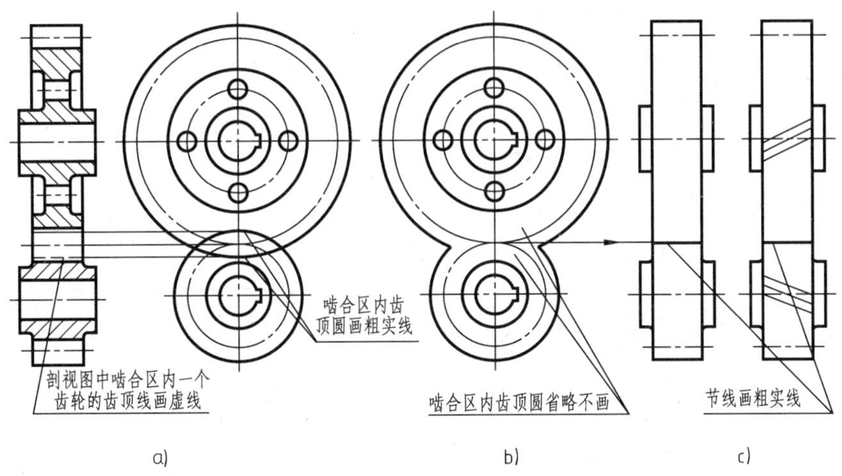

图 6-23 齿轮啮合的画法

在齿轮啮合的剖视图中，由于齿根高与齿顶高相差 0.25m，因此，一个齿轮的齿顶线和另一个齿轮的齿根线之间，应有 0.25m 的顶隙，如图 6-24 所示。

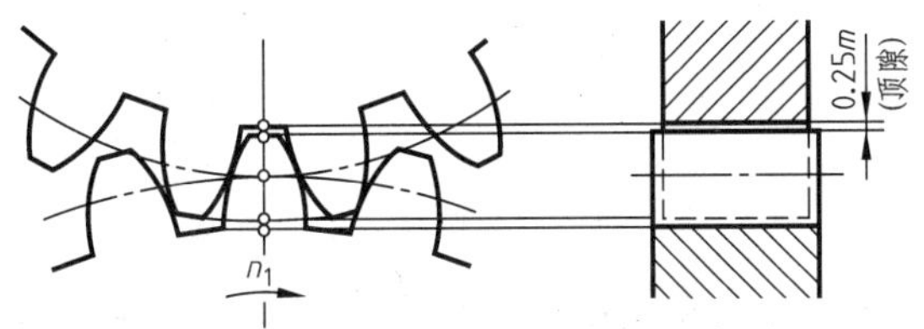

图 6-24 啮合齿轮间的顶隙

任务实施

按规定画法绘制一直齿圆柱齿轮的图样（齿轮类型如图 6-20a 所示）。

如图 6-25a 所示，已知一直齿圆柱齿轮的模数 $m=3$，齿数 $z=26$，请计算出齿轮的齿顶圆、分度圆、齿根圆直径后，用 1:1 的比例完成绘图。

画法如下：

1）根据齿轮几何要素计算公式计算出分度圆、齿顶圆及齿根圆的直径。

$$d=mz=3\times26=78\quad d_a=m(z+2)=3\times(26+2)=84$$

$$d_f=m(z-2.5)=3\times(26-2.5)=70.5$$

2）根据直齿圆柱齿轮的规定画法画出其图形。

3）检查各线段是否正确，并完成图形，绘制结果如图 6-25b 所示。

问题与防治

1）在剖视图中，当剖切平面通过两啮合齿轮轴线时，在啮合区内被挡住的轮齿用细虚线绘制，或省略不画；另一个轮齿用粗实线绘制。

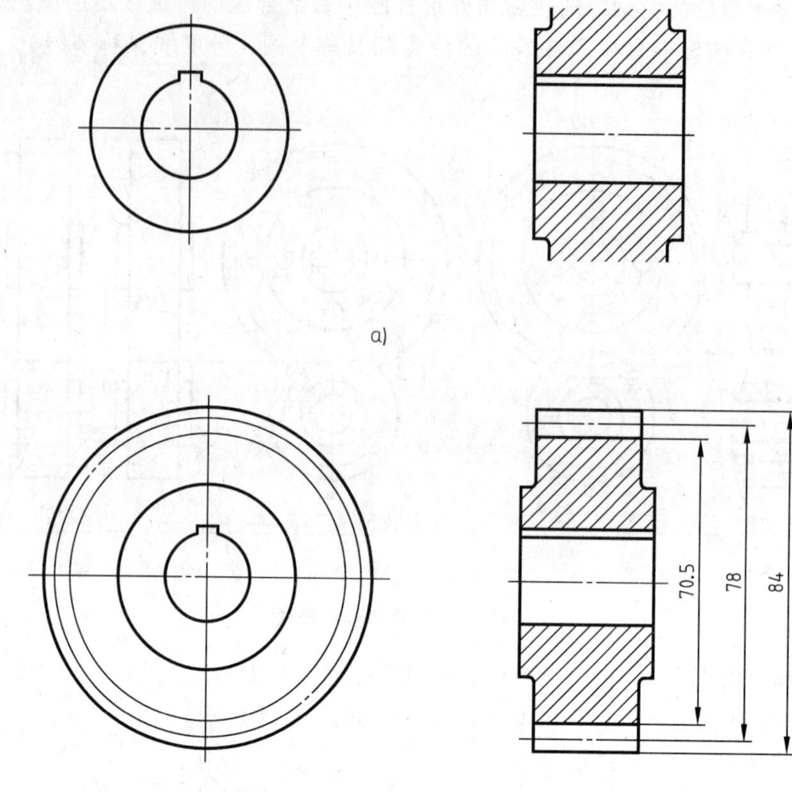

图 6-25　直齿圆柱齿轮的画法

2）在非圆投影的剖视图中，两齿轮的节线重合画细点画线。

知识拓展

在机械传动中，除了圆柱齿轮传动外，还有锥齿轮和蜗杆传动等。

1. 锥齿轮规定画法和锥齿轮啮合规定画法

（1）锥齿轮的规定画法　主视图常采用全剖视，在投影为圆的视图中规定用粗实线画出大端和小端的齿顶圆，用细点画线画出大端分度圆，齿根圆及小端分度圆均不必画出，如图 6-26 所示。

（2）锥齿轮啮合的规定画法　主视图画成全剖视图，两锥齿轮的节圆锥面相切处用细点画线画出。在啮合区内，应将其中一个齿轮的齿顶线画成粗实线，而将另一个齿轮的齿顶线画成细虚线或省略不画，如图 6-27 所示。

2. 蜗杆、蜗轮的规定画法及蜗杆与蜗轮啮合的规定画法

蜗杆、蜗轮的规定画法与圆柱齿轮的规定画法基本相同。在蜗杆传动中，蜗杆通常是主动件，蜗轮是从动件，蜗杆传动的传动比大，结构紧凑，但效率低。

（1）蜗杆的规定画法　主视图上可用局部剖视或局部放大图表示齿形。齿顶圆（齿顶线）用粗实线画出，分度圆（分度线）用细点画线画出，齿根圆（齿根线）用细实线画出或省略不画，如图 6-28a 所示。

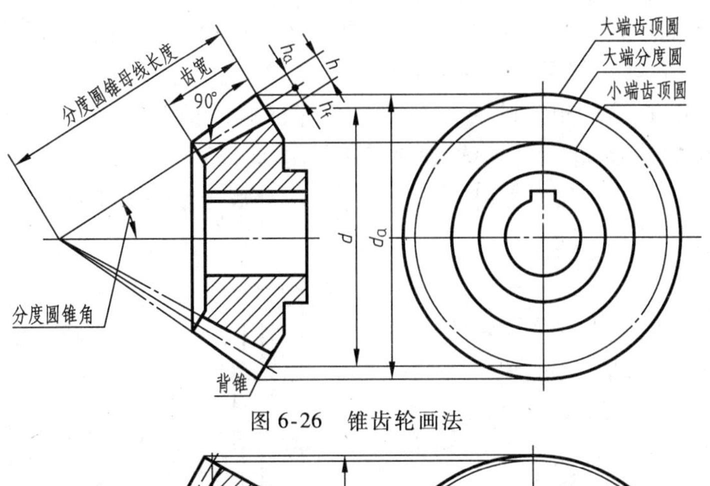

图 6-26　锥齿轮画法

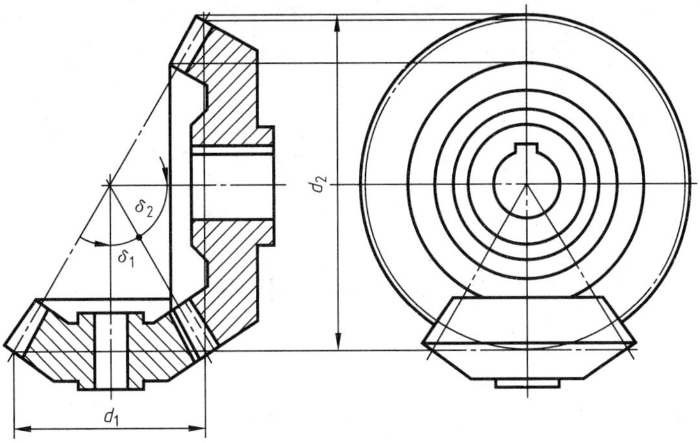

图 6-27　锥齿轮啮合画法

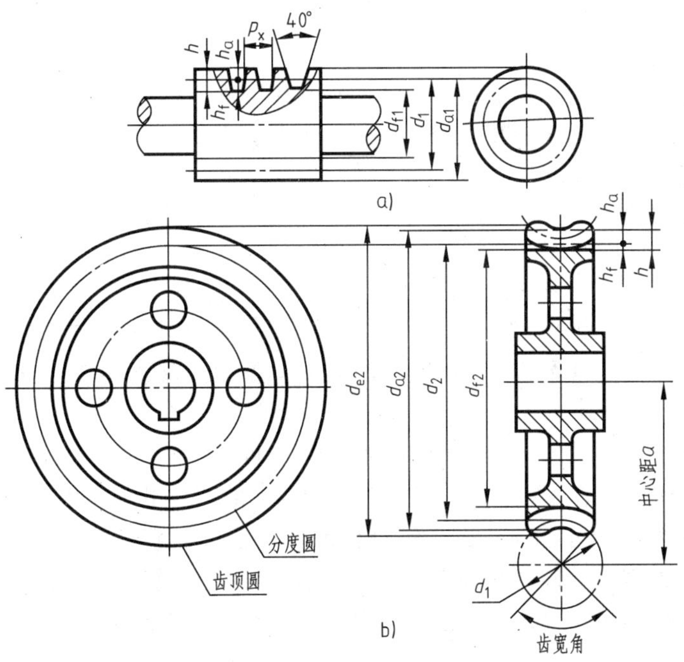

图 6-28　蜗杆、蜗轮画法

a）蜗杆的主视图　b）蜗轮的画法

(2) 蜗轮的规定画法　蜗轮通常用剖视图表达，在投影为圆的视图中，只画分度圆(d_2)和蜗轮外圆(d_{e2})，如图 6-28b 所示。

(3) 蜗杆与蜗轮啮合的规定画法　画图时要保证蜗杆的分度线与蜗轮的分度圆相切。在蜗轮投影不为圆的外形视图中，蜗轮被蜗杆遮住的部分不画；在蜗轮投影为圆的外形视图中，蜗杆、蜗轮啮合区的齿顶圆都用粗实线画出，注意啮合区域剖开处蜗杆的分度线与蜗轮的分度圆相切，如图 6-29 所示。

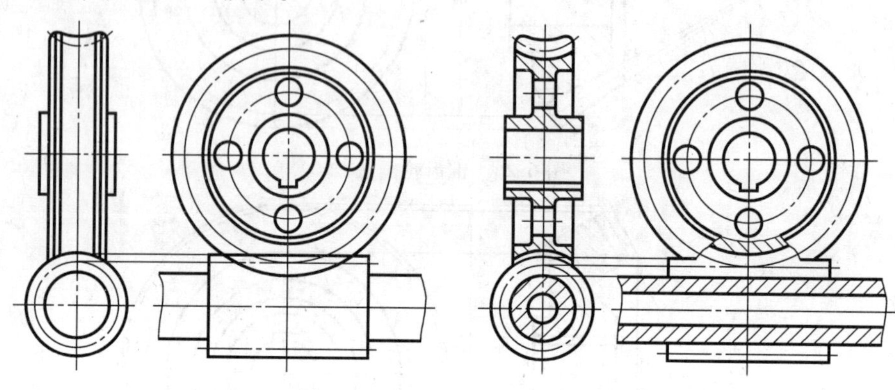

图 6-29　蜗杆与蜗轮啮合画法

任务3　键、销在图样中的表示方法

任务描述

键和销均属标准件，图 6-30 所示为常见的键与销及其联接形式，学习并掌握这些键和销及其联接状态在机械图样中是如何标记和绘制的。

任务分析

键是标准件，联接轴和轴上的传动件，使轴和传动件不产生相对转动。传动时，轴和传动件一起转动，保证两者同步旋转，传递转矩和旋转运动，如图 6-31 所示。本任务主要学习键标注及其画法。

相关知识

1. 键联接

(1) 键的类型　如图 6-32 所示，常用的键有普通平键、半圆键和钩头型楔键，普通平键有三种结构类型：A 型（圆头）、B 型（平头）、C 型（半圆头）。

(2) 键的标记

GB/T 1096　键　18 × 11 × 100

表示键宽为 18mm，键高为 11mm，键长为 100mm 的 A 型普通平键。

(3) 键槽的画法及尺寸标注　由于键是标准件，所以一般不必画出零件图，但要画出零件上与键相配合的键槽，键槽的宽度 b 可根据直径 d 查表确定，轴上的槽深 t_1 和轮毂上的槽深 t_2 可从键的标准中查得，键的长度应小于或等于轮毂的长度。键槽的画法和尺寸标注如图 6-33 所示。

普通平键的尺寸标注和键槽的断面尺寸可按轴的直径在表 6-10 中查到。

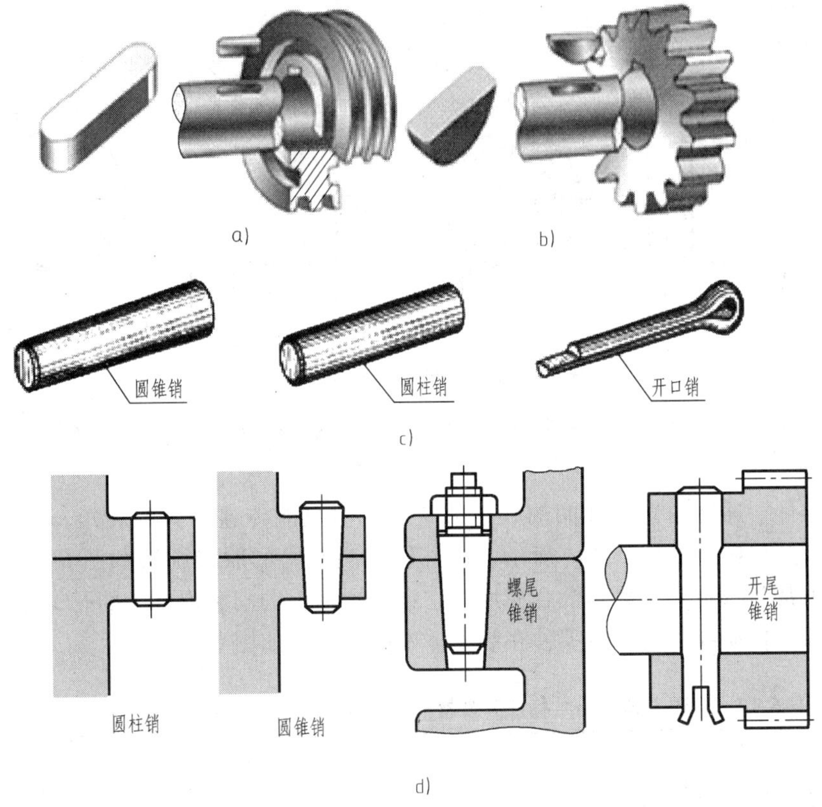

图 6-30 键、销及其联接

a）A 型普通平键及其联接 b）半圆键及其联接 c）销 d）销联接

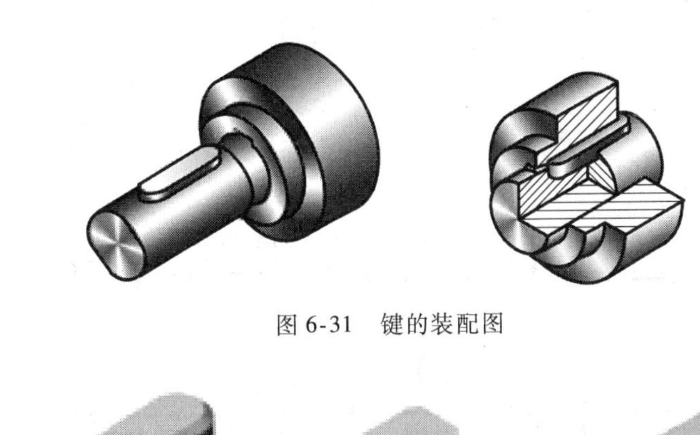

图 6-31 键的装配图

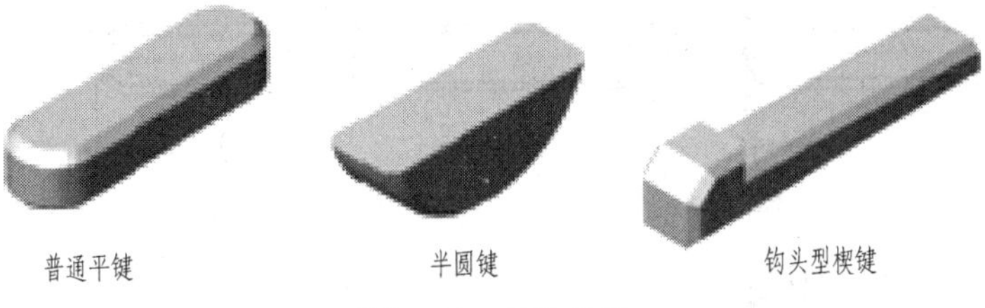

普通平键 半圆键 钩头型楔键

图 6-32 键的类型

（4）键联接画法 表 6-10 中图为普通平键联接的装配图画法，主视图中键被剖切面纵向剖切，按不剖处理。为了表示键在轴上的装配情况，采用了局部剖视，左视图中键被横向

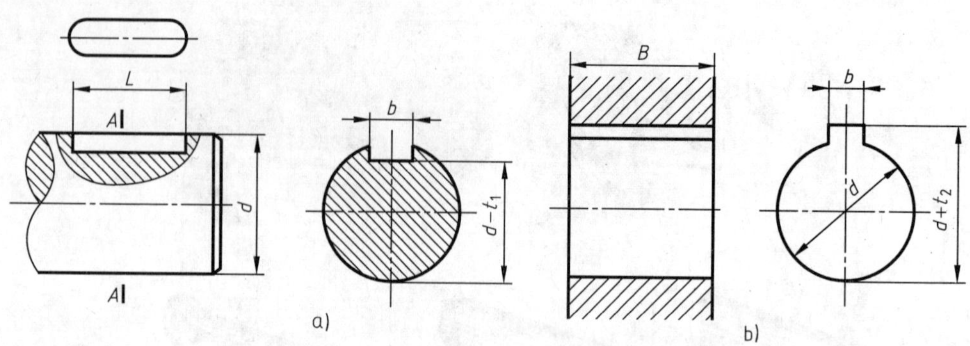

图 6-33　键槽的画法和尺寸标注

剖切，要画剖面线（与轮的剖面线倾斜方向相反或一致，但间隔或倾角不等）。

2. 销联接

销是标准件，通常用于零件间的联接或定位，但只能传递不大的转矩。常用的有圆柱销、圆锥销和开口销，如图 6-30c 所示。圆柱销和圆锥销的联接画法如图 6-34a、图 6-30d 所示。开口销常与六角开槽螺母配合使用，它穿过螺母上的槽和螺杆上的孔，并将销的尾部叉开，防止螺母松动或限定其他零件在装配体中的位置，如图 6-34b 所示。

表 6-10　普通平键的尺寸标注和键槽的断面尺寸（GB/T 1095 ~ 1096—2003）

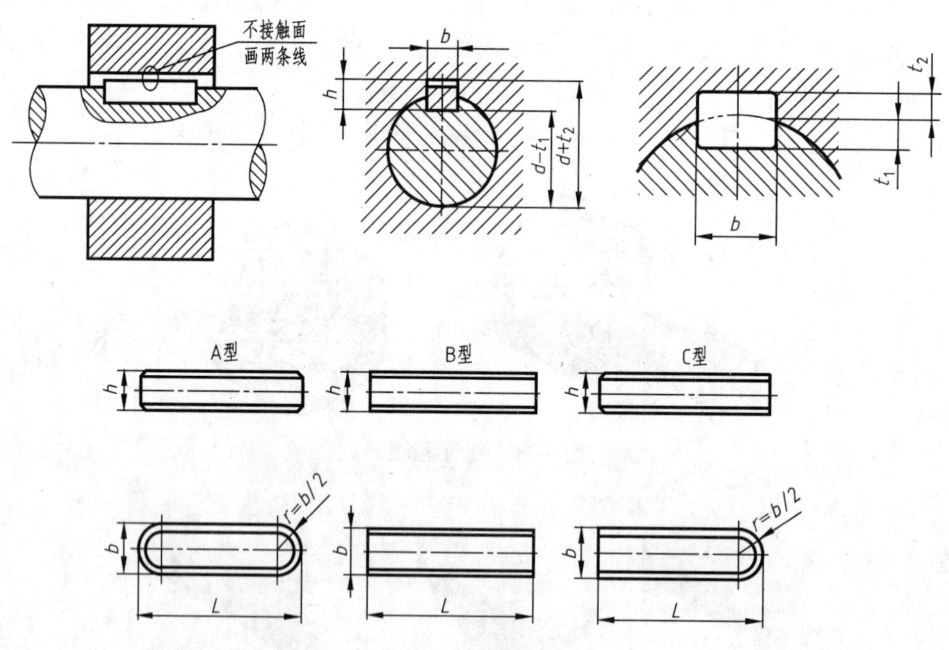

标记示例

GB/T 1096 键 16 × 10 × 100（圆头普通平键 A 型，$b = 16$mm，$h = 10$mm，$L = 100$mm）

GB/T 1096 键 B16 × 10 × 100（平头普通平键 B 型，$b = 16$mm，$h = 10$mm，$L = 100$mm）

GB/T 1096 键 C10 × 10 × 100（单圆头普通平键 C 型，$b = 16$mm，$h = 10$mm，$L = 100$mm）

注：A 型平键的型号“A”可省略不标注，B 型和 C 型必须标注“B”或“C”。

（续）

轴	键		键槽											
公称直径 d	公称尺寸 $b \times h$	长度 L	宽度 b						深度				半径 r	
			公称尺寸 b	极限偏差					轴 t_1		毂 t_2			
				松联接		正常联接		紧密联接						
				轴 H9	毂 D10	轴 N9	毂 JS9	轴和毂 P9	公称	极限偏差	公称	极限偏差	最小	最大
>10～12	4×4	8～45	4	+0.030 0	+0.078 +0.030	0 −0.030	±0.015	−0.012 −0.042	2.5	+0.1 0	1.8	+0.1 0	0.08	0.16
>12～17	5×5	10～56	5						3.0		2.3		0.16	0.25
>17～22	6×6	14～70	6						3.5		2.8			
>22～30	8×7	18～90	8	+0.036 0	+0.098 +0.040	0 −0.036	±0.018	−0.015 −0.051	4.0	+0.2 0	3.3	+0.2 0		
>30～38	10×8	22～110	10						5.0		3.3		0.25	0.40
>38～44	12×8	28～140	12	+0.043 0	+0.120 +0.050	0 −0.043	±0.0215	−0.018 −0.061	5.0		3.3			
>44～50	14×9	36～160	14						5.5		3.8			
>50～58	16×10	45～180	16						6.0		4.3			
>58～65	18×11	50～200	18						7.0		4.4			
>65～75	20×12	56～220	20	+0.052 0	+0.149 +0.065	0 −0.052	±0.026	−0.022 −0.074	7.5		4.9		0.40	0.60
>75～85	22×14	63～250	22						9.0		5.4			
>85～95	25×14	70～280	25						9.0		5.4			
>95～110	28×16	80～320	28						10.0		6.4			

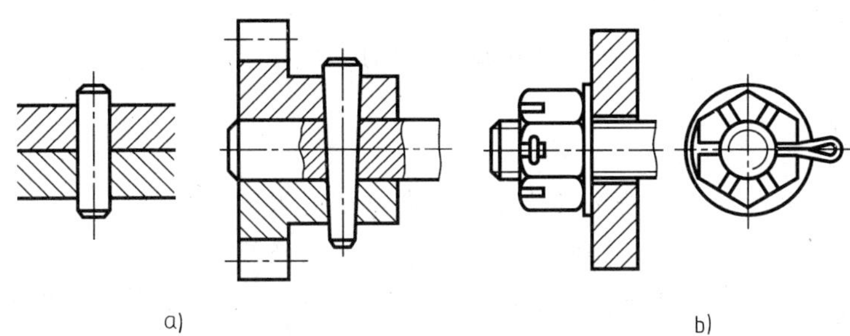

图 6-34 销联接

任务实施

以最常用的 A 型普通平键为例，如图 6-35a 所示，已知：轴的直径为 28mm，用长度为 28mm 的 A 型圆头普通平键联接图 6-35a 中的轴和轮。回答下列问题：

1）查表确定键的规定标记：____________

2）画出轴上 A—A 断面图。

3）查表标注键槽的尺寸。

答：1. 键的规定标记 GB/T 1096 键 8×7×28

2. 查表确定轴上键槽的尺寸，画出断面图。

3. 查表确定轴和轮毂的尺寸并标注，如图 6-35b 所示。

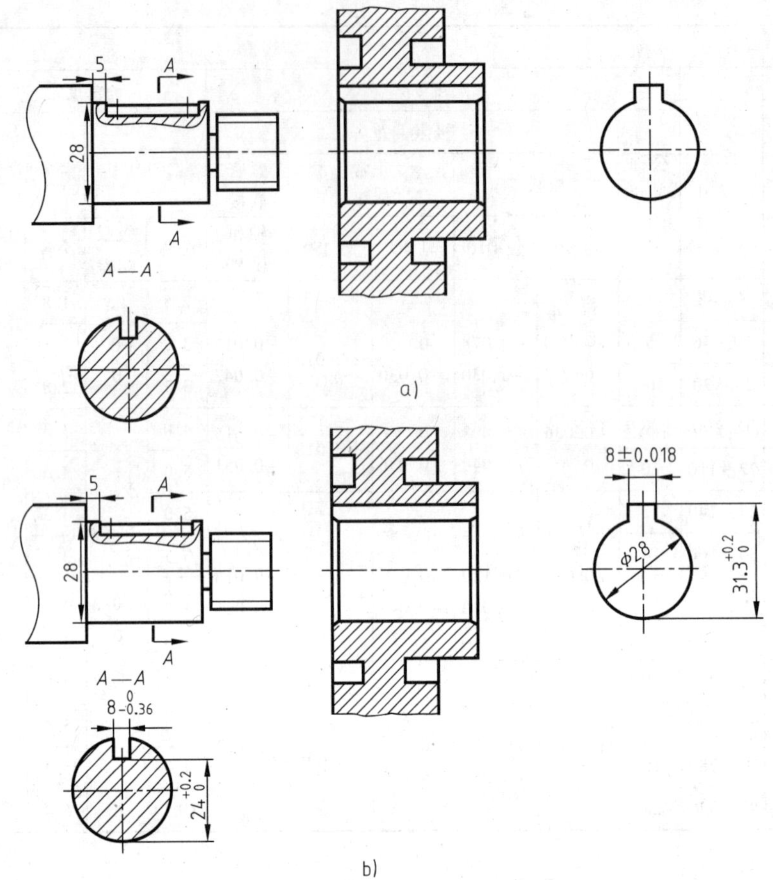

图 6-35　键槽的画法

问题与防治

1. 键被剖切面纵向剖切时按不剖绘制，横向剖切时画剖面线。

2. 键和机件表面接触时画一条线，不接触表面画两条线。

3. 销联接时，零件上的销孔通常在装配时加工，因此在图样中标注销孔尺寸时，一般要标注“配作”二字。

任务4　弹簧、滚动轴承、中心孔的表示法

任务描述

图 6-36a 所示为两种常用弹簧，图 6-36b 为两种常用滚动轴承。这两类机件视图的绘制方法，国家均作了相应的规定，绘图时必须遵从这些规定。

任务分析

由于弹簧和滚动轴承结构、形状复杂，设计时若按实际结构形状绘图，极不方便，因此国家标准对其绘图方法作了相应的规定。本任务将学习弹簧及滚动轴承的画法及相关知识。

a)　　b)

图 6-36　弹簧和滚动轴承

a）弹簧　b）滚动轴承

相关知识

1. 弹簧

（1）弹簧的种类（图 6-37）

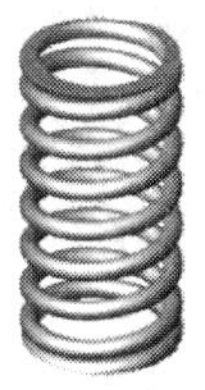

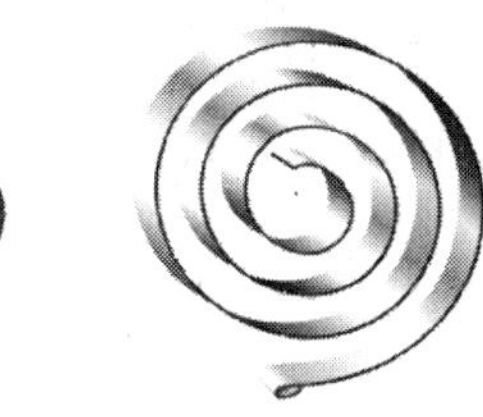

压缩弹簧　拉伸弹簧　扭转弹簧　平面蜗卷弹簧

图 6-37　常用的弹簧

（2）圆柱螺旋压缩弹簧各部分名称及尺寸计算（图 6-38）

1）线径 d：弹簧钢丝直径。

2）弹簧外径 D_2：弹簧的最大直径。

3）弹簧内径 D_1：弹簧的最小直径。

4）弹簧中径 D：弹簧的平均直径。

5）节距 t：除支承圈外，相邻两有效圈上对应点之间的轴向距离。

6）有效圈数 n、支承圈数 n_2 和总圈数 n_1。为了使螺旋压缩弹簧工作时受力均匀，增加弹簧的平稳性，将弹簧的两端并紧、磨平。并紧、磨平的圈主要起支承作用，称为支承圈。如图 6-38 所示的弹簧，两端各有 1¼圈为支承圈，即 $n_2=2.5$，保持相等节距的圈数，称为有效圈数。有效圈数与支承圈数之和称为总圈数，即 $n_1=n+n_2$。

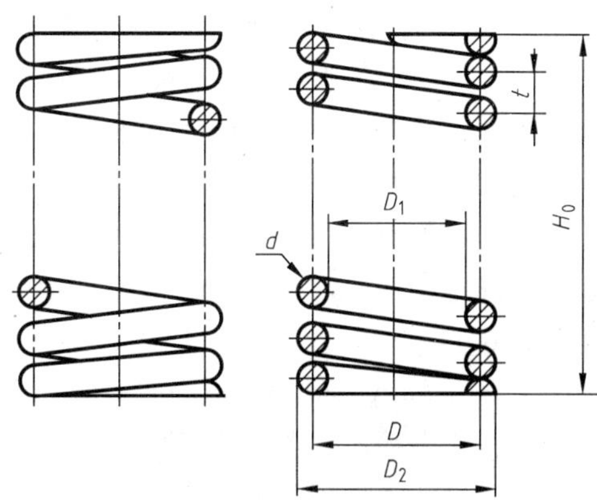

图 6-38　圆柱螺旋压缩弹簧的参数及画法

7）自由高度 H_0：弹簧在不受外力作用时的高度（或长度），$H_0=nt+(n_2-0.5)d$。

8）展开长度 L：制造弹簧时坯料的长度。由螺旋的展开可知 $L\approx n_1\sqrt{(\pi D)^2+t^2}$。

（3）圆柱螺旋压缩弹簧的画法

1）在平行于轴线的投影面的视图中，不必按螺旋线的真实投影画出，而用直线来代替螺旋线的投影。

2）左旋弹簧可画成右旋，在“技术要求”中注明“左”字。

3）有效圈数在4圈以上的螺旋弹簧，中间各圈可以省略不画，只画出其两端的1~2圈（不包括支承圈），用细点画线连起来，如图6-38所示。

4）在装配图中，螺旋弹簧被剖切后，不论中间各圈是否省略，被弹簧挡住的结构一般不画，其可见部分应从弹簧的外轮廓线或弹簧钢丝剖面的中心线画起，如图6-39a所示。

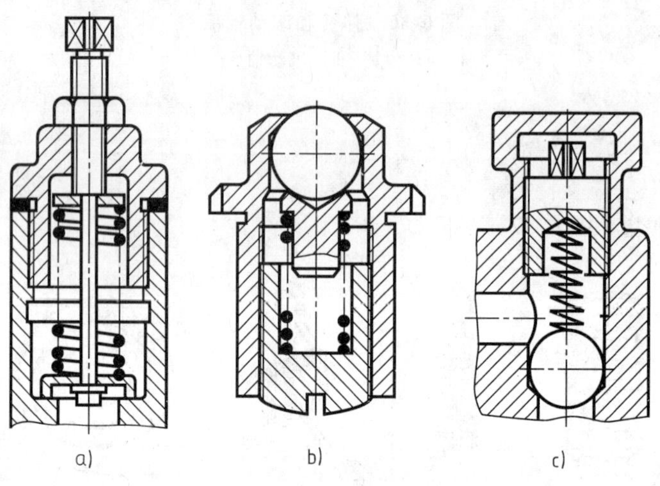

图6-39　装配图中的弹簧的画法

5）在装配图中，当线径≤2mm时用涂黑表示，如图6-39b所示。当线径<1mm时，螺旋弹簧允许采用示意画法，如图6-39c所示。

2. 滚动轴承

（1）滚动轴承的结构及表示法

1）滚动轴承的规格和形式很多，但均已标准化，其结构大体相同，一般由外圈、内圈、滚动体和保持架组成，如图6-40所示。

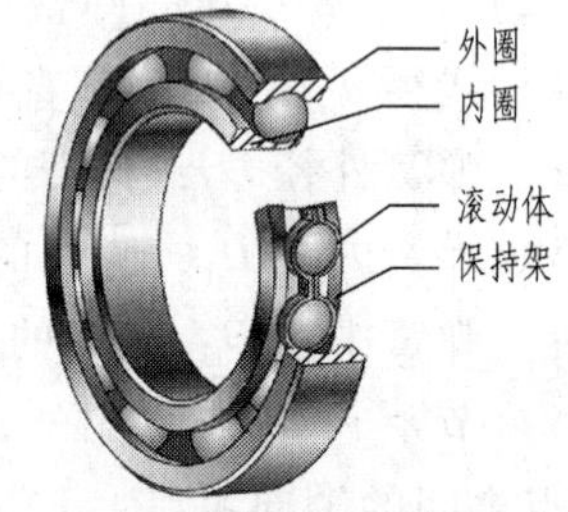

图6-40　滚动轴承的基本结构

2）滚动轴承的表示法包括三种画法，即通用画法、特征画法和规定画法，前两种画法又称简化画法，各种画法的示例见表6-11。

（2）滚动轴承的代号　按照GB/T 272—1993的规定滚动轴承的代号由前置代号、基本代号和后置代号构成，前置、后置代号是在轴承结构形式、尺寸和技术要求等有所改变时，在其基本代号前后添加的补充代号。补充代号的规定可由国标JB/T 2974—2004中查得。

轴承的基本代号由类型代号、尺寸系列代号和内径代号组成。基本代号最左边的一位数字或字母为类型代号（表6-12）。尺寸系列代号由宽度和直径系列代号组成，除圆锥滚子轴承外，其余各类轴承宽度系列代号“0”均可省略。内径代号表示滚动轴承公称内径，用两位数字表示，有两种情况：当内径大于或等于20mm时，则内径代号数字为轴承公称内径除以5的商数，当商数为一位数时，需在左边加“0”；当内径小于20mm时，则内径代号另有规定。

表 6-11 常用滚动轴承的表示法

轴承类型	结构形式	通用画法	特征画法	规定画法	承载特征
		均指滚动轴承在所属装配图的剖视图中的画法			
深沟球轴承（GB/T 176—1994）6000 型			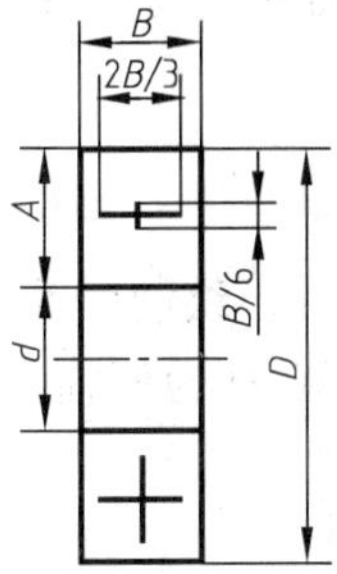	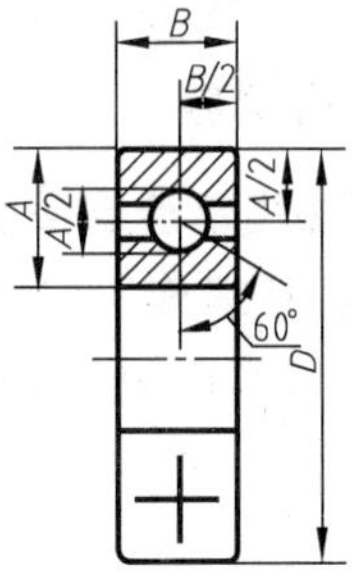	主要承受径向载荷
圆锥滚子轴承（GB/T 297—1994）30000 型		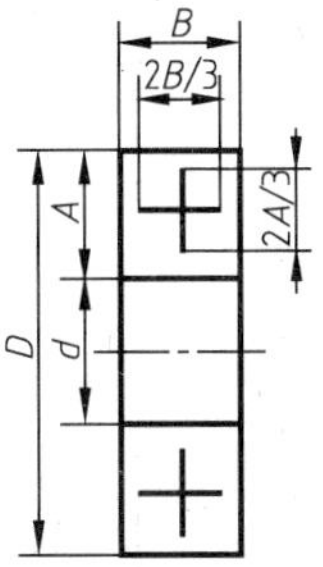	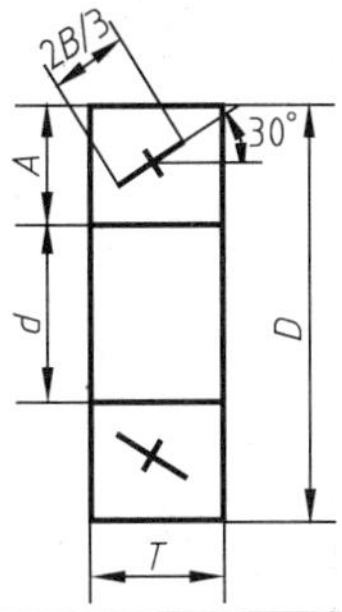	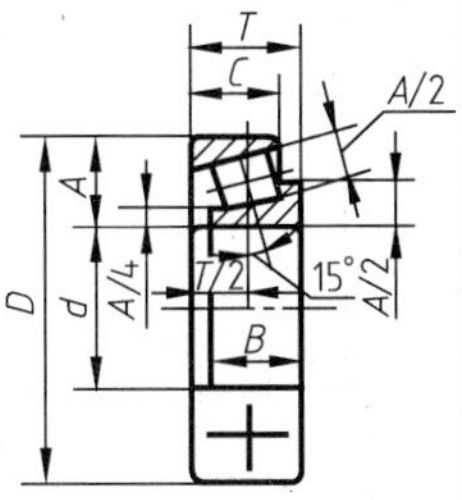	可同时承受径向和轴向载荷
推力球轴承（GB/T 301—1995）51000 型			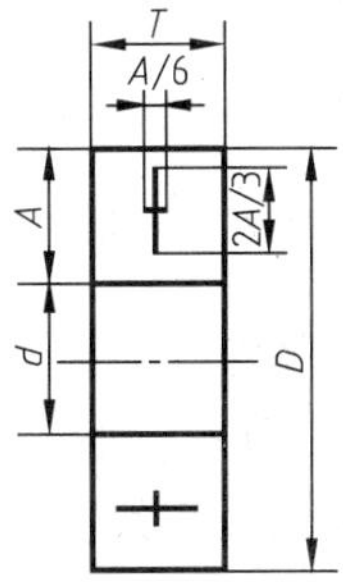	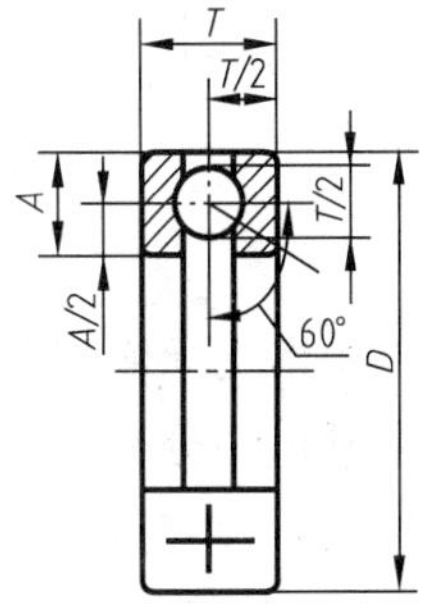	承受单方向的轴向载荷
三种画法的选用		当不需要确切地表示滚动轴承的外形轮廓、承载特征和结构特征时采用	当需要较形象地表示滚动轴承的结构特征时采用	在滚动轴承的产品图样、产品样本、产品标准和产品用书中采用	

表 6-12 滚动轴承类型代号（摘自 GB/T 272—1993）

代号	轴 承 类 型	代号	轴 承 类 型
0	双列角接触球轴承和调心球轴承	6	深沟球轴承
1	调心球轴承	7	角接触球轴承
2	调心滚子轴承和推力调心滚子轴承	8	推力圆柱滚子轴承
3	圆锥滚子轴承	N	圆柱滚子轴承（双列或多列用字母 NN 表示）
4	双列深沟球轴承	U	外球面球轴承
5	推力球轴承	QJ	四点接触球轴承

下面以滚动轴承代号 6206 为例，说明轴承的基本代号的含义。

6——类型代号，表示深沟球轴承。

2——尺寸系列代号，原为02，“0”为宽度系列代号省略未写，“2”为直径系列代号，故两者组合时写成“2”。

06——内径代号，表示该轴承内径为 6×5 = 30mm，即内径代号是轴承公称内径 30mm 除以 5 的商数 6，再在前面加 0 成为“06”。

任务实施

1. 按规定绘制弹簧图样

以圆柱螺旋压缩弹簧为例，绘制弹簧的图样。其作图步骤如下：

1）以高度 H_0 和弹簧中径 D 为两临边画出矩形 $ABCD$，如图 6-41a 所示。

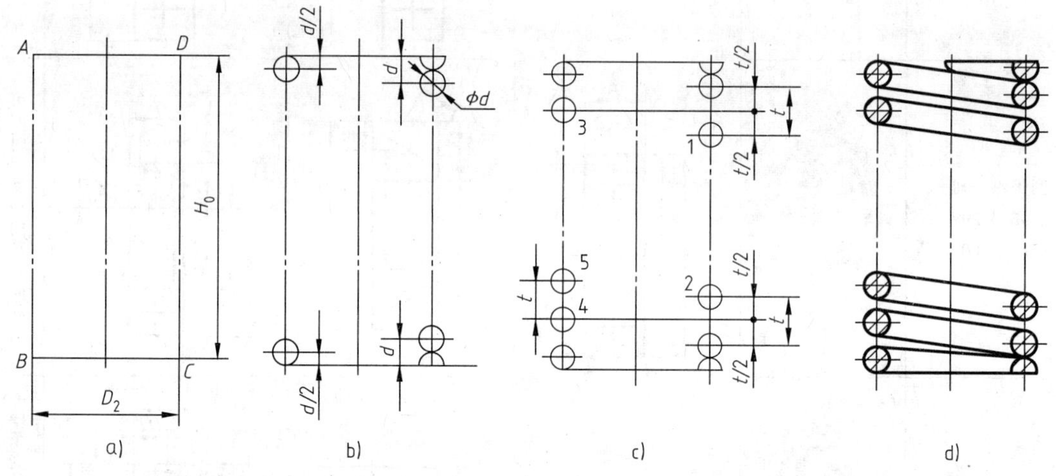

图 6-41　圆柱螺旋压缩弹簧的作图步骤

2）画出支承圈部分，d 为弹簧丝直径，如图 6-41b 所示。

3）画出部分有效圈，t 为节距，如图 6-41c 所示。

4）按右旋方向做相应圆的公切线，画成剖视图，如图 6-41d 所示。

2. 滚动轴承标记示例

滚动轴承的标记由三部分组成，即

	轴承名称	轴承代号	标准编号
例如:	滚动轴承	6210	GB/T 276—1994

问题与防治

1. 国家标准规定，不论弹簧的支承圈是多少，均可按支承圈为 2.5 圈时的画法绘制。

2. 左旋和右旋弹簧均可画成右旋，但左旋要注明“LH”。

知识拓展

中心孔的相关知识

1. 中心孔的形式

中心孔通常为标准结构要素。用中心孔的规定画法在图形中表示中心孔比较烦琐，国家标准规定了简化表示法。

国家标准规定了中心孔有 R 型（弧形）、A 型（不带护锥）、B 型（带护锥）和 C 型（带螺纹）四种中心孔形式，其表示法见表 6-13。

表 6-13 中心孔的形式及尺寸（摘自 GB/T 145—2001）

d	形式							选择中心孔的参考数据（非标准内容）		
	R	A		B		C		D_{min}	D_{max}	G
		D☆	L_2☆	D_2★	L_2★	d	D_3			
1.6	3.35	3.35	1.52	5.0	1.99	—	—	6	>8～10	0.1
2.0	4.25	4.25	1.95	6.3	2.54	—	—	8	>10～18	0.12
2.5	5.3	5.3	2.42	8.0	3.20	—	—	10	>18～30	0.2
3.15	6.7	6.7	3.07	10.0	4.03	M3	5.8	12	>30～50	0.5
4.0	D	8.5	3.90	12.5	5.05	M4	7.4	15	>50～80	0.8
(5.0)		10.6	4.85	16.0	6.41	M5	8.8	20	>80～120	1.0
6.3	13.2	13.2	5.98	18.0	7.36	M6	10.5	30	>120～180	1.5
(8.0)	17.0	17.0	7.79	22.4	9.36	M8	13.2	35	>180～220	2.0
10.0	21.2	21.2	9.70	28.0	11.66	M10	16.3	42	>220～260	3.0

注：1. 括号内的尺寸尽量不采用。

2. D_{min}为原料端部最小直径。

3. D_{max}为轴状材料最大直径。

4. G为工件最大质量（t）。

5. 螺纹长度 L 按零件的功能要求确定。

☆任选其一 ★任选其一

2. 中心孔的标记

1）R 型、A 型及 B 型中心孔的标记由以下要素构成：标准编号、形式、导向孔直径（d）和锥形孔直径（D、D_2 或 D_3）

示例：B 型中心孔，导向孔直径 d = 1.6 mm，锥形孔端面直径 D_2 = 3.35 mm，则标记为

GB/T 4459.5—B1.6/3.35

2）C 型。中心孔的标记由以下要素构成：标准编号、形式、螺纹代号（用普通螺纹特征代号 M 和公称直径表示）、螺纹长度（L）和锥形孔端面直径（D_3）

示例：C 型中心孔，螺纹代号为 M10，螺纹长度 L = 25mm，锥形孔端面直径 D_3 = 16.3mm，则标记为

GB/T 4459.5—CM10L25/16.3

3. 中心孔的符号和表示法

为了体现在完工的零件上是否保留中心孔的要求，需采用符号。符号画成张开 60°的两条线段，符号的图线宽度等于相应图样上所注尺寸数字字高的 1/10。

1）在完工的零件上不允许保留中心孔，如图 6-42a 所示。

2）在完工的零件上可以保留中心孔，如图 6-42b 所示。

3）在完工的零件上要求保留中心孔，如图 6-42c 所示。

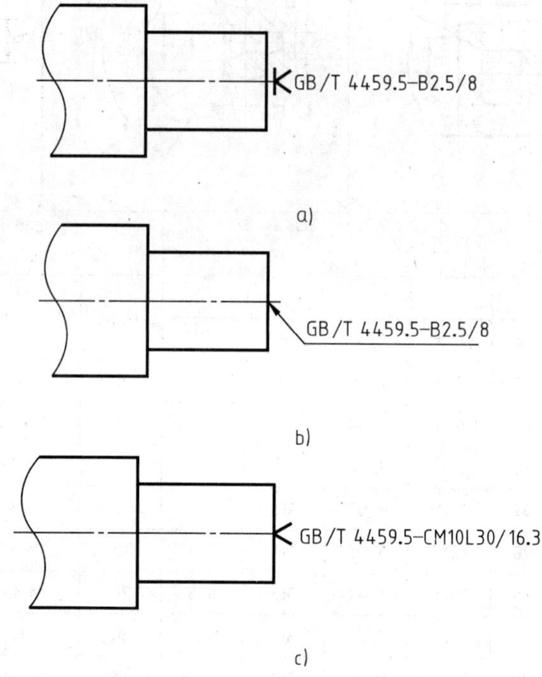

图 6-42　中心孔的规定表示法

项目7 零 件 图

7

知识目标： 熟悉零件图的内容和作用，理解技术要求的基本概念，初步掌握零件图的尺寸标注方法。

技能目标： 能识读一般难度的零件图。

任务1 初步识读轴零件图

任务描述

识读轴的零件图，熟悉零件图的内容和作用，初步认识零件图中的技术要求，如图7-1所示。

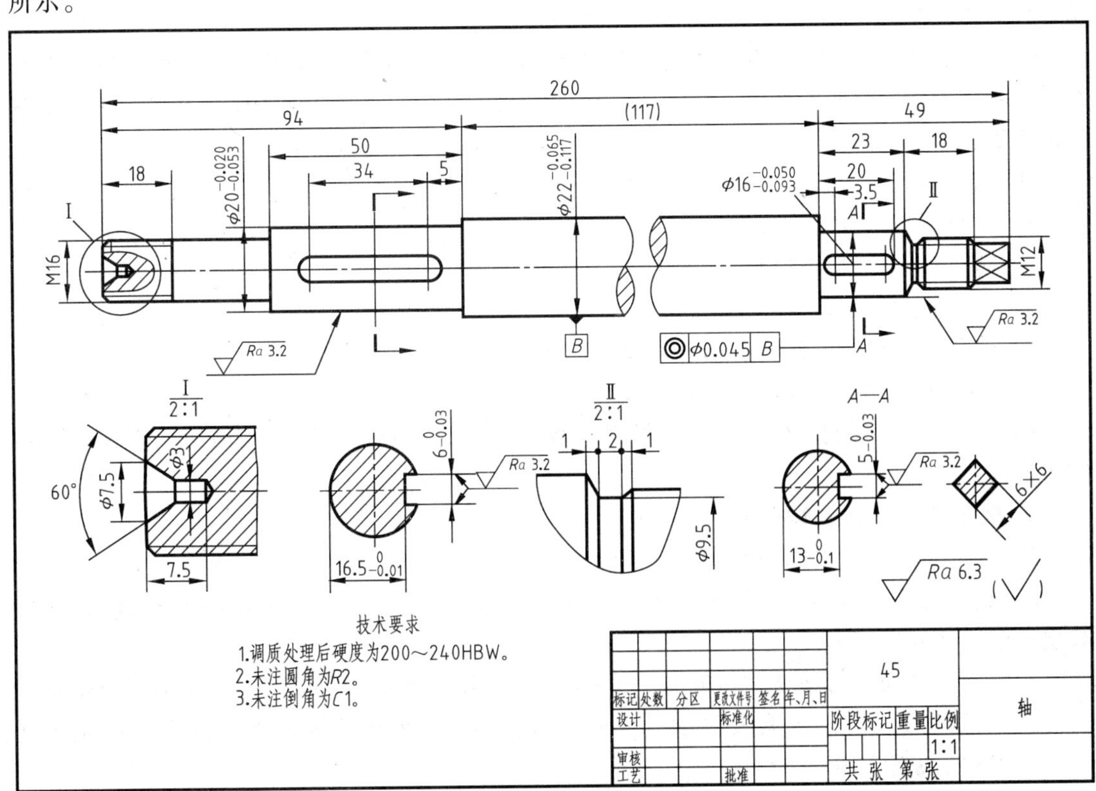

图7-1 轴的零件图

任务分析

图7-1所示轴的零件图，反映了该零件的名称、形状、尺寸、绘图比例、材料、技术要求等重要信息。轴类零件一般起支承、传递运动和动力的作用，它是回转体类的零件。图7-2所示为轴加工实景图。

图7-2 轴加工实景图

相关知识

任何机器或部件，都是由零件装配而成的，零件是组成部件或机器的最小单元。

表达单个零件结构形状、大小和有关技术要求的图样称为零件图，它是制造检验零件的主要依据，是设计和生产过程的主要技术资料。

1. 零件图的内容

机器或部件在制造过程中，首先按照零件图做生产前的准备工作，然后按照零件图中的内容要求进行加工制造、检验。所以，一张完整的零件图应包括下列几方面的内容。

（1）一组视图　要综合运用视图、剖视图、断面图及其他规定和简化画法，选择能把零件的内、外结构形状表达清楚的一组视图。

（2）完整的尺寸　用以确定零件各部分的大小和位置。零件图上应注出加工制造和检验零件所需的全部尺寸。

（3）技术要求　用一些规定的符号、数字以及文字注解等表示出制造和检验该零件时在技术指标上所应达到的要求。（有的按规定符号或代号标注在图上，有的用文字注写在图样的右下方。）

主要包括：

1）零件的材料及毛坯要求。

2）零件的表面结构的表示法。

3）零件的极限与配合、几何公差。

4）零件的热处理、涂镀、修饰、喷漆等要求。

5）零件的检测、验收、包装等要求。

（4）标题栏　说明零件的名称、材料、数量、图的编号、比例以及描绘、审核人员签字等。

2. 极限与配合的基本术语（图7-3）

1）尺寸：用特定单位表示线性尺寸值的数值。

2）公称尺寸：由图样规范确定的理想形状要素的尺寸。通过它应用上、下极限偏差可算出极限尺寸。

3）实际（组成）要素：由接近实际（组成）要素所限定的工件实际表面的组成要素部分。

4）极限尺寸：尺寸要素允许的尺寸的两个极端。提取组成要素的局部尺寸应位于其中，也可达到极限尺寸。

尺寸要素允许的最大尺寸称为上极限尺寸，尺寸要素允许的最小尺寸称为下极限尺寸。

5）偏差：某一尺寸减其公称尺寸所得的代数差。

上极限尺寸减其公称尺寸所得的代数差称为上极限偏差（ES，es）；下极限尺寸减其公称尺寸所得的代数差称为下极限偏差（EI，ei）。上极限偏差与下极限偏差统称为极限偏差。偏差可以为正、负或零值。

6）尺寸公差（简称公差）：它是允许尺寸的变动量。公差等于上极限尺寸减下极限尺寸；也等于上极限偏差减下极限偏差。尺寸公差是一个没有符号的绝对值。

7）零线：在极限与配合图解中，表示公称尺寸的一条直线，以其为基准确定偏差和公差。

8）公差带：在公差带图中，由代表上、下极限偏差或上、下极限尺寸的两条直线所限定的一个区域。公差带图如图7-4所示。

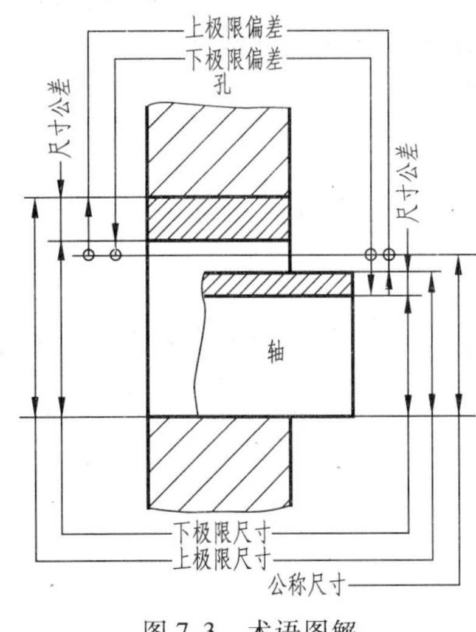

图7-3 术语图解

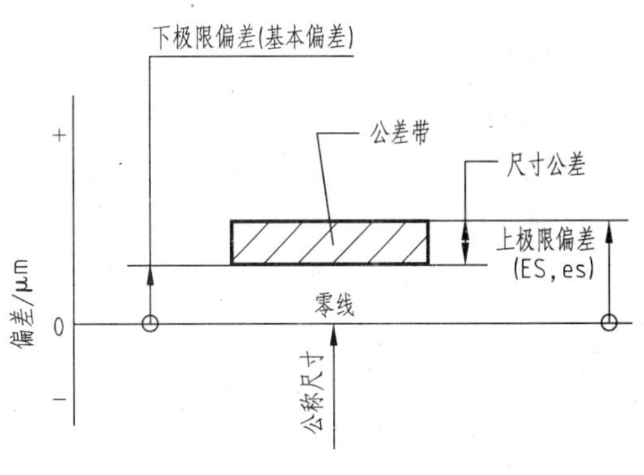

图7-4 公差带图解

任务实施

1. 熟悉轴零件图的内容和作用

（1）一组视图　如图7-1所示，本图由主视图、三个移出断面图和两个局部放大图组成。主视图按加工位置将零件水平横放。移出断面图表达两个键槽和右侧的方形槽，两个局部放大图分别表达左侧的中心孔和右侧的螺纹退刀槽。尺寸为117mm的轴段采用折断画法。

（2）完整的尺寸　如图7-1所示，定形尺寸：ϕ22mm、ϕ20mm、ϕ16mm以及M16、M12等。定位尺寸：18mm、94mm、50mm和49mm、23mm、20mm、18mm等，轴的总长为260mm。总体尺寸：长260mm和ϕ22mm。由它们可在下料时考虑加工余量，选择棒料规格，如选用直径为ϕ25mm，长为260mm的圆棒料。

（3）标题栏　如图7-1所示，图中右下角表格里显示的轴、45、1:1等。

2. 初步认识零件图中的技术要求

（1）零件的材料及毛坯要求　如图7-1所示，左下角标注的文字技术要求：

1）调质处理后硬度为200～240HBW，是材料在热处理方面应达到的要求。

2）锐边倒钝，即图7-1中未注圆角处为$R2$，未注倒角处为$C1$。

（2）零件的表面结构的表示法　如图7-1所示，最重要的部位是ϕ20mm、ϕ16mm两段和键槽两侧面，其表面粗糙度值均为$Ra3.2\mu m$，其余部位要求较为宽松，表面粗糙度值

取 $Ra6.3\mu m$。

（3）零件的极限与配合、几何公差　如图 7-1 所示，极限与配合：ϕ22mm、ϕ20mm、ϕ16mm 三个直径尺寸有公差要求，表示三段轴径将来为配合尺寸，要和齿轮、带轮、轴承等的内孔进行配合安装，加工时要严格按公差要求来保证尺寸合格。键槽部分将来要与键配合，所以也有公差要求。

几何公差是 ϕ16mm 轴段的轴线相对基准 ϕ22mm 轴线的同轴度公差为 ϕ0.045mm。

知识拓展

作为机械技术专业人士，要结合零件图的主要内容，有条理地一步步分析，并且扎实掌握极限与配合、表面结构、几何公差等技术要求的基本概念（详见本项目任务 4），通过典型零件的分析（详见本项目任务 5）多练习，牢固掌握识读零件图这一基本功。

以孔 $\phi 20^{+0.021}_{-0.033}$mm 为例来说明基本术语的关系。

1. 极限尺寸

上极限尺寸为 20mm + 0.021mm = 20.021mm

下极限尺寸为 20mm − 0.033mm = 19.967mm

2. 极限偏差

孔的上、下极限偏差分别用大写字母 ES 和 EI 表示，轴的上、下极限偏差分别用小写字母 es 和 ei 表示。

上极限偏差为 ES = +0.021mm

下极限偏差为 EI = −0.033mm

3. 尺寸公差

公差为 20.021mm − 19.967mm = 0.054mm

或 $|+0.021\text{mm} - (-0.033)\text{mm}| = 0.054\text{mm}$

4. 公差带图的绘制

确定偏差的一条基准线称为零线。一般情况下，零线代表公称尺寸，零线之上为正偏差，零线之下为负偏差，上、下极限偏差按一定比例放大画成。

公差带图中，方框的上限为上极限偏差，方框的下限为下极限偏差，方框左右长度没有要求，可根据图形需要确定，如图 7-5 ~ 图 7-7 所示。

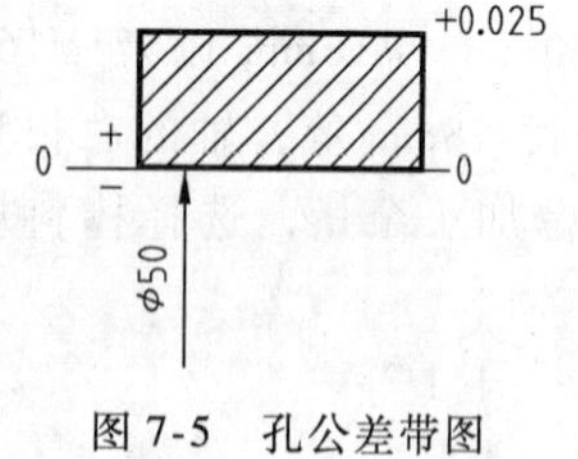

图 7-5　孔公差带图

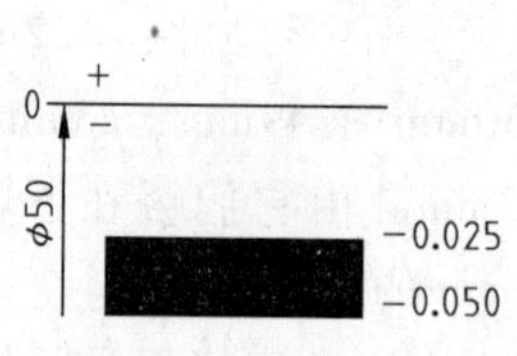

图 7-6　轴公差带图

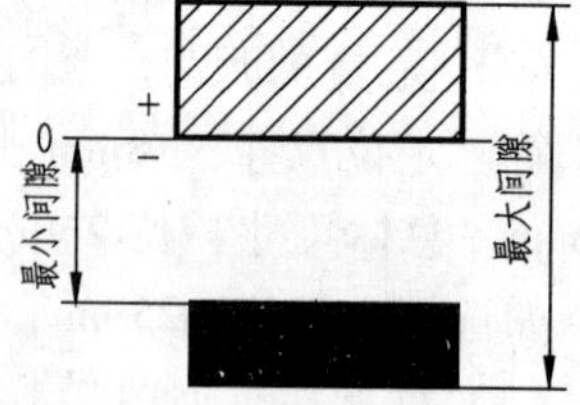

图 7-7　孔、轴配合公差带图

任务 2　正确表达轴承座的结构形状

任务描述

图 7-8 所示零件为一轴承座，请分析图 7-9 a、b、c、d 四种表达方案哪种为最佳方案。

通过该任务熟悉零件图的视图选择原则，并掌握典型零件的表达方法。

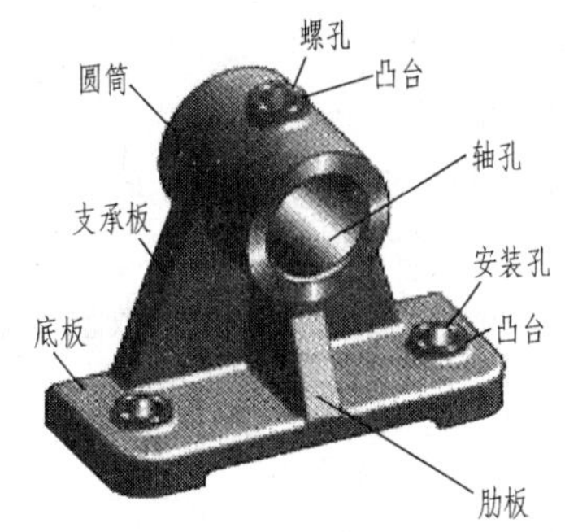

图 7-8 轴承座

a)

b)

A A
A—A

A A
B
B
A—A

c)

d)

图 7-9 轴承座表达方案

任务分析

零件图的视图选择，是根据零件的结构形状、加工方法，以及它在机器（或部件）中所处位置等因素的综合分析来确定的。

选择视图的原则是首先考虑看图方便，根据零件的结构特点，选用适当的表达方法。在完整、清晰地表示零件形状的前提下，力求制图简便。

选择视图的内容包括：主视图的选择、其他视图数量和表达方法的选择。

相关知识

1. 主视图的选择

主视图是一组图形的核心，选择得恰当与否，将直接影响其他视图数量和表达方法的选择，并关系到看图、画图是否方便。

选择主视图的原则是：将反映零件信息量最多的那个视图作为主视图，通常考虑零件的工作位置、加工位置或安装位置。具体地说，一般应从以下三个方面考虑：

（1）表示零件的工作位置或安装位置　主视图应尽量表示零件在机器上的工作位置或安装位置。例如图 7-10 所示的支座和图 7-11 所示的吊钩，其主视图就是根据它们的工作位置或安装位置选定的。

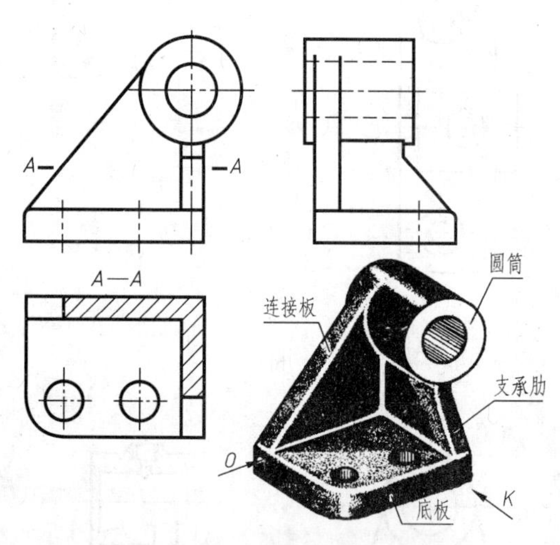

图 7-10　支座的主视图选择

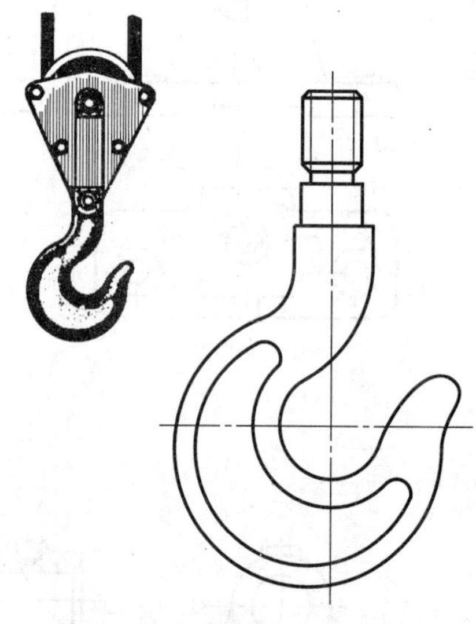

图 7-11　吊钩的工作位置

由于主视图按零件的实际工作位置或安装位置绘制，看图者很容易据此通过头脑中已有的形象储备，将其与整台机器或部件联系起来，从而获取某些信息；同时，也便于与其装配图直接对照（装配图通常按其工作位置或安装位置绘制），利于看图。

（2）表示零件的加工位置　主视图应尽量表示零件在机械加工时所处的位置。如轴、套类零件的加工，大部分工序在车床或磨床上进行，因此一般要按加工位置（即轴线水平放置）画其主视图，如图 7-12 所示。这样，在加工时可以直接进行图物对照，既便于看图，又可以减少差错。

（3）表示零件的结构形状特征　主视图应尽量反映零件的结构形状特征。如图 7-10 所示的支座，以 *K* 向、*O* 向投射都反映它的工作位置。但经过比较，*K* 向则将圆筒、连接板的形状和四个组成部分的相对位置表现得更清楚，故确定了 *K* 向作为主视图的投射方向，为看图者提供更多的信息量。

图 7-12 轴类零件的加工位置

总之，应根据零件的工作位置或加工位置或安装位置，选择最能反映零件结构形状特征的视图作为主视图。但在具体选用时，应综合考虑，灵活掌握，辩证使用。

2. 其他视图数量和表达方法的选择

主视图确定后，应运用形体分析法对零件的各组成部分逐一进行分析，对主视图表达未尽部分，再选其他视图完善其表达。

任务实施

1. 分析零件

轴承座的功用是支承轴，其工作状态如图 7-8 所示。轴承座的主体结构由四部分组成，即圆筒（包容轴或轴瓦）、支承板（连接圆筒和底板）、底板（与机座连接）、肋板（增加强度和刚度）。此外，还有轴承座的局部结构，如圆筒顶部有凸台和螺孔（安装油杯加润滑油），底板上有两个安装孔（通过螺栓与机座固定）。

2. 选择主视图

图 7-13a 和图 7-13b 都符合轴承座的工作位置，如果将图 7-13b 取局部视图后（图 7-13c），对圆筒的结构形状表示很清楚，但从总体来分析，图 7-13a 反映结构形状明显，且各部分之间的相对位置和连接关系更清楚，表示信息量更多，所以确定作为主视图。

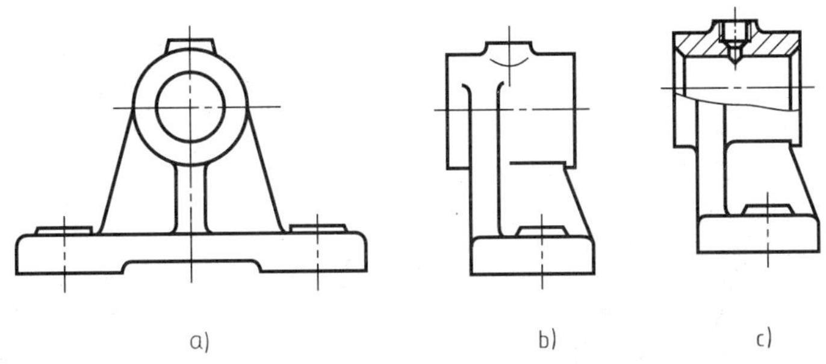

图 7-13 轴承座的主视图选择

3. 确定其他视图

1）圆筒的长度、轴孔（通孔或不通孔）以及顶部的螺孔，主视图均未能表达，此时，可采用左视图或俯视图表达。左视图能反映其加工状态，并且如果取局部剖视图（图 7-13c），还能表明圆筒轴孔（通孔）与螺孔的关系，所以采用左视图比俯视图好。

2）主视图未能表达支承板厚度，此时，也可采用左视图或俯视图表明，用左视图更明显，如图 7-13b 所示。

3）主视图表示了肋板的厚度，但未能表达其形状，这也需要通过左视图表达，如

图 7-13c所示。

至此，左视图的必要性显而易见。此外，还需考虑内、外形兼顾，故采用局部剖视图，如图 7-13c 所示。

4）底板的形状及其宽度，主视图均未表明。虽然左视图能表示其宽度，但要确定其形状必须采用俯视图或仰视图，优先选用俯视图。至此，通过三个基本视图形成了轴承座的初步表达方案，如图 7-9a 所示。如果选择图 7-13c 作为主视图，则如图 7-9b 所示，显然图形布局不合理。

4. 选择辅助视图，表达局部结构

1）底板上两个光孔的形状可在主视图上采取局部剖视图表达，如图 7-9c 所示。

2）支承板与肋板的垂直连接关系，在图 7-9a 所示的三个基本视图中尚未表达清楚，如图 7-9c 所示，可将俯视图画成全剖视图；或者如图 7-9d 所示加画一个断面图和 *B* 向局部视图。

经过以上的分析、比较，确定图 7-9d 所示方案比较合理。零件的表达方案不是唯一的，为了能确定表达较好的方案，应给出多种方案进行比较、分析，不断调整和修改方案，最终确定便于绘图和读图的最佳方案。请同学分析是否还有其他表达方案。

问题与防治

1. 选取主视图的注意事项

1）如果零件在机器中的位置是变动的（图 7-14 所示杠杆），可按习惯将零件放正后，再确定主视图的投射方向。

2）主视图投射方向的确定，应有利于其他视图的表达。

3）主视图的确定应使其他视图尽量少地出现虚线。

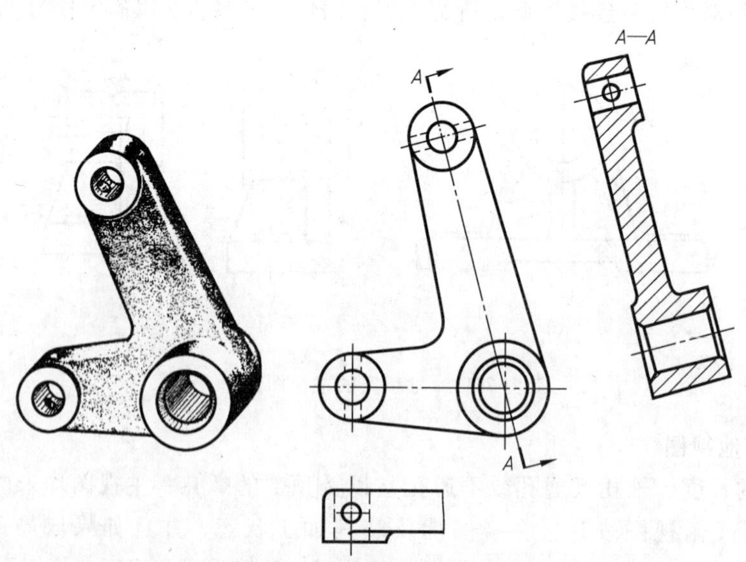

图 7-14　杠杆的主视图选择

2. 具体选用其他视图时的注意事项

1）所选视图应具有独立存在的意义及明确的表达重点，各个视图所表达的内容应相互配合，彼此互补，注意避免不必要的细节重复。在明确表示零件的前提下，使视图的数量为最少。

2）机件的各种表达方法（视图、剖视图、断面图、简化画法等）都有其特定的应用条件，选用时，应根据零件的结构特点和表达需要，加以综合调用，恰当地重组。一个好的表达方案，应该是表达正确、完整，图形简明、清晰。初学者，应首先致力于表达得正确、完整。

切忌：不要因自己见过实物，就主观地认为各部分的形状、位置和连接关系已经表达清楚，而实际上并没有确定，给看图造成困难。

3）选择零件的表达方案时，应先考虑主要部分（较大的结构），后考虑次要部分（较小的结构）。视图数量要采用逐个增加的方法，即凡增加一个视图都要自行试问：表达什么？是否需要剖切？怎样剖切？确定后，再分析还有哪些结构未表达清楚，是否还需增加视图，直至确定出一个完整、清晰的表达方案。

任务3　分析减速器输出轴零件图的尺寸

任务描述

图7-15所示为减速器输出轴零件图，试正确分析该零件的尺寸标注，能够正确选择尺寸基准。

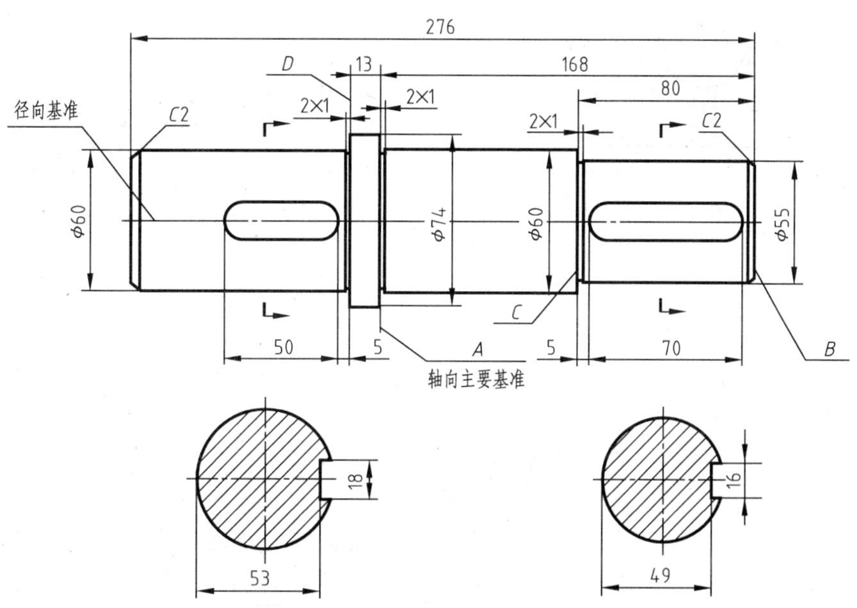

图7-15　减速器输出轴零件图

任务分析

为了满足生产的需要，零件图除了要符合前面介绍过的完整、正确、清晰的要求外，还应使尺寸标注得合理。所谓“合理”，是指所注尺寸既满足零件的设计要求，又能符合加工工艺要求，以便于零件的加工、测量和检验。标注尺寸的合理性，主要体现在以下几方面。

1）尺寸的标注应能保证达到零件在机器中的作用、性能等设计要求。

2）在生产和加工零件的过程中，应方便操作人员测量尺寸，生产成本相对要低。

要达到上述要求，最重要的是正确地选择尺寸基准。国家标准（GB/T 4458.4—2003）中规定了标注尺寸的原则和方法，这些规定在画图时必须严格遵守。

由于零件图的尺寸标注要涉及许多设计、加工工艺和专业知识，而且还需要有一定的实践经验，所以这里只能简单介绍一些有关尺寸标注的基本问题。

相关知识

1. 尺寸基准的种类及其选择

尺寸基准就是标注尺寸和度量尺寸的起点，即设计时，从它出发确定零件各部分的大小及其相对位置；制造和检验时，从它出发度量并确定零件的其他被加工表面的位置。在工业生产中，基准是指零件在机器或部件中或在加工测量时，用以确定其位置的一些点、线、面。通常选择零件的一些重要的加工面（如安装面、两零件的接触面、端面、轴肩面等）、零件的对称平面、主要回转体的回转轴线等作为基准。

图 7-16a 所示为轴承座，其高度方向的尺寸基准选择安装面，长度方向的尺寸基准选择对称面，这些都是面基准；图 7-16b 所示为小轴，其径向（即高、宽方向）的尺寸基准选择轴线，这是线基准。

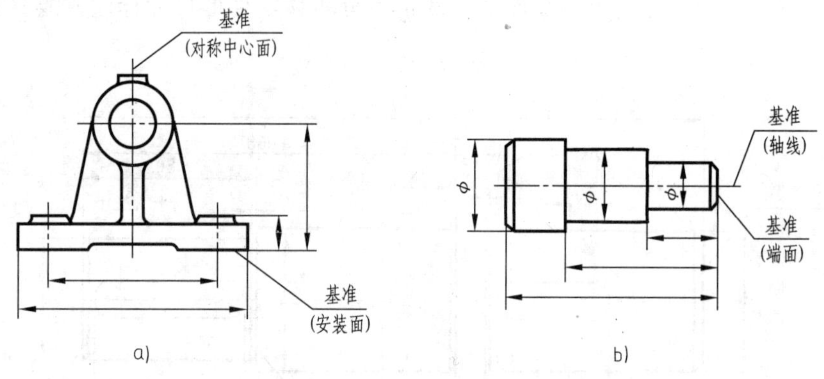

图 7-16　面基准和线基准

标注尺寸时，面基准一般选择零件上的主要加工面、两零件的结合面、零件的对称面、端面、轴肩等；线基准一般选择轴、孔的轴线等。

在确定基准时，要考虑设计要求和加工、测量要求。为此，有设计基准和工艺基准之分。

（1）设计基准　根据零件的结构和设计要求而选定的基准叫做设计基准。如图 7-16a 轴承座的底面为安装面，支承孔的中心高应根据这一平面来确定。因此，它是高度方向的设计基准。图 7-17a 阶梯轴的轴线，为径向尺寸的设计基准。这是考虑到轴在部件中要与轮类零件的孔或轴承孔配合，装配后应保证两者处在同一轴线上，所以轴和轮类零件的轴线一般确定为设计基准。

（2）工艺基准　为便于加工和测量而选定的基准叫做工艺基准。如图 7-17b 所示阶梯轴，它在车床上加工时，车刀每一次车削的最终位置，都是以右端面为起点来测定的。因此，右端面为轴向尺寸的工艺基准。

图 7-18a 所示为法兰盘，在车床上加工时，其左端面为定位面，如图 7-18b 所示，为

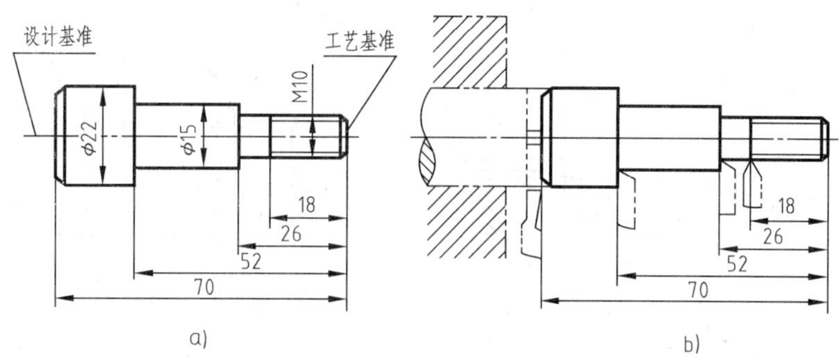

图 7-17　阶梯轴的设计基准和工艺基准

此，选择该面为工艺基准注出轴向尺寸。

在加工轴、套、轮、圆盘等零件的回转面时，其尺寸是以车床主轴轴线为基准来测定的，如图 7-19 所示。因此，这类零件的轴线又都是工艺基准，即设计基准与工艺基准重合。

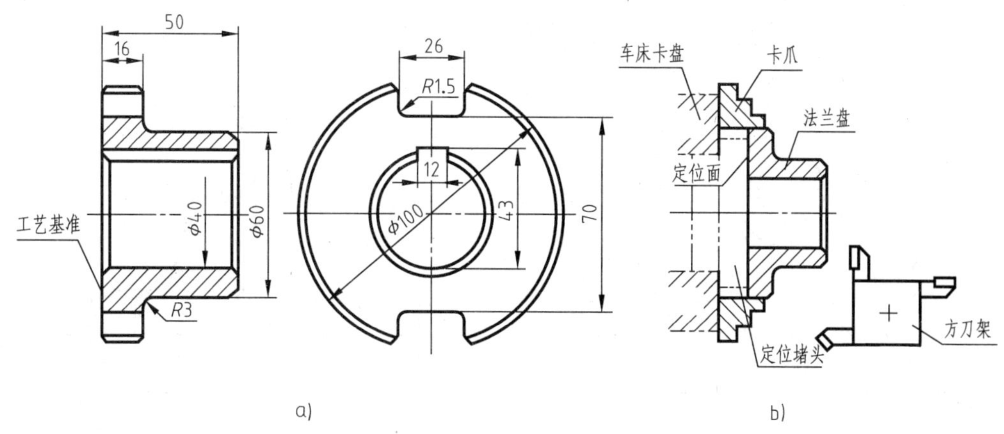

图 7-18　法兰盘的工艺基准

零件的长、宽、高三个方向，每一方向至少应有一个基准，即主要基准（一般为设计基准）。但为了加工、测量方便，往往还要选择一些辅助基准（一般为工艺基准）。如图 7-20 左视图中的尺寸 30mm，是以 ϕ40mm 的轴线为辅助基准注出的。但应注意，辅助基准应与主要基准具有尺寸联系，如图 7-20 中的尺寸 60mm。零件图上的主要尺寸，应尽量从主要基准直接注出，以便在加工时给予保证，如图 7-21a 中支架孔的中心高“a”和安装孔中心距“L”。图 7-21b 中注成“c”和“e”是错误的。

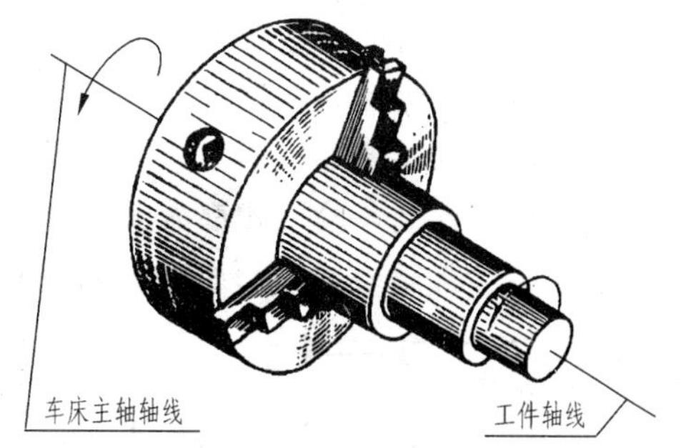

图 7-19　轴线为工艺基准

2. 避免注成封闭的尺寸链

图 7-22a 中的轴，除了对全长尺寸进行了标注，又对轴上各组成段的长度一个不漏地进行了标注，这就形成了封闭的尺寸链。如按这种方式标注尺寸，轴上各段尺寸可以得到保

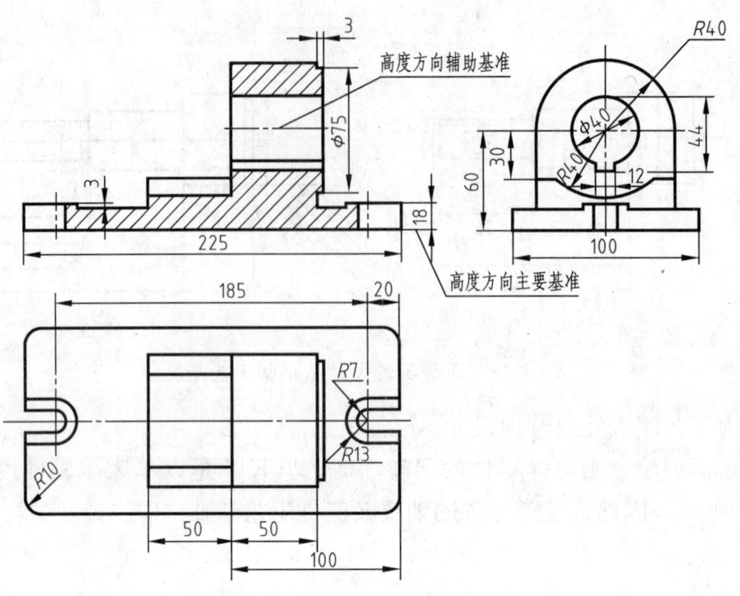

图 7-20　主要基准和辅助基准

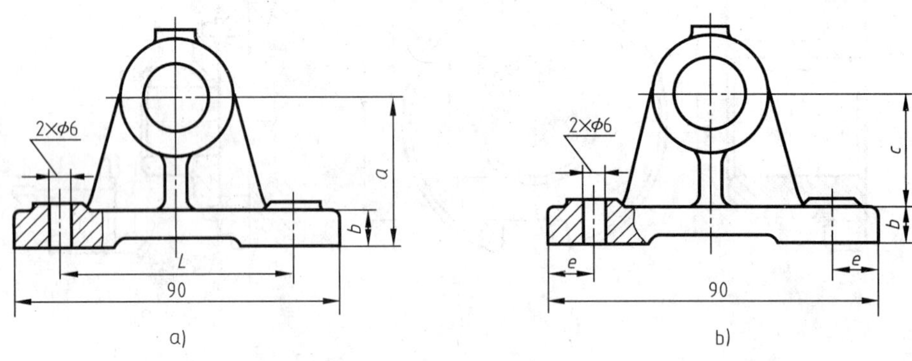

图 7-21　主要基准应直接注出

证，而总长尺寸则可能得不到保证。因为加工时，各段尺寸的误差积累起来，最后都集中反映到总长尺寸上。为此，在注尺寸时，应将次要的轴段尺寸空出不注，如图 7-22b 所示。这样其他各段加工的误差都积累至这个不要求检验的尺寸上，而全长及主要轴段的尺寸则因此得到保证。如零件上各段尺寸都需保证，而总长尺寸无需保证时，则可将总长尺寸注成参考尺寸（尺寸数值加括号），以便于选料，如图 7-22c 所示。

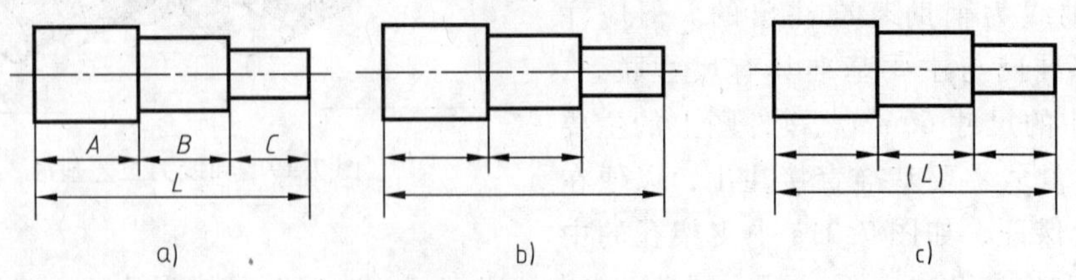

图 7-22　避免出现封闭尺寸链

3. 按加工要求标注尺寸

1）符合加工方法的要求：图 7-23 是滑动轴承的下轴衬。因它的外圆与内孔是与上轴衬对合起来一起加工的，所以轴衬上的半圆尺寸要以直径形式注出。

2）符合加工顺序的要求：为了方便工人加工制造，一般尺寸在标注时尽可能地按加工顺序标注。当工人根据图样制造零件时，便可以对照图样顺序地进行加工，从而减少了出错的可能，如图 7-24 所示。

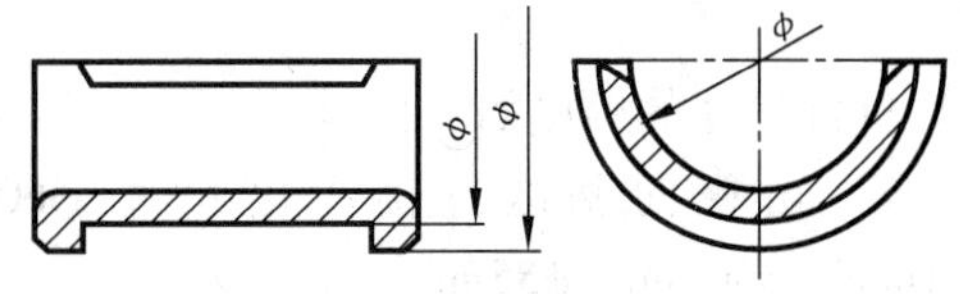

图 7-23　下轴衬的尺寸标注

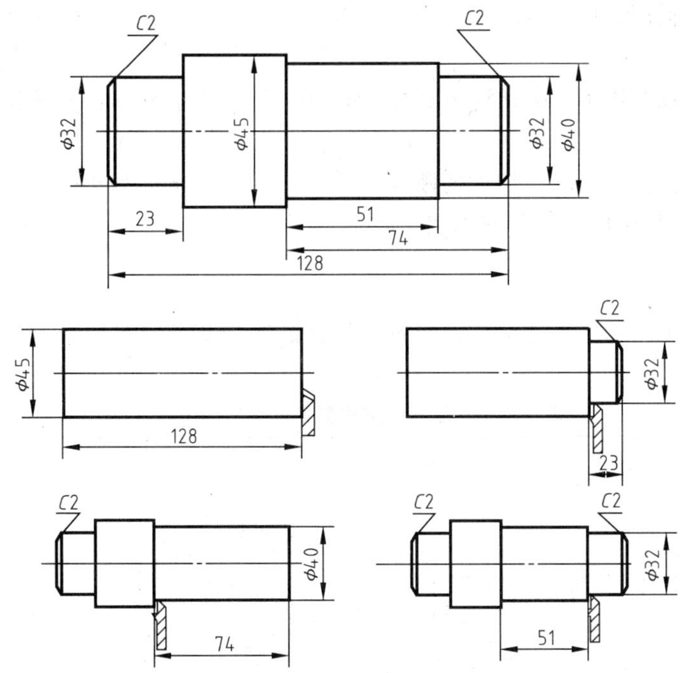

图 7-24　尺寸标注符合加工顺序要求

4. 按测量要求标注尺寸

图 7-25 是常见的几种断面形状，按图 7-25a 所标注的尺寸不便于测量，图 7-25b 标注的尺寸便于测量。图 7-26a 所示套筒中，尺寸 A、B 测量困难，如果按照图 7-26b 注出尺寸，检测就方便了。

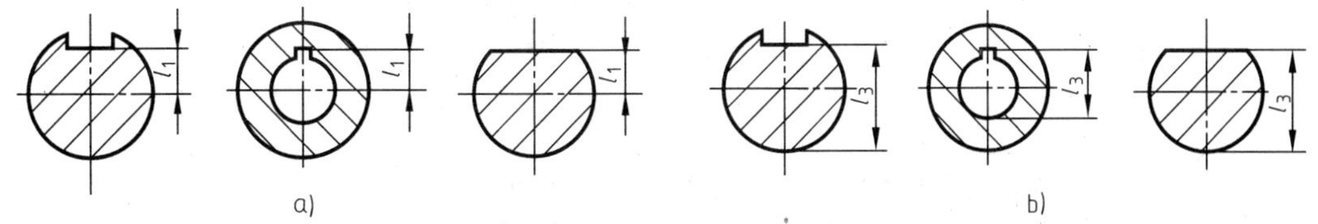

图 7-25　标注尺寸要便于测量

a）不好　b）好

任务实施

分析减速器输出轴的尺寸标注，如图 7-15 所示。

按轴的加工特点和工作情况，选择水平轴线为宽度和高度方向的主要基准（即径向基准），注出端面 A 为长度方向的主要基准，对回转体类零件常用这样的基准，后者则为轴向基准。

标注尺寸的顺序如下：

1）由径向基准直接注出尺寸 $\phi60$mm、$\phi74$mm、$\phi60$mm、$\phi55$mm。

2）由轴向主要基准端面 *A* 直接注出尺寸 168mm 和 13mm，定出轴向辅助基准 *B* 和 *D*，由轴向辅助基准 *B* 标注尺寸 80mm，再定出轴向辅助基准 *C*。

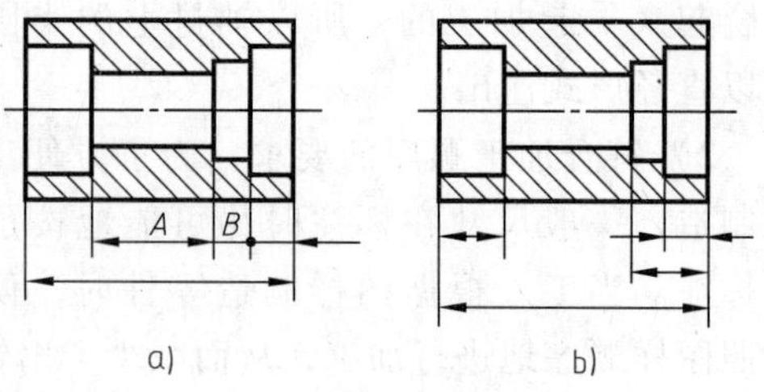

图 7-26　按测量要求标注尺寸

3）由轴向辅助基准 *C*、*D* 分别注出两个键槽的定位尺寸 5mm，并注出两个键槽的长度 70mm 和 50mm。

4）按尺寸注法的规定注出键槽的断面尺寸（53mm、18mm 和 49mm、16mm）以及退刀槽（2mm×1mm）和倒角（*C*2）的尺寸。

知识拓展

1）零件上常见结构的尺寸标注，应符合设计、制造和检验等要求，以使所标注的尺寸合理（表 7-1）。

表 7-1　常见零件结构要素的尺寸注法示例

常见结构	图例	说　明
45°倒角	C1　C1　C1	*C* 表示倒角角度为 45°，*C* 后面的数字表示倒角的轴向距离
非 45°倒角	30°　2　30°　2	非 45°倒角可按图示的形式标注
退刀槽及砂轮越程槽	2×ϕ6　2×ϕ6 a) 2×1　2×1　2×1 b)	1. 按"槽宽×直径"的形式标注，如图 a 所示 2. 按"槽宽×槽深"的形式标注，如图 b 所示

（续）

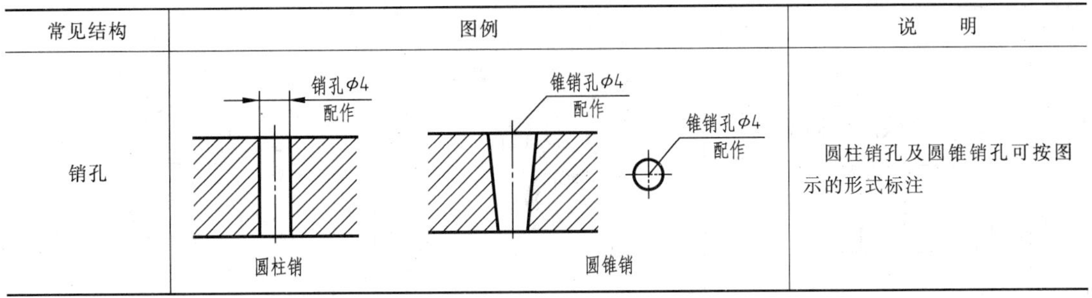

常见结构	图例	说明
销孔	销孔 φ4 配作；圆柱销 锥销孔 φ4 配作；锥销孔 φ4 配作；圆锥销	圆柱销孔及圆锥销孔可按图示的形式标注

2）各种孔的尺寸注法见表 7-2。

表 7-2　各种孔的尺寸注法

类型	旁注法		普通注法
光孔	4×φ4↧10	4×φ4↧10	4×φ4；10
	4×φ4H7↧8 10	4×φ4H7↧8 ↧10	4×φ4H7；8；10
螺孔	3×M6−7H	3×M6−7H	3×M6−7H
	3×M6−7H↧10	3×M6−7H↧10	3×M6−7H；10
	3×M6−7H↧10 孔↧12	3×M6−7H↧10 孔↧12	3×M6−7H；10；12

（续）

类型	旁注法		普通注法
	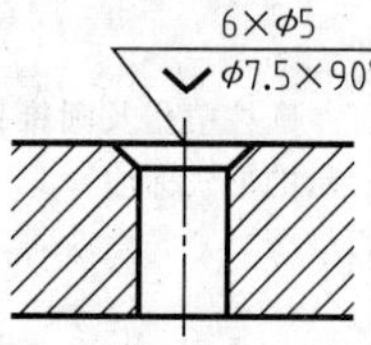 6×ϕ5 ⌵ϕ7.5×90°	 6×ϕ5 ⌵ϕ7.5×90°	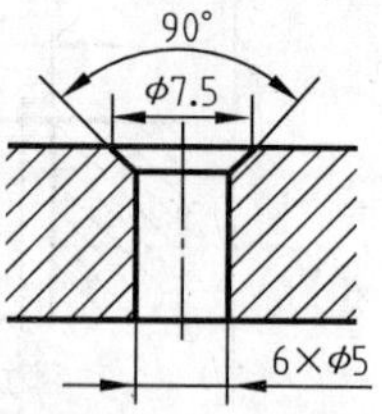 90° ϕ7.5 6×ϕ5
沉孔	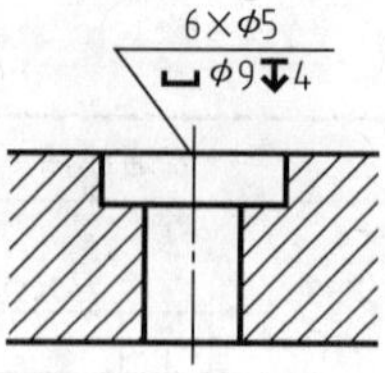 6×ϕ5 ⌴ϕ9↧4	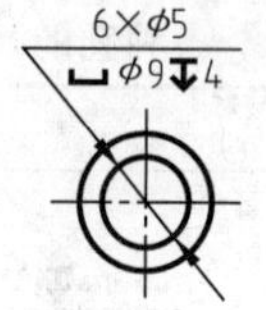 6×ϕ5 ⌴ϕ9↧4	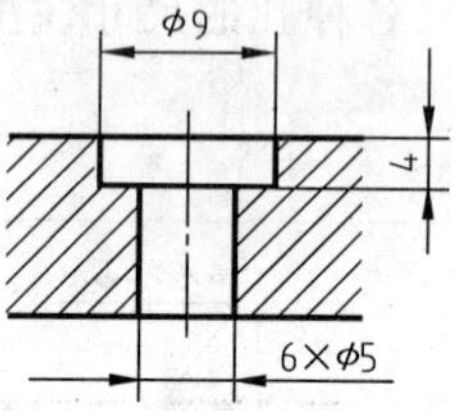 ϕ9 4 6×ϕ5
	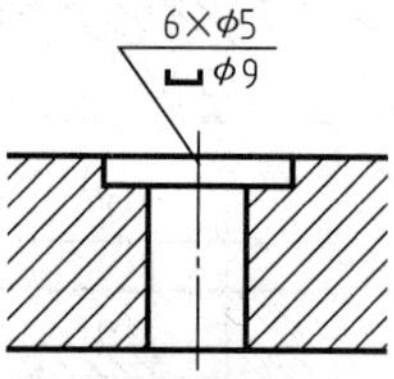 6×ϕ5 ⌴ϕ9	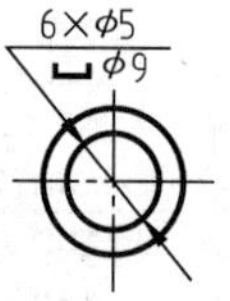 6×ϕ5 ⌴ϕ9	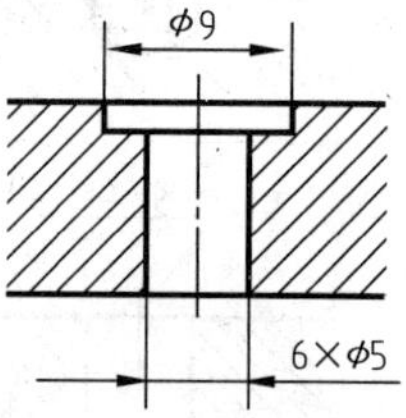 ϕ9 6×ϕ5

任务4　正确填写零件图上的技术要求

子任务1　正确填写图样中的表面粗糙度

任务描述

了解表面结构的基本概念，能正确识别零件图上的相关表面粗糙度要求。

如图7-27所示，根据给定的要求，在视图中标注表面粗糙度。

A 面为 *Ra*25μm，*B*、*C*、*D*、*H* 面为 *Ra*3.2μm，*E*、*F* 面为 *Ra*12.5μm，*G* 面为 *Ra*0.4μm，其余面为 *Ra*25μm。

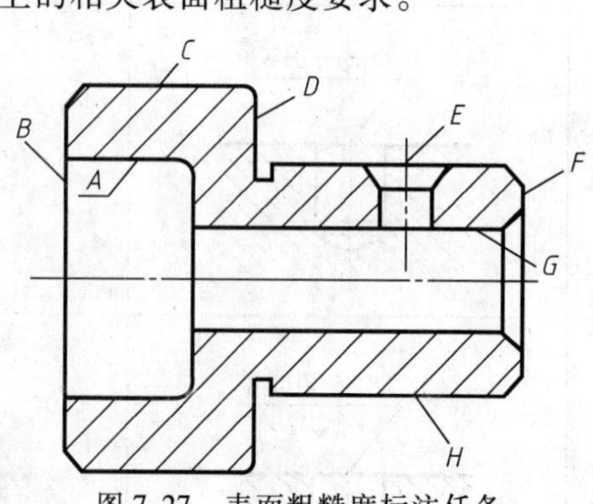

图7-27　表面粗糙度标注任务

任务分析

零件图是指导生产机器零件的重要技术文件。所以，零件图中除了应该具有视图及尺寸之外，还必须有制成该零件时应达到的一些质量要求，通常称为技术要求，它一般包括以下几个方面的内容。

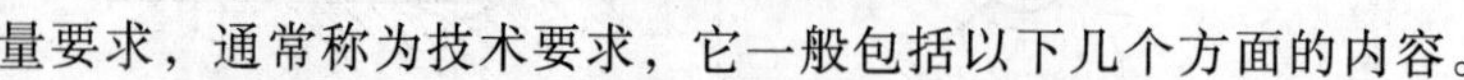

1）表面粗糙度（表面结构要求）。

2）极限与配合（尺寸精度要求）。

3）几何公差（几何形状及相对位置的精度要求）。

4）材料的热处理及表面处理（涂镀）的要求。

相关知识（参考 GB/T 3505—2009、GB/T 1031—2009）

无论是机械加工的零件表面，还是用其他方法得到的零件表面，不管加工得多么光滑，放在放大镜或显微镜下观察都会有较小间距和峰谷组成的微量高低不平的痕迹，如图 7-28 所示。产生这种现象的原因是在切削过程中有刀痕、切屑分离时的塑性变形及振动等。

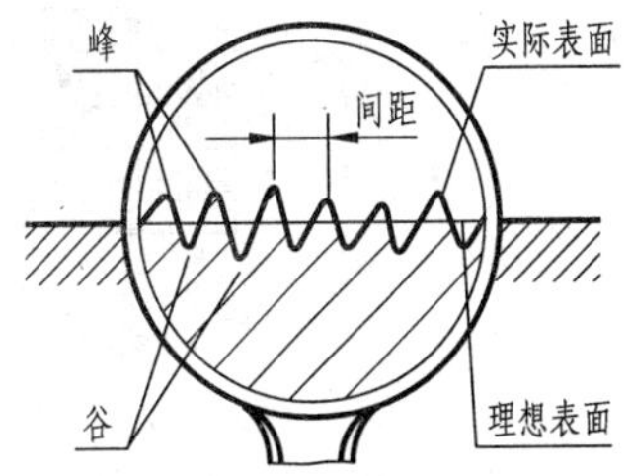

图 7-28　表面痕迹放大

零件表面的几何形貌称为表面结构，即零件的表面粗糙度、表面波纹度、表面纹理、表面缺陷和表面几何形状的总称。

本任务只学习应用最广泛的表面粗糙度的符号、代号在图样上的表示法与识读方法。它是评定零件表面质量的一个重要技术指标，表面粗糙度的高低对零件的配合性质、耐磨性、耐蚀性、密封性等都有影响。在设计零件时，应根据零件的工作要求，在图样上对零件的表面粗糙度作出相应的要求。

1. 表面粗糙度的两项评定参数

1）轮廓的算术平均偏差 *Ra*。

2）轮廓的最大高度 *Rz*。

评定参数从两项中选取。

2. 表面粗糙度的符号和代号（GB/T 131—2006）

（1）图形符号　表面粗糙度的图形符号及含义见表 7-3。

表 7-3　表面粗糙度的图形符号及含义

序号	分类	图形符号	含义说明
1	基本图形符号		表示表面未指定工艺方法，仅用于简化代号标注，没有补充说明时，不能单独使用
2	扩展图形符号		表示表面用去除材料方法获得。例如：车、铣、刨、磨、钻、剪切、抛光、腐蚀、电火花加工、气割等
			表示表面用不去除材料方法获得。例如：铸、锻、冲压、热轧、冷轧、粉末冶金等或保持上道工序形成的表面
3	完整图形符号		当要求标注表面结构特征的补充信息时，在图形符号的长边上加一横线，左图的三个完整图形符号还可分别用文字表达为 APA、MRR 和 NMR，用于报告和合同的文本中
4	工件轮廓表面图形符号		视图上封闭轮廓的各表面有相同的表面结构要求时的符号，如果标注引起歧义，各表面应分别标注

（2）表面粗糙度图形符号的画法

1）基本图形符号及其他图形符号画法（图 7-29）。

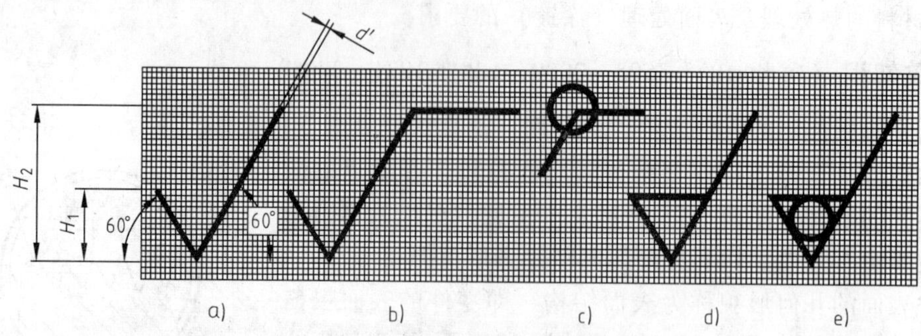

图 7-29　表面粗糙度图形符号的画法

2）表面粗糙度图形符号的尺寸（表 7-4）。

表 7-4　表面粗糙度图形符号的尺寸　　（单位：mm）

数字和字母高度 h	2.5	3.5	5	7	10	14	20
符号线宽度 d'	0.25	0.35	0.5	0.7	1	1.4	2
字母线宽度 d							
高度 H_1	3.5	5	7	10	14	20	28
高度 H_2（最小值）①	7.5	10.5	15	21	30	42	60

① H_2 取决于标注内容。

3）表面粗糙度完整图形符号的组成。为了明确表面结构要求，除了标注表面结构参数和数值外，必要时应标注补充要求，补充要求包括传输带、取样长度、加工工艺、表面纹理及方向、加工余量等。

在完整符号中，对表面结构的单一要求和补充要求应注写在图 7-30 所示的指定位置。

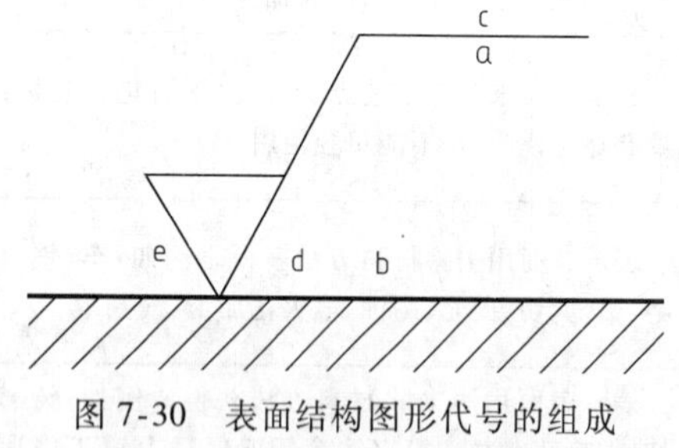

图 7-30　表面结构图形代号的组成

位置 a——注写表面结构的单一要求
位置 b——注写第二个表面结构要求
位置 c——注写加工方法
位置 d——注写表面纹理和方向
位置 e——注写加工余量（mm）

3. 表面粗糙度代号的含义（表 7-5）

表 7-5　表面粗糙度代号的含义示例

符　号	含义及解释
Rz 0.4	表示不允许去除材料，单向上限值，默认传输带，R 轮廓，粗糙度的最大高度 0.4μm，评定长度为 5 个取样长度（默认），“16% 规则”（默认）
Rz max 0.2	表示去除材料，单向上限值，默认传输带，R 轮廓，粗糙度轮廓最大高度的最大值 0.2 μm，评定长度为 5 个取样长度（默认），“最大规则”

（续）

符　　号	含义及解释
√ 0.008-0.8/Ra 3.2	表示去除材料，单向上限值，传输带 0.008-0.8mm，R 轮廓，算术平均偏差 3.2μm，评定长度为 5 个取样长度（默认），“16% 规则”（默认）
√ -0.8/Ra3 3.2	表示去除材料，单向上限值，传输带：根据 GB/T 6062，取样长度 0.8μm（λ_s 默认 0.0025mm），R 轮廓，算术平均偏差 3.2μm 评定长度包含 3 个取样长度，“16% 规则”（默认）
√ U Ra max 3.2 L Ra 0.8	表示不允许去除材料，双向极限值，两极限值均使用默认传输带，R 轮廓，上限值：算术平均偏差 3.2μm，评定长度为 5 个取样长度（默认），“最大规则”，下限值：算术平均偏差 0.8μm，评定长度为 5 个取样长度（默认），“16% 规则”（默认）

4. 表面粗糙度符号、代号的标注方法（表 7-6）

在同一图样上，零件的每一表面都应有表面粗糙度要求，但一般只标注一次表面粗糙度符号、代号，并尽可能靠近有关的尺寸线。表面粗糙度符号、代号一般注在可见轮廓线、尺寸界线、引出线或它们的延长线上，符号应由材料外指向表面，具体方法见表 7-6。

表 7-6　表面粗糙度符号、代号注法示例

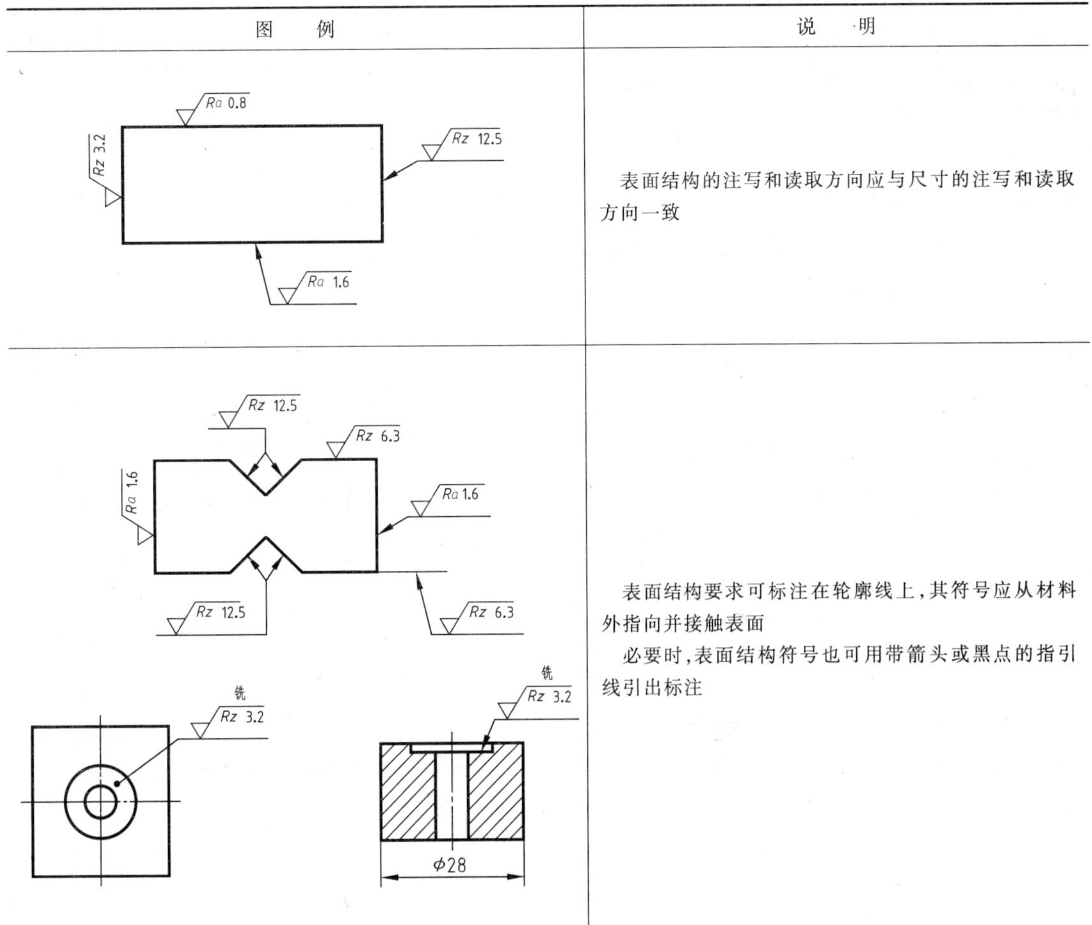

图　　例	说　　明
Ra 0.8；Rz 3.2；Rz 12.5；Ra 1.6	表面结构的注写和读取方向应与尺寸的注写和读取方向一致
Rz 12.5；Rz 6.3；Ra 1.6；Ra 1.6；Rz 12.5；Rz 6.3 铣 Rz 3.2；铣 Rz 3.2；ϕ28	表面结构要求可标注在轮廓线上，其符号应从材料外指向并接触表面 必要时，表面结构符号也可用带箭头或黑点的指引线引出标注

(续)

图例	说明
Φ120H7 Rz 12.5 Φ120h6 Rz 6.3	在不致引起误解时,表面结构要求可以标注在给定的尺寸线上
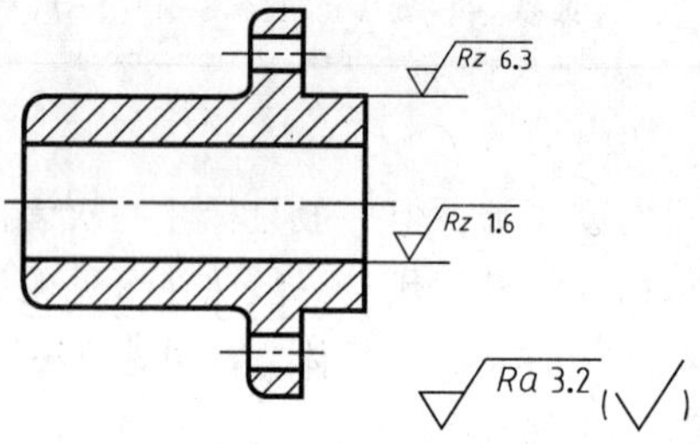 Rz 6.3 Rz 1.6 Ra 3.2 (√) a) 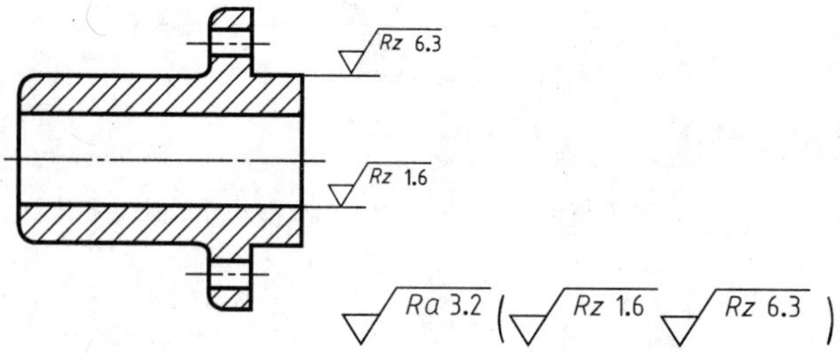 Rz 6.3 Rz 1.6 Ra 3.2 (Rz 1.6 Rz 6.3) b)	如果在工件的多数(包括全部)表面有相同的表面结构要求,则其表面结构要求可统一标注在图样的标题栏附近。此时(除全部表面有相同要求的情况外),表面结构要求的符号后面应有: 1)在圆括号内给出无任何其他标注的基本符号(图 a) 2)在圆括号内给出不同的表面结构要求(图 b)
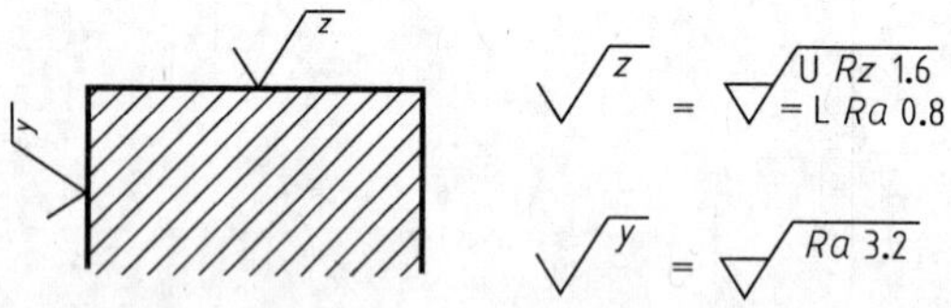 z y √z = U Rz 1.6 / L Ra 0.8 √y = Ra 3.2	当多个表面具有相同的表面结构要求或图纸空间有限时,可以采用简化注法 可用带字母的完整符号,以等式的形式,在图形或标题栏附近,对有相同表面结构要求的表面进行简化标注
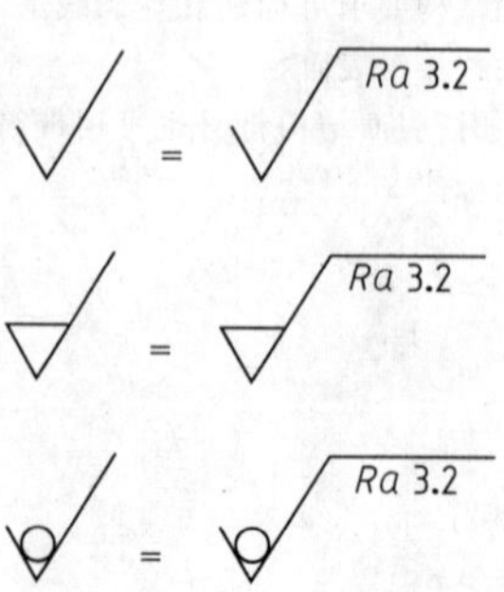 √ = Ra 3.2 √ = Ra 3.2 √ = Ra 3.2	简化注法还可用左图所示方法,表面结构符号以等式的形式给出多个表面共同的表面结构要求

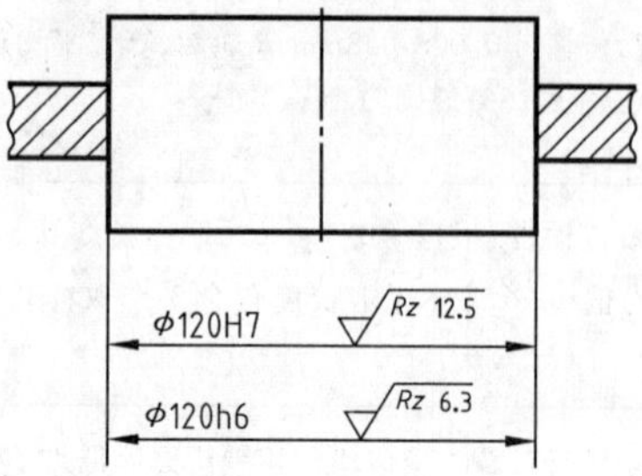

（续）

图 例	说 明
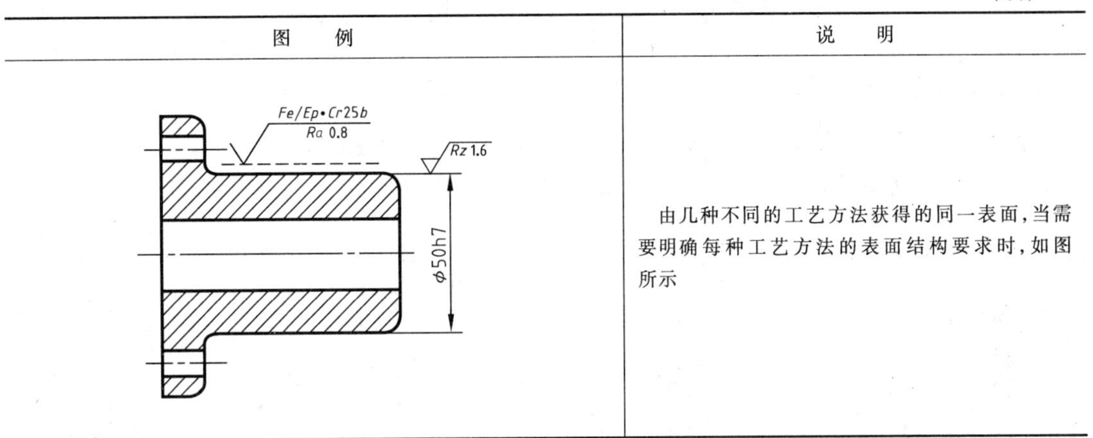	由几种不同的工艺方法获得的同一表面，当需要明确每种工艺方法的表面结构要求时，如图所示

任务实施

根据前面所述内容：在同一图样上，零件的每一表面都应有表面粗糙度要求，但一般只标注一次；表面粗糙度符号、代号应尽可能靠近有关的尺寸线。表面粗糙度符号、代号一般注在可见轮廓线、尺寸界线、引出线或它们的延长线上，符号应由材料外指向表面，具体示例参见表 7-6。

根据任务要求，标注结果如图 7-31 所示。

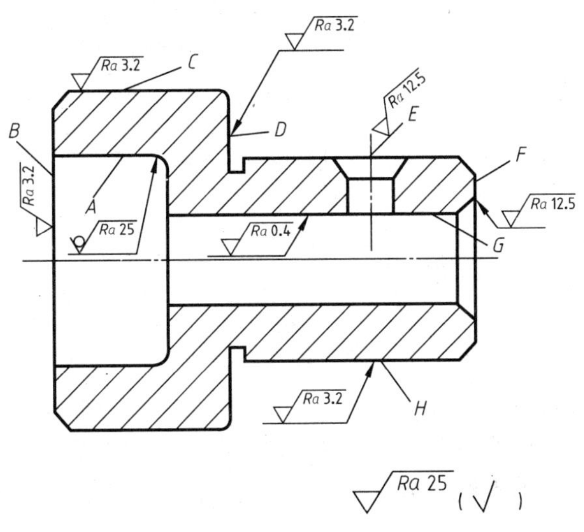

图 7-31 填写表面粗糙度

问题与防治

1）旧标准中的“轮廓最大高度”参数代号 R_y 改为 Rz，原来 R_y 代号和参数“微观不平度十点高度”均已取消。

2）在幅度参数（峰和谷）常用的参数值范围内（Ra6.3 ~ 0.025μm，Rz25 ~ 0.1μm）推荐优先选用 Ra。

子任务 2　填写图样中的极限与配合

任务描述

能正确识别零件图上相关的极限与配合要求，了解极限与配合的相关知识。

如图 7-32 所示，正确查表并标注视图上的极限与配合。

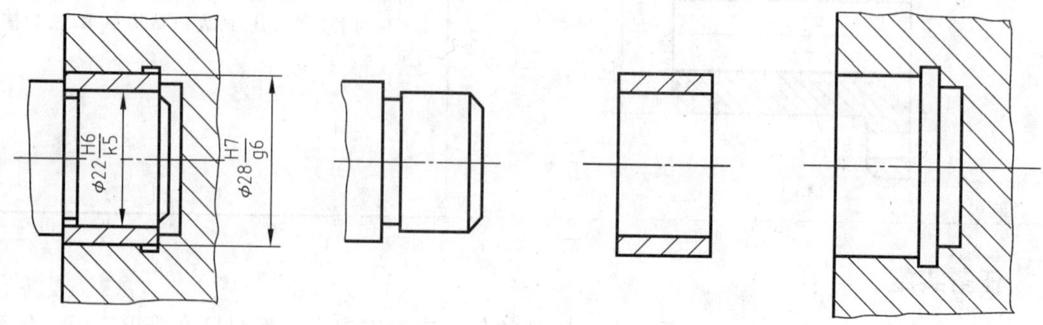

图 7-32　极限与配合的标注

1）查表并填以下空格：

① 轴套对泵体孔为 φ28H7/g6。

公称尺寸为________mm，基________制，公差等级为________，________配合。

轴套：上极限偏差________，下极限偏差________。

泵体：上极限偏差________，下极限偏差________。

② 轴套对轴径为 φ22H6/k5。

公称尺寸为________mm，基________制，公差等级为________，________配合。

轴套：上极限偏差________，下极限偏差________。

轴径：上极限偏差________，下极限偏差________。

2）按规定在图 7-32 中标注。

任务分析

零件图技术要求中的极限与配合要求，即尺寸精度要求。

零件在批量生产并进行装配时，用同样零件中的任一件，不经挑选和修理，便可装配到机器中去，并能满足一定的使用要求（如零件之间具有一定的松紧程度）。修理时，用任一同样规格的零件配换损坏的零件，都能保持机器的性能。零件不经挑选或修配，就能满足使用要求的这种性质，称为互换性。

1. 标准公差与基本偏差

1）标准公差（IT）：在本标准极限与配合制中，所规定的任一公差。

2）标准公差等级：在本标准极限与配合制中，同一公差等级（例如 IT7）对所有公称尺寸的一组公差被认为具有同等精确程度。

在公称尺寸至 500mm，标准公差分为 20 级，即 IT01、IT0、IT1、…、IT18。其中 IT 表示标准公差，阿拉伯数字表示公差等级，从 IT01 ~ IT18 等级依次降低。

3）基本偏差：在本标准极限与配合制中，确定公差带相对于零线位置的那个极限偏差。它可以是上极限偏差或下极限偏差，一般为靠近零线的那个偏差。

基本偏差的代号用拉丁字母表示，大写的为孔，小写的为轴。在26个字母中，除去容易与其他含义混淆的I、L、O、Q、W（i、l、o、q、w）5个字母外，再加上用两个字母CD、EF、FG、JS、ZA、ZB、ZC（cd、ef、fg、js、za、zb、zc）表示的7个，共有28个代号。其中H代表基准孔，h代表基准轴。

2. 配合类型与制度

1）配合：公称尺寸相同的，相互结合的孔和轴公差带之间的关系。

2）间隙或过盈：孔的尺寸减去相配合的轴的尺寸之差。此差值为正时是间隙，为负时是过盈。

3）间隙配合：具有间隙（包括最小间隙等于零）的配合。此时，孔的公差带在轴的公差带之上，如图7-33a所示。

4）过盈配合：具有过盈（包括最小过盈等于零）的配合。此时，孔的公差带在轴的公差带之下，如图7-33b所示。

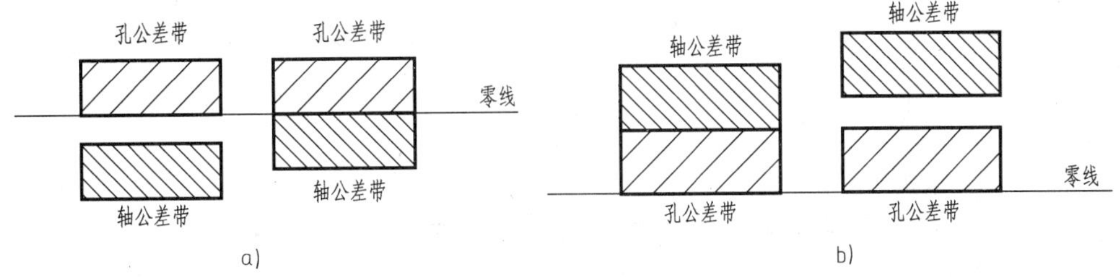

图7-33 间隙配合和过盈配合示意图

5）过渡配合：可能具有间隙或过盈的配合。此时，孔的公差带与轴的公差带相互交叠，如图7-34所示。

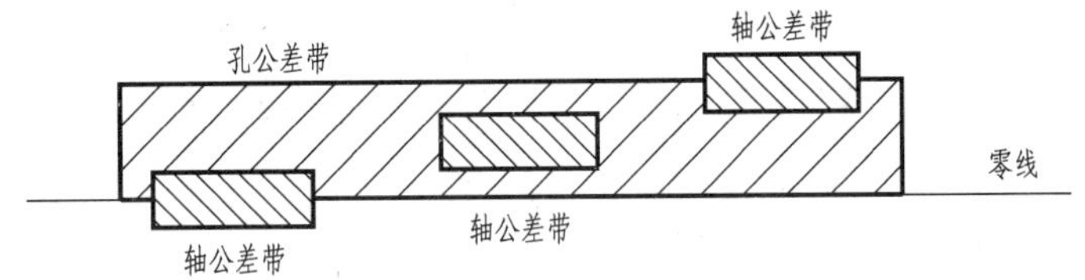

图7-34 过渡配合示意图

6）配合公差：组成配合的孔与轴的公差之和，它是允许间隙或过盈的变动量。配合公差是一个没有符号的绝对值。

7）基孔制：基本偏差为一定的孔的公差带，与不同基本偏差的轴的公差带形成各种配合的一种制度。基孔制的孔为基准孔。

8）基轴制：基本偏差为一定的轴的公差带，与不同基本偏差的孔的公差带形成各种配合的一种制度。基轴制的轴为基准轴。

相关知识（参考GB/T 1800—2009、GB/T 1801—2009）

1. 极限与配合在图样中的标注

（1）尺寸公差在零件图中的标注　在零件图中标注尺寸公差有三种形式：

1）标注公差带代号（图7-35a）。公差带代号由基本偏差代号及标准公差等级代号组成，注在公称尺寸的右边，代号字体与尺寸数字字体的高度相同。这种注法一般用于大批量生产，由专用量具检验零件的尺寸。

2）标注极限偏差（图 7-35b）。上极限偏差注在公称尺寸的右上方，下极限偏差与公称尺寸注在同一底线上，偏差数字的字体比尺寸数字的字体小一号，小数点必须对齐，小数点后的位数也必须相同。当某一偏差为“零”时，用数字“0”标出，并与上极限偏差或下极限偏差的小数点前的个位数对齐。这种注法用于少量或单件生产。

当上、下极限偏差值相同时，偏差值只需注一次，并在偏差值与公称尺寸之间注出“±”符号，偏差数值的字体高度与尺寸数字的字体相同（图 7-35c）。

3）公差带代号与极限偏差一起标注（图 7-35d）。偏差数值注在尺寸公差带代号之后，并加圆括号。这种注法在设计过程中因便于审图，故使用较多。

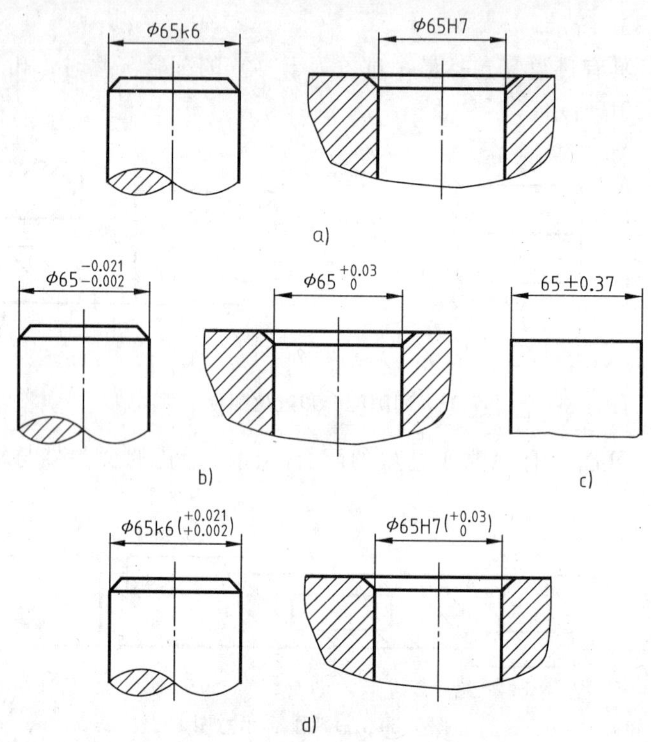

图 7-35　尺寸公差在零件图中的标注形式

（2）配合关系在装配图中的注法　在装配图中标注两个零件的配合关系有两种形式：

1）标注公差带代号。其代号必须在公称尺寸的右边，用分数形式注出，分子为孔的公差带代号，分母为轴的公差带代号。其注写形式有三种，如图 7-36 所示。

2）标注极限偏差（图 7-37）。尺寸线的上方为孔的极限偏差，尺寸线的下方为轴的极限偏差。图 7-37c 明确指出了装配件的代号。

任务实施

（1）查表并填空

1）轴套对泵体孔为 φ28H7/g6。

① φ28H7 中，φ28 为泵体孔的公称尺寸，H 为基准孔的基本偏差代号，7 表示标准公差

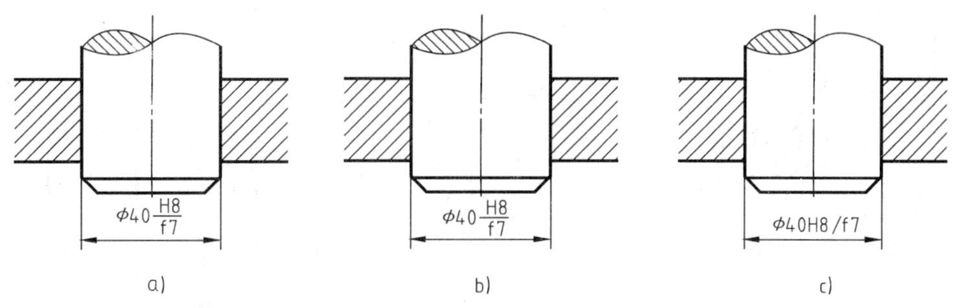

图 7-36 配合关系在装配图中的标注形式

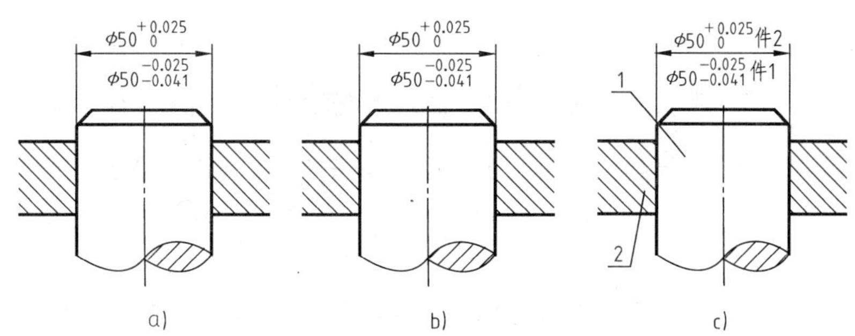

图 7-37 装配图中极限偏差的标注形式

等级为 IT7 级，也就是表示公称尺寸为 ϕ28mm，公差等级为 IT7 级的基准孔。

查孔的基本偏差数值表，在表中由公称尺寸 >18 ~ 30mm 的行和偏差代号 H 的列交汇处可查得轴的基本偏差值为 0，即下极限偏差 EI 为 0；再查标准公差数值表，在表中由公称尺寸 >18 ~ 30mm 的行和 IT7 的列交汇处查得 21μm，即公差为 0.021mm。

根据任务 1 当中的知识，上极限偏差 - 下极限偏差 = 公差，即 ES = EI + IT，可以求出上极限偏差 ES 为 +0.021mm。

② ϕ28g6 中，ϕ28 为轴套外圆柱面的公称尺寸，g 为轴的基本偏差代号，6 表示标准公差等级为 IT6 级，也就是表示公称尺寸为 ϕ28mm，公差等级为 IT6 级的轴。

查轴的基本偏差数值表，在表中由公称尺寸 >18 ~ 30mm 的行和偏差代号 g 的列交汇处可查得轴的基本偏差值为 -7μm，即上极限偏差 es 为 -7μm；再查标准公差数值表，在表中由公称尺寸 >18 ~ 30mm 的行和 IT6 的列交汇处查得 13μm，即公差为 0.013mm。

根据任务 1 当中的知识，上极限偏差 - 下极限偏差 = 公差，即 ei = es - IT，可以求出下极限偏差 ei 为 -0.020mm。

答案如下：

公称尺寸为 __ϕ28__ mm，基 __孔__ 制，公差等级为 __孔 IT7、轴 IT6__ ， __间隙__ 配合。

轴套：上极限偏差 __-0.007__ ，下极限偏差 __-0.020__ 。

泵体：上极限偏差 __+0.021__ ，下极限偏差 __0__ 。

2）轴套对轴径为 ϕ22H6/k5。用和上面相同的方法，求出：

公称尺寸为 __ϕ22__ mm，基 __孔__ 制，公差等级为 __孔 IT7、轴 IT5__ ， __过渡__ 配合。

轴套：上极限偏差 __+0.013__ ，下极限偏差 __0__ 。

轴径：上极限偏差 __+0.011__ ，下极限偏差 __+0.002__ 。

（2）按规定在零件图中标注 标注结果如图 7-38 所示。

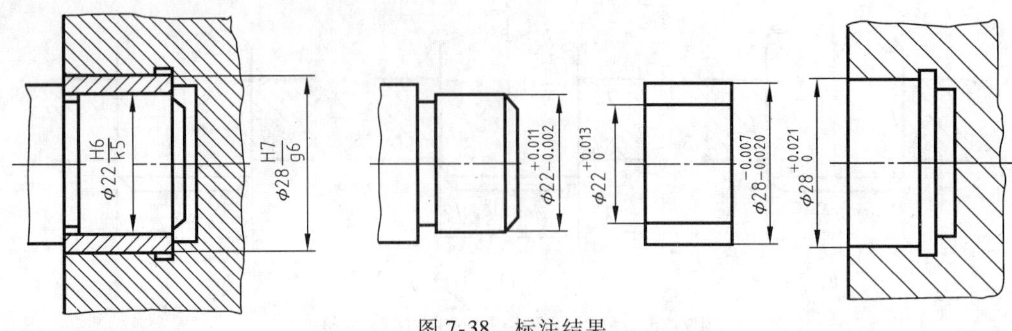

图 7-38　标注结果

 **问题与防治**

实际生产中，通常优先选用基孔制，因为加工相同公差等级的孔和轴时，加工轴比较容易。

子任务 3　解释图样（轴套）中标注的几何公差的意义

 **任务描述**

如图 7-39 所示，能正确识别轴套零件图上的相关几何公差要求，掌握几何公差的基本概念。

 **任务分析**

零件图技术要求中的几何公差要求，包括几何形状及相对位置的精度要求。这些要求对装配后机器的工作性能会产生很大影响，所以必须能正确地识别零件图上的相关几何公差要求，并加以控制，才能保证机器的质量。

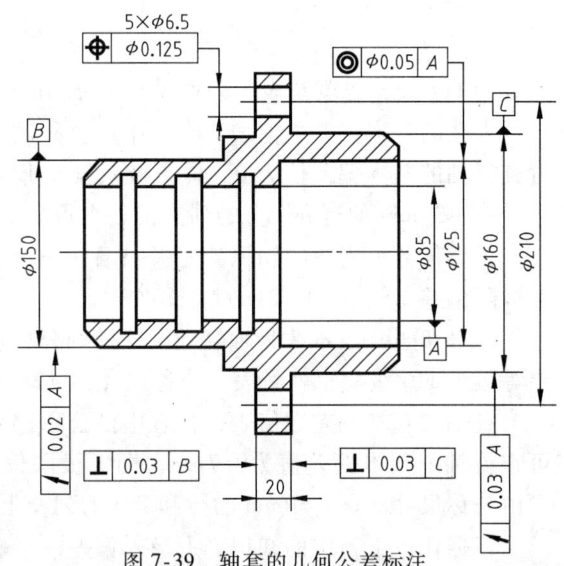

图 7-39　轴套的几何公差标注

 **相关知识**（参考 GB/T 1182—2008、GB/T 16671—2009）

1. 几何公差（形状、方向、位置和跳动公差）**基本概念**

在生产实践中，经过加工的零件，不但会产生尺寸误差，而且会产生形状和位置误差。

例如，图 7-40a 所示的为一理想形状的销轴，而加工后的实际形状则是轴线变弯了（图 7-40b），因而产生了直线度误差。

又如，图 7-41a 所示的为一要求严格的四棱柱，加工后的实际位置却是上表面倾斜了（图 7-41b），因而产生了平行度误差。

由于零件存在严重的形状和位置误差，将使其装配造成困难，影响机器的质量，因此，对于精度要求较高的零件，除给出尺寸公差外，还应根据设计要求，合理地确定出形状和位置误差的最大允许值，如图 7-42a 中的 φ0.08（即销轴轴线必须位于直径为公差值 φ0.08mm 的圆柱面内，如图 7-42b 所示）。

只有这样，才能将其误差控制在一个合理的范围之内。为此，国家标准又规定了一项保证零件加工质量的技术指标——几何公差。

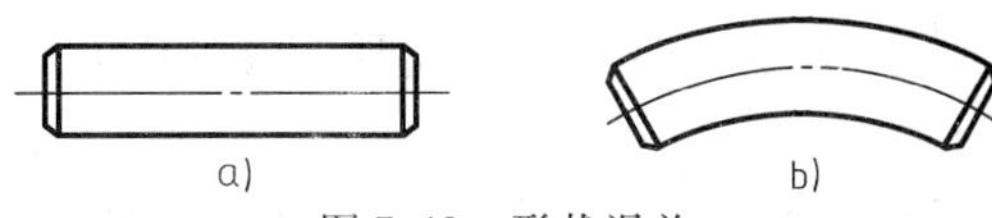
图 7-40 形状误差

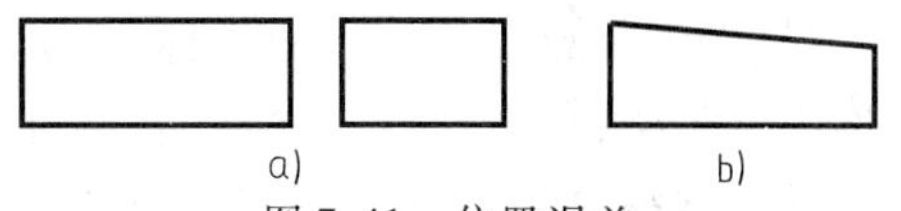
图 7-41 位置误差

2. 几何公差在图样上的标注

几何公差符号的内容有各项公差特征符号、附加符号、基准符号、公差数值及填写上列各项所用的框格——公差框格。

1）几何公差的特征符号及附加符号见表 7-7 和表 7-8。

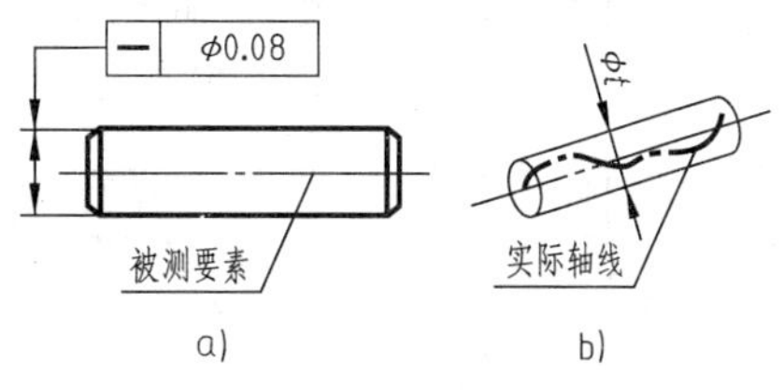

图 7-42 形状误差

表 7-7 几何特征符号

公差类型	几何特征	符号	有无基准	公差类型	几何特征	符号	有无基准
形状公差	直线度	—	无	位置公差	位置度	⌖	有或无
	平面度	▱	无		同心度（用于中心点）	◎	有
	圆度	○	无				
	圆柱度	⌭	无		同轴度（用于轴线）	◎	有
	线轮廓度	⌒	无				
	面轮廓度	⌓	无		对称度	⌯	有
方向公差	平行度	//	有		线轮廓度	⌒	有
	垂直度	⊥	有		面轮廓度	⌓	有
	倾斜度	∠	有				
	线轮廓度	⌒	有	跳动公差	圆跳动	↗	有
	面轮廓度	⌓	有		全跳动	⌰	有

表 7-8 几何公差标注中的附加符号

说 明	符 号	说 明	符 号
被测要素		全周（轮廓）	
		包容要求	Ⓔ
基准要素	A A	公共公差带	CZ
基准目标	φ2 / A1	小径	LD
理论正确尺寸	50	大径	MD
延伸公差带	Ⓟ	中径、节径	PD
最大实体要求	Ⓜ	线素	LE
最小实体要求	Ⓛ	不凸起	NC
自由状态条件（非刚性零件）	Ⓕ	任意横截面	ACS

注：1. GB/T 1182—1996 中规定的基准符号为 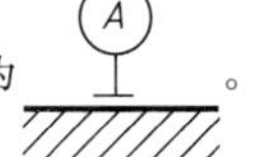 。

2. 如需标注可逆要求，可采用符号Ⓡ，见 GB/T 16671。

2）公差框格。用公差框格标注几何公差时，公差要求注写在划分成两格或多格的矩形框格内。各格自左至右顺序标注以下内容（图 7-43 ~ 图 7-47）：

几何特征符号；公差值（以线性尺寸单位表示的量值。如果公差带为圆形或圆柱形，公差值前应加注符号“ϕ”；如果公差带为圆球形，公差值前应加注符号“$S\phi$”）；基准（用一个字母表示单个基准或用几个字母表示基准体系或公共基准）。

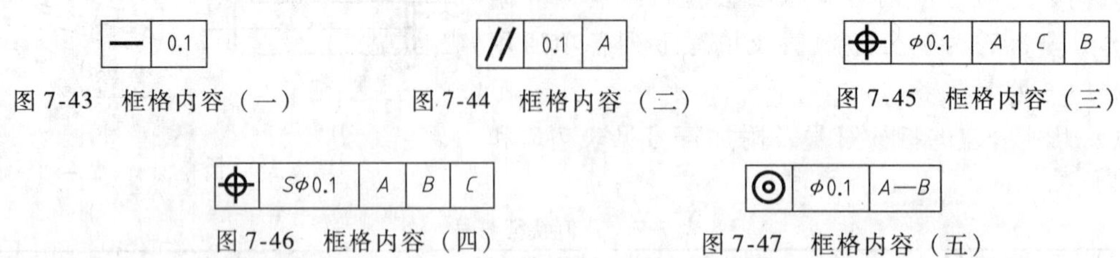

图 7-43　框格内容（一）　　图 7-44　框格内容（二）　　图 7-45　框格内容（三）

图 7-46　框格内容（四）　　图 7-47　框格内容（五）

3. 几何公差尺寸的标注

（1）被测要素　按下列方式之一用指引线连接被测要素和公差框格。指引线引自框格的任意一侧，终端带一箭头。

1）当公差涉及轮廓线或轮廓面时，箭头指向该要素的轮廓线或其延长线（应与尺寸线明显错开，见图 7-48）。

2）当公差涉及要素的中心点、中心线或中心面时，箭头应位于相应尺寸线的延长线上（见图 7-49）。

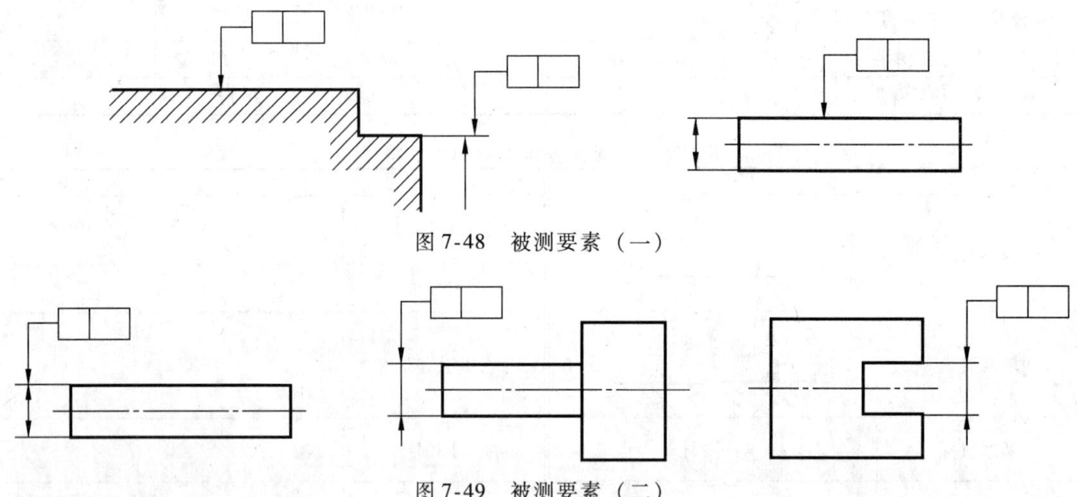

图 7-48　被测要素（一）

图 7-49　被测要素（二）

（2）基准

1）与被测要素相关的基准用一个大写字母表示。字母标注在基准方格内，与一个涂黑的或空白的三角形相连以表示基准（图 7-50）；表示基准的字母还应标注在公差框格内。涂黑的和空白的基准三角形含义相同。

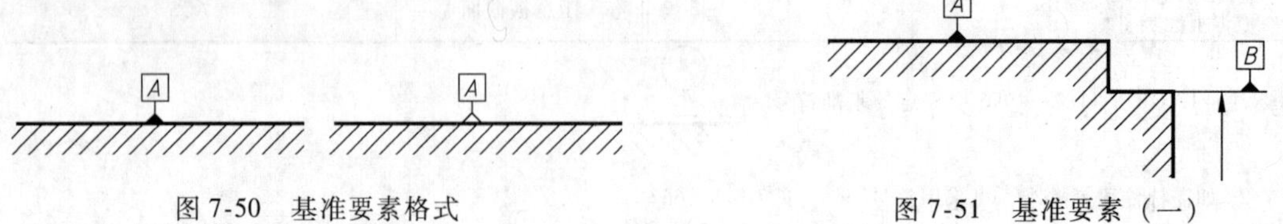

图 7-50　基准要素格式　　图 7-51　基准要素（一）

2）带基准字母的基准三角形应按如下规定放置：

① 当基准要素是轮廓线或轮廓面时，基准三角形放置在要素的轮廓线或其延长线上（与尺寸线明显错开，见图 7-51）。

② 当基准是尺寸要素确定的轴线、中心平面或中心点时，基准三角形应放置在该尺寸线的延长线上（图 7-52 ~ 图 7-54）。如果没有足够的位置标注基准要素尺寸的两个尺寸箭头，则其中一个箭头可用基准三角形代替（图 7-53 和图 7-54）。

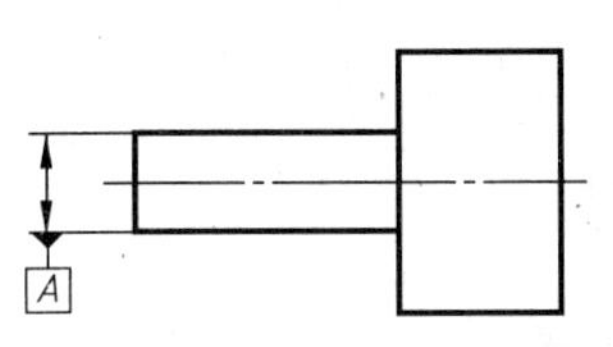

图 7-52　基准要素（二）

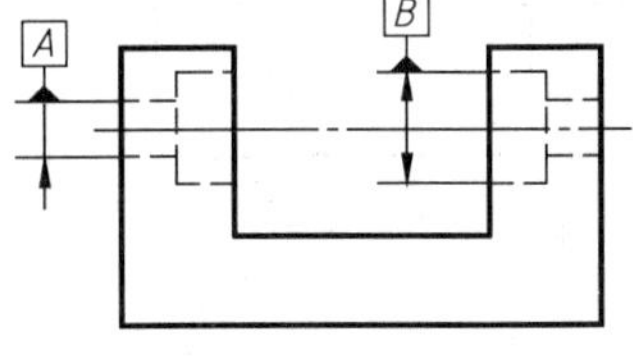

图 7-53　基准要素（三）

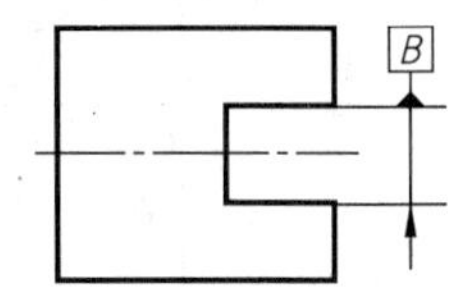

图 7-54　基准要素（四）

③ 以单个要素作基准时，用一个大写字母表示（图 7-55）；以两个要素建立公共基准时，用中间加连字符的两个大写字母表示（图 7-56）；以两个或三个基准建立基准体系（即采用多基准）时，表示基准的大写字母按基准的优先顺序自左至右填写在各框格内（图 7-57）。

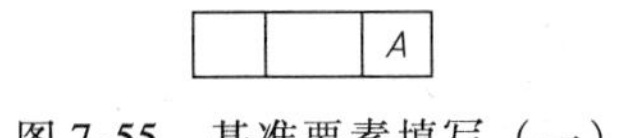

图 7-55　基准要素填写（一）

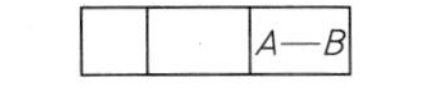

图 7-56　基准要素填写（二）

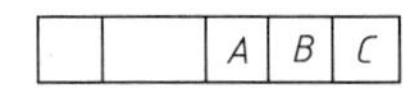

图 7-57　基准要素填写（三）

任务实施

解释图样（轴套）中标注的几何公差的意义（图中某些尺寸和表面粗糙度等均省略），如图 7-39 所示。

① ϕ160mm 圆柱表面对 ϕ85mm 圆柱孔轴线 A 的径向圆跳动误差不大于 0.03mm。

② ϕ150mm 圆柱表面对轴线 A 的径向圆跳动误差不大于 0.02mm。

③ 厚度为 20mm 的安装板左端面对 ϕ150mm 圆柱面轴线 B 的垂直度误差不大于 0.03mm。

④ 安装板右端面对 ϕ160mm 圆柱面轴线 C 的垂直度误差不大于 0.03mm。

⑤ ϕ125mm 圆柱孔的轴线与轴线 A 的同轴度误差不大于 0.05mm。

⑥ 5 × ϕ6.5mm 均布孔对由尺寸 ϕ210mm 确定的理想位置的位置度误差不大于 0.125mm。

任务5　零件图的综合识读

子任务1　识读阀杆零件图

任务描述

能通过识读阀杆零件图（图 7-58），明确轴套类零件结构、形状、大小及技术要求的表达要点。

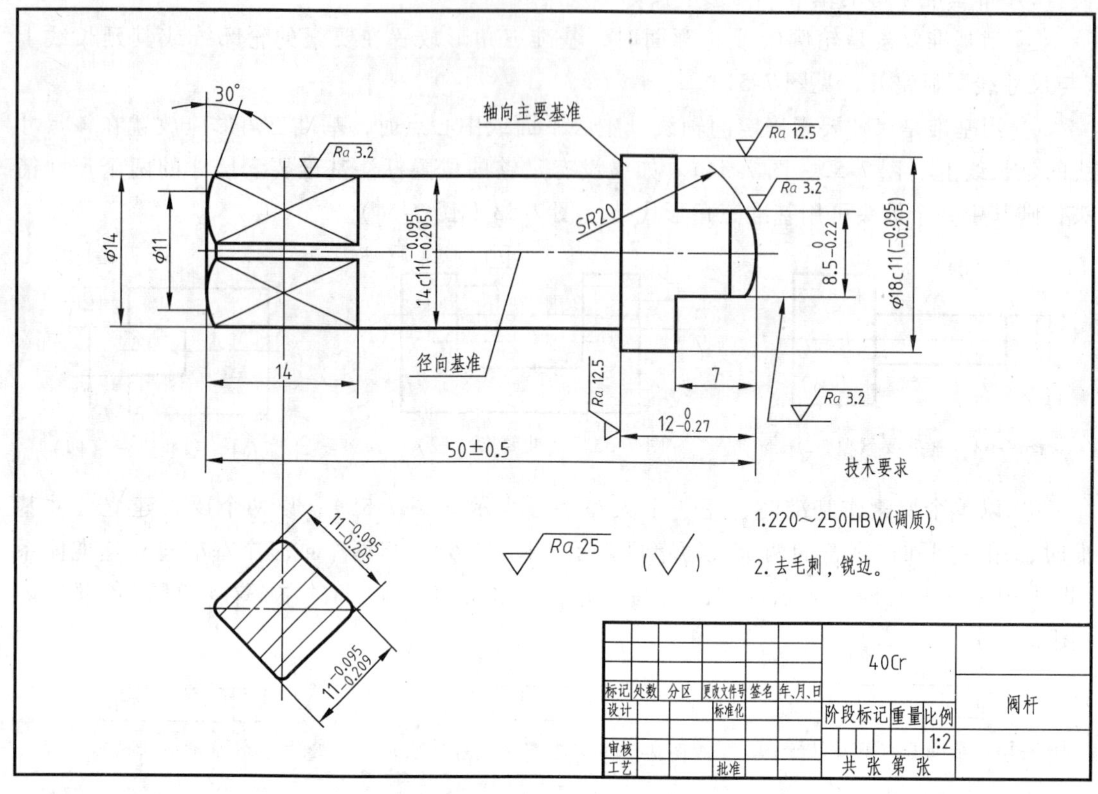

图 7-58　阀杆零件图

任务分析

球阀是常见的一种阀门，应用广泛。

球阀是管路系统中的一个开关，对照图 7-59 球阀的轴测装配图可以看出，阀杆的上部为四棱柱体，与扳手的方孔配合；阀杆下部的凸榫与阀芯上部的凹槽配合。阀杆的作用是通过转动扳手带动阀芯旋转，以控制球阀的开启和关闭，并控制流量。

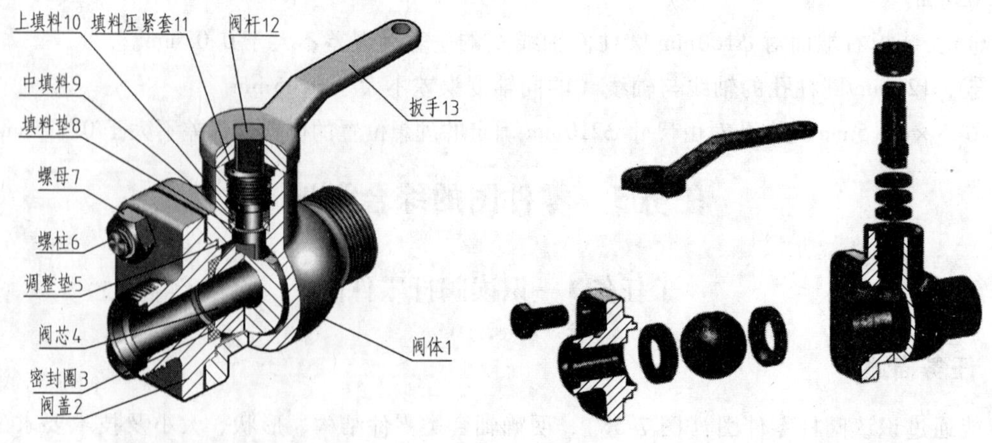

图 7-59　球阀及其零件

相关知识

零件图是制造和检验零件的依据。读零件图的目的是根据零件图想象出零件的结构形状，了解零件的尺寸和技术要求。读零件图时，应联系零件在机器或部件中的位置、作用，以及与其他零件的关系，才能理解和读懂零件图。

1. 读零件图的方法和步骤

（1）概括了解　看标题栏了解零件名称、材料和比例等内容。从名称可判断该零件属于哪一类零件，从材料可大致了解其加工方法，从比例可估计零件的实际大小，并对照装配图了解该零件在机器或部件中与其他零件的装配关系等，从而对零件有初步了解。

（2）视图表达和结构形状分析　分析零件各视图的配置以及视图之间的关系，运用形体分析法结合面形分析法读懂零件各部分结构，想象零件形状。零件的结构形状是读零件图的重点，组合体的读图方法仍适用于读零件图。读图的一般顺序是先整体、后局部，先主体结构、后局部结构，先读懂简单部分，再分析复杂部分，解决难点。

（3）分析尺寸和技术要求　分析零件的长、宽、高三个方向的尺寸基准，从基准出发查找各部分的定形和定位尺寸。分析尺寸的加工精度要求及其作用，必要时还要联系与该零件有关的零件一起分析，以便深入理解尺寸之间的关系，以及所标注的尺寸公差、几何公差和表面粗糙度等技术要求的设计意图。

（4）综合归纳　零件图表达了零件的结构形状、尺寸及其精度要求等内容，它们之间是相互关联的。读图时应将视图、尺寸和技术要求综合考虑，才能对所读零件图形成完整的认识。

2. 轴、套类零件的表达特点

轴、套类零件包括各种转轴、销轴、杆、衬套、轴套等。图7-54所示为阀杆的零件图，这类零件有如下特点：

（1）结构特点　轴套类零件主要用于与传动件（如齿轮、带轮等）结合传递动力和支承传动件。通常由几段不同直径的同轴回转体（圆柱或圆锥）组成，长度远大于直径，零件上常有台阶、螺纹、键槽、退刀槽、销孔、中心孔、倒角、倒圆和轴肩等结构。套类零件是中空的。

（2）加工方法　工件一般用棒料，主要在车床上加工。

（3）主视图选择　按加工位置将轴线水平横放，并反映零件的形状特征。

（4）视图表达方法　一般常用主视图表达零件的主体结构，用断面图、局部剖视图、局部放大图等来表达零件的某些局部结构。对于中空的轴及套类零件，其主视图一般用剖视图。

任务实施

（1）看标题栏　如图7-58所示，从标题栏中可以看出零件名称为阀杆，材料为40Cr，比例为1:2。属轴套类零件。

（2）分析图形　轴套类零件的主要加工方法是在车床上车削，为了便于看图和检测，通常按轴线水平放置，即按加工位置和形状特征位置放置。

由图可以看出，阀杆的左端为四棱柱体，与扳手的方孔配合；阀杆下部带球面的凸榫插入阀芯上部的通槽内，以便使用扳手转动阀杆，带动阀芯旋转，控制球阀启闭，从而控制流量。

用一个基本视图就能反映出零件的主要结构，主视图轴线水平横放，轴的左端采用一个移出断面图表达四棱柱体。

通过本步骤的分析，应初步想象阀杆的结构形状。

（3）分析尺寸　由图 7-58 可以看出，阀杆的尺寸基准，长度方向基准（轴向主要基准）选在 $\phi18\mathrm{c}11\,(^{-0.095}_{-0.205})$ 轴段的左端面，由此注出“$12^{\ 0}_{-0.27}$”，以 $SR20$ 球面的最右端为第一辅助基准，注出“7”和“50 ±0.5”，阀杆最左端面为第二辅助基准，注出“14”。它的宽度和高度方向的基准为水平轴线，统称为径向尺寸基准，由此标注一系列直径尺寸。

图 7-58 所示的 $\phi14$mm、$\phi11$mm、$SR20$mm 等为定形尺寸，定位尺寸有 $12^{\ 0}_{-0.27}$ mm、7mm 等，轴的总长为（50 ±0.5）mm，最大直径 $\phi18\mathrm{c}11\,(^{-0.095}_{-0.205})$，根据以上尺寸可在下料时考虑加工余量，选择棒料规格，如选用直径为 $\phi22$mm，长为 55mm 的棒料。

（4）看技术要求

1）极限与配合：$\phi18\mathrm{c}11\,(^{-0.095}_{-0.205})$、$\phi14\mathrm{c}11\,(^{-0.095}_{-0.205})$ 轴径有尺寸公差要求，分别与球阀中阀体和填料压紧套有配合关系。

2）表面结构：要求最严的部位是左侧的四棱柱体和右侧的凸榫两侧平面两段，表面粗糙度值均为 $Ra3.2\mu m$，要求稍宽松些的是作为轴向主要尺寸基准的 $\phi18\mathrm{c}11\,(^{-0.095}_{-0.205})$ 左端面，表面粗糙度值为 $Ra12.5\mu m$，其余为 $Ra25\mu m$。

3）其他文字技术要求：阀杆应经过调质处理达到 220 ~ 250HBW 的要求，以提高材料的韧性和强度，并且最后应进行去飞边，锐边倒钝的处理。

通过上述四步骤的分析，可全面想象阀杆的结构形状和特点。

问题与防治

在设计零件的结构时，要根据零件的使用场合及工艺要求选择由哪些基本形体来组成零件。另外，还要考虑到加工制造的方便，否则会使制造工艺复杂化，甚至造成废品。因此，在画零件工作图时，必须把这些带有特定几何形状的工艺结构合理、准确地表达出来，这对设计和加工都有影响。

知识拓展

零件上常见铸造工艺结构及其表示法见表 7-9。

表 7-9　铸造工艺结构

类别	合　理	不　合　理	说　明
铸造圆角			在浇注铸件时，为了防止砂型在尖角处脱落，避免铁液在尖角处冷却时产生裂纹、缩孔，同时也为了防止在取模时损坏砂型，在铸件各表面相交处均以圆角过渡，这种圆角就叫铸造圆角 在零件图上，铸造圆角必须画出。铸造圆角的半径应与铸件的壁厚相适应，其半径值一般取半径的 0.2 ~ 0.4。铸造圆角半径应尽量相同，铸造圆角也可在技术要求中进行统一说明

（续）

类别	合 理	不 合 理	说 明
起模斜度	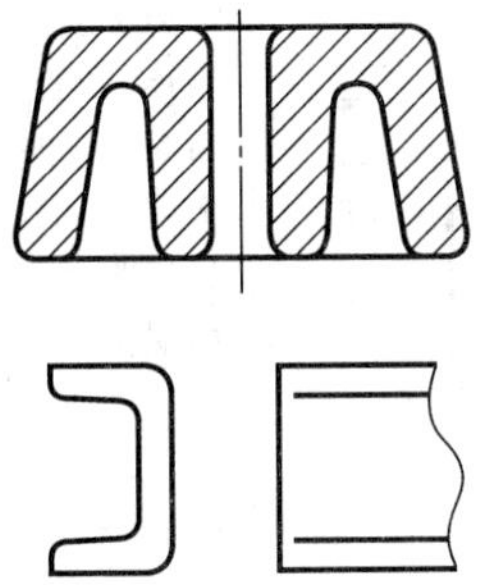	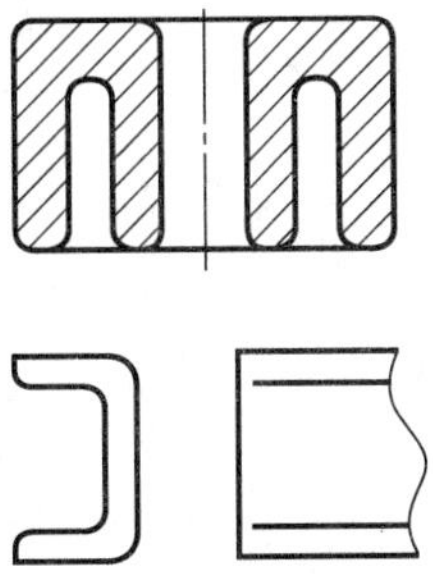	在铸造造型时，为了方便从砂型中取出模样，通常在铸件沿拔模方向的内、外壁上均设计出约1:20的斜度，叫起模斜度 起模斜度一般比较小，木模常为1°～3°，金属型为0.5°～2°，所以起模斜度一般不画出，也不标注 斜度不大的结构，如在一个视图中已表示清楚，其他视图可只按其小端画出，如图所示
壁厚	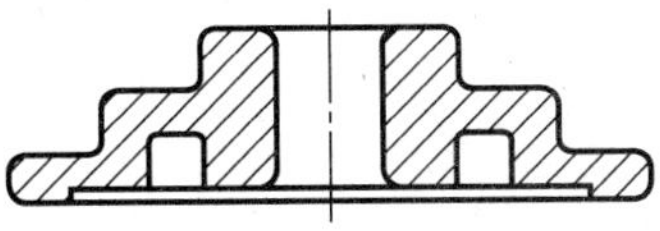	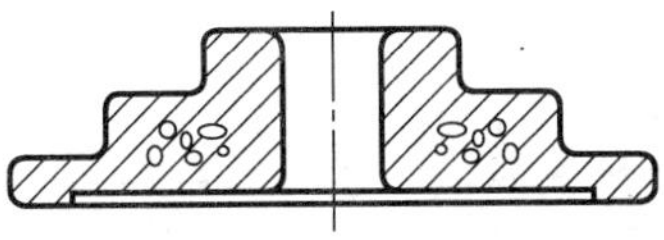	铸件各部分的壁厚应保持均匀一致。铸件在浇注时，由于零件的各部分冷却速度不一致，在零件的突然改变壁厚或壁厚局部肥大的地方，容易形成缩孔，或在较厚壁与较薄壁的交界处产生裂纹。所以，应尽量使铸件的壁厚均匀或逐渐变化 两壁垂直相交时，厚薄壁应均匀过渡
	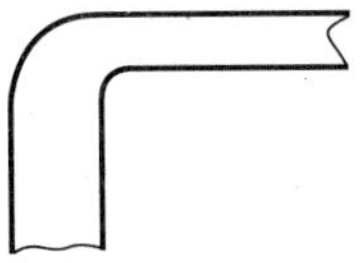	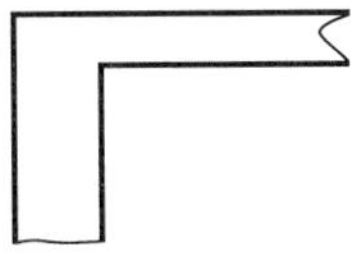	
	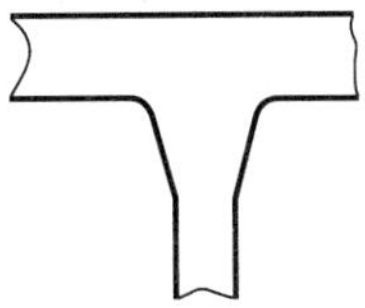	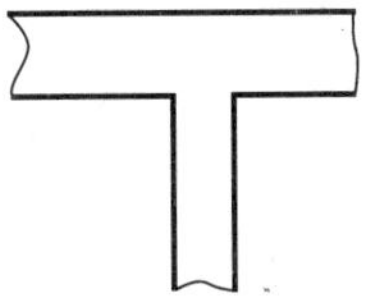	
	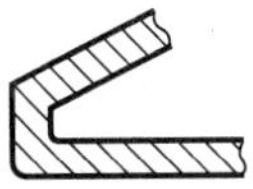	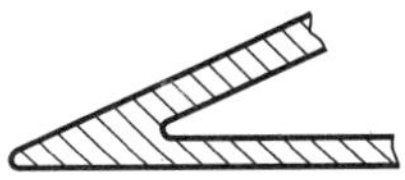	两壁倾斜相连，且夹角小于75°时，应去掉尖角
过渡线	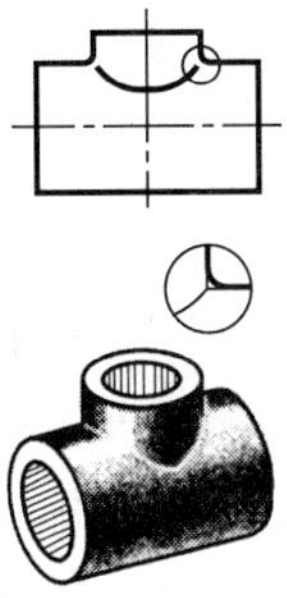	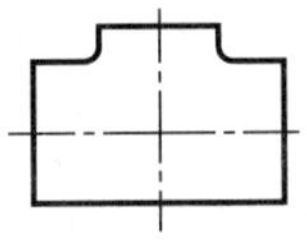	在铸造（或锻造）零件上，由于两表面相交处小圆角的存在，就使零件表面之间的交线变得不明显。图形中如不画这些交线，则零件的结构显得含糊不清

(续)

类别	合　理	不 合 理	说　明
过渡线	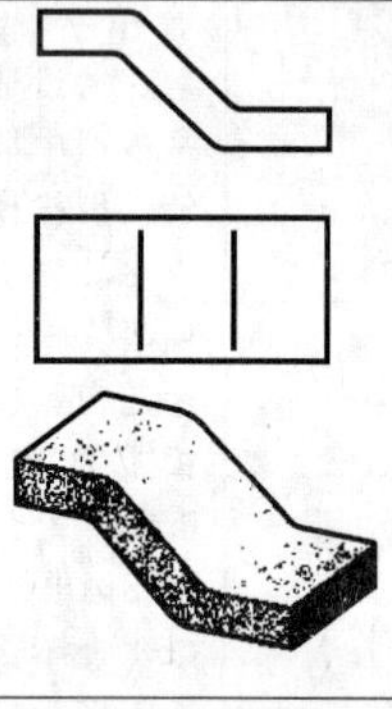	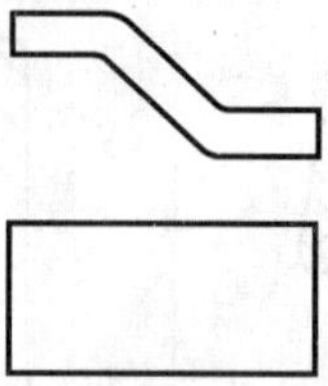	为了便于看图及区分不同表面，图样中仍需按没有圆角时交线的位置画出这条不太明显的交线，这条线称为过渡线，如图所示，但交线的两端轮廓线相连处不封闭
凸台和凹坑	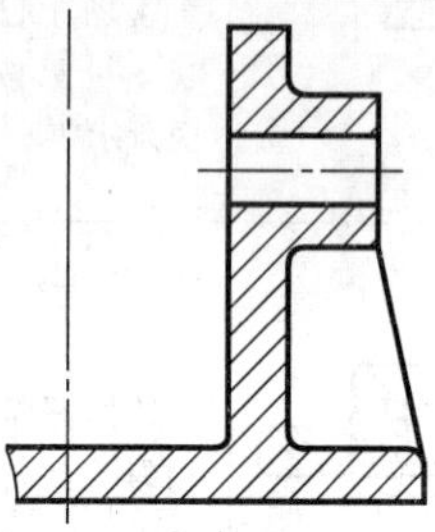	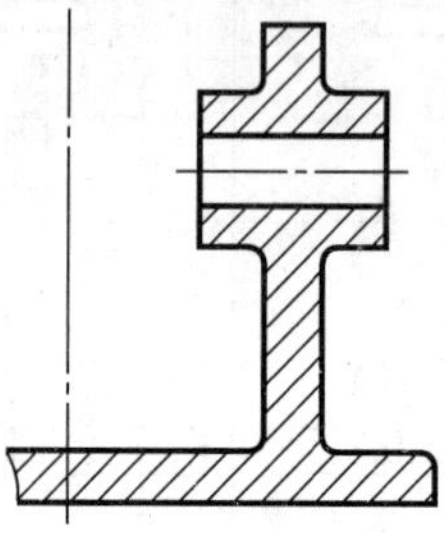	为减小金属积聚及便于造型，将双面凸台改为单面凸台并加肋板，增强刚性
	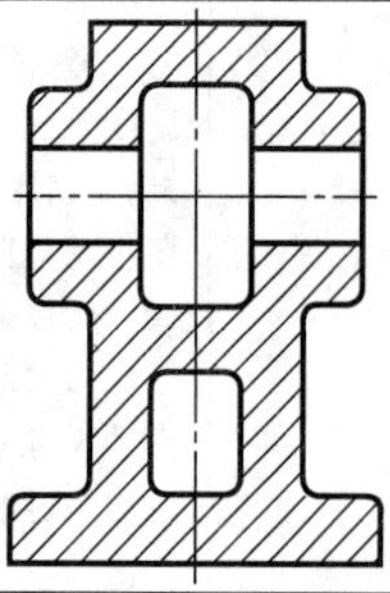	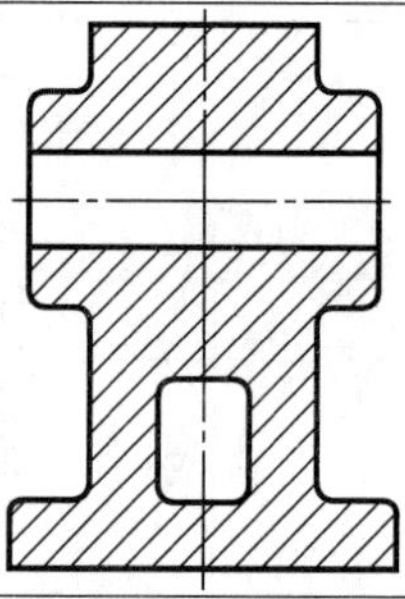	为了保证加工表面质量，节省材料，降低制造费用，应尽可能减少内加工表面
	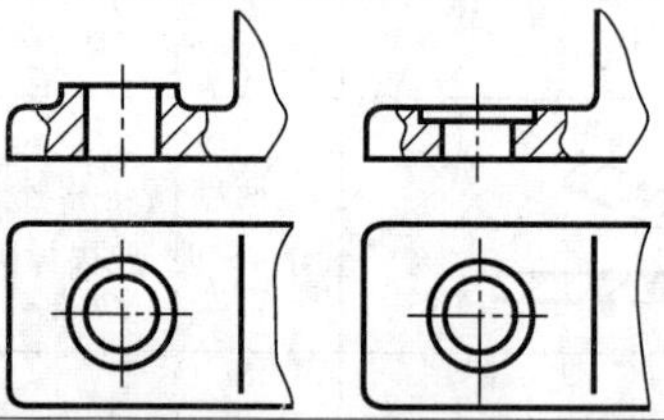	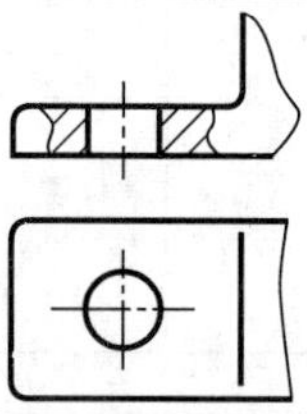	为保证加工表面质量，降低制造费用，在零件上设计出凸台、沉孔或凹坑，尽可能减少加工表面
	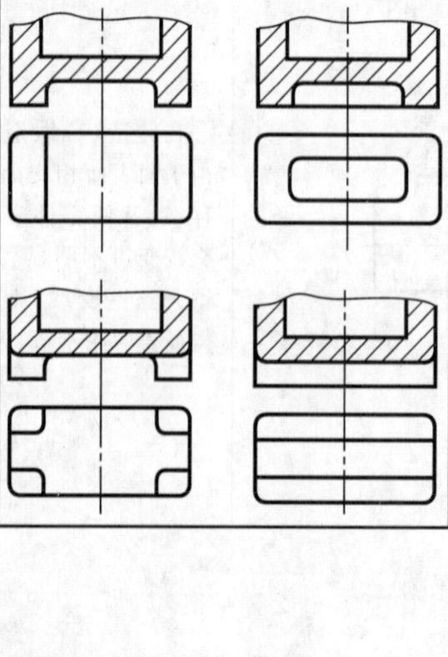	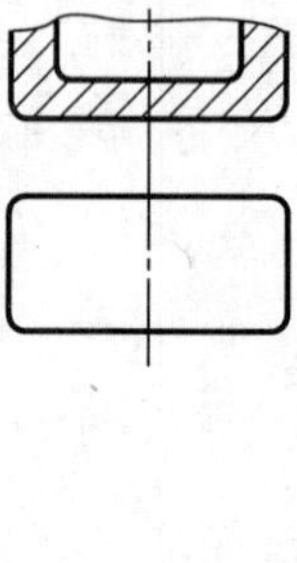	壳体较大接触面，应设计成凹槽或凸台，以减少加工表面，且能保证接触良好

子任务2 识读阀盖零件图

任务描述

能通过识读阀盖零件图（图7-60），明确盘盖类零件结构、形状、大小及技术要求的表达要点。

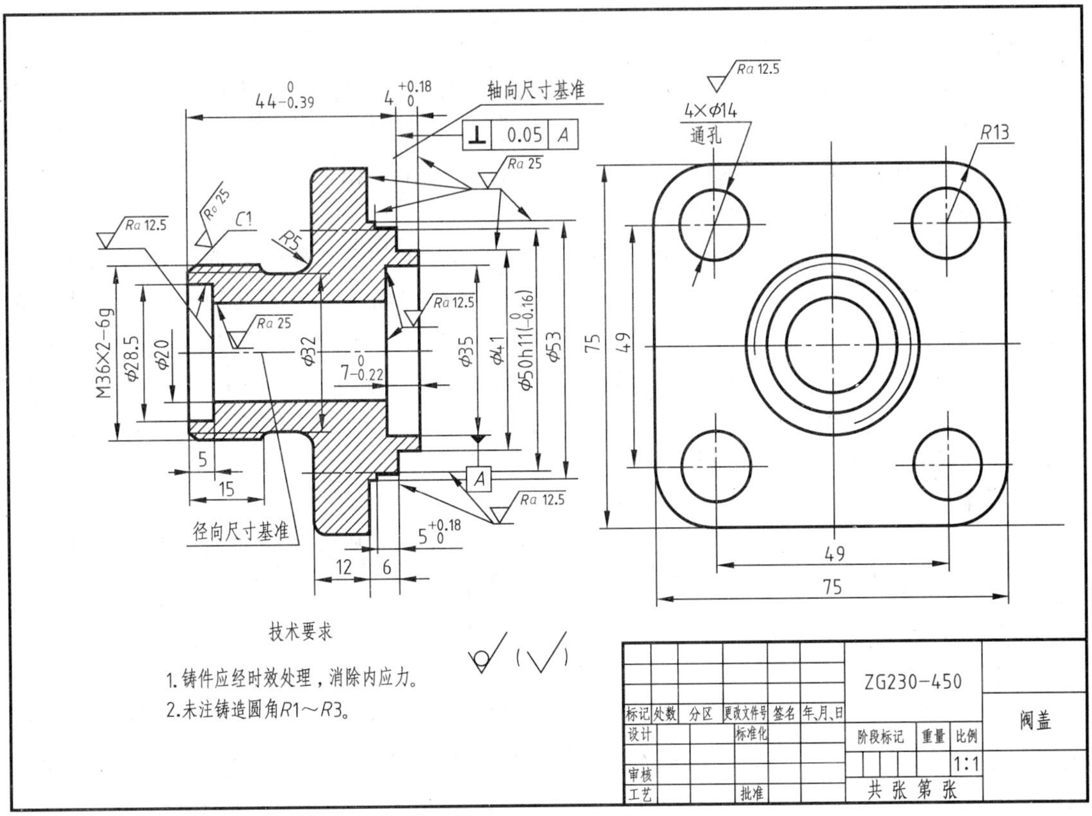

轴向尺寸基准
径向尺寸基准

技术要求

1. 铸件应经时效处理，消除内应力。
2. 未注铸造圆角R1～R3。

						ZG230-450			阀盖
标记	处数	分区	更改文件号	签名	年、月、日				
设计			标准化			阶段标记	重量	比例	
								1:1	
审核									
工艺			批准			共 张 第 张			

图7-60 阀盖零件图

任务分析

对照图7-59球阀的轴测装配图及图7-60阀盖零件图可以看出，阀盖通过螺柱与阀体联接，中间的通孔与阀芯的通孔对应。为了防止流体泄漏，阀盖与阀体之间装有调整垫，与阀芯之间装有密封圈。

相关知识

盘、盖类零件包括各种齿轮、带轮、手轮、法兰盘、端盖、压盖等。图7-60所示为阀盖的零件图，这类零件有如下特点：

（1）结构特点　轮、盘、盖类零件主要用于传递运动、连接和密封。主体部分常由回转体组成，也可能是方形或组合体。轴向长度小于直径。零件上常有键槽、轮辐、均布孔、轴孔、凸台、凹坑、肋板、倒角和退刀槽等，并且常有一个端面与部件中其他零件结合。

（2）加工方法　毛坯多为铸件，主要在车床上加工，平盖板类用刨削或铣削加工。

(3) 主视图选择　以车削加工为主的零件，轴线水平放置；不以车削为主的零件，按工作位置放置。

(4) 视图表达方法　一般采用两个基本视图来表达，主视图常采用剖视图以表达内部结构；另一个视图则表达外形轮廓和各组成部分，如孔、肋、轮辐等的相对位置。有配合的孔和轴的尺寸公差较小，与其他运动零件相接触的表面应有平行度或垂直度的要求。

任务实施

识读如图 7-60 所示阀盖零件图，方法和步骤如下。

(1) 看标题栏　如图 7-60 所示，从标题栏中可以看出零件名称为阀盖，材料为铸钢 ZG230-450，比例为 1:1，属轮盘盖类零件。

(2) 分析图形　轮盘盖类零件的主要加工方法也是在车床上车削，为了便于看图和检测，通常也应按加工位置将轴线水平放置。

由图 7-60 可以看出，阀盖的右边与阀体有相同的方形法兰盘结构。阀盖通过螺柱与阀体联接，中间的通孔与阀芯的通孔对应。阀盖的左侧有与阀体右侧相同的外管螺纹联接管道，形成流体通道。

图上用了两个基本视图表达，主视图采用全剖视，表达零件的空腔结构以及左端的外螺纹。主视图的安放既符合主要加工位置，也符合阀盖在部件中的工作位置。左视图表达了带圆角的方形凸缘和四个均布的通孔。

通过本步骤的分析，应初步想象阀盖的结构形状。

(3) 分析尺寸　由图 7-60 可以看出，阀盖的尺寸基准，长度方向即轴向主要基准选在注有表面粗糙度值为 $Ra12.5\mu m$ 的右端凸缘的端面。由此注出“$4^{+0.18}_{0}$”、“$44^{0}_{-0.39}$”、“$5^{+0.18}_{0}$”、“6”等。它的宽和高方向的基准为水平轴线，统称为径向尺寸基准，由此标注各部分同轴线的直径尺寸。

图 7-60 所示的 $\phi28.5mm$、$\phi20mm$、$\phi35mm$、$\phi41mm$、$\phi53mm$ 等为定形尺寸。定位尺寸有 49mm、6mm、$5^{+0.18}_{0}mm$、12mm 等。阀盖的总长为 48mm，总宽总高均为 75mm。根据他们可在下料时考虑加工余量，选择棒料规格，如选用直径为 $\phi80mm$，长为 52mm。

(4) 看技术要求

1) 极限与配合：$\phi50h11(^{0}_{-0.16})$ 直径有尺寸公差要求，分别与球阀中阀体和填料压紧套有配合关系。还有 $4^{+0.18}_{0}mm$、$5^{+0.18}_{0}mm$、$7^{0}_{-0.22}mm$、$44^{0}_{-0.39}mm$ 几处重要定位尺寸，也有尺寸公差要求。

2) 几何公差：作为长度方向主要尺寸基准的端面相对阀盖水平轴线的垂直度公差为 0.05mm。

3) 表面粗糙度值：注有尺寸公差的 $\phi50h11(^{0}_{-0.16})mm$，对照球阀轴测装配图可看出，与阀体有配合关系，但由于相互之间没有相对运动，所以表面粗糙度要求不严，值为 $Ra12.5\mu m$，左侧螺纹倒角和右侧与阀体的接触面表面粗糙度要求为 $Ra25\mu m$，其余为不允许去除材料。

4) 其他文字技术要求：阀杆应经过时效处理，消除内应力，未注铸造圆角为不加工表面，尺寸要求为 $R1 \sim R3mm$。

通过上述四步骤的分析，可全面想象阀盖的结构形状和特点。

知识拓展

零件上常见机械加工工艺结构及其表示法见表7-10。

表7-10 机械加工工艺结构

类别	合理	不合理	说明
倒角和倒圆	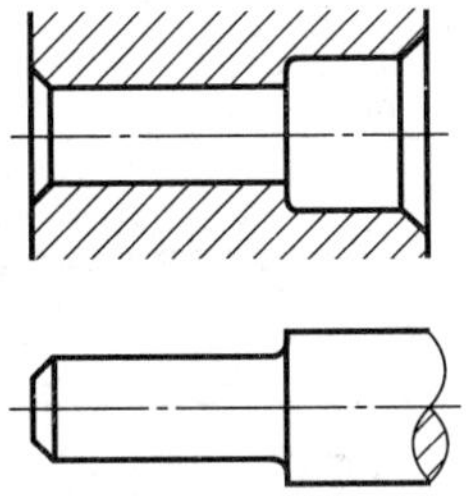	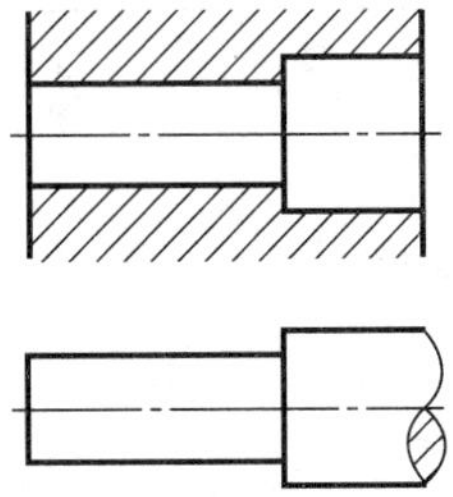	为了去除飞边、锐边和便于装配，在轴和孔的端部（或零件的面与面的相交处）一般都加工成倒角 为了避免因应力集中而产生裂纹，在轴肩处往往加工成圆角的过渡形式，将此称为倒圆。倒圆也可以不画，但需注出圆角半径尺寸
退刀槽	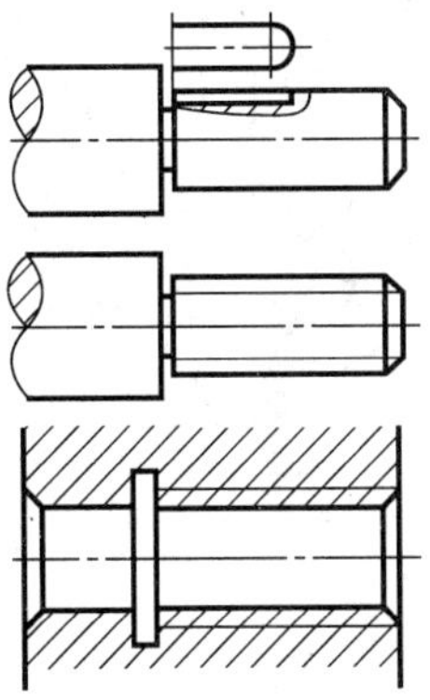	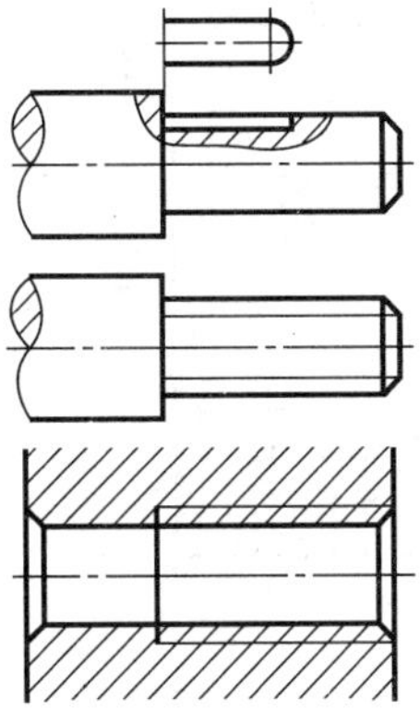	当操作人员对零件进行车削螺纹、切削内孔或磨削加工时，为了方便刀具或砂轮的退出，不致损坏刀具或砂轮，保证加工质量，并使之在装配时容易与有关零件靠紧，常在被加工零件的根部预先加工出退刀槽或砂轮越程槽
砂轮越程槽	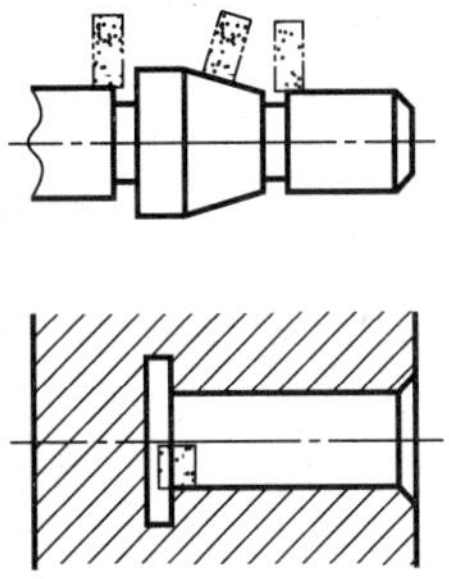	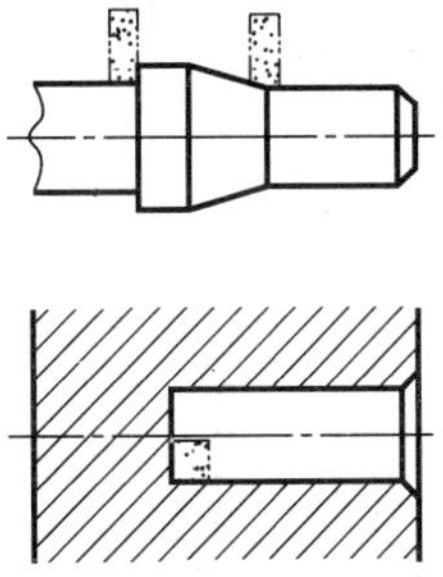	
钻孔结构	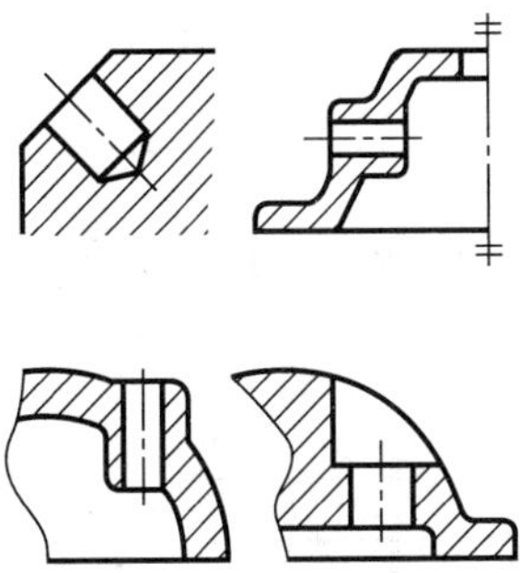	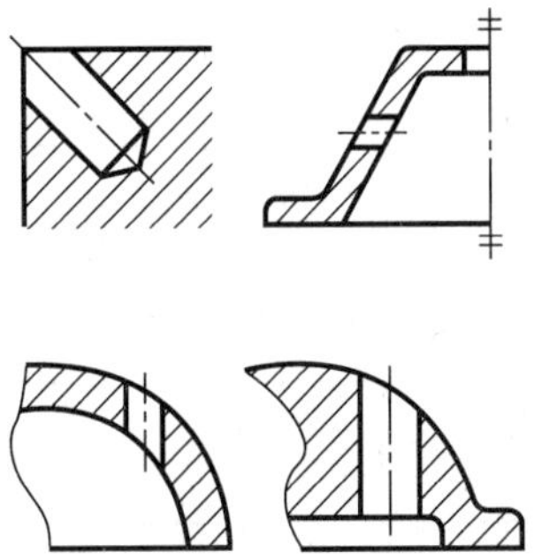	在钻孔时，为了保证所加工孔的质量，防止钻头歪斜、折断，应尽量使钻头和孔端表面垂直 当孔端表面为斜面或曲面时，则应首先把该表面用铣刀铣平或者设计出凸台或凹坑，然后再钻孔

子任务3 识读阀体零件图

任务描述

能通过识读阀体零件图（图7-61），明确盘盖箱体类零件结构、形状、大小及技术要求的表达要点。

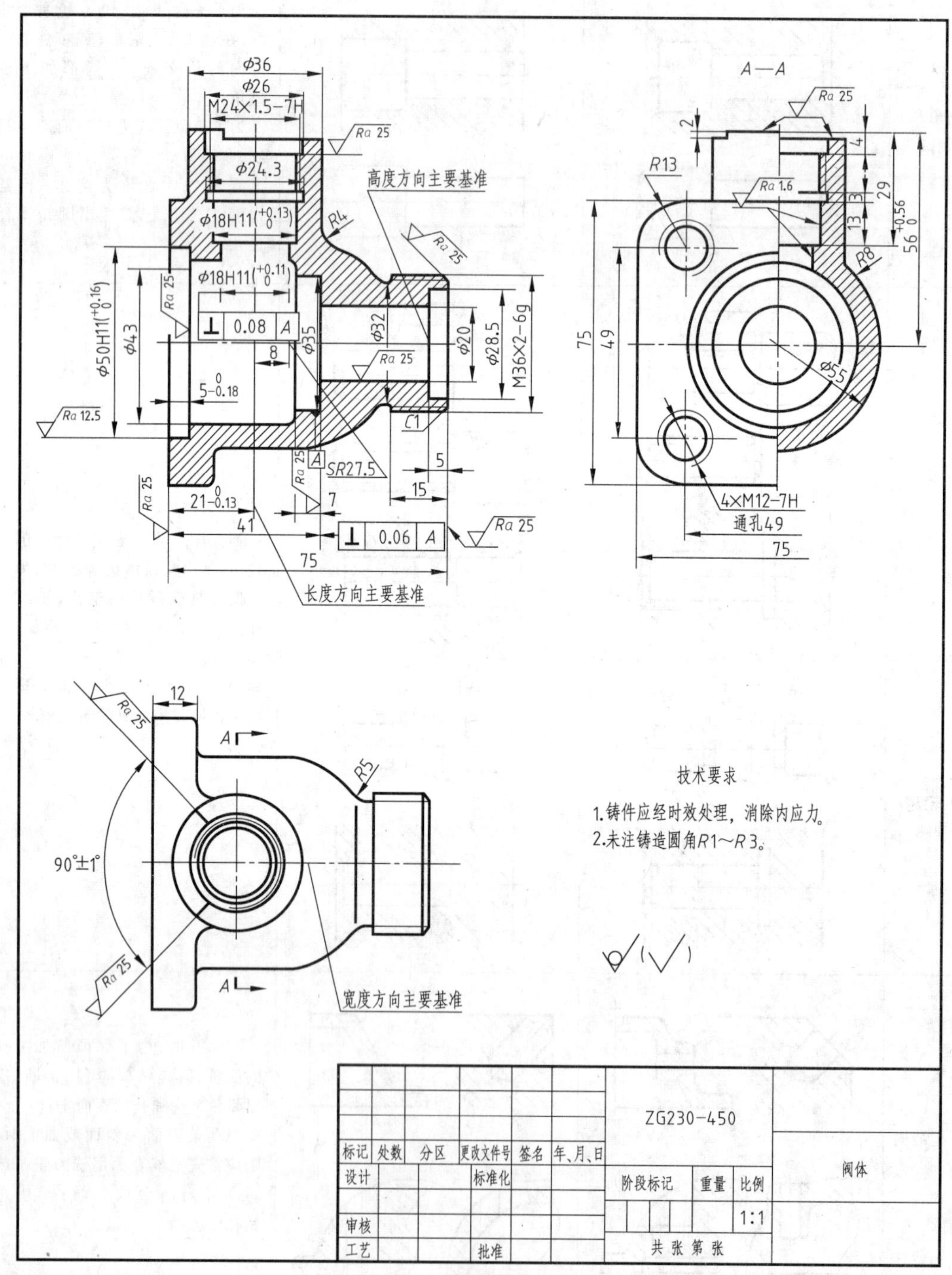

图7-61 阀体零件图

任务分析

对照图 7-59 球阀的轴测装配图可以看出，阀体是球阀中主要零件之一，外形复杂。由图 7-61 可以看出，该阀体是一个具有三通管式空腔的零件。水平方向空腔容纳阀芯和密封圈；阀体右侧有外管螺纹与管道相通，形成流体通道；阀体左侧有圆柱形槽与阀盖右侧圆柱形凸缘相配合。竖直方向的空腔容纳阀杆、填料和填料压紧套等零件，孔与阀杆下部凸缘相配合，阀杆的凸缘在这个孔内转动。

相关知识

箱体类零件包括各种箱体、壳体、阀体、泵体等，这类零件多为铸件。一般可起支承、容纳、定位和密封等作用。图 7-61 所示为阀体的零件图，这类零件有如下特点：

（1）结构特点　箱体类零件主要起包容、支承其他零件的作用，常有内腔、轴承孔、凸台、肋、安装板、光孔、螺纹孔等结构。

（2）加工方法　毛坯一般为铸件或焊接件，然后进行各种机械加工。

（3）主视图选择　箱体类零件多数经过较多工序制造而成，各工序的加工位置不尽相同，因而主视图主要按形状特征和工作位置确定。

（4）视图表达方法　箱体类零件一般都较复杂，常需用三个以上的基本视图表达，对内部结构形状一般都采用剖视图表达。

如果外部结构形状简单，内部结构形状复杂，且具有对称平面时，可采用半剖视图；如果外部结构形状复杂，内部结构形状简单，且具有对称平面时，可采用局部剖视或用虚线表达；如果外、内部结构形状都较复杂，且投影并不重叠时，也可采用局部剖视；重叠时，外部结构形状和内部结构形状应分别表达；对局部的外、内部结构形状可采用局部视图、局部剖视和断面图来表达；定形尺寸仍用形体分析法标注。

（5）技术要求

1）重要的箱体孔和重要的表面，其表面粗糙度参数值较小。

2）重要的箱体孔和重要的表面应该有尺寸公差和几何公差的要求。

任务实施

识读如图 7-61 所示阀体零件图，方法和步骤如下。

（1）看标题栏　如图 7-61 所示，从标题栏中可以看出零件名称为阀体，材料为铸钢 ZG230-450，比例为 1∶1，属箱体类零件。

（2）分析图形　箱体类零件加工位置多变，应从工作位置和反映形状特征来考虑摆放位置。

本图采用三个基本视图，主视图用全剖视图，表达零件的空腔结构；左视图采用半剖视图，既表达零件的空腔结构形状，也表达零件的外部结构形状。

通过本步骤的分析，应初步想象阀体的结构形状。

（3）分析尺寸　由图 7-61 可以看出，阀体的尺寸基准，长度方向为阀体铅垂孔轴线，由此注出“ϕ36”、“ϕ26”、“ϕ24.3”、$\phi 18H11\left(^{+0.11}_{0}\right)$、“M24 × 1.5-7H” 等。宽度方向的尺寸基准为阀体前后对称面，由此在左视图上注出了阀体的圆柱体外形尺寸“ϕ55”，左端面方形凸缘外形尺寸“75 × 75”，以及四个螺孔的宽度方向定位尺寸“49”，在俯视图上注出前后对称的扇形限位块的角度尺寸“90°±1°”、高度方向的尺寸基准为阀体水平孔轴线，由此注出水平方向孔的直径尺寸“$\phi50H11(^{+0.16}_{0})$”，“$\phi43$”，“$\phi35$”，“$\phi32$”，“$\phi20$”，“$\phi28.5$”以及右端外螺纹“M36×2-6g”等，同时注出左视图上的水平轴到顶端的高度尺寸“$56^{+0.56}_{0}$”。

图 7-61 所示的 $\phi36$mm、$\phi43$mm、$\phi26$mm、$R4$mm、$R8$mm、$R13$mm 等为定形尺寸。定位尺寸有 49mm、29mm 等。总体尺寸：总长为 75mm，总宽为 75mm。

（4）看技术要求

1）极限与配合：$\phi50H11(^{+0.16}_{0})$、$\phi22H11(^{+0.13}_{0})$、$\phi18H11(^{+0.11}_{0})$ 直径有尺寸公差要求，分别与球阀中阀体和填料压紧套有配合关系。

2）几何公差：空腔右端面相对 $\phi35$mm 轴线的垂直度公差为 0.06mm，$\phi18$mm 圆柱孔轴线相对 $\phi35$mm 圆柱孔轴线的垂直度公差为 0.08mm。

3）表面粗糙度值：要求最严的部位是标注了尺寸偏差的结构，表面粗糙度值一般为 $Ra6.3\mu m$，要求稍宽松些的是阀体左端和空腔右端的阶梯孔 $\phi50H11(^{+0.16}_{0})$、$\phi35$mm，表面粗糙度值为 $Ra12.5\mu m$，还有一些不太重要的表面粗糙度要求为 $Ra25\mu m$，其余为不允许去除材料。

4）其他文字技术要求：铸件应经时效处理，消除内应力。未注铸造圆角为 $R1\sim R3$mm。

通过上述四步骤的分析，可全面想象阀体的结构形状和特点。

知识拓展

图 7-62 所示为蜗杆减速箱的零件图，请结合箱体类零件的读图方法读懂该零件图。

（1）看标题栏　零件名称为蜗杆减速箱，材料为 HT150，比例为 1:2，属箱体类零件。

（2）视图分析

1）结构分析：由图 7-62 可以看出，该箱体主要由圆形壳体、圆筒体和底板组成。圆形壳体和圆筒体的轴线相互垂直交叉而形成的空腔，用来容纳蜗轮和蜗杆。为了支承并保证蜗轮蜗杆平稳啮合，圆形壳体的后面和圆筒体的左、右两侧配有相应的轴孔。底座为一长方形板块，主要用于支承和安装减速箱体。底座下方有长方形凹槽，以保证安装基面平稳接触。

2）表达方案：本图由两个基本视图和三个局部视图组成。主视图为半剖视图、左视图为全剖视图。

（3）尺寸分析　高度方向——底面，长度方向——左右对称面的中心线 D，宽度方向——蜗杆轴线的中心平面 E。

定形尺寸：330mm、200mm、308mm、$\phi230$mm 等；定位尺寸：160mm、260mm、$\phi110$mm、105mm、160mm、$\phi210$mm、80mm、125mm 等；总体尺寸：总长 330mm，总宽 200mm，总高 308mm。

（4）看技术要求

1）极限与配合：各轴孔的定形定位尺寸均有极限偏差。

2）表面粗糙度值：两处 $Ra3.2\mu m$，一处 $Ra6.25\mu m$，四处 $Ra12.5\mu m$，两处 $Ra25\mu m$，其余为不允许去除材料。

3）其他技术要求：未注铸造圆角为 $R10$mm，未注倒角为 $C2$mm。

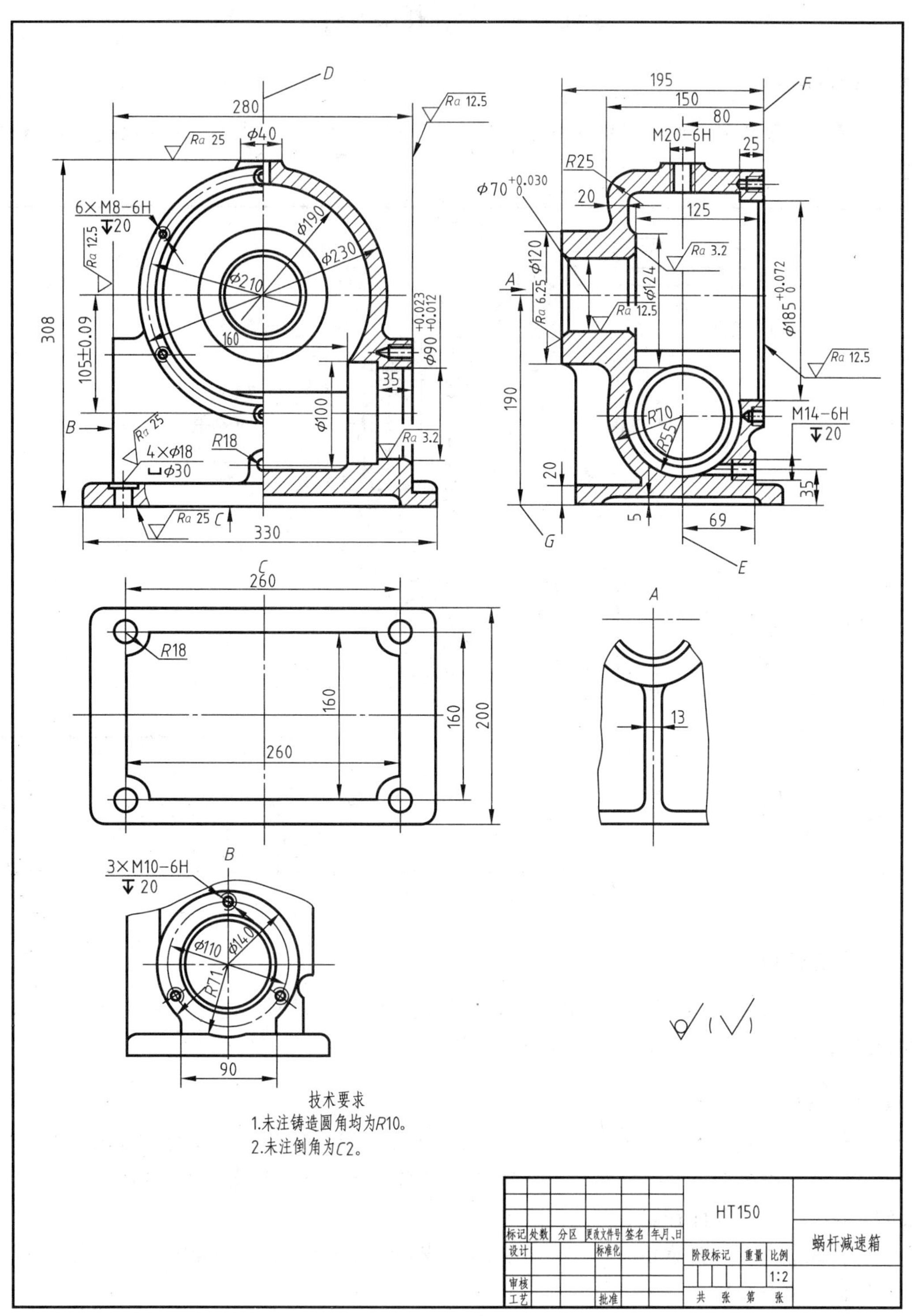

图 7-62 蜗杆减速箱零件图

子任务4　识读托架零件图

任务描述

能通过识读托架零件图（图7-63），明确叉架类零件结构、形状、大小及技术要求的表达要点。

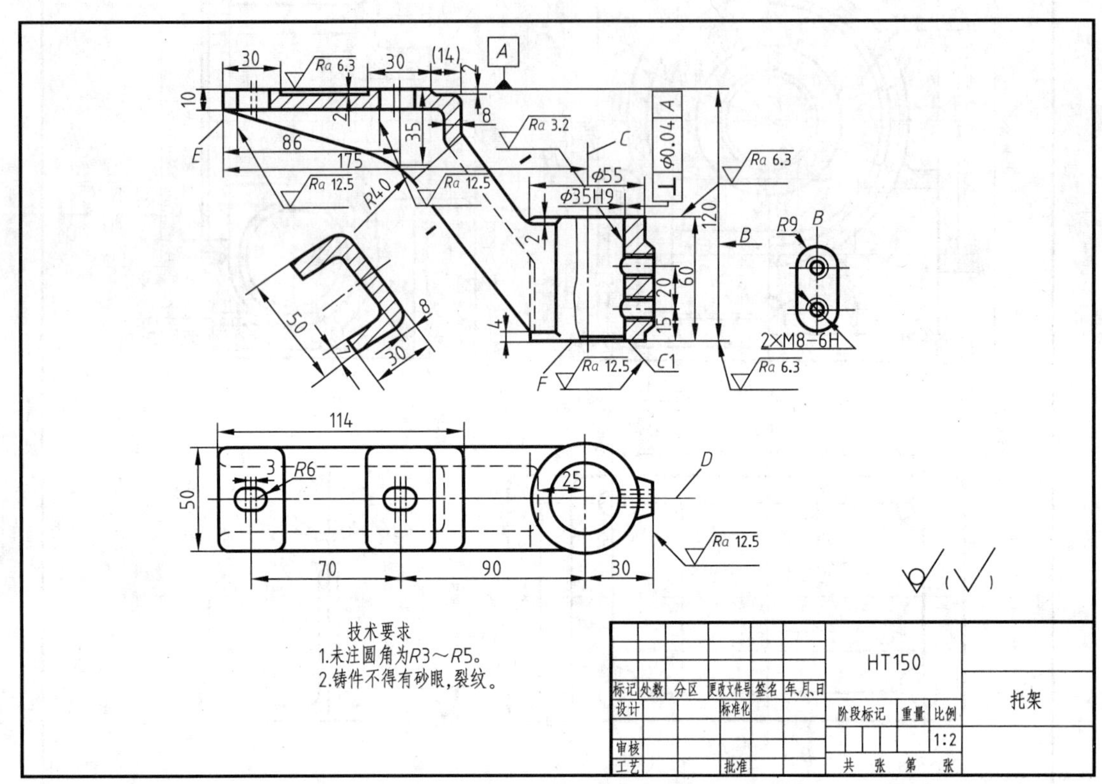

图7-63　托架零件图

任务分析

由图7-63托架零件图可以看出，托架形状复杂而且不规则，起支承和连接作用，由三部分组成，即工作部分、安装部分和连接部分。

相关知识

叉架类零件包括各种用途的拨叉、支架、连杆、支座等。拨叉主要用在机床、内燃机等各种机器的操纵机构上操纵机器、调节速度；支架主要起支承和连接的作用。图7-63为托架的零件图，这类零件有如下特点：

（1）结构特点　通常由工作部分、支承（或安装部分）、连接部分组成，上有光孔、螺纹、肋板、槽等结构。

（2）加工方法　叉架类零件一般都是铸件或锻件毛坯，毛坯形状较为复杂，需经不同的机械加工，而加工位置难以分出主次。

（3）主视图选择　在选择主视图时，主要按形状特征和工作位置（或自然位置）确定。

（4）视图表达方案　叉架类零件的结构形状较为复杂，一般都需要两个以上的视图来表示。由于它的某些结构形状不平行于基本投影面，所以常常采用斜视图或斜剖视图和断面图来表示。对零件上的一些内部结构可采用局部剖视图，对某些较小的结构，也可采用局部放大图。

1）它们的长度方向、宽度方向、高度方向的主要基准一般为孔的中心线、轴线、对称平面和较大的加工平面。

2）定位尺寸较多，要注意能否保证定位的精度。一般要标注出孔中心线（或轴线）间的距离，或孔中心线（轴线）到平面的距离，或平面到平面的距离。

3）定形尺寸一般都采用形体分析法标注尺寸，以便于制作木模。一般情况下，内、外结构形状要注意保持一致。起模斜度、铸造圆角也要标注出来。

（5）技术要求　表面粗糙度、尺寸公差、几何公差一般没有特殊要求。

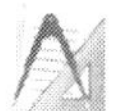

任务实施

（1）看标题栏　如图7-63所示，从标题栏中可以看出零件名称为托架，材料为灰铸铁HT150，比例为1:2。属叉架类零件。

（2）分析图形　由于叉架类零件形状不规则，很少像前三类零件那样有回转轴线，因而加工时位置多变，大多为铸锻后进行机加工（铣削、刨削、钻削），所以不能按加工位置摆放，只能从零件的形状特征和工作位置（即装配后在机器中的位置）来考虑摆放位置。

由图7-63可以看出，托架是一个形状不规则的零件。结构分为上、中、下三部分。上方为长方形托板，中间开有深为2mm的凹槽，两边各有一个$R6$mm的长腰形孔，下方为$\phi55$mm圆筒，右下侧有$R9$mm的长腰凸台，并有两个螺孔，中间为U形肋板。

本图由主视图、俯视图两个基本视图，一个局部视图、一个移出断面图组成。主视图采用两处局部剖视图。

通过本步骤的分析，应初步想象托架的结构形状。

（3）分析尺寸　由图7-63可以看出，托架的尺寸基准，长度方向的尺寸基准为圆筒轴线C，由此注出“175”、“$\phi35$H9”等。宽度方向的尺寸基准为前后对称面的中心线D，由此注出“50”等。高度方向的尺寸基准为托板上平面A，由此注出“10”、“2”、“120”等。

图7-63所示的$R40$mm、$R9$mm、10mm、50mm等为定形尺寸。定位尺寸有30mm、90mm、25mm、86mm、175mm、2mm、35mm、15mm等。托架的总体尺寸为：总长205mm，总宽50mm，总高120mm。

（4）看技术要求

1）极限与配合：$\phi35$H9有尺寸公差要求。

2）几何公差：托架上端面相对$\phi35$H9基准轴线的垂直度公差为0.04mm。

3）表面粗糙度值：要求最严的部位是$\phi35$H9内孔，因为该孔在机构中要在轴上运动，所以精要求较高，表面粗糙度值为$Ra6.3\mu m$，其他较宽松的要求为$Ra12.5\mu m$。其余为不允许去除材料。

4）其他文字技术要求：未注圆角为$R3\sim R5$，铸件不得有砂眼，裂纹。

通过上述四步骤的分析，可全面想象托架的结构形状和特点。

问题与防治

作为一个技术工人，必须正确掌握识读零件图的方法，了解零件的结构形状和技术要求，以便更好地完成生产任务。零件图表达了零件的结构形状、尺寸及其精度要求等内容，它们之间是相互关联的。读图时应将视图、尺寸和技术要求综合考虑，才能对所读零件图形成完整的认识。学习过程中要根据零件图所表达的内容，结合本节介绍的识读零件图的基本步骤进行分析，从而真正达到熟练掌握，触类旁通的效果。

项目8 装 配 图

8

知识目标： 能掌握装配图的内容和表达方法，了解装配体的装配关系及工作原理。
技能目标： 能看懂装配图，准确测量装配体各零件的结构尺寸，画出零件草图，绘制出装配图，同时，又能根据装配图拆画出零件图。

任务1 识读装配图

装配图是表达机器或部件的图样。一台机器（或部件）是由若干零件按一定的相互位置、连接方式和配合性质等组合而成的装配体，因此，装配图也叫装配体的图样。

任务描述

前面介绍的识读零件图只是解决了零件加工所需，在机械制造业中，对于机械设计、安装调试、设备维护和技术革新，是离不开识读装配图的。图 8-1 所示为滑动轴承轴测图，图 8-2 所示为滑动轴承装配图，你能读懂吗？

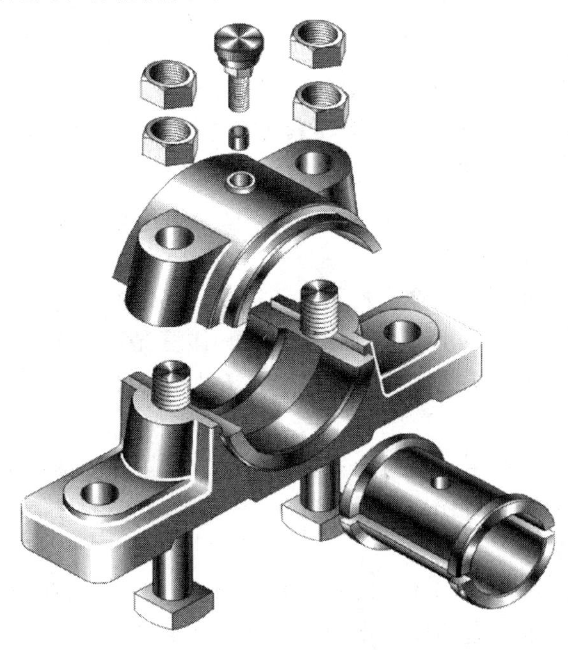

图 8-1 滑动轴承轴测图

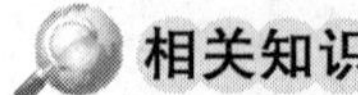

任务分析

识读装配图，就是要看懂装配图。必须了解装配图有哪些基本内容，重点掌握装配图与零件图的内容有哪些相同点和不同点；其次要熟悉识读装配图的方法步骤，以上是本课题的主要任务。

下面就图 8-2 滑动轴承装配图来介绍装配图有哪些基本内容，以及读图的方法和步骤。

相关知识

1. 装配图的基本内容

（1）一组图形　装配体图形的表达方法与零件图的表达方法基本一样，运用各种视图或剖视图，表达机器或部件的组合情况，各零件之间的相互位置和连接形式。

（2）技术要求和标题栏　技术要求是用文字说明或标注符号，指明机器（或部件）在装配、调试、安装和使用过程中，需要注意的问题和需要控制的指标。一般标注在明细栏上方空白处。

标题栏是填写机器（或部件）的名称、图号、比例，以及图样责任人签字等内容的。规定设在最右下角。

（3）必要的尺寸　装配图上的尺寸标注与零件图不一样，只需标注表明机器（或部件）的规格、性能、装配关系和包装、运输所需要的总体尺寸等。归纳起来只需标注以下五个方面的尺寸。

1）规格、性能尺寸。表示该产品规格和性能的尺寸，它是设计产品、选用机器的依据。如图 8-2 所示滑动轴承的轴衬孔径 ϕ50H8，它表明只能用于支承直径为 ϕ50mm 的轴。

2）配合性质尺寸。表示机器或部件中各零件间的装配关系的尺寸，它包括配合尺寸和主要零件间相对位置尺寸。如图 8-2 所示滑动轴承的 ϕ60H8/k7，表明配合为过渡配合；还有 65H9/f9，表明配合为间隙配合。

3）安装尺寸。表示部件安装在机器上，或机器安装在基础上，需要明确安装位置的尺寸。如图 8-2 所示滑动轴承中的 180、2 × ϕ17 表明安装时，用了两个直径为 ϕ17mm 的螺栓，两螺栓之间的距离为 180mm。还有 85，表明紧固螺栓之间的距离为 85mm。

4）外形尺寸。表示机器或部件的总长、总高、总宽的尺寸。它反映装配体的外形大小，为包装、运输和安装时考虑其所需要占用空间的尺寸。图 8-2 所示滑动轴承的总长为 240mm、总宽为 80mm、总高为 160mm。

（4）其他重要尺寸　根据装配体结构特点和需要，必须标注的其他尺寸。

上述各类尺寸并不是每张图上都必须标注，要具体情况具体分析，有时一个尺寸有几个作用，如图 8-2 所示的 180，既是相对位置尺寸，又是安装尺寸。

（5）零件序号和明细栏　为了便于看图、管理图样和组织生产，在装配图中给每种零件进行的编号，称之为零件序号。将每个零件序号依次填写在明细栏中，注明其代号、名称规格、数量和材料等，这在零件图中是没有的。

零件序号的编排方法：

1）装配图中，一般一种零件只编排一个序号，在明细栏中注明数量。一组标准件采用公共指引线，且将序号连在一起编排，如图 8-3 所示的 4、5、6 号。

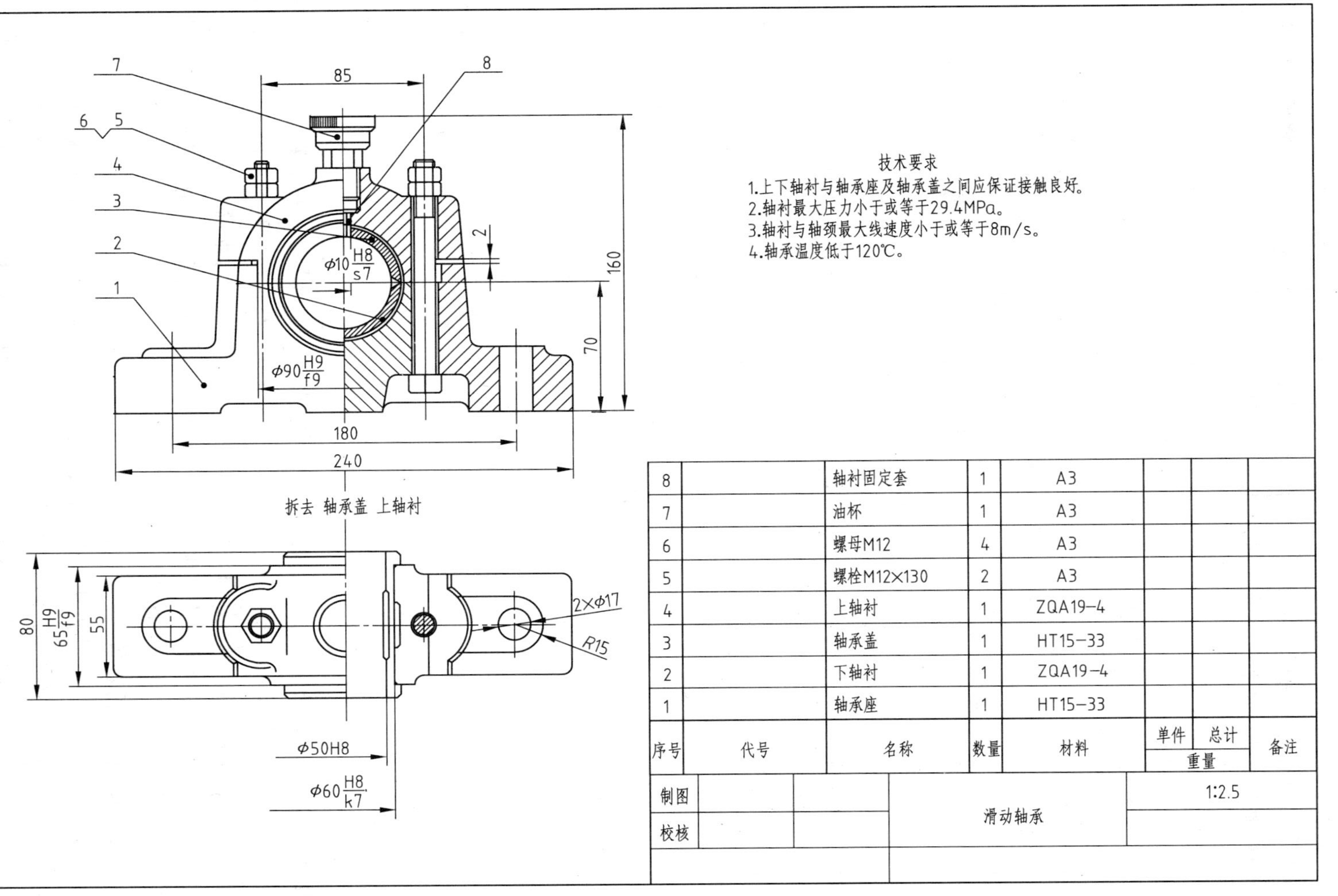
7
6 5
4
3
2
1
8
85
160
2
70
φ10 H8/s7
φ90 H9/f9
180
240
技术要求
1.上下轴衬与轴承座及轴承盖之间应保证接触良好。
2.轴衬最大压力小于或等于29.4MPa。
3.轴衬与轴颈最大线速度小于或等于8m/s。
4.轴承温度低于120℃。
拆去 轴承盖 上轴衬
80
65 H9/f9
55
2×φ17
R15
φ50H8
φ60 H8/k7
8 轴衬固定套 1 A3
7 油杯 1 A3
6 螺母M12 4 A3
5 螺栓M12×130 2 A3
4 上轴衬 1 ZQA19-4
3 轴承盖 1 HT15-33
2 下轴衬 1 ZQA19-4
1 轴承座 1 HT15-33
序号 代号 名称 数量 材料 单件 总计 重量 备注
制图
校核
滑动轴承
1:2.5

图 8-2 滑动轴承装配图

2）序号标注在视图周围，可按顺时针或逆时针方向排列，且在水平方向或垂直方向排列整齐，如图 8-3 所示。

3）序号与所指零件间用细实线连接，在指引端用箭头（或圆点）指在零件轮廓线内；在序号端用细实线画一水平线（或圆圈），以填写序号。

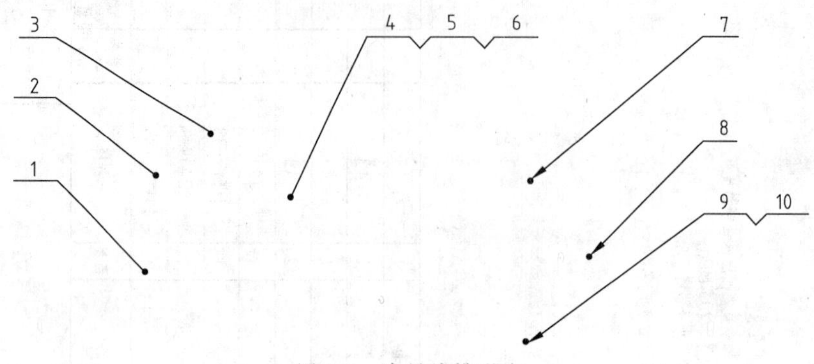

图 8-3　序号编排形式

4）零件序号指引线一般为直线，尽可能不与其他线条交叉、不与剖面线平行，特殊情况可以曲折一次。如图 8-4 所示序号 4 的指引线曲折一次。

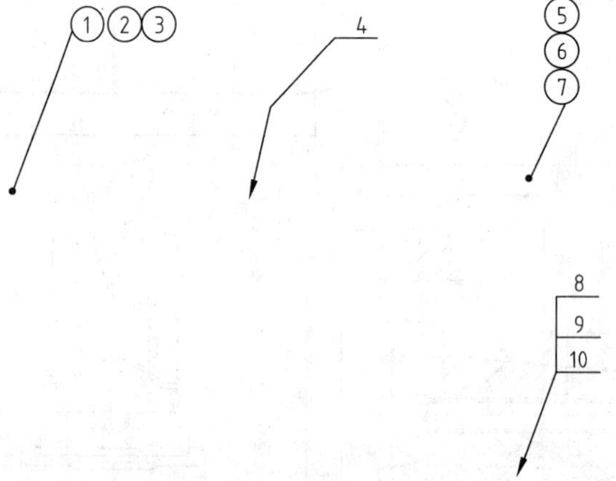

图 8-4　序号编排的其他形式

明细栏是按照国家标准规定的格式绘制的，它包括序号、代号、名称、数量、材料、重量和备注等项目，通常画在图纸的右下角，标题栏的上方，与标题栏对正。其序号自下而上依次填写，以防遗漏。当位置不够时，可在标题栏的左边接着序号继续往后排列。

若是标准件，应将其规格视为名称，接着名称的后面填写规格，如图 8-2 所示滑动轴承的螺栓 5 和螺母 6，在名称后注明其规格，M12、M12×130。

2. 识读装配图的方法步骤

1）概括了解，理清其表达方法。先看标题栏，了解装配体的名称、比例；再按图中的序号看明细栏，了解各零件的名称、数量等。

2）分析基本尺寸，确定零件结构形状。在概括了解的基础上，对装配体的各个零件，根据所标的尺寸大小和装配关系进行认真分析，确定出每个零件的结构形状。

3）总结归纳，获得完整概念。通过分析总结，对装配体形成一个总体认识。从中弄清装配体的工作原理。

任务实施

根据识读装配图的方法和步骤全面解读图 8-2 滑动轴承装配图。

1. 概括了解

从标题栏中看出，该装配体的名称是滑动轴承，比例为 1:2.5 。

从明细栏中可看出，该装配体除标准件螺栓、螺母和油杯外，主要还有轴承座 1、下轴衬 2、轴承盖 3、上轴衬 4 等 8 个零件组成。

该装配图只有主视图、俯视图两个基本视图。主视图采用了半剖视图，俯视图采用了拆去画法。

技术要求有 4 项指标。

2. 尺寸分析

表示该产品规格和性能的尺寸有：轴衬孔径 ϕ50H8，它是基孔制的孔，表明只能用于支承直径为 ϕ50mm 的轴。

表示该产品各零件间装配关系的尺寸有：ϕ60H8/k7，它表明轴承座、轴承盖的孔与上轴衬、下轴衬外径为 ϕ60mm，它们之间的配合性质为过渡配合；还有 65H9/f9，它表明轴承座、轴承盖两端，孔的长度为 65mm，与上、下轴衬两端的配合性质为间隙配合。

表示在安装该产品时的尺寸有：180、2 × ϕ17，它表明安装轴承座时，要用两个 M16 的螺栓、两螺栓之间的安装距离为 180mm。还有 85，它表明轴承座与轴承盖的紧固螺栓 M12 之间的距离为 85mm。

表示该产品的总体尺寸有：240mm、80mm、160mm。它反映滑动轴承的总长、总高、总宽，为包装、运输和安装时所需占用的空间提供了依据。

3. 总结归纳

该滑动轴承是由轴承座、盖，在两个 M12 的螺栓的作用下紧固着上、下轴衬。其主要作用是支承传动轴。当传动轴在轴衬孔中高速转动时，为了减少摩擦阻力，降低磨损，从顶端的油杯注入的润滑油渗入到传动轴与轴衬之间，使其达到传动轴光滑、平稳转动的目的。

本课题只讲述了装配图有哪些最基本内容及其含义，还介绍了识读装配图的方法步骤，对于每个零件的轮廓形状是如何表达的，将在课题二拆画装配图，专门作详细的介绍。

问题与防治

装配图与零件图的技术要求有所不同。零件图主要针对零件的结构工艺和表面质量提出要求，而装配图主要是针对设备的安装、调试、维护过程提出一些要求，二者不可混为一谈。

任务 2　拆画装配图

任务描述

拆画装配图就是在看懂装配图的基础上，假想地把每个零件拆出来，画出零件工作图的过程。它既是机械专业技术人员必须具备的能力，也是对是否真正看懂装配图的一种检验。

本课题的任务是拆画图 8-5 所示机用虎钳装配图。

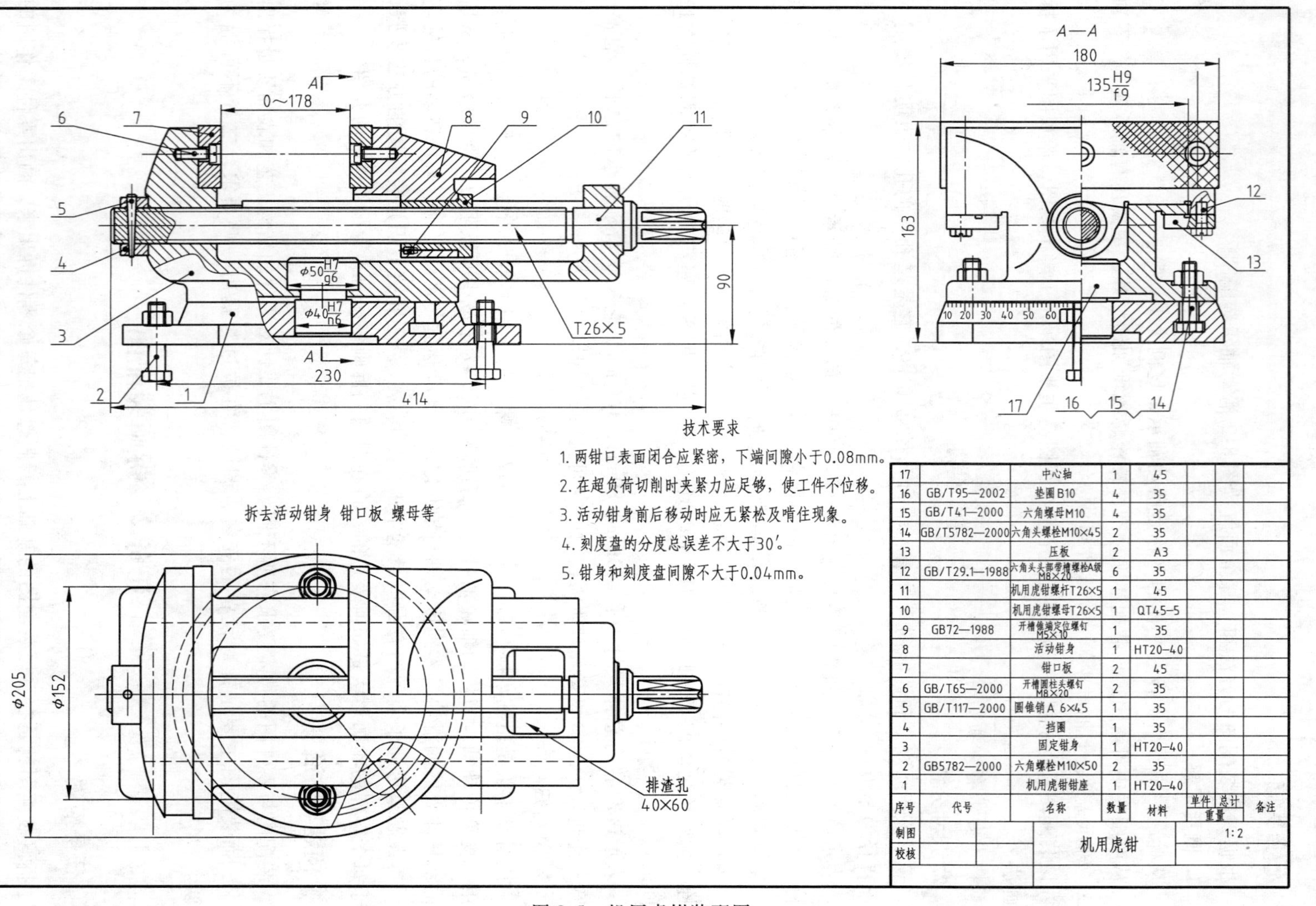

17		中心轴	1	45			
16	GB/T95—2002	垫圈B10	4	35			
15	GB/T41—2000	六角螺母M10	4	35			
14	GB/T5782—2000	六角头螺栓M10×45	2	35			
13		压板	2	A3			
12	GB/T29.1—1988	六角头头部带槽螺栓A级 M8×20	6	35			
11		机用虎钳螺杆T26×5	1	45			
10		机用虎钳螺母T26×5	1	QT45—5			
9	GB72—1988	开槽锥端定位螺钉 M5×10	1	35			
8		活动钳身	1	HT20—40			
7		钳口板	2	45			
6	GB/T65—2000	开槽圆柱头螺钉 M8×20	2	35			
5	GB/T117—2000	圆锥销A 6×45	1	35			
4		挡圈	1	35			
3		固定钳身	1	HT20—40			
2	GB5782—2000	六角螺栓M10×50	2	35			
1		机用虎钳钳座	1	HT20—40			
序号	代号	名称	数量	材料	单件 重量	总计 重量	备注
制图		机用虎钳			1:2		
校核							

图 8-5 机用虎钳装配图

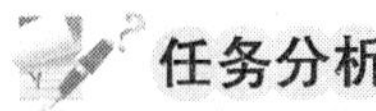

任务分析

前面在介绍识读装配图时，只提到有一组图形，其表达方法与零件图的表达方法基本相同。现在要拆画出装配体的每个零件的结构形状，关键要掌握装配图有哪些规定画法和特殊表达方法，才能准确拆画出零件的结构形状和尺寸大小来，分析出装配体的工作原理和使用性能。这对机械维修、技术交流和改造，有着极其重要的作用。下面介绍装配图图形的表达方法，绘制出机用虎钳的各零件工作图。

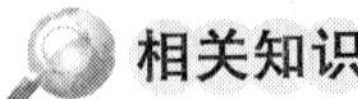

相关知识

装配图的表达方法，也是运用各种基本视图、剖视图和其他表达方法来反映装配体的组合形式的，它分为规定画法和特殊表达方法两种。

1. 装配图的规定画法

1）相邻两零件的接触面和配合面间只画一条线。当相邻两零件的基本尺寸不同时，即使间隙很小，也必须画成两条线。

如图 8-2 所示，轴承座和轴承盖的配合面只用一条线表示，图 8-6 所示的配合面或非配合面分别用一条线或两条线表示。

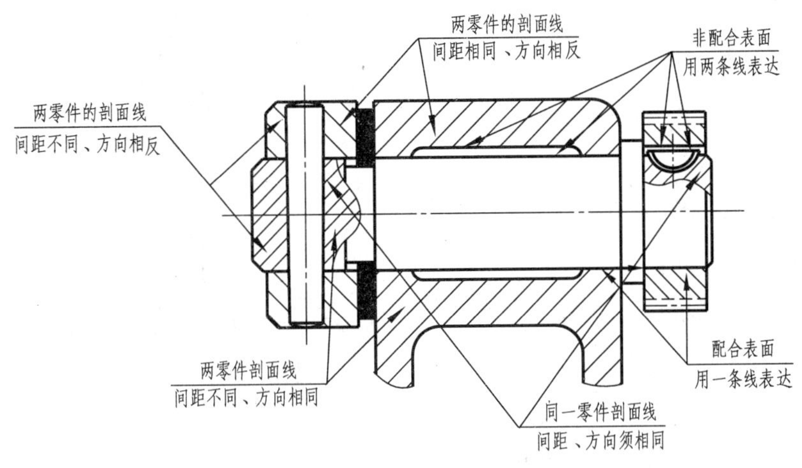

图 8-6 配合非配合表面及剖面线的画法

2）在装配图中，同一零件的剖面线，其方向和间距应保持一致。相邻两零件的剖面线应有明显区别，或方向相反，或间距不等。

图 8-2 所示的轴承座和轴承盖的剖面线间距相同，而方向相反；图 8-6 所示的轴和齿轮、支座和挡套、轴和挡套等，其剖面线的方向相反，其间距有所不同。

3）在装配图中，对于紧固件以及轴、键、销等实心零件，当剖切平面通过轴线时，按未剖绘制。

图 8-6 所示的轴、键、销等按未剖切绘制，如需进一步表达轴与键、轴与销之间的装配关系，再用局部剖进一步表示。当剖切平面垂直轴线时，按剖开绘制。如图 8-2 所示俯视图的螺栓，按剖开绘制。

2. 装配图的特殊表达方法

(1) 拆卸画法　在装配图中，某些零件遮住了所需表达的其他部分时，可以假想沿某些零件的结合面剖切，被横向剖切的实心轴、销、键以及螺栓杆等须在横截面上画上剖面线，而结合处不画剖面线，但须注明“拆去××”。

如图 8-2 所示的俯视图的右半部分，就是将轴承盖、上轴衬拆去后画出的，拆去的剖切表面不画剖面线，在视图上方标注“拆去轴承盖、上轴衬”，由于横向切断了螺栓，在螺栓直径部分应画上剖面线。

(2) 假想画法　在装配图中，当需表达某些零件的运动范围和极限位置时，可用双点画线画出该零件的极限位置图。

如图 8-7 所示，当三星齿轮板在位置Ⅰ时，齿轮 2 、3 均不与齿轮 4 啮合；当三星齿轮板在位置Ⅱ时，传动路线为齿轮 1 经齿轮 2 传到齿轮 4；当三星齿轮板处于位置Ⅲ时，传动路线为齿轮 1 经齿轮 2 、齿轮 3，传到齿轮 4；这样，改变齿轮板的位置，就能使齿轮 4 得到两种不同的转向。极限位置Ⅱ和Ⅲ，都是采用双点画线假想画出的。

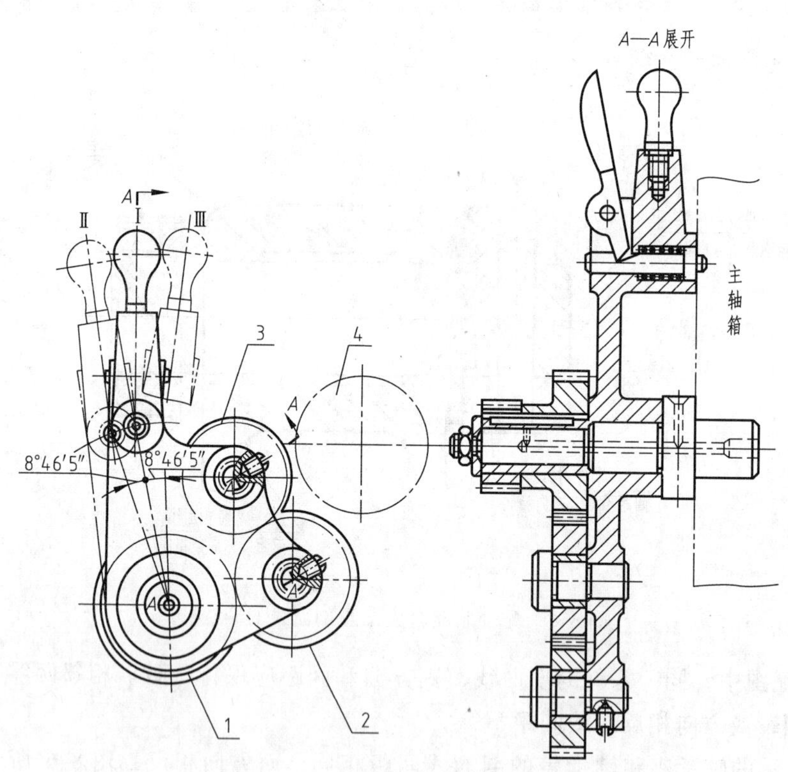

图 8-7　三星齿轮传动机构展开图

当需要表达本部件与相邻部件的装配关系时，也用双点画线假想画出相邻部件的轮廓线。如图 8-7 所示，*A*—*A* 展开图上的主轴箱，就是用假想画法绘制的。

(3) 展开画法　为展示传动机构的传动路线和装配关系，可假想按传动顺序沿轴线切开，然后依次将弯折的剖切面三星齿轮传动机构 *A*—*A* 展开图伸直，展开到与选定投影面平行的位置，再画其剖视图，这种画法称之为展开画法，如图 8-7 所示。

(4) 简化画法 当装配图中有若干相同的零件、部件组，可仅详细地画出一组，其余用细点画线表示其位置即可，如图 8-8a 所示。在装配图中，当某些零件的圆角、倒角、凹坑、凸台、退刀槽以及其他细小的工艺结构，可以省略不画，如图 8-8b 所示。

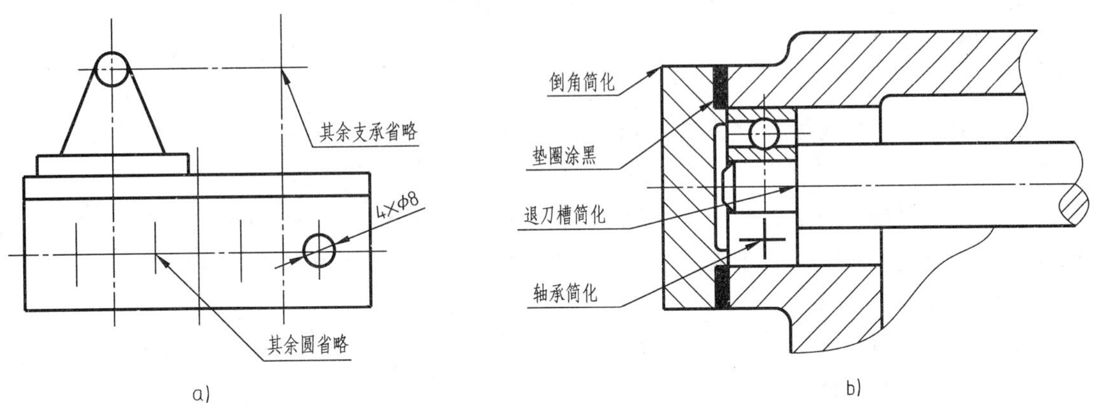

图 8-8 简化画法

在装配图中，当剖切平面通过某些为标准产品，或已被其他图形表示清楚时，可以按不剖绘制。如图 8-8b 所示的滚动轴承，上半部分按剖开绘制，下半部分按不剖绘制。

在装配图中，滚动轴承允许采用图 8-8b 的画法绘制，即对称的一侧按规定画出，另一侧按简化画法绘制。

(5) 夸大画法 在装配图中，当图形上圆的直径，或薄片的厚度较小，以及锥度、斜度较小时允许将该部分不按比例画出，而有意放大画出。如图 8-7b 所示的垫片，采用的方法是完全涂黑的夸大画法。

任务实施

在掌握装配图的表达方法后，看懂图 8-5 机用虎钳装配图，完成各零件的零件工作图。

1. 看懂装配图

从明细栏中可看出该装配体除标准件螺栓、螺钉、锥销外，主要由机用虎钳钳座 1、固定钳身 3、活动钳身 8、螺母 10、螺杆 11、压板 13 和中心轴 17 等 9 个零件组成。

整张图样只用了主、俯、左三个视图，分别采用了三个局部剖视图和 1 个假想画法。

主视图采用的是全剖视图。为了表明螺杆与锥销的装配关系，用了一个局部剖视图。俯视图采用的是基本视图，活动钳身只画了一半。为了表明钳身与钳座旋转轨迹，用双点画线（假想画法）表明运动轨迹。左视图采用 *A—A* 半剖视图，为表明压板与螺栓的联接关系，又采用了一个局部剖。

机用虎钳的安装，是先将螺母装入活动钳身，并将紧定螺钉 9 拧入形成一个部件。然后将螺杆从钳身右侧孔插入，拧入螺母，拧至一定长度后，推动螺杆插入钳身左侧孔。两个钳口板分别用 3 个螺钉与钳身和活动钳身连接在一起的，这时继续转动螺杆，使两个钳口板之间的距离为 178mm 时，套入挡圈，装入锥销，使螺杆不能再作轴向移动，完成机用虎钳安装全过程。

机用虎钳钳座的固定是用间距为 230mm 的两个螺栓固定在机用虎钳钳座上；钳身与钳

座通过中心轴 17 连接，ϕ40H7/n6 是过渡配合，ϕ50H7/g6 是间隙配合，钳身可以沿中心轴转动，当安放角度位置确定后，拧紧螺栓 14，相互就紧固了。

机用虎钳螺杆 T26×5，表明是梯形螺纹，直径为 26mm，齿间距为 5mm 的配合面尺寸为 135H9/f9，表明活动钳身与钳身之间的配合是间隙配合。

机用虎钳工作中产生的铁屑，暂存在钳身槽中，清理时，通过钳身槽右端 40mm×60mm 的长方孔排出。

活动钳身与钳身的接触面是作表面滑动的，为减少两表面的摩擦阻力，降低磨损，表面粗糙度要求较高。

通过分析总结，机用虎钳工作原理是，转动螺杆，凭螺纹推力推动螺母左右运动，螺母带动活动钳身左右运动，起到夹紧和松开零件的作用，最大夹持厚度为 178mm。

2. 拆画零件工作图

看懂了装配图，认识了各个零件的基本结构形状、尺寸大小，明确了各零件所处的位置和作用，就可以开始绘制零件工作图了，绘制结果如图 8-9 ~ 图 8-15 所示。

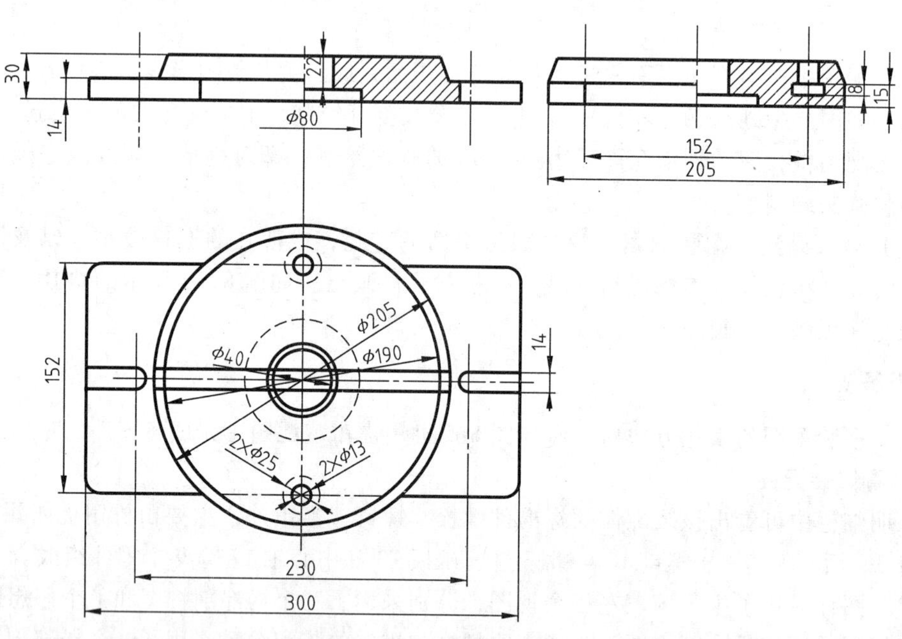

图 8-9　机用虎钳钳座

以上拆画了机用虎钳大部分零件工作图，除标准件外，还有活动钳身 8 和压板 13 未画出，留给同学们亲自动手，独立完成。

问题与防治

在拆画零件工作图时，一般几何公差在图上已经标注，对于零件的工艺结构、表面粗糙度等的确定，需要有一定的实践经验和机械设计基础知识，必要时可请教老师作指导，万万不可自以为是。这是每个机械工程技术人员必须注意的方面，且应该具备相应能力和素质。

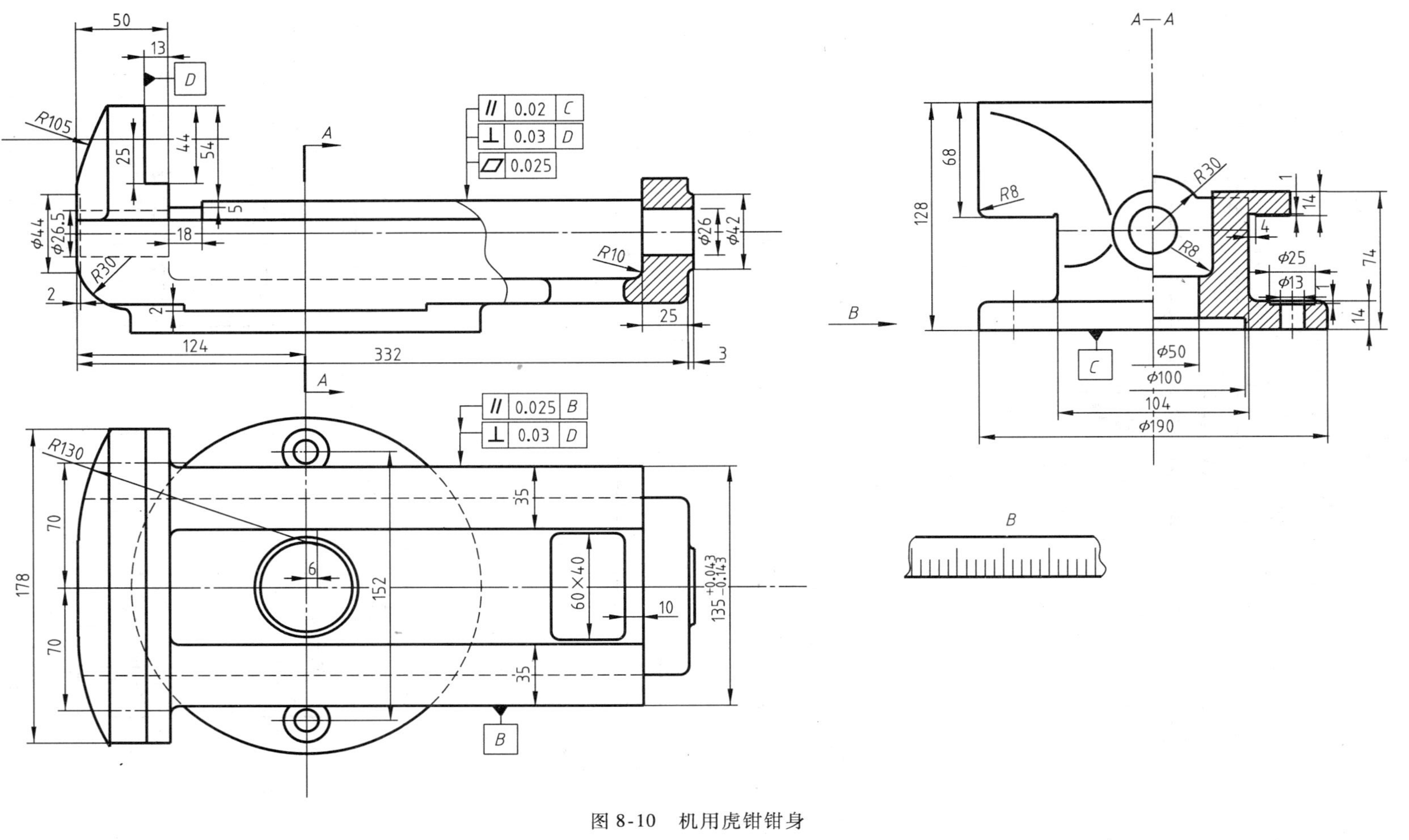
A—A
A
B
C
D
0.02
0.03
0.025
0.025
0.03
50
13
44
54
25
5
18
R105
R30
R10
R8
R130
φ44
φ26.5
φ26
φ42
φ25
φ13
φ50
φ100
φ190
124
332
128
68
74
104
178
152
60×40
135 +0.043 -0.143

图 8-10 机用虎钳钳身

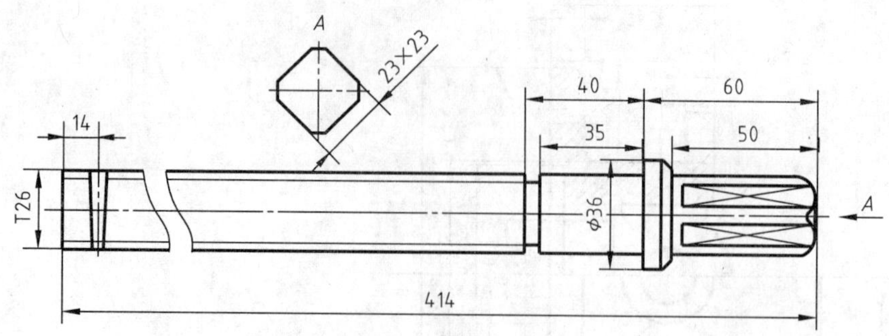

图 8-11　机用虎钳轴

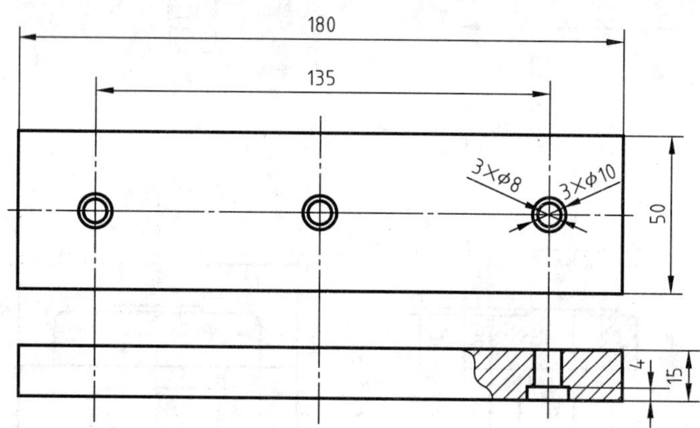

图 8-12　机用虎钳钳口板

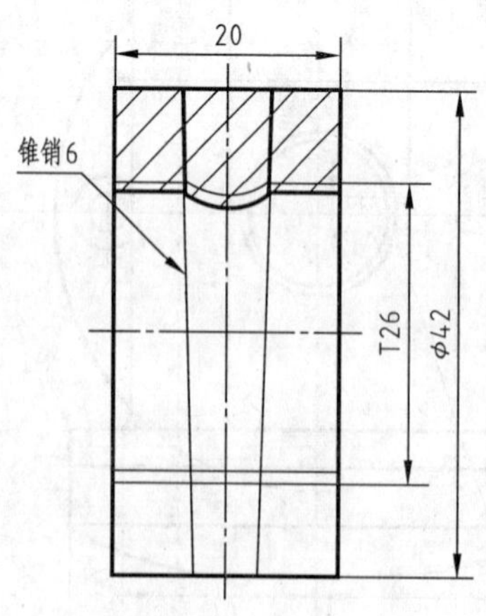

图 8-13　机用虎钳挡圈

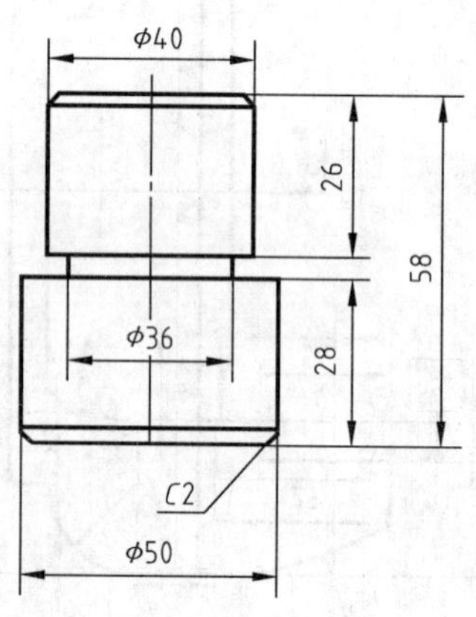

图 8-14　机用虎钳中心轴

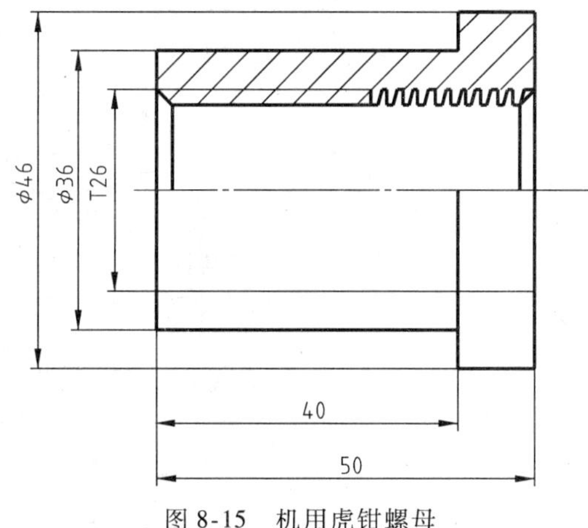

图 8-15 机用虎钳螺母

任务3 装配体的测绘

任务描述

装配体的测绘是将机器（或部件）按顺序拆卸后，用测量仪器测量零件各个部位尺寸，勾画出零件草图，绘制出零件工作图和装配图的全过程。它是对本课程学习情况的一次全面考查，也是为达到技能目标的综合性训练。本任务是绘制图 8-16 所示的千斤顶装配图。

任务分析

装配体的测绘，是一个综合性的训练，在贯穿前面所学知识的同时，增添了画装配体示意图、画零件草图，还要亲自动手拆卸零件，使用测量仪器准确测量出零件各个部位的尺寸大小，分析确定出表面粗糙度和几何公差等。

本任务的重点应放在零件的测量上，在测量之前先画出零件草图，再用测量仪器一边测量，一边标注尺寸。在测量过程中，如何使用测量仪器，是否能正确读数，是机械专业技术人员必须掌握的基本技能。难度最大的是确定其配合性质、表面粗糙度和几何公差等级。这里需要具有丰富实践经验的技术人员作指导，否则是无法进行的。

相关知识

测绘装配图的方法步骤：

（1）观察了解装配体　观察了解装配体零件的组合形式，各零件的作用以及装配体的工作原理等基本情况。

（2）画装配体示意图　为了记录每个零件的位置和装配关系，反映出传动路线、工作原理，防止拆卸的零件摆放零乱而产生误会，有必要绘制出装配示意图。

装配示意图没有严格的规定画法，对一些标准件按国家标准，注明其名称代号外，其他零件均可用单线条画出其大概轮廓。

（3）拆卸装配体　利用各种工具将装配体拆卸成单个零件。

（4）画零件草图　绘制零件草图，是装配体测绘的重要步骤和基础。对拆下来的零件，要逐一进行分析，了解其结构工艺，测量出尺寸大小。在准备测量零件尺寸大小之前，先徒

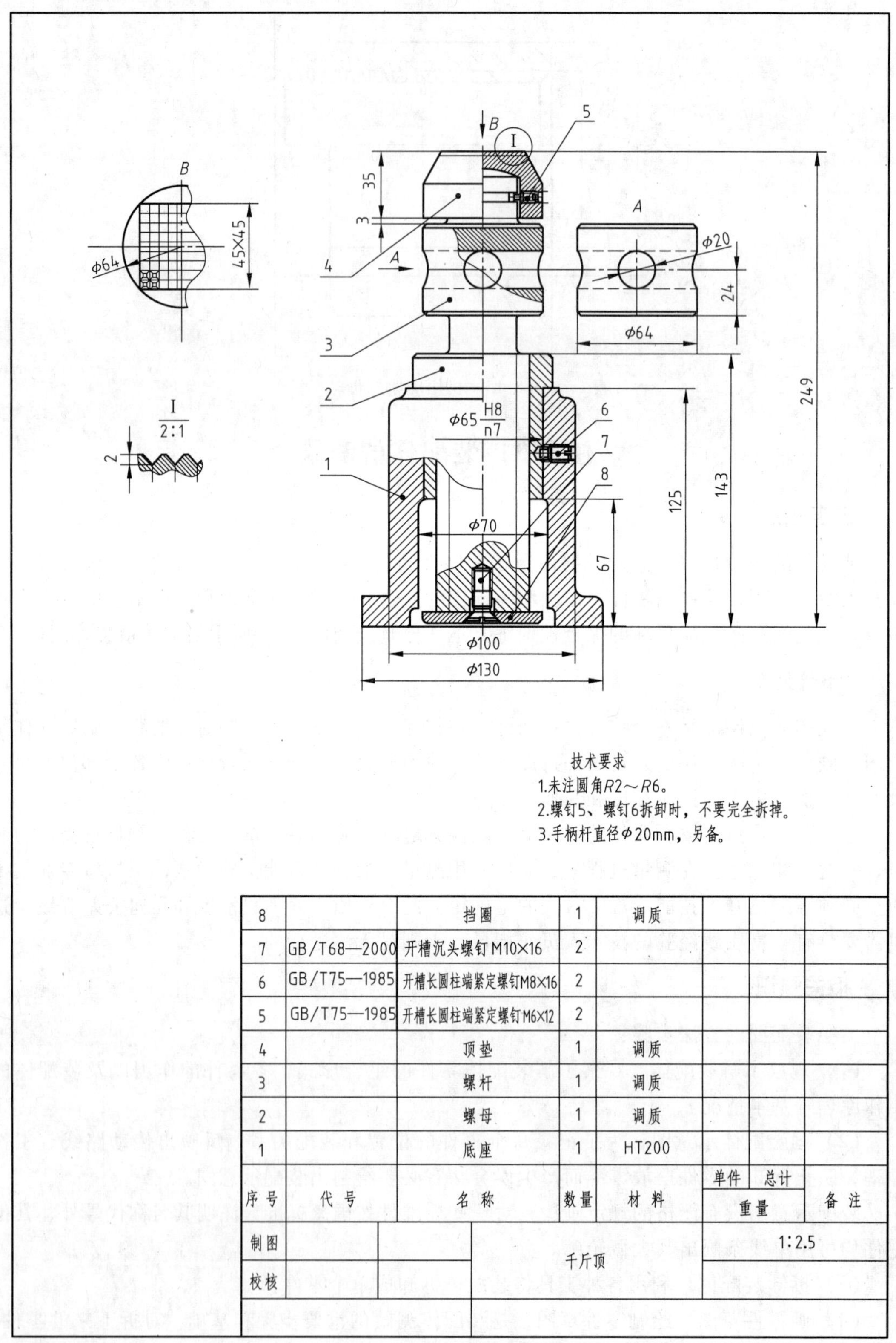

技术要求

1.未注圆角$R2 \sim R6$。

2.螺钉5、螺钉6拆卸时，不要完全拆掉。

3.手柄杆直径$\phi 20$mm，另备。

序号	代号	名称	数量	材料	单件重量	总计重量	备注
8		挡圈	1	调质			
7	GB/T68—2000	开槽沉头螺钉 M10×16	2				
6	GB/T75—1985	开槽长圆柱端紧定螺钉M8×16	2				
5	GB/T75—1985	开槽长圆柱端紧定螺钉M6×12	2				
4		顶垫	1	调质			
3		螺杆	1	调质			
2		螺母	1	调质			
1		底座	1	HT200			

制图			千斤顶	1:2.5
校核				

图 8-16　千斤顶装配图

手画出零件的草图，然后，一边测量，一边在草图上标注尺寸，最后，提出技术要求、表面粗糙度等内容，这样，画零件草图的任务也就基本完成了。

（5）绘制零件工作图 绘制零件工作图之前，应认真核对草图各零件的尺寸，尤其是配合尺寸是否一致，配合性质是否符合使用要求，确认无误后才开始绘图，否则会导致前功尽弃。

（6）绘制装配图 绘制装配图的步骤与画零件图的步骤基本一样。首先要确定一组最佳视图表达方案，其次，在绘图过程中按以下步骤进行：

1）确定比例，合理布局。先画装配体主要零件结构和装配关系，再画装配体次要零件以及主要部位的工艺结构。

2）检查修改、完成全图。在检查各主要零件的位置和装配关系的同时，清除多余线条后，加深各类图线。

3）标注尺寸，编写零件序号，填写明细栏、标题栏，编写技术要求等。

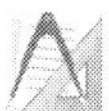

任务实施

1. 观察了解装配体

如图 8-16 所示，千斤顶由底座、螺母、螺杆、顶垫、挡圈 5 个主要零件和 3 种螺钉联接而成。它是利用手柄（图中未表示）插在螺杆 3，直径为 ϕ20mm 的圆孔中，搬动手柄转动螺杆，在螺母 2 的作用下，使螺杆不断上升或下降，螺杆带动顶垫 4 作上下运动，起到顶起和卸载重物的作用。底座 1 支承着螺母 2，并用 2 个紧定螺钉 6 拧在底座上，以防止螺母与底座相对转动；顶垫 4 套在螺杆 3 顶部，接触面为球面接触，以减少摩擦力，为防止顶垫与螺杆分离，用两个螺钉 5，拧在顶垫 4 上，使螺钉端部伸进螺杆的颈部，不能顶紧颈部，既能防止顶垫脱离，又能避免螺杆转动时带动顶垫一起转动而产生的摩擦阻力。挡圈 8 是用螺钉 7 紧紧地与螺杆端部联接在一起的，它可以控制螺杆上升到允许的极限位置。

2. 画装配体示意图

为了记录千斤顶各个零件的位置，防止拆卸的零件摆放零乱而产生误会，同时反映各零件之间的装配关系，传动路线，随意徒手画出装配示意图，如图 8-17 所示。

该图是随意徒手画出来的，近似于装配体形状，必要时加注一些序号和文字，以作补充说明。

3. 拆卸装配体

1）千斤顶的拆卸，首先松开螺钉 5，注意不要完全卸掉螺钉，取下顶垫 4。

2）再松开螺钉 6，也不要完全卸掉螺钉，再卸掉螺钉 7，将螺杆 3 连同螺母 2 一起取下。

3）最后将螺杆 3 从螺母 2 中拧下来。这样就完成了装配体的拆卸过程。

零件测量，在老师的指导下进行。

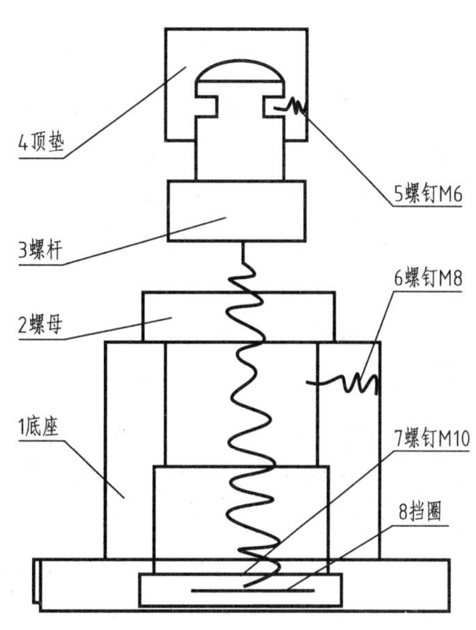

图 8-17 千斤顶示意图

4. 画零件草图（略）

5. 绘制零件工作图

在绘制零件工作图之前，对相互配合的零件的尺寸大小进行认真核实后开始画图，避免出现尺寸差错，造成不必要的浪费。

千斤顶各零件尺寸的测量结果及校对分析如下：

底座的最大外径是 ϕ130mm，最大高度是 125mm；内径为 ϕ70mm，高度为 67mm，它表明千斤顶顶起重物的最大高度为 67mm。与螺母要配合的尺寸是 ϕ65H8，为基孔制的孔，如图 8-18 所示。

螺母的最大外径是 ϕ75mm，最大高度是 75mm，最小外径是与底座配合的尺寸为 ϕ65n7，表明与底座配合的性质为过渡配合，表面粗糙度值为 *Ra*1.6μm，能有效地控制螺母在底座孔内转动，完全符合使用要求，如图 8-19 所示。

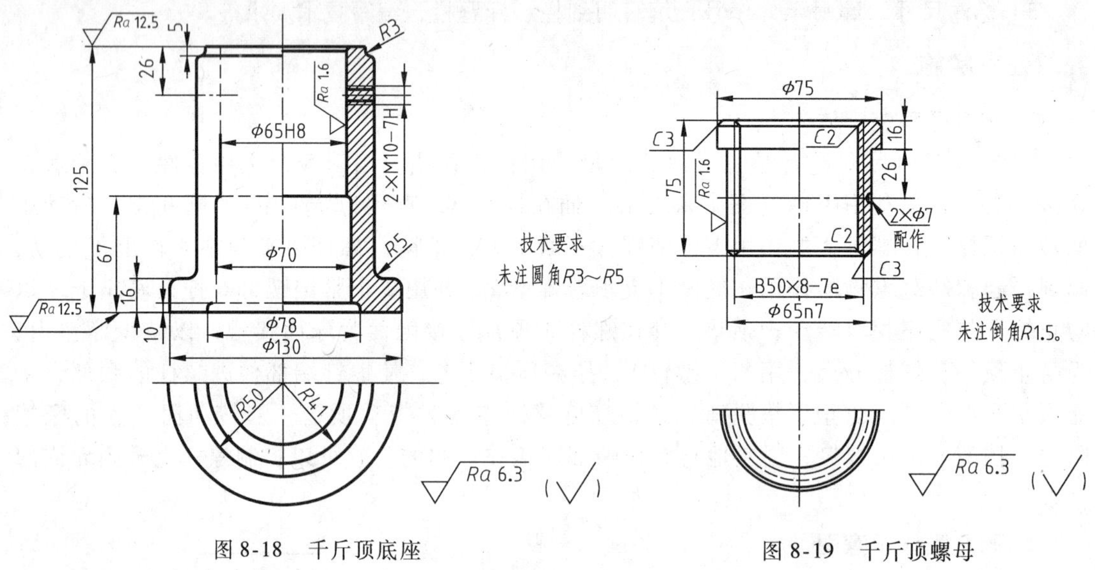

图 8-18　千斤顶底座　　图 8-19　千斤顶螺母

底座与螺母两个零件已注明的倒角，既是工艺结构，也是为了安装方便而设计的。

底座与螺母两零件中的 2×M10 和 2×ϕ7mm 是配合制作的，拧上螺钉后，可以完全控制螺母与底座的相对转动和轴向移动。

顶垫的 *SR*40mm，与螺杆左端的球头半径是一致的；其表面粗糙度值均为 *Ra*1.6μm。顶部的 45mm×45mm 平面刻有花纹，目的是增加与顶起重物表面的摩擦力，以防打滑。2×M6-7H 是两螺纹孔，拧进两螺钉至螺杆的颈部后，退回一圈，不能拧得过紧，既能防止顶垫脱落，又不使顶垫随螺杆转动而加大阻力，如图 8-20 所示。

挡圈的最大直径为 ϕ64mm，大于螺杆螺纹部分的直径，当螺杆上升到 67mm 的位置时，是挡圈阻止了螺杆继续转动。挡圈的最小圆孔直径为 ϕ9mm，用 M8 的螺钉穿过此孔，拧入螺杆右端的螺纹孔，使两零件紧密相连，如图 8-21 所示。

螺杆的总长是 232mm，螺纹部分的长度是 135mm，直径 B50×8 与螺母的螺纹部分的螺纹直径一致。ϕ20mm 的孔是插入转动杆的直径，转动杆的直径只能小于 20mm，如图 8-22 所示。

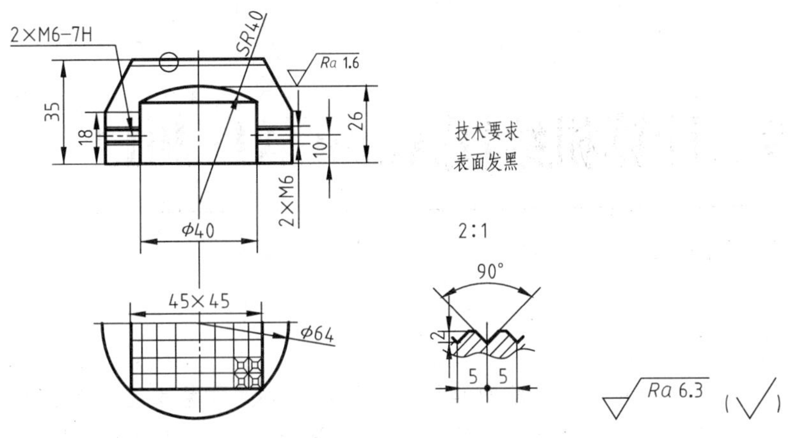

图 8-20　千斤顶顶垫

6. 绘制装配图

按照绘制装配图的方法步骤进行，完成装配图。

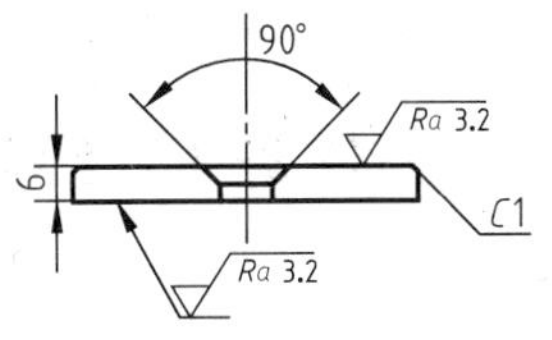

问题与防治

装配体示意图是徒手画的大概轮廓，只表达近似形状，反映各零件的位置和装配关系，不标注尺寸，不反映装配性质。

在拆卸的过程中，尽可能将零件分类摆放，以便再使用查找。对于标准件，直接在示意图上注明其名称、代号和规格，在画装配图时直接填入明细栏即可。

在校正零件草图所标注的尺寸时，必须认真负责。

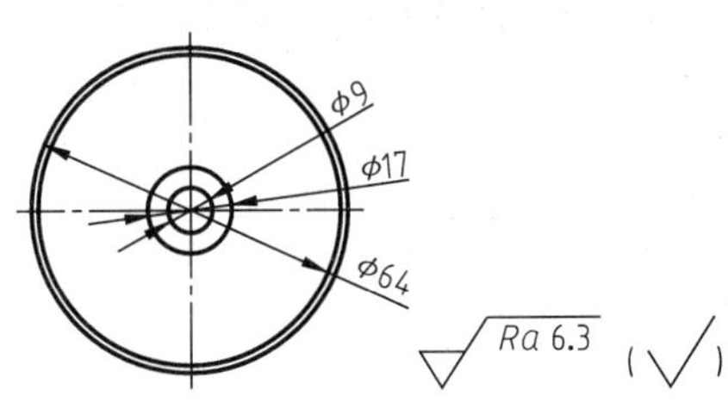

图 8-21 千斤顶挡圈

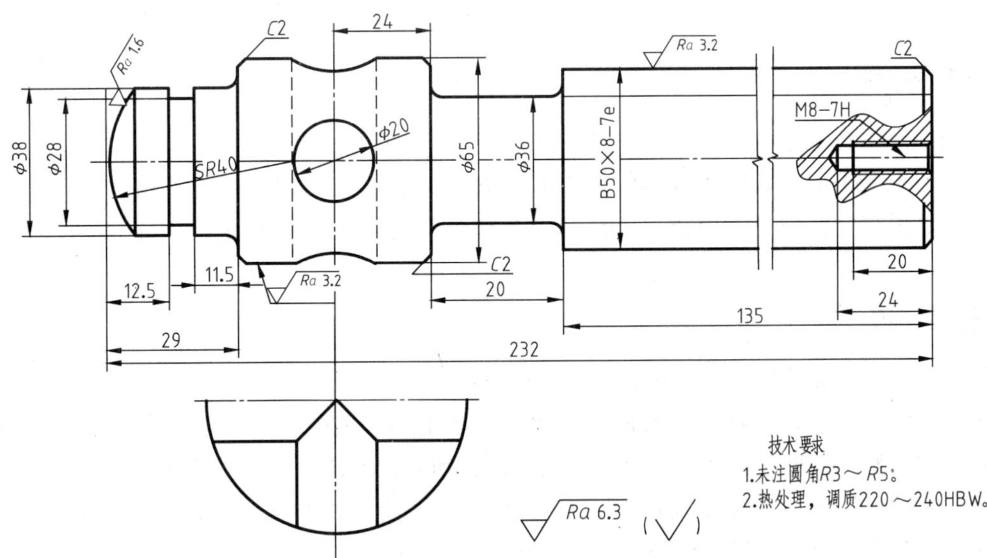

图 8-22　千斤顶螺杆

项目9　计算机绘图AutoCAD 2012

9

> **知识目标：** 了解利用计算机软件绘制和编辑二维图形，掌握基本的使用方法。
> **技能目标：** 能绘制简单的零件图，并利用块命令把绘制好的零件图组装在一起形成装配图。

任务1　绘制矩形、圆和正六边形

任务描述

启动 AutoCAD 2012 软件，绘制如图 9-1 所示图形，并保存图形文件。

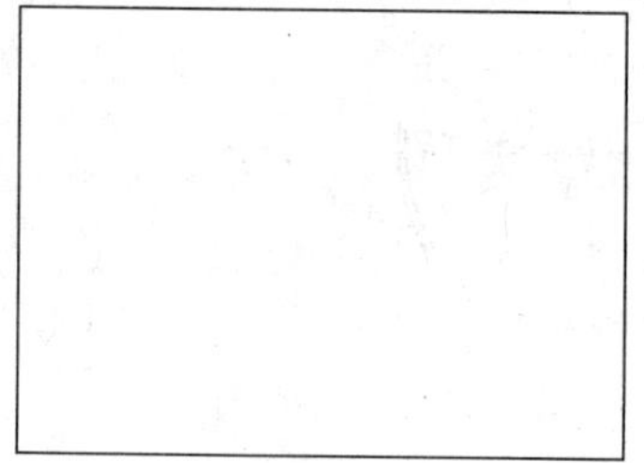
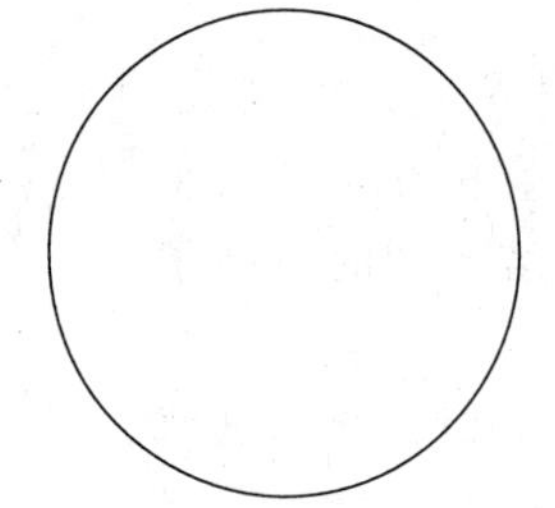
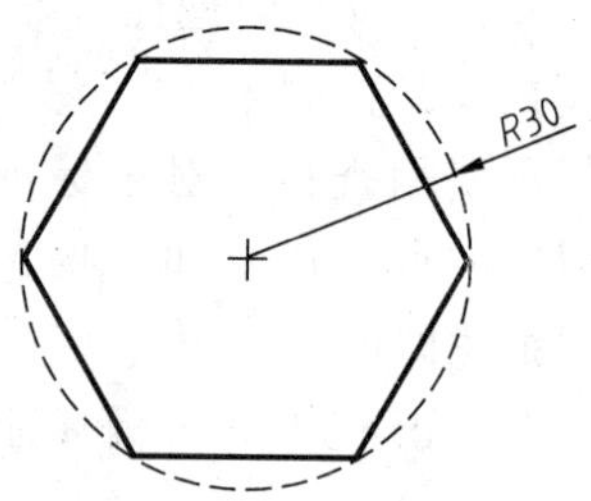

图 9-1　矩形、圆和正六边形

任务分析

机械图样中包含多种几何形状，如多边形、圆、矩形及圆弧连接等。

本任务主要讲述正确启动 AutoCAD 2012，熟悉其界面及掌握基本的使用方法，包括新建、打开、保存文件的基本操作以及绘图工具栏中常用绘图命令的使用，为后续操作打下基础。

相关知识

图形一直是人类传递信息的重要方式，在工程界，图形是表达设计思想、指导生产、进行技术交流的工程语言。过去，人们一直用尺规手工绘制图形，效率低，精度差，劳动量大。随着计算机的发展，出现了计算机辅助绘图，即通常所说的计算机绘图。与传统手工绘图相比，利用计算机辅助设计软件（ CAD）绘图具有绘图速度快、准确度高、修改方便、图样保管传输安全快捷等诸多优势，并已逐渐取代了人工绘图。

美国 Autodesk 公司自 20 世纪 80 年代首次推出 AutoCAD 软件以来，一直不断对其进行升级完善。因为它功能齐全、使用简单，而且能够根据用户指令迅速、准确地绘制和修改图样、图形，所以广泛应用在机械、建筑、电子、园林等行业中，它具有良好的工作界面和强大的二维、三维绘图及编辑功能，并且具有简便易学，精确无误，体系结构开放等优点，一直深受广大工程设计人员的青睐。另外，在国内也有适合各行业需求的各种专业绘图软包，如北京数码大方科技有限公司的 CAXA 电子图板、华中科技大学的 KMCAD 等。

本教材以 AutoCAD 2012 为软件环境，介绍二维图形的绘制和编辑。

AutoCAD 2012 是 AutoCAD 软件的最新版本。在 Windows 操作系统下，它的一般操作，如启动、保存文件、关闭程序等都与 office 软件基本相同。但是，由于应用领域的不同，它的工作界面及图形绘制又有自己的特点。

工作界面是利用 AutoCAD 绘制图形的平台，要快速绘制好图形，就必须了解各区域的用途，熟悉整个界面。AutoCAD 2012 工作界面主要由应用程序窗口中的工具、其他工具位置、自定义绘图环境组成，如图 9-2 所示。

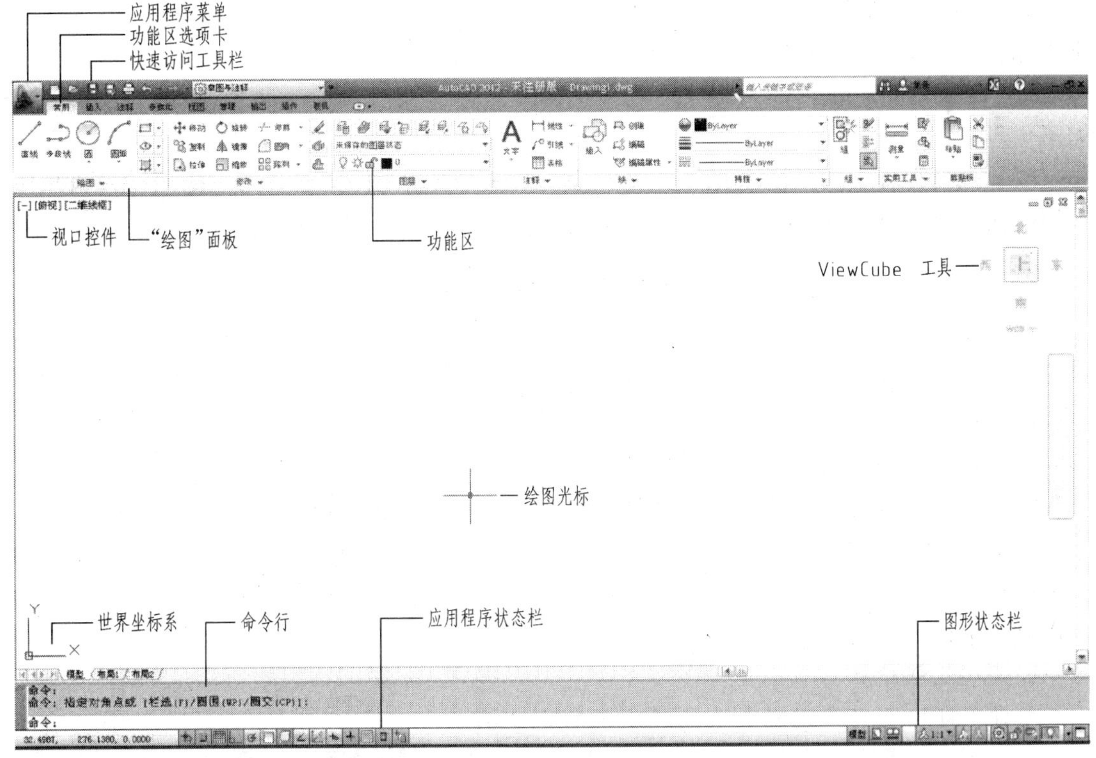

图 9-2 AutoCAD 2012 工作界面

1. 应用程序窗口中的工具

应用程序窗口中的工具是使用应用程序菜单、功能区和应用程序窗口中的其他元素，来访问常用的命令，并控制产品的操作。

(1) 应用程序菜单 单击应用程序按钮以搜索命令以及访问用于创建、打开和发布文件的工具。

(2) 快速访问工具栏 使用快速访问工具栏显示常用工具，如图 9-3 所示。

(3) 功能区 功能区是显示基于任务的工具和控件的选项板，如图 9-4 所示。

图 9-3　快速访问工具栏

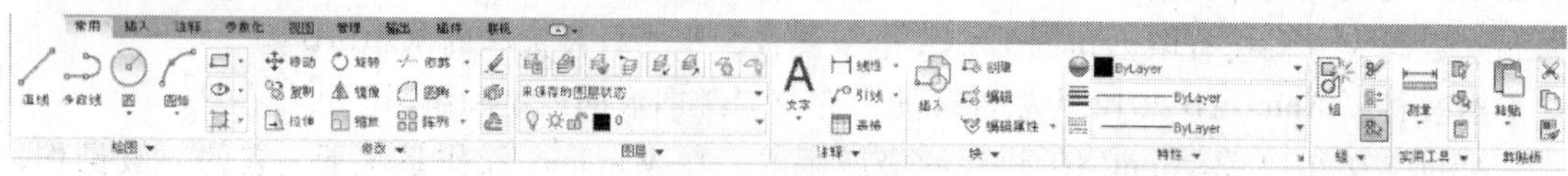

图 9-4　功能区

（4）在绘图区域中的光标　在绘图区域中，根据操作更改光标的外观。

1）如果系统提示指定点位置，光标显示为十字光标，如图 9-5a 所示。

2）当提示选择对象时，光标将更改为一个称为拾取框的小方形，如图 9-5b 所示。

3）如果未在命令操作中，光标显示为一个十字光标和拾取框光标的组合，如图 9-5c 所示。

4）如果系统提示输入文字，光标显示为竖线，如图 9-5d 所示。

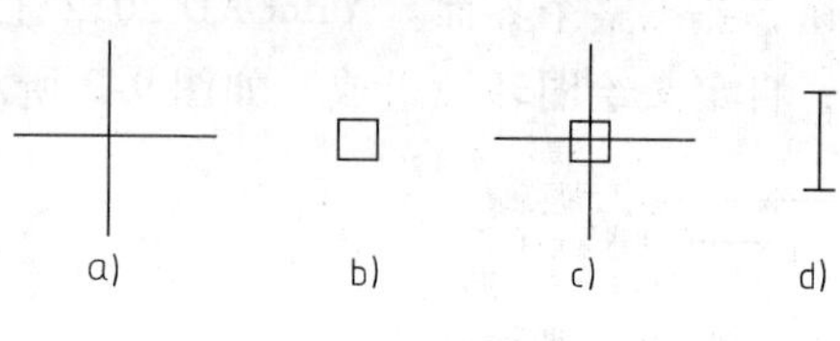

图 9-5　光标

（5）视口控件　视口控件显示在每个视口的左上角，提供更改视图、视觉样式和其他设置的便捷方式，如图 9-6 所示。

[-] [俯视] [二维线框]

图 9-6　视口控件

可以单击三个括号内区域中的每一个来更改设置。

1）单击“-”可显示选项，用于最大化视口更改视口配置或控制导航工具的显示。

2）单击“俯视”以在几个标准和自定义视图之间选择。

3）单击“二维线框”来选择一种视觉样式，大多数其他视觉样式用于三维可视化。

（6）ViewCube 工具　ViewCube 是一种方便的工具，用来控制三维视图的方向。

（7）UCS 图标　在绘图区域中显示一个图标，它表示矩形坐标系的 XY 轴，该坐标系称为“用户坐标系”或 UCS。

2. 其他工具位置

其他工具位置是使用经典菜单栏中的常用工具、工具栏、工具选项板、状态栏、快捷菜单和设计中心可以找到更多命令、设置和模式。

（1）访问经典菜单栏　可以使用几种方法从经典菜单栏中显示下拉菜单，如图 9-7 所示。还可以指定替换菜单。

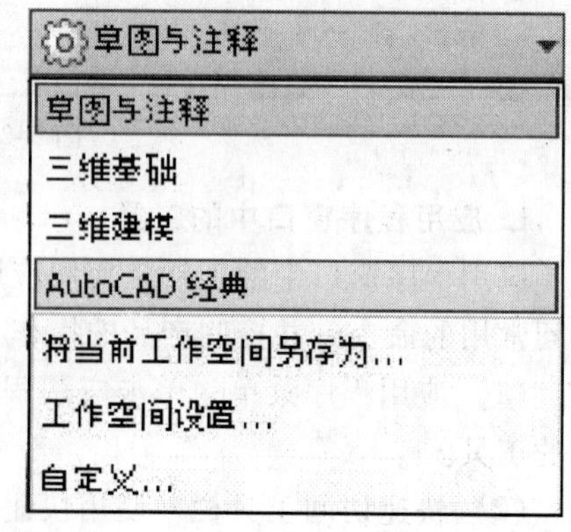

图 9-7　下拉菜单

（2）工具栏　使用工具栏上的按钮可以启动命令以及显示弹出工具栏和工具提示，还可以显示或隐藏工具栏、锁定工具栏和调整工具栏大小。

（3）状态栏　应用程序和图形状态栏提供有关打

开和关闭图形工具的有用信息和按钮。

应用程序状态栏显示了光标的坐标值、绘图工具，以及用于快速查看和注释缩放的工具。

图形状态栏显示缩放注释的若干工具。对于模型空间和图纸空间，显示不同的工具，图形状态栏打开后，将显示在绘图区域的底部，图形状态栏关闭时，图形状态栏上的工具移至应用程序状态栏。

（4）按键提示　使用键盘访问应用程序菜单、快速访问工具栏和功能区。

（5）“命令行”窗口　可以在可固定并可调整大小的窗口（称为命令窗口）中显示命令、系统变量、选项、信息和提示，如图 9-8 所示。

图 9-8 “命令行”窗口

（6）快捷菜单　显示快速获取当前动作有关命令的快捷菜单。

在屏幕的不同区域内单击鼠标右键时，可以显示不同的快捷菜单。上面通常包含以下选项：

—重复执行输入的上一个命令

—取消当前命令

—显示用户最近输入的命令的列表

—剪切复制以及从剪贴板粘贴

—选择其他命令选项

—显示对话框，例如选项或自定义

—放弃输入的上一个命令

（7）工具选项板　工具选项板是“工具选项板”窗口中的选项卡形式区域，它们提供了一种用来组织、共享和放置块、图案填充及其他工具的有效方法。工具选项板还可以包含由第三方开发人员提供的自定义工具。

（8）设计中心　使用设计中心可以组织对块、图案填充、外部参照和其他内容（例如，图层定义、布局和文字样式）的访问。

（9）Content Explorer　使用 Content Explorer，可以本地或在网络服务器上搜索并访问设计文件和设计对象，而无需离开 CAD 环境。

3. 自定义绘图环境

自定义绘图环境可以自定义工作环境中的许多元素以满足需要。

（1）设定界面选项　用户可以根据工作方式来调整应用程序界面和绘图区域。

（2）创建基于任务的工作空间　工作空间是由分组组织的菜单、工具栏、选项板和功能区控制面板组成的集合，使用户可以在专门的、面向任务的绘图环境中工作。

（3）保存和恢复界面设置（配置）　配置可存储绘图环境设置，可以针对不同的用户或工程创建配置，还可以通过将配置输入和输出为文件来共享配置。

（4）自定义启动　命令行开关可以为每个工程指定单独的启动程序。

（5）回放动作宏　使用动作录制器录制动作宏之后，可以回放一系列录制的命令和输入值。

（6）移植自定义设置和文件　从早期 AutoCAD 版本进行移植，使用户可以使用最新版本中的自定义设置和文件。

任务实施

1. 启动 AutoCAD 2012

启动 AutoCAD 2012，可采用如下两种方法：

方法一：双击桌面或快速启动栏上 AutoCAD 2012 的快捷方式。

方法二：在桌面上单击左下角的“开始”按钮，在弹出菜单中选择“所有程序/Autodesk/AutoCAD2012-Simplified Chinese/AutoCAD 2012-Simplified Chinese”。

启动 AutoCAD 2012 后进入如图 9-2 所示的工作界面。

2. 图形绘制

（1）启动“矩形”命令　单击“常用”选项卡中，“绘图”面板上的矩形命令图标。选好矩形的左上角点位置并单击确定，然后指定另一角点的位置，完成矩形的绘制，如图 9-9 所示。

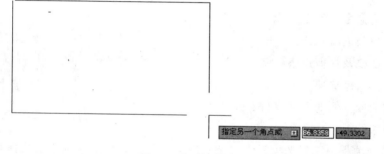

图 9-9　矩形的绘制

（2）启动“圆”命令　单击“常用”选项卡中，“绘图”面板上的圆命令图标。选好圆心的位置并单击确定，然后选择适当的半径再单击，完成圆的绘制，如图 9-10 所示。

（3）启动正多边形命令　单击“常用”选项卡中，“绘图”面板上的矩形命令图标右边的黑三角，选择多边形图标；或在命令行中输入“polygon”或“pol”。

启动“正多边形”命令后，光标会变成十字交叉线“十”，此时命令行也会依次出现如下提示：

命令：“polygon　输入边的数目 <4>：”6(回车)

命令行提示：“指定正多边形的中心点或[边(E)]：”(左键确定正多边形的中心点)

命令行提示：“输入选项[内接于圆(I)/外切于圆(C)](I)：”(回车)

命令行提示：“指定圆的半径：”15(回车)

正六边形就绘制完成了，如图 9-11 所示。

3. 保存图形文件

绘制的图形文件需要保存，AutoCAD 程序保存文件的方法如下：

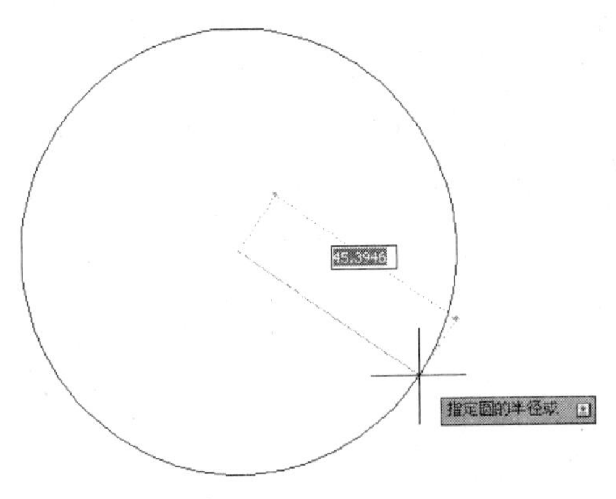

图 9-10 圆的绘制

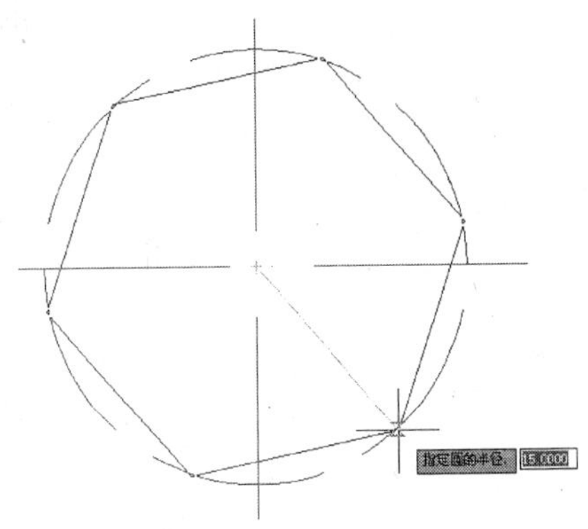

图 9-11 正六边形的绘制

方法一：单击标题栏最左侧的图标，在下拉菜单中选择“保存”或“另存为”命令，如图 9-12 所示。

方法二：单击快速访问工具栏中的保存按钮。

方法三：按住“Ctrl + S”或“CtrI + Shift + S”。

方法四：在命令行中输入“save”。

执行以上操作后，将打开“图形另存为”对话框，如图 9-14 所示。在其中指定保存路

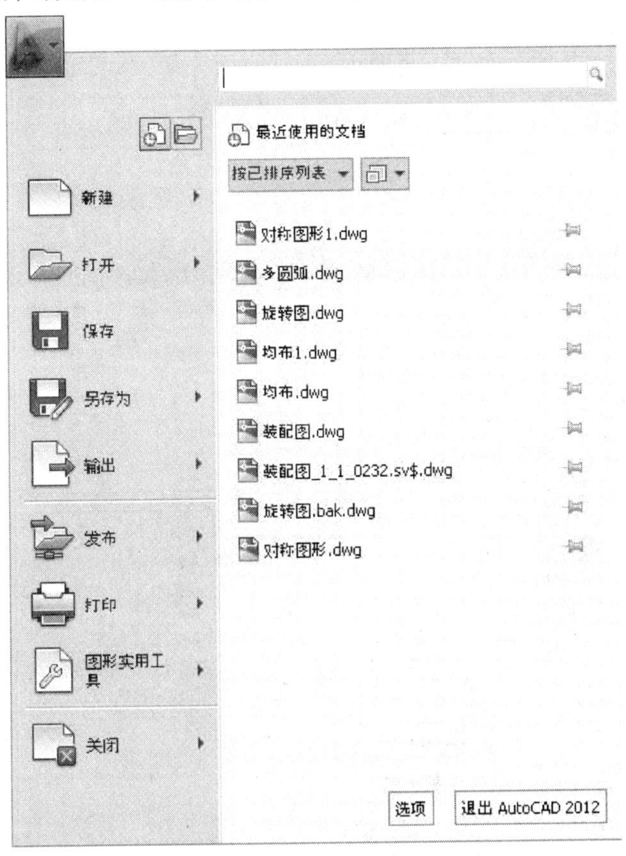

图 9-12 下拉菜单

径，并在“文件名”文本框中输入文件名“矩形和圆”，单击“保存”或回车即可。

4. 退出 AutoCAD 2012

AutoCAD 2012 和其他软件一样，单击“文件”菜单，在下拉菜单中会有“关闭”和“退出”两个命令。“关闭”命令只关闭当前激活的绘图窗口，结束当前图形文件的修改和编辑，用户还可以继续修改和编辑其他打开的图形文件。“退出”命令是退出 AutoCAD 2012 程序，此操作将关闭所有打开的图形文件。

打开多个文件后，要关闭当前图形文件的方法如下：

· 单击菜单栏最右侧的文件关闭按钮。

· 单击“文件”菜单，在下拉菜单中选择“关闭”命令。

退出 AutoCAD 2012，可采用如下操作：

· 单击标题栏右侧的关闭按钮。

· 在命令行中输入“quit”或者“exit”。

· 双击标题栏最左侧的图标。

若在关闭图形文件或退出 AutoCAD 2012 之前没有将修改编辑的图形文件保存，就会弹出如图 9-13 所示的对话框，并提供“是”、“否”、“取消”3 个选择按钮。

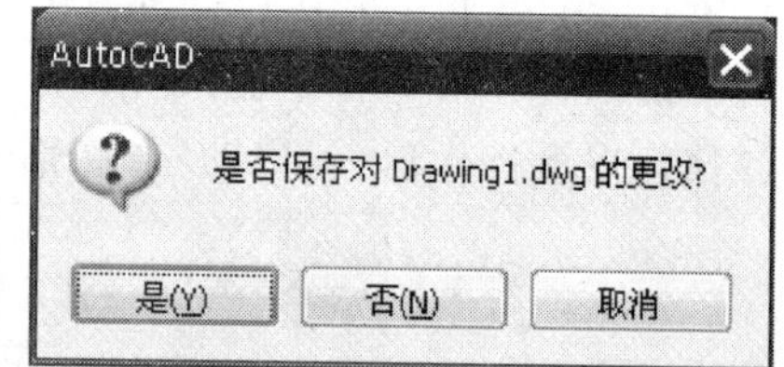

图 9-13　保存文件对话框

单击“是”按钮，弹出如图 9-14 所示的“图形另存为”对话框，选择图形保存的路径，确定图形保存的名称和格式后，单击“保存”，该图形文件即被保存并同时关闭。所有图形都关闭后，退出 AutoCAD 2012。

单击“否”按钮，放弃上一次保存后对图形文件所作的修改和编辑，关闭图形文件，

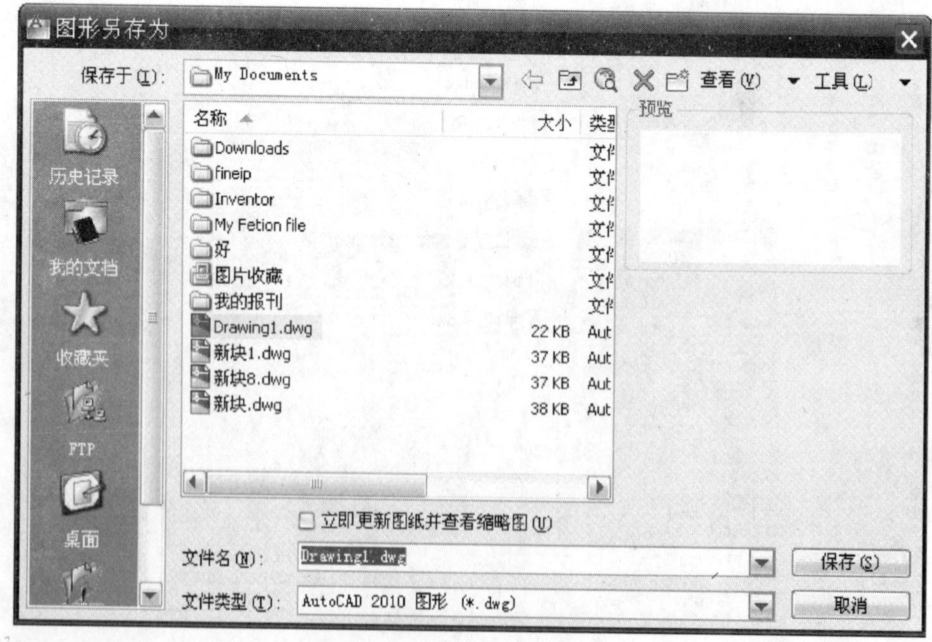

图 9-14　“图形另存为”对话框

退出 AutoCAD 2012。

单击“取消”按钮，取消退出或关闭命令，返回工作界面。

注：在退出时，只有在所有图形都关闭后，才会真正退出 AutoCAD 2012 程序。

问题与防治

在 AutoCAD 中，用户主要使用键盘和鼠标进行操作，可通过命令行、菜单和工具栏等方式来调用 AutoCAD 命令。在命令执行过程中，则主要通过文本窗口和对话框来实现人机交互。

AutoCAD 中的图形处于一个数字化的三维空间中，AutoCAD 通过各种坐标系来描述这个三维空间，并提供了一个固定不变的世界坐标系（WCS）。用户也可以相对于 WCS 来创建自定义的用户坐标系（UCS）。

AutoCAD 为用户提供了对象捕捉（Object Snap）功能，可用于快速、精确地定位。此外，AutoCAD 还提供多种选择对象的方式，使用户在复杂的图形对象中轻松准确地构建所需的选择集（Selection Set）。

在 AutoCAD 主窗口中，除了标题栏、菜单栏和状态栏之外，其他各个组成部分都可以根据用户的喜好来任意改变其位置和形状。

如果需要多次执行同一个命令，那么在第一次执行该命令后，可以直接按回车键或空格键重复执行，而无需再进行输入。

任务 2　绘制五角星

任务描述

在 AutoCAD 中绘制如图 9-15 所示的五角星。

任务分析

五角星由 5 条直线构成，所以只要依次绘制 5 条直线就构成五角星。绘制直线需要启动直线命令，然后依次输入两个端点的坐标即可完成。

在 AutoCAD 2012 中，动态输入启动时会在光标附近显示输入框，方便了命令和坐标的输入。

相关知识

1. 启动“直线”命令的方法

方法一：单击“常用”选项卡中，“绘图”面板上的直线命令图标 直线 。

方法二：在命令行中输入“Line”。

2. 绘制直线的方法

启动“直线”命令后，光标会变成十字交叉线“┼”，此时命令行也会依次出现

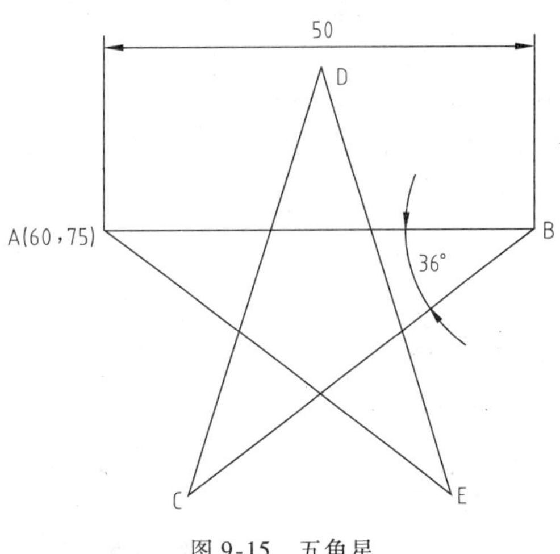

图 9-15　五角星

如下提示；

命令:line

命令行提示:"指定第一点:"

命令行提示:"指定下一点或[放弃(U)]:"

命令行提示:"指定下一点或[闭合(c)/放弃(U)]:"

手动输入或在绘图区域单击鼠标左键确定直线段的第一点和下一点的位置，即可完成直线的绘制。当第一段直线段绘制完成，系统默认开始绘制第二段直线段，并默认其起点为第一段直线段的终点。此时可以单击鼠标右键，在下拉菜单中选择“确认”，或按“Esc”键即退出绘制直线模式。

3. 输入坐标的方法

在绘图过程中，为了对某一点的位置进行精确定位，必须选择一个坐标系作为基准。在AutoCAD 中，用户输入坐标对点进行定位，可以使用绝对坐标，也可以使用相对坐标；可以使用直角坐标，也可以使用极坐标。所以，点的输入有 4 种方式：

（1）绝对直角坐标输入　通常情况下，绝对坐标系的原点默认位于绘图区的左下角，图标为。绝对坐标系统的原点是 X 轴和 Y 轴的交点（0，0）。

绝对直角坐标输入格式为：“X，Y”。X 表示点的 X 轴坐标值，Y 表示点的 Y 轴坐标值，两坐标值之间用“，”（英文状态）隔开。

（2）绝对极坐标输入　绝对极坐标输入格式为：“R < a”。R 表示点到原点的距离，a 表示极轴方向与 X 轴正方向间的夹角，用“ < ”（英文状态）隔开。

（3）相对直角坐标输入　相对直角坐标输入格式为：“@ X，Y”。X 表示以基点为原点的 X 值，Y 表示以基点为原点的 Y 值，两坐标值之间用“，”（英文状态）隔开。

（4）相对极坐标输入　相对极坐标输入格式为：“@ R < a”。R 表示以基点为原点的距离，a 表示极轴方向与 X 轴正方向间的夹角，用“ < ”（英文状态）隔开。

4. 动态输入

“动态输入”是自动显示在光标附近的一个命令输入界面。

启用“动态输入”时，工具栏提示将显示在光标附近，该提示会随着光标移动而动态更新。当某条命令为活动时，工具栏提示将为用户提供输入的位置。

在输入字段中输入值并按“TAB”键后，该字段将显示一个锁定图标，并且光标会受用户输入的值约束。随后可以在第二个输入字段中输入值。另外，如果用户在第一个字段输入值然后按“ENTER”键，则第二个输入字段将被忽略，且光标所在处字段值将被视为直接输入值。

注意：要在动态提示工具栏提示中使用“粘贴”命令时，可先键入字母，然后在粘贴输入之前用空格键将其删除。否则，输入将作为文字粘贴到图形中。

任务实施

1. 创建图形文件

启动 AutoCAD 2012，创建图形文件并命名为“五角星 . dwg”，保存到合适的路径。

2. 绘制图形

执行直线命令，依次输入各端点的坐标值，若出错可输入“u”退回到上一点输入。输入极坐标时注意坐标方向的规定。命令行的依次提示和输入如下：

命令:line　　/启动直线命令

命令行提示:“指定第一点:”60,75　　/输入 A 点绝对直角坐标

命令行提示:“指定下一点或[放弃(U)]:”@50,0。　　/输入 B 点相对直角坐标

命令行提示:“指定下一点或[放弃(U)]:”@50 <216　　/输入 C 点相对极坐标

命令行提示:“指定下一点或[闭合(C)/放弃(U)]:”@50 <72　　/输入 D 点相对极坐标

命令行提示:“指定下一点或[闭合(C)/放弃(U)]:”@50 <288　　/输入 E 点相对极坐标

命令行提示:“指定下一点或[闭合(C)/放弃(U)]:” c　　/闭合命令,完成绘制

绘制完成的五角星如图 9-16 所示。

图 9-16　五角星

任务3　创建平面图形绘制样板

任务描述

在绘制图形时，总要进行大量重复性的工作，如设置绘图环境、线型、常用图层及图层颜色。如果每次绘制图形图样，都进行反复设置，就会造成不必要的时间浪费。要解决这个问题，用户可以通过在绘制图样前，先创建图形样板。这样，在下次绘图时，只需调用图形样板，相关的设置就都已完成，避免了很多重复性的工作。

任务分析

绘图环境的设置是 AutoCAD 2012 绘图的基础工作。它包括图纸幅面的设置、绘图单位的设置和绘图辅助工具的设置。绘图过程中，只有做好充分的准备工作，才能保证设计绘图的效率，达到事半功倍的效果。

相关知识

国家标准规定，机械制图 CAD 所用图层为 01、02、04、05、07 层，其中 01 层为粗实线层，02 层为细实线层，04 层为虚线层，05 层为点画线层，. 07 层为双点画线层。

任务实施

启动 AutoCAD 2012 程序，单击标题栏最左侧的图标，在下拉菜单中选择“新建”命令，在弹出的“选择样板”对话框中选用“acadiso. dwt”样板，单击“打开”按钮即可，

如图 9-17 所示。

图 9-17 “选择样板”对话框

1. 设置图层、颜色、线型

下面以 05 图层为例，说明其设置方法。启动图层命令，方法：单击“图层”面板中的按钮，出现“图层特性管理器”对话框，如图 9-18 所示。

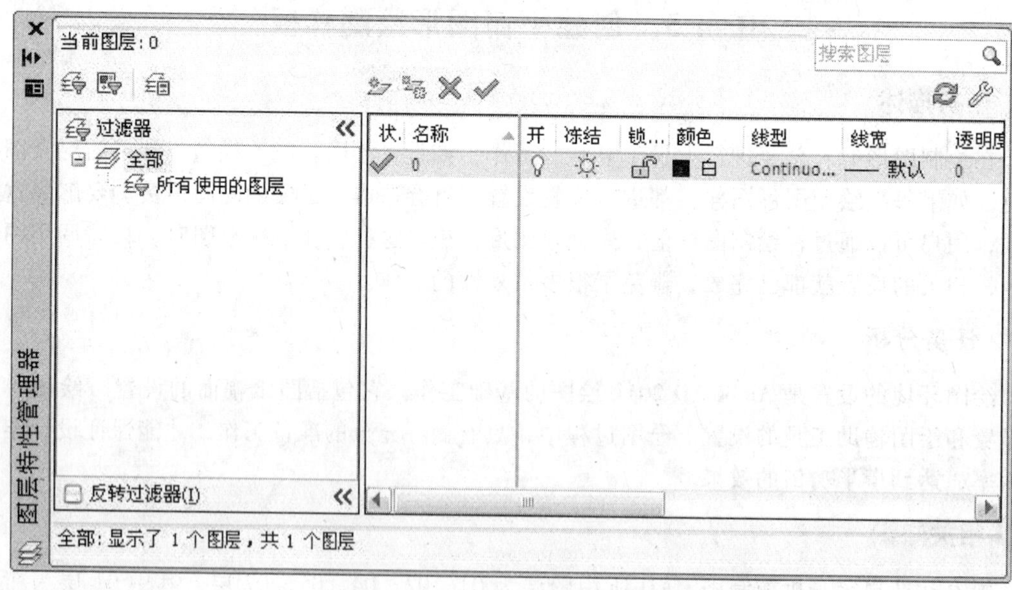

图 9-18 “图层特性管理器”对话框

2. 操作步骤

1）单击（新建图层）按钮，在对话框中出现一深颜色的长条，双击长条中的“图层 1”部分，直接输入（05）。

2）单击长条中对应“颜色”的一栏，出现“选择颜色”对话框，其上方依次排列有红、黄、绿、青、蓝、粉（品）红、白等颜色，如图 9-19 所示。单击红色块，按确定按钮，原对话框的颜色栏即出现红色，如图 9-20 所示。

3）单击长条中对应“线型”的一栏，选择颜色出现“选择线型”对话框，如图 9-21 所示。单击 加载(L)... 按钮，在出现的“加载或重载线型”对话框的各种线型中选择“ACAD-IS004W100-ISO long-dash dot”的国际标准的点画线。单击 确定 按钮，回到原“选择线型”对话框中再选择“ACAD-IS004W100-ISO long-dash dot”，单击 确定 按钮，即设定了该线型。

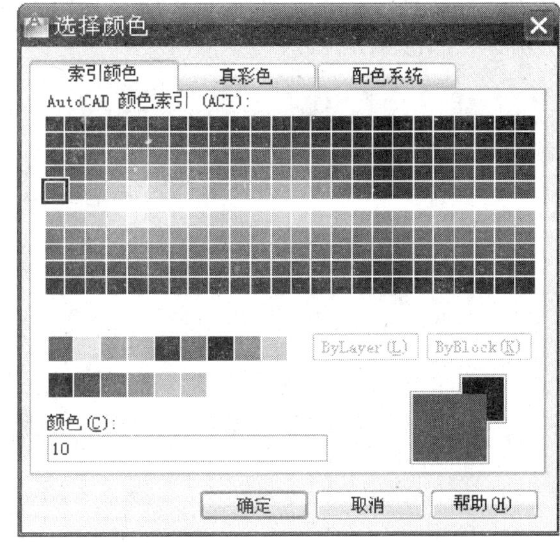

图 9-19 “选择颜色”对话框

状.	名称	开	冻结	锁...	颜色	线型	线宽	透明度	打印...	打...	新..
✔	0				白	Continuo...	—— 默认	0	Color_7		
	01				白	Continuo...	0.70 ...	0	Color_7		
	02				白	Continuo...	0.35 ...	0	Color_7		
	04				170	ACAD_IS...	0.35 ...	0	Color_...		
	05				10	ACAD_IS...	0.35 ...	0	Color_...		

图 9-20 选择颜色

4）单击长条中对应“线宽”的一栏，出现“线宽”对话框，选取“0.35 毫米”，单击 确定 按钮，即设定了该线宽，如图 9-22 所示。

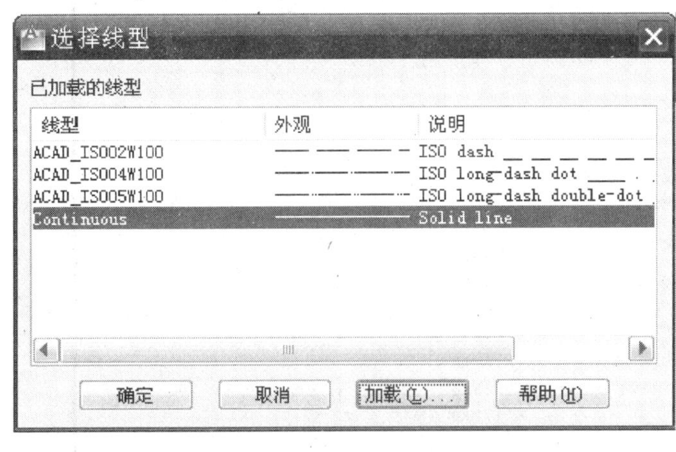

图 9-21 “选择线型”对话框

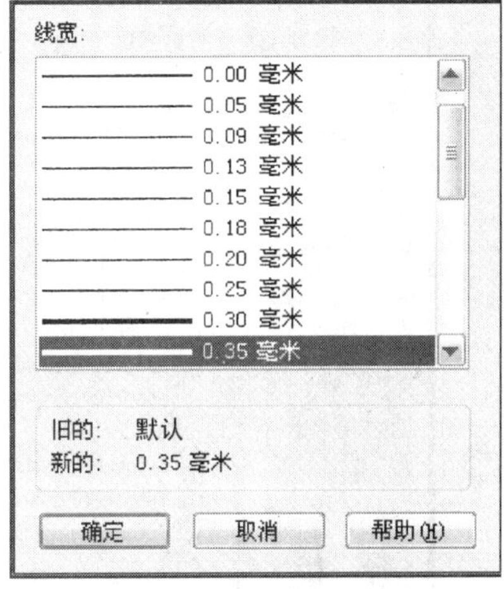

图 9-22 “线宽”对话框

设置其余图层、颜色、线型及线宽的操作方法与上述操作步骤相同。

至此，就完成了平面图形样板的创建。单击标题栏最左侧的图标，如图 9-23 所示，在下拉菜单中单击“另存为”命令右边的黑箭头，选择“AutoCAD 图形样板”，弹出“图形另存为”对话框，输入文件名“平面图形绘制样板”，在“文件类型”下拉列表中选择“＊.dwt”，如图 9-24 所示。

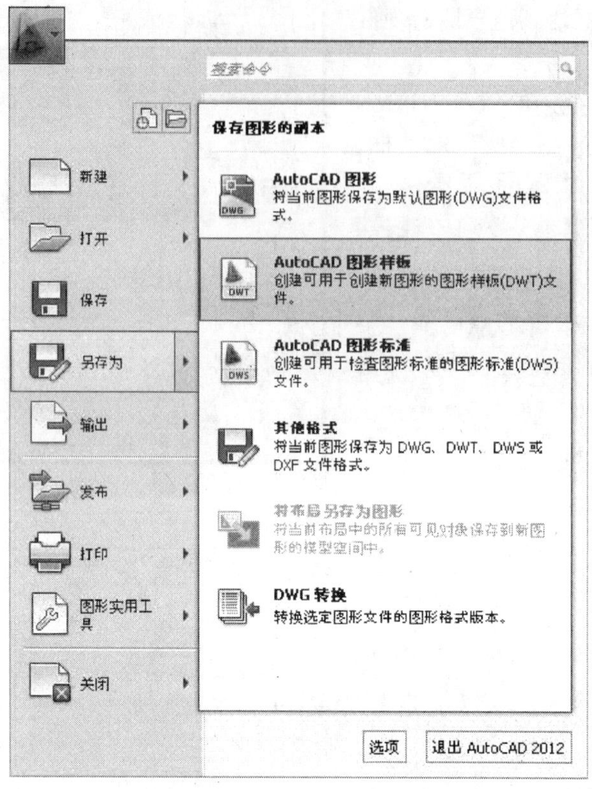

图 9-23 “另存为”下拉菜单

图 9-24 保存图形样板

然后选择合适的保存路径，单击“保存”按钮，弹出“样板选项”对话框，如图 9-25 所示。可以对该样板填写简短的描述，并确定单位为“公制”，然后单击“确定”按钮。这样，就完成了平面图形绘制样板的创建。

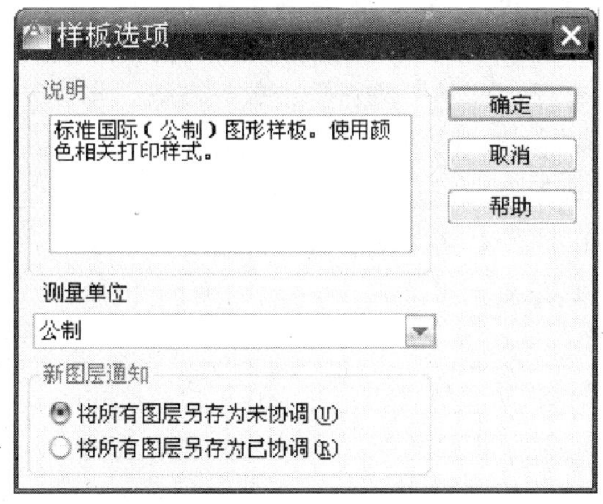

图 9-25　“样板选项”对话框

在接下来绘制图形的过程中，就可以很方便地直接使用此样板创建图形文件。

任务 4　绘制对称图形

任务描述

绘制如图 9-26 所示的密封板平面图形。

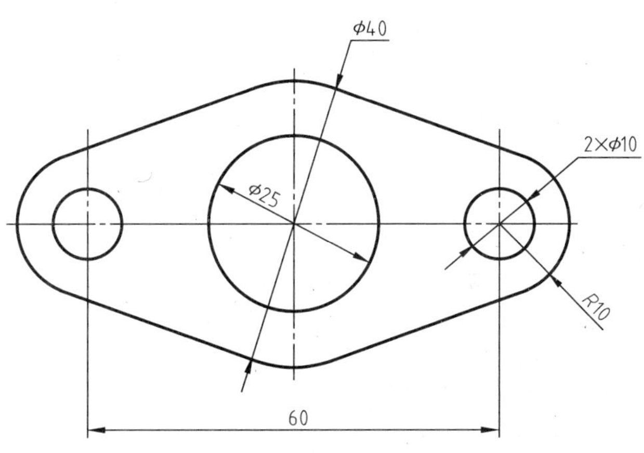

图 9-26　密封板平面图形

任务分析

图形特点：左右对称。

绘图方法：绘制一半或四分之一图形，再用“镜像”指令完成全图。

相关知识

AutoCAD 2012 提供了“对象捕捉”功能，可以迅速、准确地找到一些特殊点，从而提高绘图的速度和精度。对象捕捉可以分为两种方式：单一对象捕捉和自动对象捕捉。

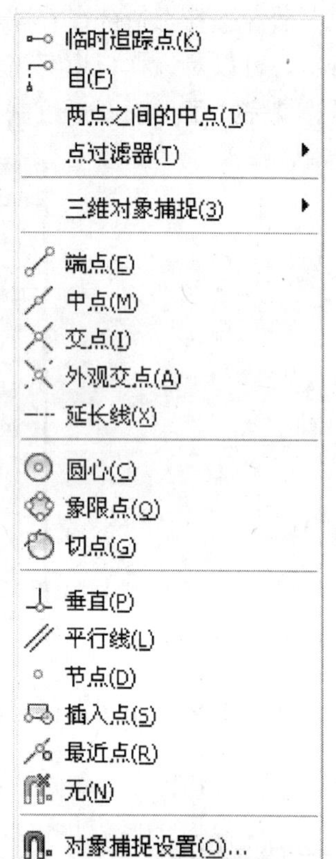

图 9-27 “对象捕捉”快捷菜单

1. 单一对象捕捉

单一对象捕捉是一种暂时的、单一的对象捕捉模式，每一次操作可以捕捉到一个特殊点，操作后功能关闭。

在绘图区任意位置，按下“Shift”键后单击鼠标右键，打开如图 9-27 所示的快捷菜单，然后从中选择相应的捕捉方式。

对象捕捉菜单中各功能如下：

临时追踪点：要在打开对象捕捉按钮后使用。单击该按钮，移动光标捕捉点会显示出水平或垂直虚线，此时可以捕捉虚线上的任意点。

自：要在打开对象捕捉按钮后使用。就是在定位点提示下输入“from”，然后输入临时基点坐标，并输入自该基点的偏移位置作为相对坐标，或使用直线距离输入方式指定下一点作为捕捉点。

端点：捕捉直线、圆弧等开放性线条的起始点及封闭图形的顶点/端点。

中点：捕捉到对象的中点。

交点：捕捉对象的交点。

外观交点：捕捉到当前没有相交，但是两个对象顺延后会相交的交点处。

延长线：捕捉直线延长线上的一点。

圆心：捕捉到圆弧、圆、椭圆或椭圆弧的圆心。

象限点：捕捉到对象的象限点。象限点是对象与以其自身中心为原点的坐标系轴的交点。

切点：捕捉待绘图形与圆或圆弧的切点。

垂直：捕捉两对象的垂足点。

平行线：捕捉与指定线平行的线上一点。

节点：捕捉到点对象、标注定义点或标注文字起点。

插入点：捕捉到块、图形、文字或属性的插入点。

最近点：捕捉离选取点最近的对象上的点。

无：关闭对象捕捉功能。

对象捕捉设置：打开“草图设置”对话框。

2. 自动对象捕捉模式

这种模式能自动捕捉到依据设定的特殊点，它是一种长期的、多效的捕捉模式。可以通过应用程序状态栏中的对象捕捉按钮，单击鼠标右键选择设置选项，设置自动捕捉，如图 9-28 所示。

选择捕捉模式后，在靠近想要的几何点拾取一个点或输入坐标后，AutoCAD 2012 会自动捕捉到准确的连接点。

3. 选择对象

当执行编辑命令或其他命令时，系统通常提示："选择对象:"，此时光标改变为一个小方框。当选择了对象之后，AutoCAD 2012 用虚像显示已选图形。每次选定对象后，"选择对象:"提示会重复出现，可以通过按下"Enter"键或单击鼠标右键结束选择。

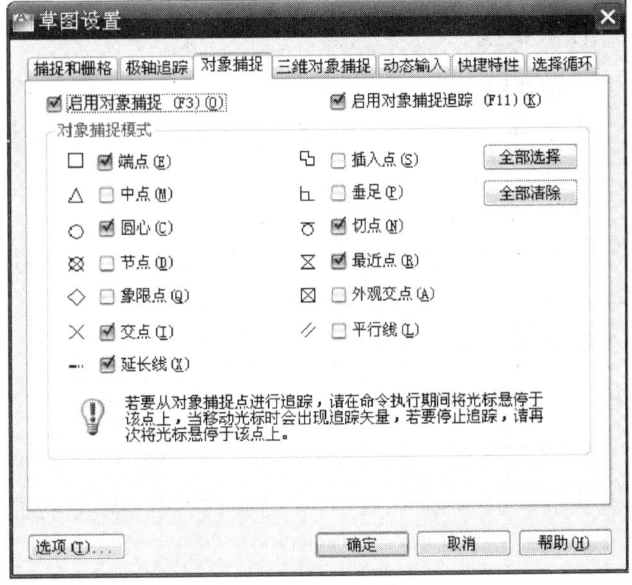

图 9-28 "对象捕捉"选项卡

选择对象常用的方法有两种：

（1）直接点取法　当提示选择对象时，移动光标使光标压住所选择的对象，单击鼠标左键，该对象变为虚线显示时即为选中，可以连续选择其他对象。

（2）窗口选择　当提示"选择对象:"时，在默认状态下，用鼠标光标指定窗口的一个顶点，然后按住鼠标左键并移动鼠标确定窗口的对角点的位置，这样就形成了一个矩形框窗口。如果鼠标从左至右移动确定矩形框，则完全处于窗口内的对象被选中；如果鼠标从右向左确定矩形框，则完全处于窗口内的对象和与窗口相交的对象均被选中。

4. 鼠标的操作

（1）鼠标键的操作　在双按键鼠标上，左键是拾取键，用于指定位置、选择对象。鼠标右键根据单击位置的不同有更多的用处。单击鼠标右键显示的内容还可以修改，单击标题栏最左侧的图标，选择"选项"按钮，在弹出选项对话框中单击"用户系统配置"选项卡，单击"自定义右键单击"按钮即可进行修改。

（2）鼠标滑轮的操作　若鼠标带有滑轮，转动滑轮可以对图形执行缩放和平移命令，放大或缩小的具体操作如下：向前转动滑轮，放大视图；向后转动滑轮，缩小视图。

缩放到图形范围：双击滑轮按钮，将图形最大化全部显示在视图中。

平移：按住滑轮时，十字光标变为平移图标，移动鼠标时可以平移视图。同时按住"Ctrl"键和滑轮按钮，十字光标变为图标，此时拖动鼠标，图标会根据移动方向变为单向的箭头图标。

5. 删除对象

该命令用于删除指定的对象。用鼠标左键单击"修改"工具栏上的图标，命令行提示："选择对象:"，选择要删除的对象，按下回车键或单击鼠标右键完成删除。

6. 对象捕捉追踪应与对象捕捉配合使用

使用对象捕捉追踪时必须打开一个或多个对象捕捉，同时启用对象捕捉。但极轴追踪的状态不影响对象捕捉追踪的使用，即使极轴追踪处于关闭状态，用户仍可在对象捕捉追踪中使用极轴角进行追踪。

任务实施

1. 创建图形

启动 AutoCAD 2012，选择平面图形样板，新建密封板平面图形。

2. 图形绘制

（1）绘制全部点画线

1）设置当前层。鼠标左键单击“图层”面板中的图层属性条，弹出图层列表框，如图 9-29 所示。在列表中选择 05 中心线层。

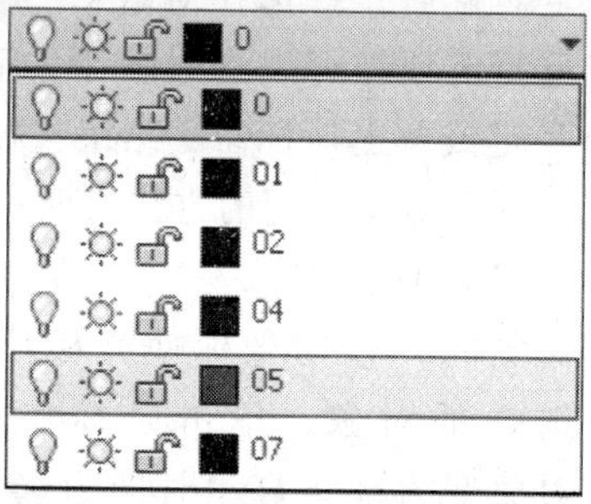

0
0
01
02
04
05
07

图 9-29 图层列表框

2）画对称中心线。单击“常用”选项卡中，“绘图”面板上的直线命令图标（直线），绘制互相垂直的两条中心线。

3）用“常用”选项卡中的“复制”命令画铅垂中心线。单击“修改”面板中的复制按钮。命令行提示如下：

命令：– copy

命令行提示：“选择对象：”找到 1 个（右键单击）

命令行提示：“指定基点或[位移(D)/模式(O)]〈位移〉：”（拾取铅垂线中心）

命令行提示：“指定第二个点或[阵列(A)]〈使用第一个点作为位移〉：”30（回车）

单击鼠标右键，结束复制命令。

同理画出另一个铅垂中心线，如图 9-30 所示。

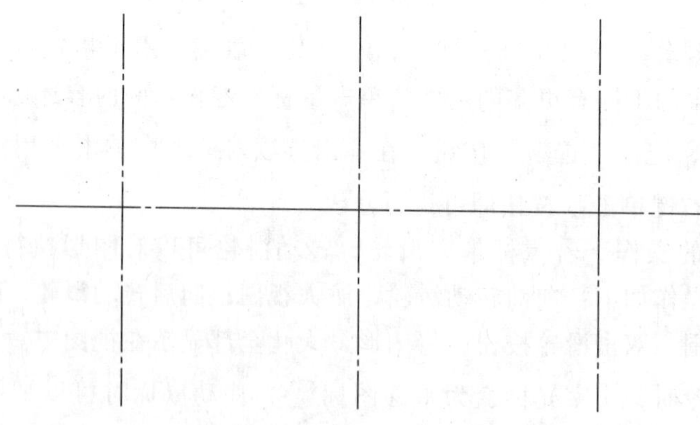

图 9-30 画对称中心线

（2）绘制 $\phi25$、$\phi40$ 及 $\phi10$、$R10$ 同心圆

1）将当前层设为“01”粗实线层，操作同前。

2）绘制圆。在命令行输入“c”或单击“常用”选项卡中，“绘图”面板上的圆命令图标，命令行会出现如下提示。

命令行提示:"circle 指定圆的圆心或[三点(3P)/两点(2P)/相切、相切、半径(T)]:"(捕捉交点即为所画圆的圆心,此时屏幕出现一个半径可变的圆。)

命令行提示:"指定圆的半径或[直径(D)]:"20(回车)。

按回车键重复圆命令。

同理画出 $\phi25$、$\phi10$、$R10$ 圆，如图 9-31 所示。

(3) 绘制 $\phi40$ 与 $R10$ 的公切线

1) 单击"常用"选项卡中，"绘图"面板上的直线命令图标。

2) 捕捉与大圆的切点，捕捉与小圆的切点。

3) 下侧公切线的绘制可采用上述方法，也可用"镜像"指令。下面介绍"镜像"指令的操作方法。

单击"常用"选项卡中，"修改"面板中的 镜像 按钮，命令行会出现如下提示。

命令:mirror

命令行提示:"选择对象:"(使用对象选择方法并按"Enter"键结束命令)

命令行提示:"指定镜像线的第一点:"(指定点 1)

命令行提示:"指定镜像线的第二点:"(指定点 2)

命令行提示:"要删除源对象吗?[是(Y)/否(N)](否>:"(输入 Y 或 N,或按"Enter"键)

注意：指定的两个点将成为直线的两个端点，选定对象相对于这条直线被镜像，如图 9-32 所示。

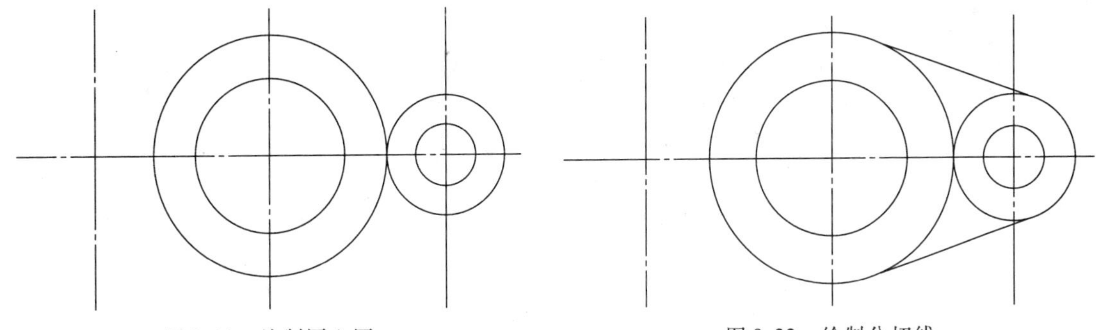

图 9-31　绘制同心圆　　图 9-32　绘制公切线

(4) 修剪多余因素　本图为对称图形，可先画出一半图形再用镜像方法生成另一半，在镜像操作之前应先将多余图素修剪或删除，这样可使操作简便。

单击"常用"选项卡中，"修改"面板中的 修剪 图标，即可启动命令。

命令:－trlm

命令行提示:"当前设置:投影＝ucs,边＝无选择剪切边…"

命令行提示:"选择对象或{全部选择>:"选择对象边界:对称中心线

命令行提示:"选择对象:"按下"Enter"键或继续选择对象

命令行提示:"选择要修剪的对象,或按住 Shift 键选择要延伸的对象,或

[栏选(F)/窗交(c)/投影(P)/边(E)/删除(R)/放弃(U)]:"依次选择要修剪的两条圆

弧,修剪完后,按下“Enter”键或单击右键退出操作,如图 9-33 所示。

注意:使用修剪命令时,第一次选择对象时选择的是修剪边界而非修剪实体。

(5) 用镜像指令完成全图 结果如图 9-34 所示。

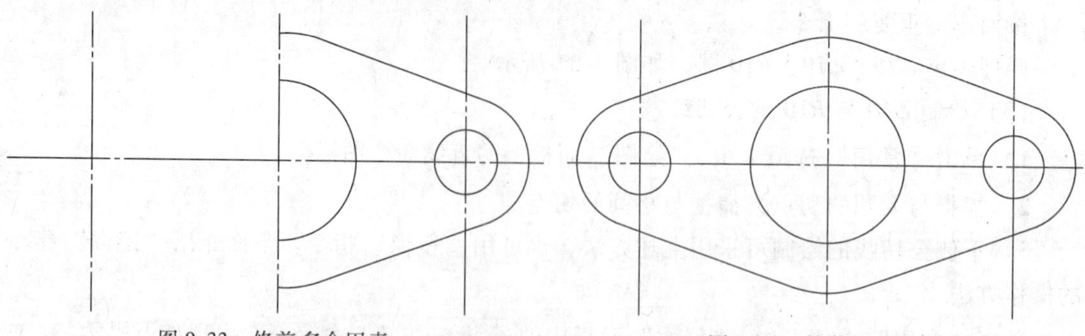

图 9-33 修剪多余因素　　图 9-34 镜像完成全图

(6) 整理图形 图形画完后,有些中心线过长,需整理,可用“拉长”指令完成。“拉长”指令不仅可以将直线拉长,而且可将直线缩短。操作方法如下:

单击“常用”选项卡中,“修改”面板中的图标,即可启动命令。

命令:-lengthen

命令行提示:“选择对象或[增量(DE)/百分数(P)/全部(T)/动态(DY)]:”DY

命令行提示:“选择要修改的对象或[放弃(U)]:”选取中心线

命令行提示:“指定新端点:”确定位置,如图 9-35 所示。

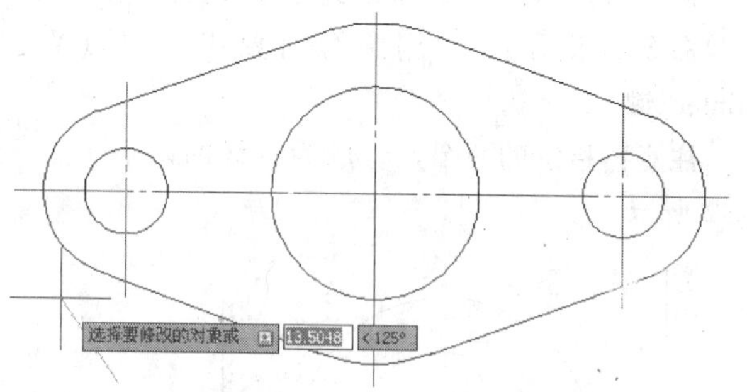

图 9-35 整理图形

(7) 存储文件 完成后存储文件。

任务 5 绘制均布图形并标注尺寸

任务描述

绘制如图 9-36 所示的摩擦片平面图形。

任务分析

图形特点:此类图形包含若干均布结构图形。

绘图方法:先绘制均布结构一个图形,再用“阵列”指令完成全图,如图 9-36 所示。

相关知识

1. 视图的缩放

缩放视图是通过改变视口的显示比例,可以让用户很方便、很详细地查看图形中任何位置的细节。

启动缩放视图命令的方法如下:在命令行中输入“zoom”或“z”,然后按下回车键,命令行提示如下。

命令行提示："指定窗口的角点，输入比例因子（nX 或 nXP），或者

[全部（A）/中心（C）/动态（D）/范围（E）/上一个（P）/比例（S）/窗口（W）/对象（O）]<实时>："

在命令行中输入对应的字母，按回车键，即可执行相应命令。

缩放命令的执行情况如下：

（1）用鼠标操作直接进入窗口缩放状态　可以通过单击鼠标确定窗口的角点位置确认缩放的比例。

单击鼠标左键确定一个窗口角点的位置，此时命令行提示"指定对角点"。移动光标时会在工作区域拖出一个方框，确定另一个窗口角点的位置并单击"确定"，由此两对角点形成的方框区域放大显示，并占满整个视口。

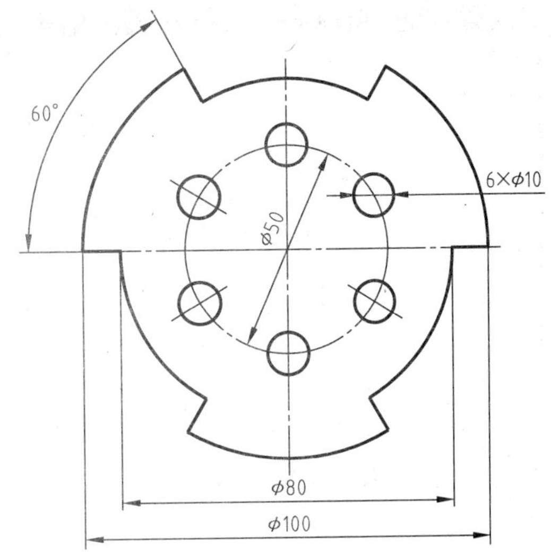

图 9-36　摩擦片平面图形

（2）键盘操作输入数字进入比例缩放状态　输入比例后，单击回车键，则视口中的图形相应缩放显示。

注意：输入的数值即为缩放的比例，X 表示根据当前视口指定比例。例如，输入"2X"，视口显示为原大小的 2 倍。但如果输入"2XP"，则以图纸空间单位的 2 倍显示模型空间。

2. 用夹点编辑

在没有执行任何命令的情况下，用鼠标选择对象后，对象上会出现若干个蓝色的小方格，这些小方格称为对象的夹点。夹点实际就是对象上的控制点。使用夹点编辑功能，可以方便地对图形和文字进行拉伸、移动、旋转、缩放以及镜像等编辑操作。要退出夹点模式返回命令提示，可以通过按下"Esc"键实现。

3. 标注样式的设置

由于尺寸标注的类型有线性尺寸、半径和直径尺寸、角度尺寸等，所以必须重新设置尺寸的标注样式，使之符合我国机械制图国家标准的规定。

标注样式的设置方法，启动命令如下：

方法一：选择"注释"面板中的按钮。

方法二：输入命令 dimstyle。

执行命令后，会弹出名为"标注样式管理器"的对话框，如图 9-37 所示。

下面分别介绍线性尺寸，半径、直径尺寸和角度尺寸标注样式的设置方法。

（1）线性尺寸标注样式的设置方法

1）执行上述命令后，在弹出的"标注样式管理器"对话框中单击新建按钮，弹出"创建新标注样式"对话框，如图 9-38 所示。

2）在"新样式名"栏中输入样式名"线性"，其余的不变，单击 继续 按钮，弹

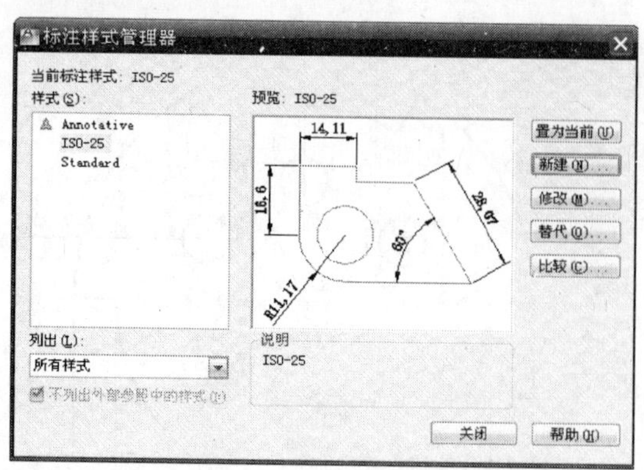

图 9-37 “标注样式管理器”对话框

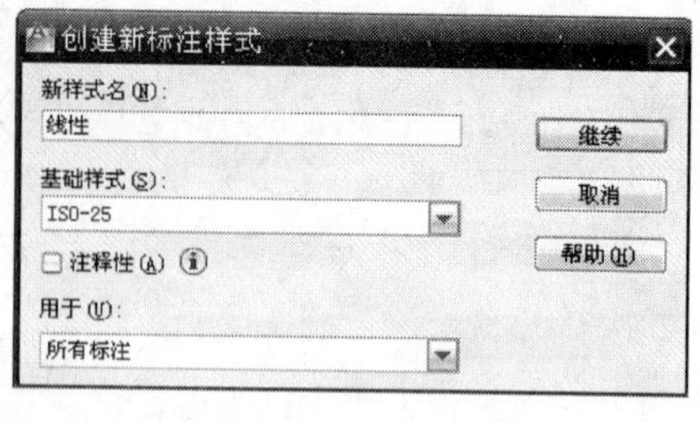

图 9-38 “创建新标注样式”对话框

出“新建标注样式：线性”对话框，如图9-39所示。

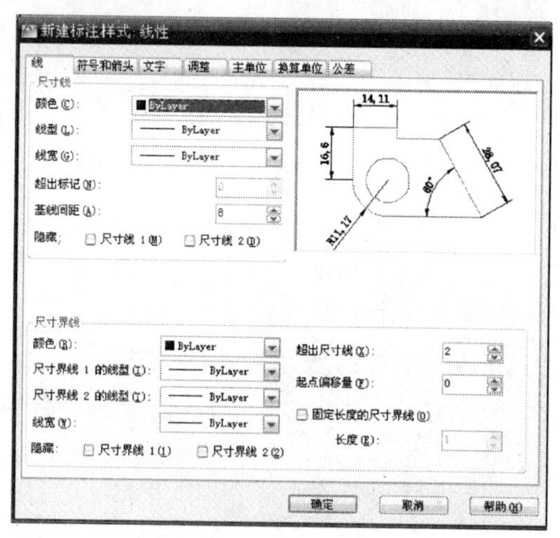

图 9-39 “线”选项卡

3）单击 线 按钮，弹出第一栏，如图9-39 所示。

设置方法如下：

① 在“尺寸线”区中，颜色：单击▾按钮，在下拉出的几项中选择“Bylayer”（随层）；线型：单击▾按钮，在下拉出的几项中选择“Bylayer”（随层）；线宽：单击▾按钮，在下拉出的几项中选择“Bylayer”（随层）；基线间距：在文字框中输入“8”。

说明：基线间距为两个线性尺寸按基线标注时，两条尺寸界线间的距离。

② 在“尺寸界线”区中，颜色：单击▾按钮，在下拉出的几项中选择“Bylayer”（随层）；尺寸界线 1 和尺寸界线 2 的线型：单击▾按钮，在下拉出的几项中选择“Bylaver”（随层）；线宽：单击▾按钮，在下拉出的几项中选择“Bylayer”（随层）；超出尺寸线：在文字框中输入“2”；起点偏移量：在文字框中输入“0”。

说明：超出标记为尺寸界线超出尺寸线的距离，国家标准规定为 2 ~ 3mm。起点偏移量为尺寸界线离开轮廓线的距离，国家标准规定为 0。

4）单击 符号和箭头 按钮，弹出第二栏，如图 9-40 所示。

① 在“箭头”区中，第一个：单击▾按钮，在下拉出的几项中选择“实心闭合”；第二个：单击▾按钮，在下拉出的几项中选择“实心闭合”；箭头大小：在文字框中输入“3”。

② 在“圆心标记”区，在几项中选择“无”，完成后如图 9-40 所示。

5）单击 文字 按钮，弹出第三栏，如图 9-41 所示。

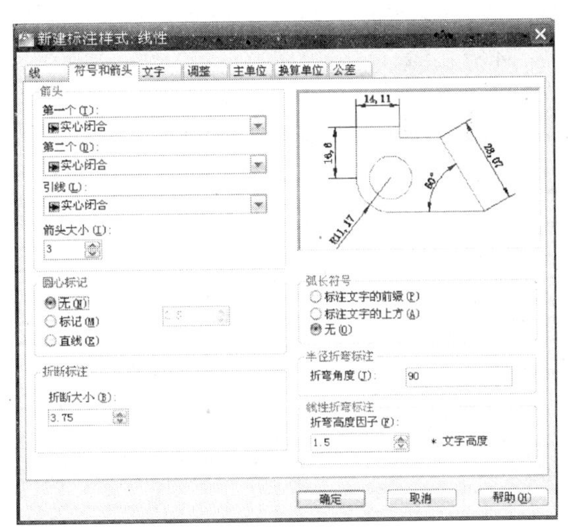

图 9-40 “符号和箭头”选项卡

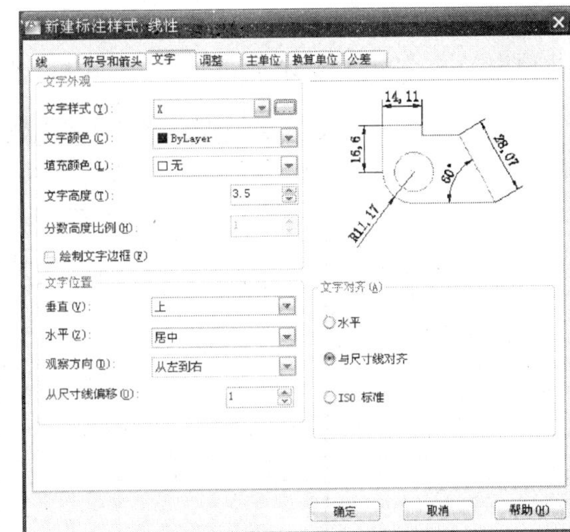

图 9-41 “文字”选项卡

① 在“文字外观”区中，文字样式：单击▼按钮，在下拉出的几项中选择“X”（X为前面已经设置好的文字样式）；文字颜色：单击▼按钮，在下拉出的几项中选择“Bylayer”（随层）；在文字高度：在文字框中输入“3.5”；其余不用填。

② 在“文字位置”区中，垂直：单击▼按钮，在下拉出的几项中选择“上”；从尺寸线偏移：在文字框中输入“1”。

③ 在“文字对齐”区中，选择“与尺寸线对齐”。

6）单击 调整 按钮，弹出第四栏，如图 9-42 所示。

① 在“调整选项”区中，选择“文字或箭头（最佳效果）”。

② 在“文字位置”区中，选择“尺寸线旁边”。

③ 在“标注特征比例”区中，选择“使用全局比例”为1。

④ 在“优化”区中，选择“手动放置文字”。填写结束后，应如图 9-42 所示。

7）单击 主单位 按钮，弹出第五栏，如图 9-43 所示。

① 在“线性标注”区中，单位格式：单击▼按钮，在下拉出的几项中选择“小数”；精度：单击▼按钮，在下拉出的几项中选择“0”；小数分隔符：单击▼按钮，在下拉出的几项中选择“.（句点）”。

② 在“角度标注”区中，单位

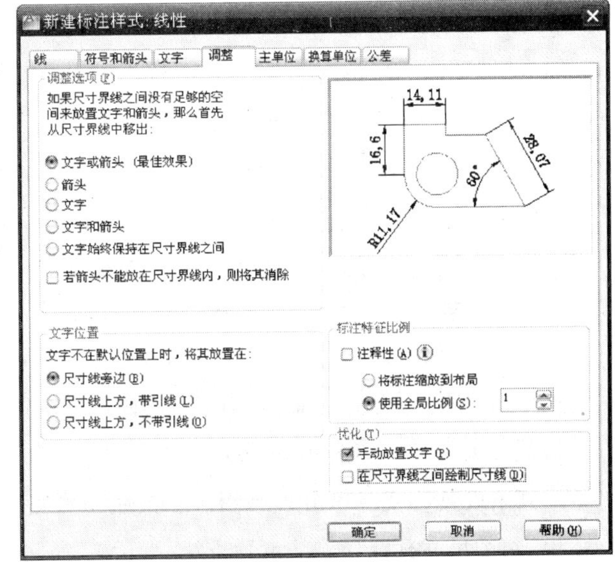

图 9-42 “调整”选项卡

格式：单击▼按钮，在下拉出的几项中选择“度/分/秒”；精度：单击▼按钮，在下拉出的几项中选择“0d”；其余不变。填写结束后，应如图 9-43 所示。

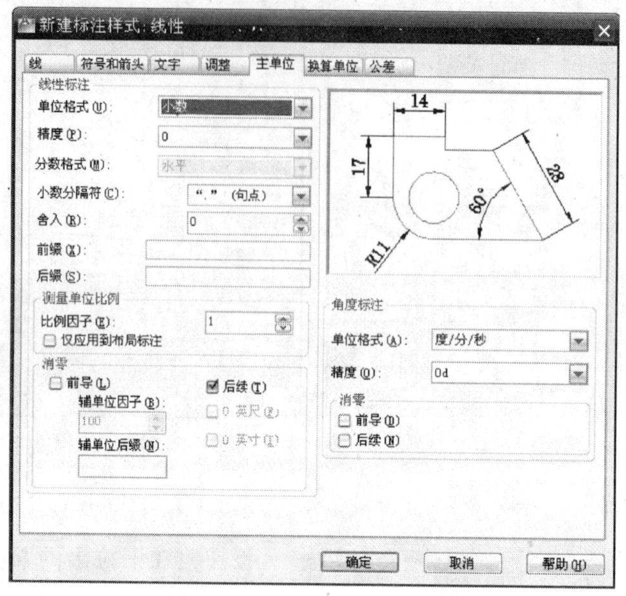

图 9-43 “主单位”选项卡

8）单击“确定”按钮，返回“标注样式管理器”对话框，完成“线性”标注样式的设置。

（2）圆和圆弧的直径、半径尺寸标注样式的设置方法

1）在图 9-37 所示“标注样式管理器”对话框中，在“样式”栏中，单击“线性”样式，再单击 置为当前(U) 按钮，将“线性”标注样式设置为当前样式。

2）单击 新建(N)... 按钮，弹出名为“创建新标注样式”对话框，如图 9-38 所示。然后，在“新样式名”的文字框中输入“圆”作为新样式名；基础样式：单击▼按钮，在下拉出的几项中选择“线性”；用于：单击▼按钮，在下拉出的几项中选择“所有标注”。填写结束后，应如图 9-44 所示。单击 继续 按钮。

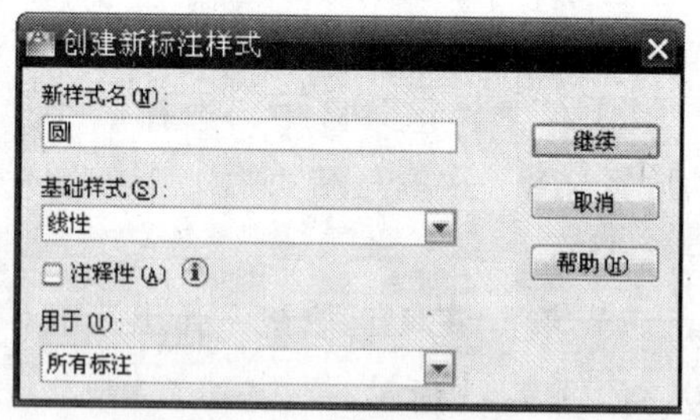

图 9-44 创建新标注形式——圆

3）单击 文字 按钮，弹出第三栏，如图 9-45 所示。在“文字对齐”区中，选择“ISO 标准”。填写结束后，应如图 9-45 所示。

4）单击 调整 按钮，弹出第四栏，如图 9-46 所示。在“调整选项”区中，选择“箭头”，填写结束后，应如图 9-46 所示。

5）其余设置不变，单击 确定 按钮即可完成设置。

（3）角度尺寸标注样式的设置方法

1）在图 9-37 所示“标注样式管理器”对话框中，在“样式”栏中，单击“圆”样

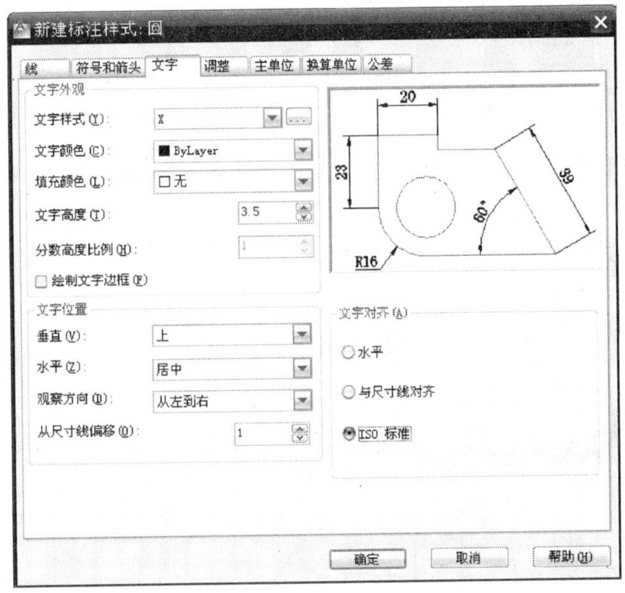

图 9-45 “文字”选项卡

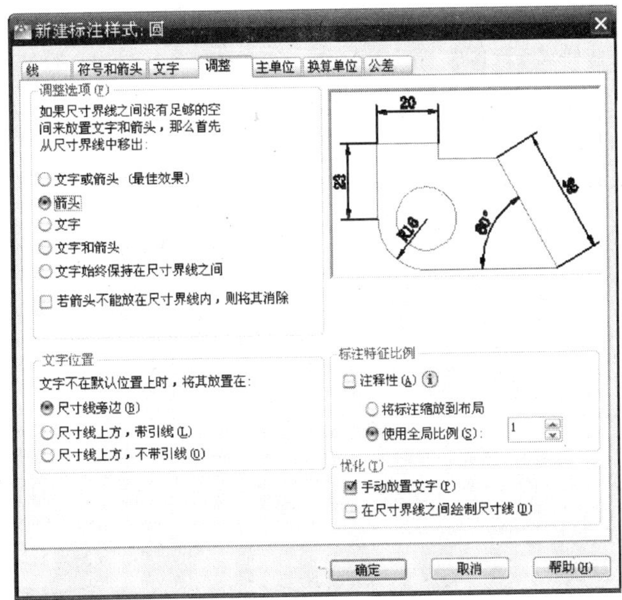

图 9-46 “调整”选项卡

式，再单击 置为当前(U) 按钮，将“圆”标注样式设置为当前样式。

2）单击 新建(N)... 按钮，弹出“创建新标注样式”对话框，如图 9-38 所示。然后，在“新样式名”的文字框中输入“角度”作为新样式名；基础样式：单击▼按钮，在下拉出的几项中选择“圆”；用于：单击▼按钮，在下拉出的几项中选择“所有标注”。填写结束后，应如图 9-47 所示。单击 继续 按钮。

3）单击 文字 按钮，弹出第三栏。在“文字对齐”区中，选择“水平”。

4）其余设置不变，单击 确定 按钮即可完成设置。

任务实施

1. 创建图形

启动 AutoCAD 2012，选择平面图形样板，新建密封板平面图形。

2. 图形绘制

（1）绘制全部点画线

1）设置当前层（05 中心线层）。

2）绘制全部点画线，如图 9-48 所示

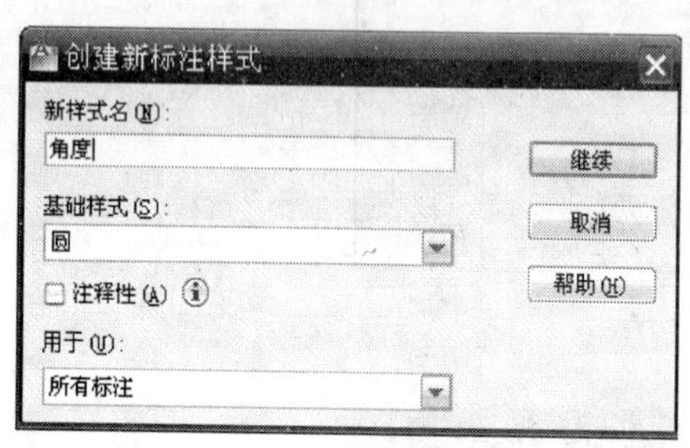

图 9-47　创建新标注样式——角度

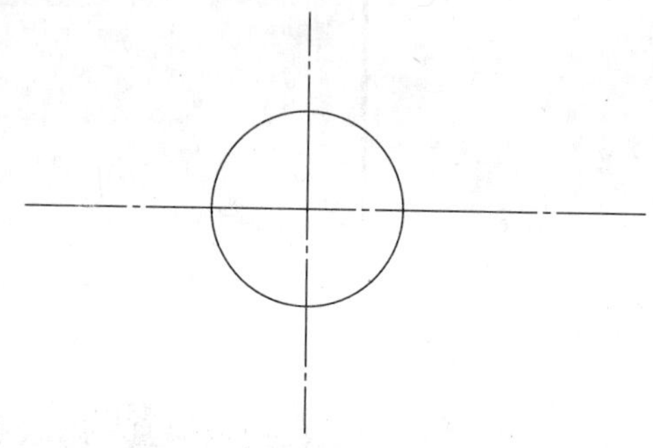

图 9-48　绘制全部点画线

（2）绘制 $\phi80$、$\phi100$ 同心圆

1）将当前层设为“01”粗实线层，操作同前。

2）绘制圆，如图 9-49 所示。

（3）画 $\phi10$ 圆　在“01 层”画 $\phi10$ 圆，如图 9-50 所示。

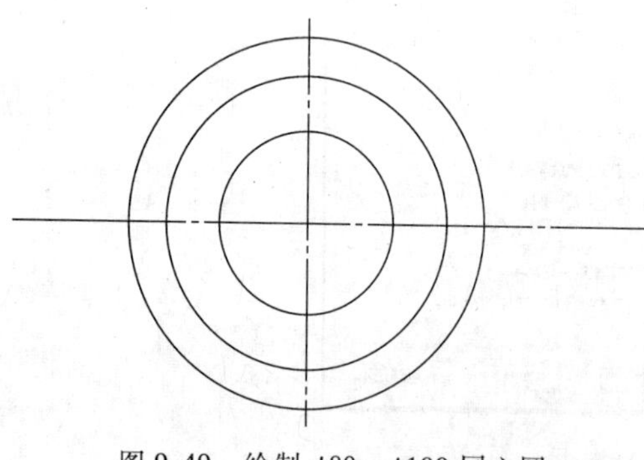

图 9-49　绘制 $\phi80$、$\phi100$ 同心圆

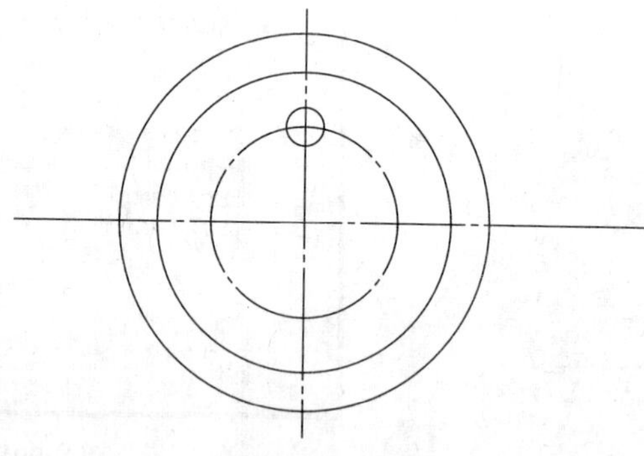

图 9-50　画 $\phi10$ 圆

（4）将右侧 $\phi80$ 和 $\phi100$ 之间的一小段水平点画线改为粗实线

1）选择“常用”选项卡，“修改”面板中的“打断于点”按钮 或在命令行中输入“break”命令，命令行提示如下：

命令:-break 选择对象(拾取曲线)

命令行提示:“选择第二个打断点或[第一点(F)]:”-f

命令行提示:“选择第一个打断点:”拾取打断点

2)用工具点菜单捕捉 Φ80 与水平中心线右侧的交点 1。

3）同理将 Φ100 与水平中心线在 2 点打断。

4）将左侧一小段线段通过更改图层的方法改为粗实线，选择直线弹出的对话框如图 9-51 所示。

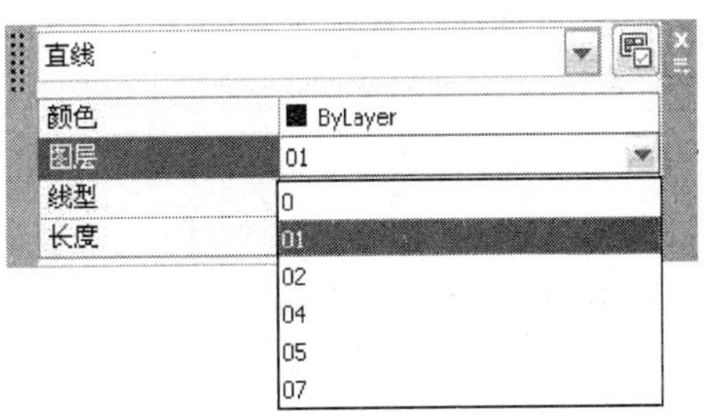

图 9-51　直线对话框

（5）用阵列指令生成 3 个槽及 6 个孔

单击“修改”面板中的 阵列按钮或在命令行中输入“arraypolar”命令，命令行提示如下：

命令：-arraypolar

命令行提示：“选择对象：”（要阵列的直线和圆，选择完毕单击鼠标右键）

命令行提示：“指定阵列的中心点或[基点（B）/旋转轴（A）]：”（以同心圆圆心为基点）

命令行提示：“输入项目数或[项目间角度（A）/表达式（E）]<3>：”6（回车）

命令行提示：“指定填充角度（+=逆时针、-=顺时针）或[表达式（EX）] <360>：”（回车后确定，生成图形如图 9-52 所示。）

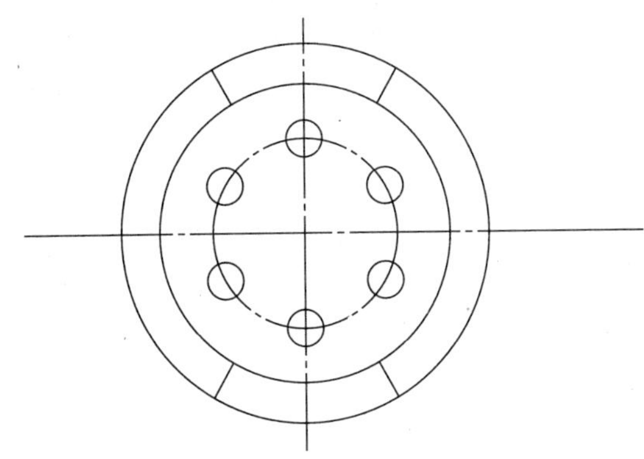

图 9-52　阵列生成 3 个槽及 6 个孔

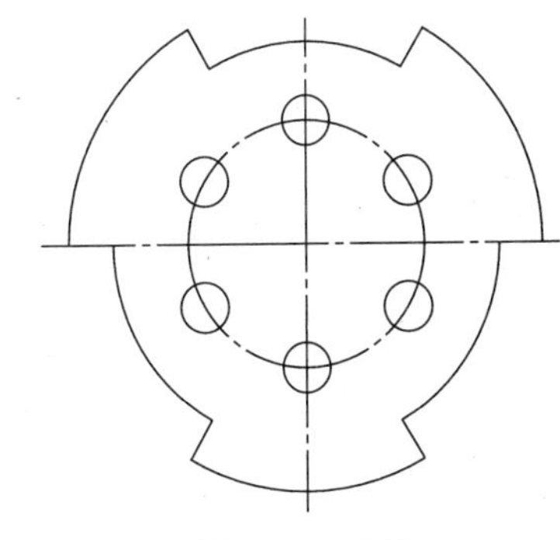

图 9-53　裁剪

（6）裁剪　启动命令。

单击“常用”选项卡，“修改”面板中的 修剪按钮或在命令行中输入“tr”命令，命令行提示如下：

当前设置：投影=ucs，边=无（说明当前模式）

选择剪切边…（提示下一步的操作内容）

命令行提示：“选择对象或（全部选择）：”选择剪切边

命令行提示：“选择对象”按回车键结束选取

命令行提示：“选择要修剪的对象，或按住 Shift 键选择要延伸的对象，或

[栏选（F）/窗交（C）/投影（P）/边（E）/删除（R）/放弃（U）]：”（拾取要修剪的图形对象的多余部分）

命令行提示：“选择要修剪的对象，或按住 Shift 键选择要延伸的对象，或

[栏选（F）/窗交（C）/投影（P）/边（E）/删除（R）/放弃（U）]：”（按回车键结束操作完成后的图形如图 9-53 所示）。

（7）尺寸标注全部尺寸

1）标注 φ100。

选择“常用”选项卡，“注释”面板中的[线性]按钮或在命令行中输入“dimlinear”命令。

命令行提示：“指定第一条尺寸界线原点或（选择对象）”。先打开对象捕捉开关，将光标移到要标注的轮廓线第一点附近，单击选择第一点。

命令行提示：“指定第二条尺寸界线原点”。用同样的方法选择第二点。

命令行提示：“指定尺寸线位置或［多行文字(M)/文字(T)/角度(A)/水平(H)/垂直(v)/旋转(R)］”。T（回车）。

输入标注文字 <100>:%% c100（回车），移动鼠标，在两点之间拉出尺寸界线，在合适的位置单击鼠标左键，即可完成线性尺寸 $\phi100$ 的标注。

2）$\phi80$ 的标注方法同上。

3）$\phi50$ 及 $6\times\phi10$ 的标注。

选择“常用”选项卡，“注释”面板中的“线性”按钮的右边黑三角，在下拉菜单中选择直径，或在命令行中输入“dimdiamcter”命令。

命令行提示：“选择圆弧或圆:”将光标移到要标注的圆附近单击鼠标左键，选择圆。

命令行提示：“指定尺寸线位置或［多行文字(M)/文字(T)/角度(A)］:移动光标，在要放置尺寸线的位置单击鼠标左键即完成 $\phi50$ 的标注。

说明：标注 $6\times\phi10$ 的尺寸时，要在第 3 步中先输入“T”，按回车键，命令行提示：“输入标注文字”，再输入“6×%%c10”，按回车键，然后再执行第 3 步的操作即可。

4）60°角度尺寸标注。

选择“注释”面板中“线性”按钮的右边黑三角，在下拉菜单中选择角度，或在命令行中输入“dimangular”命令。

命令行提示：“选择圆弧、圆、直线或<指定顶点>:”移动光标，在要标注角度的第一条直线上单击鼠标左键，选择直线。

命令行提示：“选择第二条直线:”移动光标，在要标注角度的第二条直线上单击鼠标左键，选择直线。

命令行提示：“指定标注弧线位置或［多行文字(M)/文字(T)/角度(A)/象限点(Q)］:”移动光标，在要放置尺寸的位置单击鼠标左键即完成60°角度的标注。完成图形如图 9-54 所示。

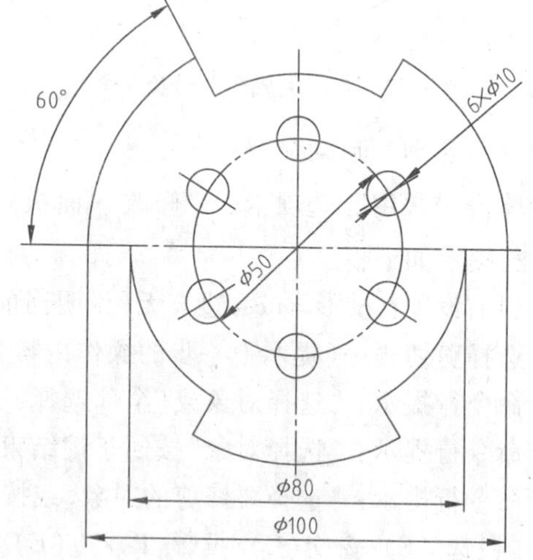

图 9-54　标注全部尺寸

（8）存储文件　完成后存储文件。

任务6　绘制多圆弧连接图形

任务描述

绘制如图 9-55 所示的多圆弧平面图形。

任务分析

多圆弧平面图形由多个已知弧（线段）、中间弧（线段）、连接弧（线段）组成。

相关知识

多圆弧连接图形的绘制方法：进行尺寸分析和线段分析后，先画已知弧（线段），再画中间弧（线段）、最后画连接弧（线段）。

任务实施

1. 绘制已知弧（线段）

已知弧或线段的定形尺寸和定位尺寸均齐全。如图9-55中 $\phi15$、$\phi30$、$R16$ 均属已知弧。

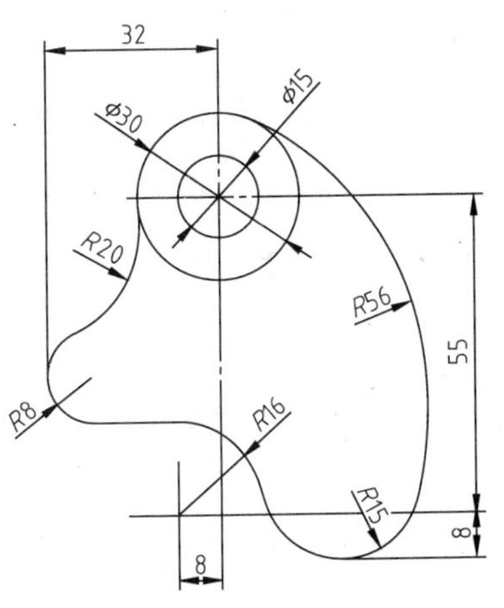

图9-55 多圆弧平面图形

1）在05层绘出已知弧的中心线，如图9-56所示。

2）在01层绘制出已知圆（$\phi15$、$\phi30$、$R16$ 均属已知弧），如图9-57所示。

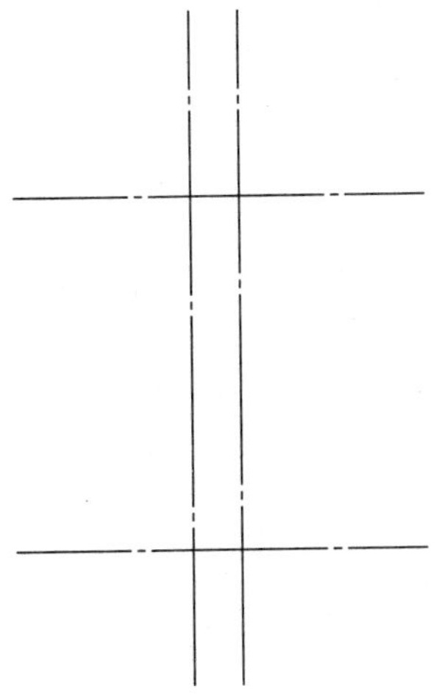

图9-56 绘制已知弧中心线

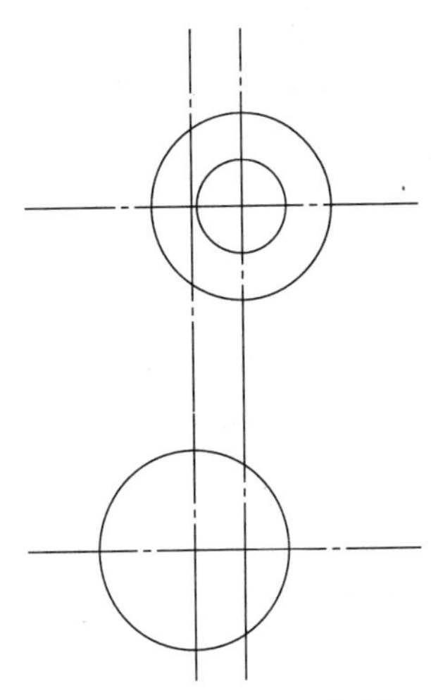

图9-57 绘制出已知圆

2. 绘制中间圆弧（线段）

中间圆弧或线段的定形尺寸齐全，只有一个定位尺寸，另外一个定位尺寸要靠与已知圆或线段的相切关系来定。本图中的中间弧或线段有右下角的 $R15$ 圆弧、$R16$ 圆弧上左侧与之相切的水平线段及左侧的 $R8$ 圆弧。

1）在“01层”绘制 $R16$ 圆弧上侧与之相切的水平线段，如图9-58中AB线段。

2）在“中心线层”绘制 $R8$ 的中心线，如图9-59所示。

3）绘制与 $R15$ 圆距离为8的相切直线CD，如图9-60所示。

4）绘制 $R15$ 圆。在命令行输入“c”或单击“常用”选项卡中，“绘图”面板上的圆命令图标，命令行会出现如下提示：

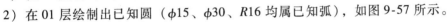

命令行提示：“circle 指定圆的圆心或[三点(3P)/两点(2P)/切点、切点、半径(T)]：”输入“T”。

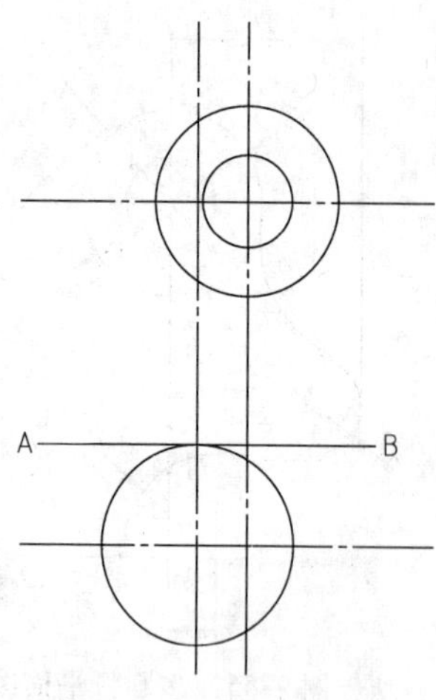

图 9-58　绘制 AB 线段

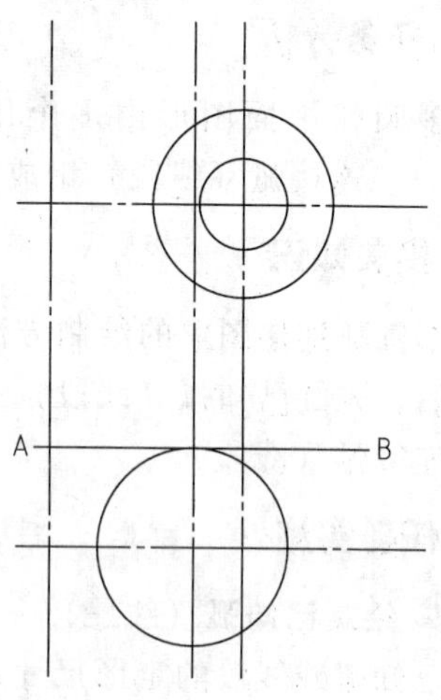

图 9-59　中心线的绘制

命令行提示:"指定对象与圆的第一个切点:"在直线 CD 上捕捉切点。

命令行提示:"指定对象与圆的第二个切点:"在圆 *R*16 上捕捉切点。

命令行提示:"指定圆的半径 <31.0000>:"输入"15"(回车)。

即完成 *R*15 圆的绘制，如图 9-60 所示。

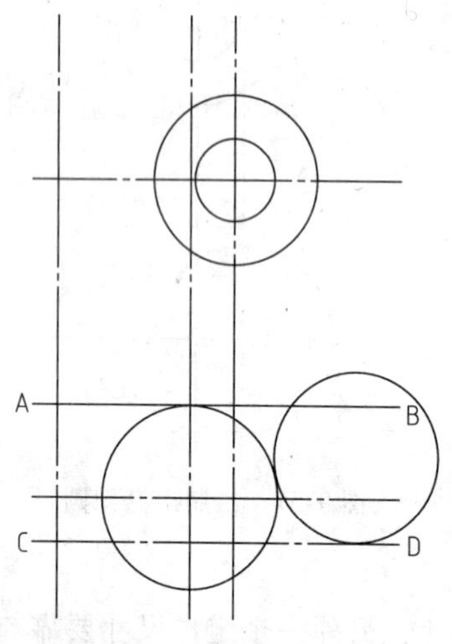

图 9-60　绘制相切直线

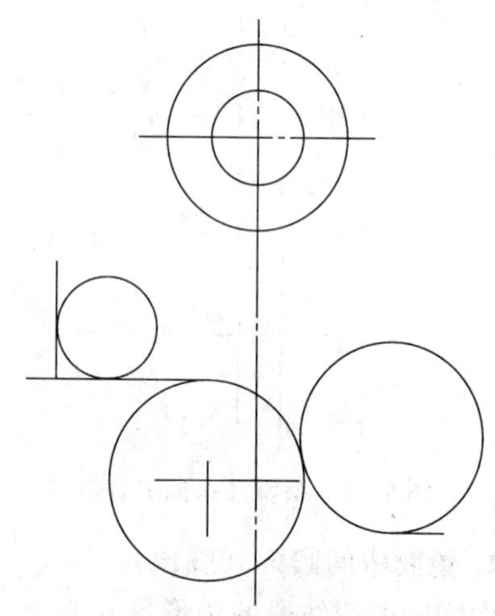

图 9-61　绘制 *R*15 的圆

5）整理图形。因线多，图面显得很乱，故将 *R*16、*R*8、*R*15 圆的中心线用“拉长”指令缩短。

6）画中间弧 *R*8（同上），如图 9-61 所示。

3. 画连接线段和连接弧

绘制右侧 *R*56 圆弧（*R*56 圆弧与 ϕ30、*R*15 均内切）。在命令行输入“a”或单击“常用”选项卡中，“绘图”面板上的圆弧命令图标，命令行会出现如下提示：

命令行提示:"arc 指定圆弧的起点或[圆心(C)]:"在圆 ϕ30 上捕捉切点。

命令行提示:“指定圆弧的端点:”在圆 $R15$ 上捕捉切点。

命令行提示:“指定对象与圆的第二个切点:”在圆 $R15$ 上捕捉切点。

命令行提示:“指定圆弧的圆心或[角度(A)/方向(D)/半径(R)]:”输入“56”回车。

即完成 $R56$ 圆的绘制，如图 9-62 所示。

画连接弧 $R20$（同上），如图 9-62 所示。

4. 修剪

剪掉图中多余的因素。整理后，如图 9-63 所示。

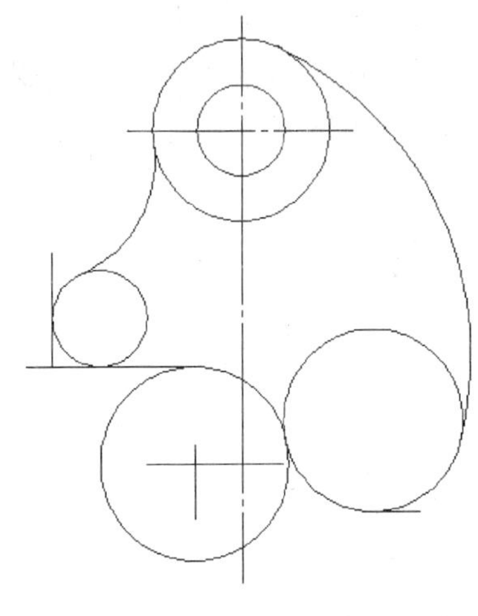

图 9-62 草图

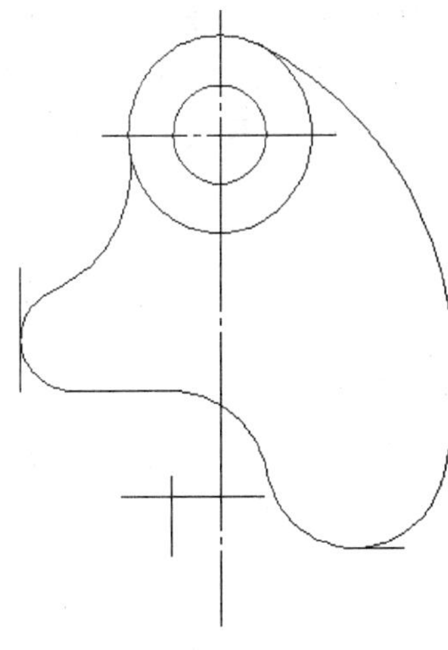

图 9-63 修剪

5. 尺寸标注全部尺寸

1）标注线性尺寸 32、55、8。

选择“常用”选项卡，“注释”面板中的 线性 按钮或在命令行中输入“dimlinear”命令。

命令行提示：“指定第一条尺寸界线原点或（选择对象）”。先打开对象捕捉开关，将光标移到要标注的轮廓线第一点附近，单击左键选择第一点。

命令行提示：“指定第二条尺寸界线原点”。用同样的方法选择第二点。

命令行提示：“指定尺寸线位置或［多行文字(M)/文字(T)/角度(A)/水平(H)/垂直(v)/旋转(R)］”。移动鼠标，在两点之间拉出尺寸界线，在合适的位置单击鼠标左键，即可完成线性尺寸 32 的标注。

2）尺寸 55、8 标注同上。

3）标注 $R20$、$R8$、$R15$、$R16$、$R56$。

选择“常用”选项卡，“注释”面板中“线性”按钮的右边黑三角，在下拉菜单中选择半径，如图 9-64 所示，或在命令行中输入“dimradius”命令。

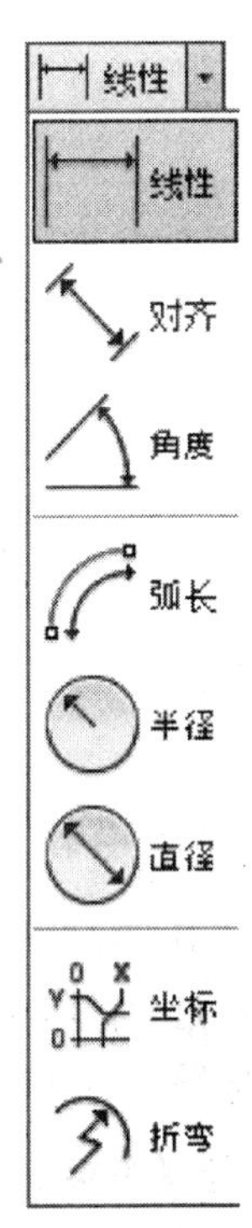

图 9-64 下拉菜单

命令行提示："选择圆弧或圆:" 此时，将光标移到要标注的圆或圆弧附近，单击左键选择圆弧或圆。

命令行提示："指定尺寸线位置或［多行文字(M)/文字(T)i 角度(A)］:"移动光标，在要放置尺寸线的位置单击鼠标左键即可完成。

4）ϕ30、ϕ15 标注同前。

6. 存储文件

问题与防治

1）绘制多圆弧连接图形，尺寸分析与线段分析是很重要的，否则无从下手。

2）对于圆心、半径确定的圆弧，一般要先找圆心，再画圆，最后修剪。对于仅给出半径的连接弧，不必找圆心，用"切点、切点、半径（T）"画圆弧，捕捉两个切点就可以画出。

任务 7　绘制三视图

任务描述

绘制如图 9-65 所示的三视图。

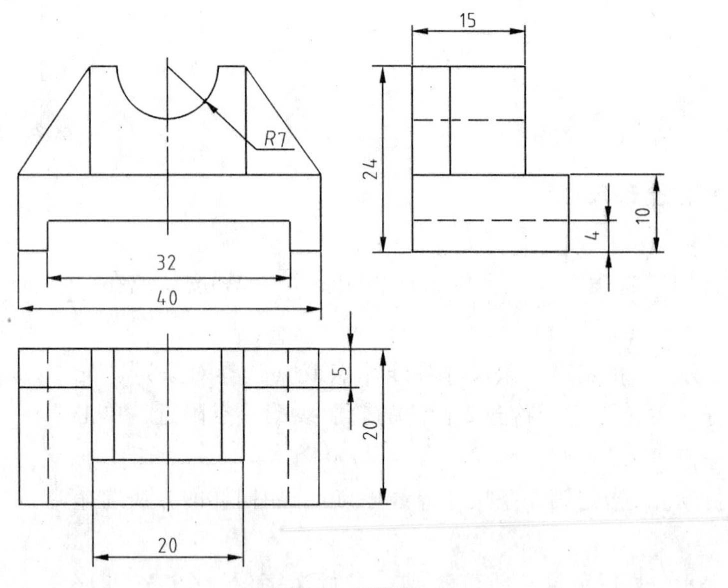

图 9-65　三视图

任务分析

一般在绘制完主视图或俯视图时，根据正投影"长对正、高平齐、宽相等"的投影特性，通过辅助线可以提高绘图的效率。在绘图时可以采用构造线作为绘图辅助线，在绘制完成后删除辅助线即可。

相关知识

在 AutoCAD 2012 中可以创建向两边无限延伸的直线，这种直线称为构造线，在辅助绘图时经常会用到。

1）启动“构造线”命令的方法：单击“绘图”面板上的构造线命令图标 。或在命令行中输入“xline”。

2）启动构造线命令后，命令行提示如下：

命令：xline

命令行提示：“指定点或[水平(H)/垂直(v)/角度(A)/二等分(B)/偏移(O)]：”

3）命令中各选项的含义如下：

指定点通过两点定义构造线的位置。输入点坐标或在绘图区域用鼠标单击确定一点后，命令行提示“指定通过点：”，然后确定第二点位置即确定构造线位置。

① 水平（H）。创建一条通过选定点的水平参照线。输入“h”回车后，命令行提示“指定通过点：”，确定点的位置即完成构造线绘制。

② 垂直（v）。创建一条通过选定点的垂直参照线。输入“v”回车后，命令行提示“指定通过点：”，确定点的位置即完成构造线绘制。

③ 角度（A）。以一定的角度创建一条参照线。输入角度值并回车后，命令行提示“指定通过点：”，确定点的位置即完成构造线绘制。

④ 二等分（B）。创建一条参照线，它经过选定的角顶点，并且将选定的两条线之间的夹角平分。

⑤ 偏移（O）。创建一条平行于另一对象的参照线。

任务实施

1）启动 AutoCAD 2012，使用前面创建的“平面图形样板”为图形样板，开始新图形的绘制。

2）绘制主视图。确定“01”粗实线层为当前图层，绘制一个 40mm×10mm 的矩形；然后再绘制一个 32mm×4mm 的矩形。可以通过捕捉水平距第一个矩形左下角点 4mm 的点作为绘制第二个矩形的起始角点，再通过捕捉水平距第一个矩形左上角点 10mm 的点作为绘制第三个矩形的起始角点，绘制结果如图 9-66 所示。

捕捉第三个矩形上边的中点为圆心，绘制半径为 7mm 的整圆，用直线命令连接 1、3 点及 2、4 点，绘制结果如图 9-67 所示。

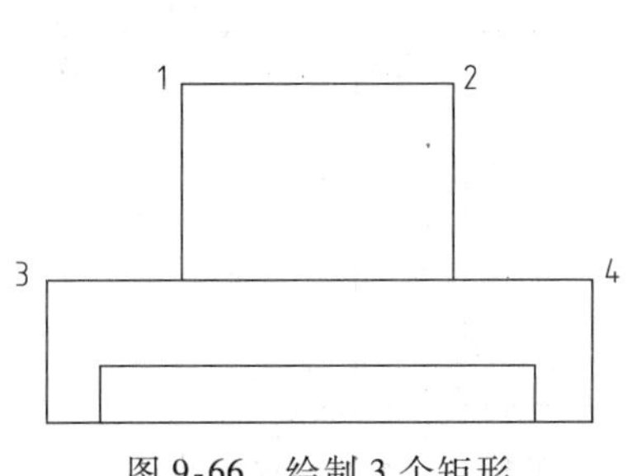

图 9-66　绘制 3 个矩形

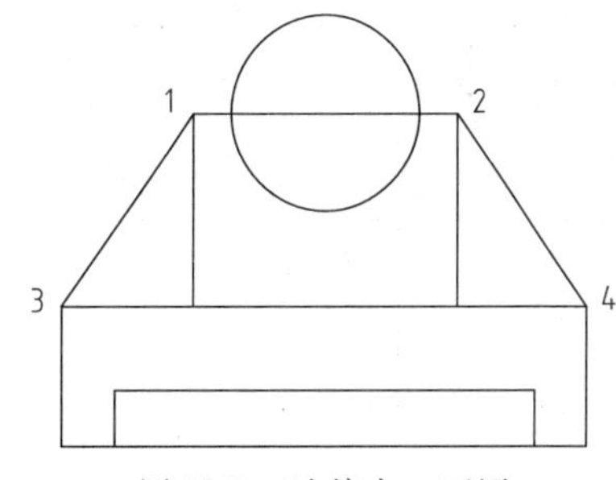

图 9-67　连接点、画圆

通过“修剪”命令去除多余的线条，完成主视图的绘制，如图 9-68 所示。

3）绘制左视图。绘制左视图定位线，将“辅助线”置为当前图层，使用“构造线”命令绘制 5 条水平和 4 条垂直辅助线，如图 9-69 所示。

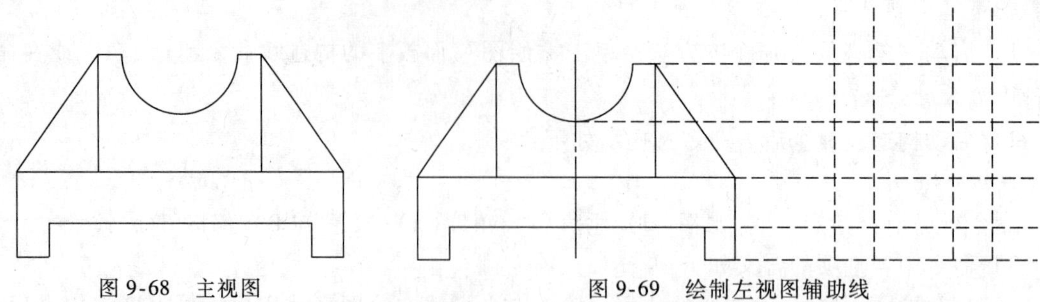

图 9-68　主视图　　　　图 9-69　绘制左视图辅助线

将“01”粗实线置为当前层，然后绘制左视图轮廓线，后将“04”细虚线置为当前层，绘制如图 9-70 所示左视图。

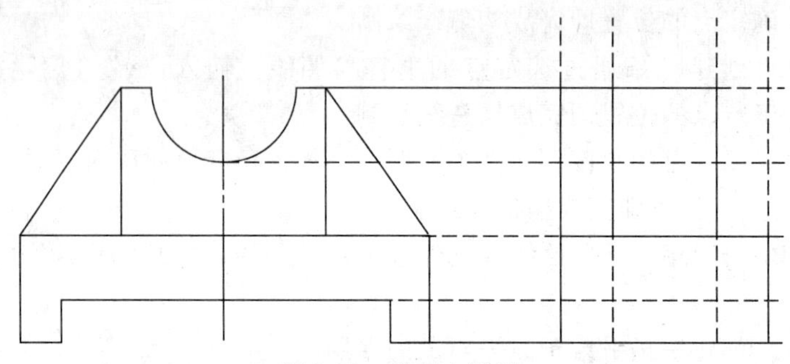

图 9-70　绘制左视图

4）绘制俯视图。将“辅助线”置为当前层，以底座主视图的水平线的起始点为起点做 4 条垂直定位线来定位俯视图。根据“宽相等”的原则，绘制出俯视图的水平定位线。可以利用捕捉命令绘制，如图 9-71 所示。

将“粗实线”置为当前层，绘制俯视图轮廓线，外轮廓尺寸为 40mm × 20mm，如图 9-72 所示。

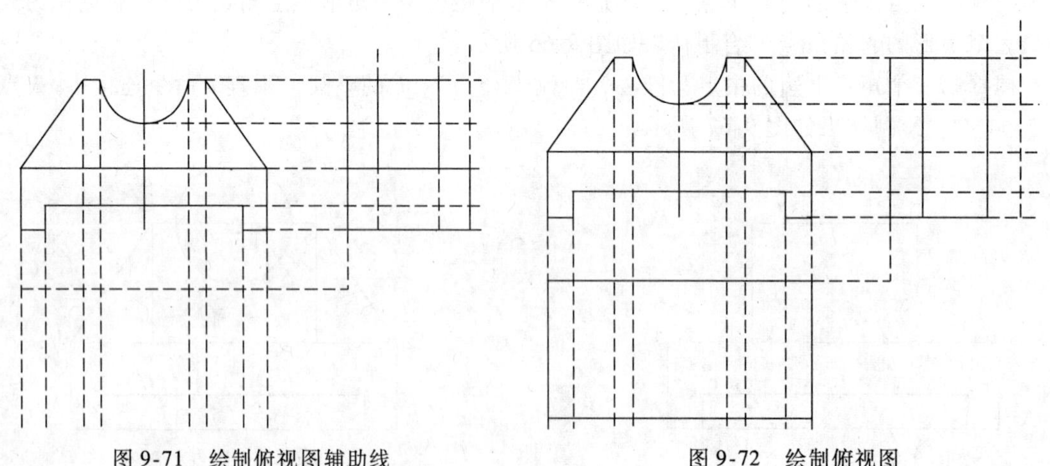

图 9-71　绘制俯视图辅助线　　　　图 9-72　绘制俯视图

将“辅助线”置为当前层，利用“偏移”命令，根据左视图确定肋板和立板的位置，如图 9-73 所示。

5）完成图形绘制，如图 9-74 所示。

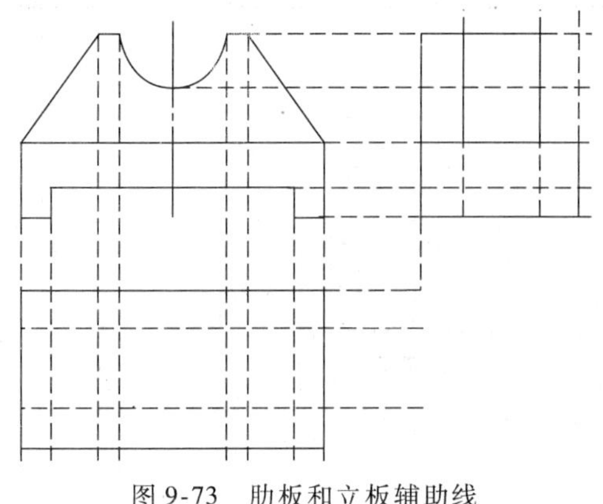

图 9-73 肋板和立板辅助线

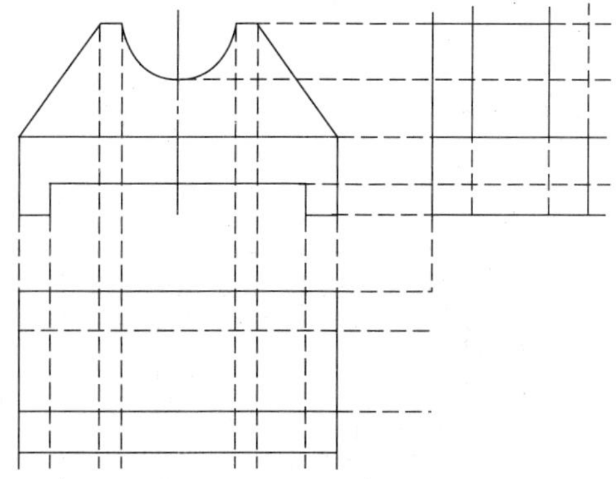

图 9-74 绘制肋板和立板

此时，3 个视图已经初步绘制完成。但还需要整理图形，删除多余的线，并添加中心线，最终完成三视图的绘制，如图 9-75 所示。

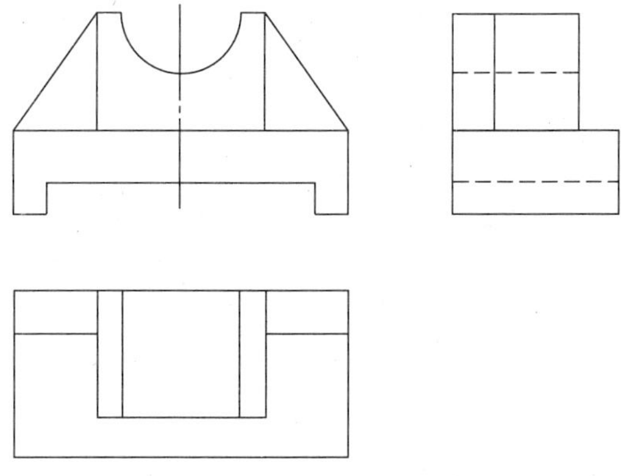

图 9-75 完成图形绘制

6）保存图形并退出程序。单击保存命令，保存图形文件到指定路径后退出 AutoCAD 2012 程序。

任务 8 绘制零件图

任务描述

绘制如图 9-76 所示的轴零件图。

任务分析

轴的零件图中存在倒角、局部剖视图，这是绘图中常遇到的情况，在 AutoCAD 2012 中有与之相对应的命令和工具以便简单和方便地绘图。

表面粗糙度的标注，在用 AutoCAD 2012 绘图过程中通过定义和插入“块”来完成标注。

相关知识

在尺寸标注前，首先要设置专门的尺寸公差标注样式才能进行标注，可参照任务 5 中标

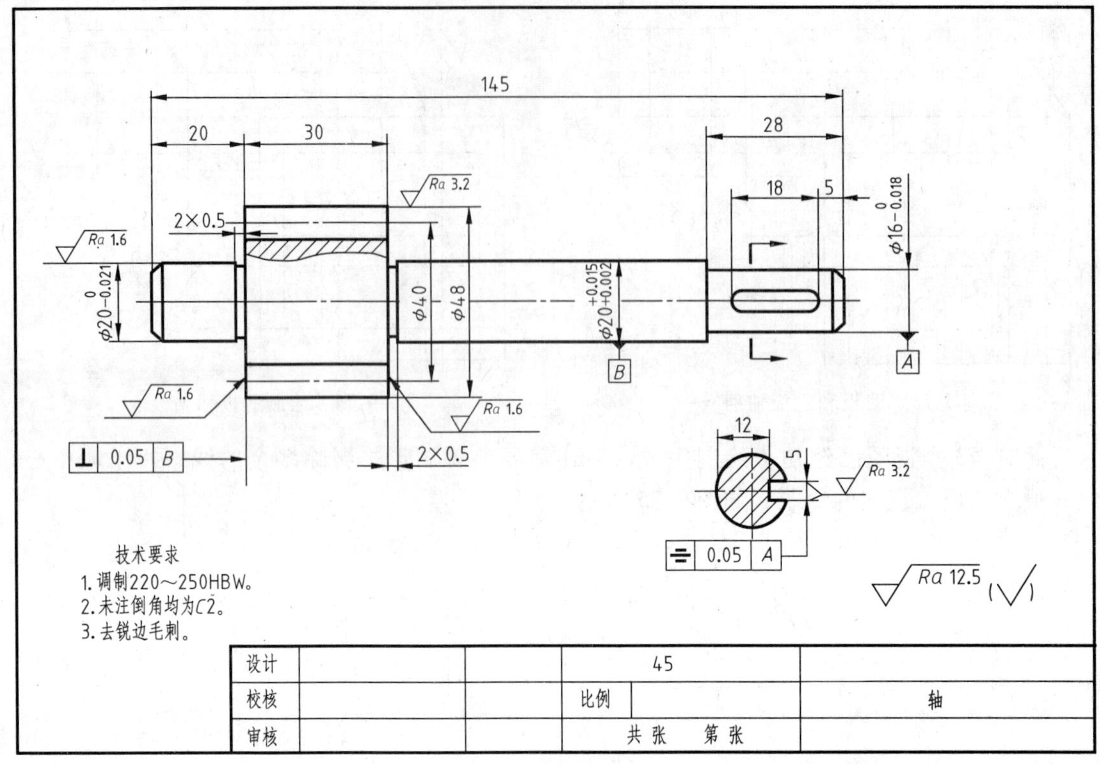

图 9-76 轴零件图

注样式的设置方法进行设置。

1）启动命令：输入命令 dimstyle。

2）执行上述命令后，弹出“标注样式管理器”对话框，如图 9-37 所示。单击按钮，弹出“创建新标注样式”对话框，如图 9-38 所示。

3）在“新样式名”栏中输入样式名“公差”。基础样式：单击按钮，在下拉出的几项中选择“线性”。用于：单击按钮，在下拉出的几项中选择“所有标注”。

4）单击 继续 按钮，弹出“新建标注样式：线性”对话框，如图 9-77 所示。前面的几项“线”“符号和箭头”“文字”“调整”“主单位”“换算单位”不用更改，需要更改“公差”选项。

5）在“公差格式”区中：

① 方式：单击按钮，在下拉出的几项中选择“极限偏差”。

②“精度”、“上偏差”、“下偏差”均不用更改（默认为0）。高度比例：在文字框中输入“0.7”。

③ 垂直位置：单击按钮，在下拉出的几项中选择“中”，设置结束后如图 9-77 所示。

6）单击 确定 按钮，返回“标注样式管理器”的对话框，在“样式”栏中，单击“公差”样式，再单击，置为当前按钮，将“公差”标注样式设置为当前样式。单击关闭按钮，完成“公差”标注样式的设置。

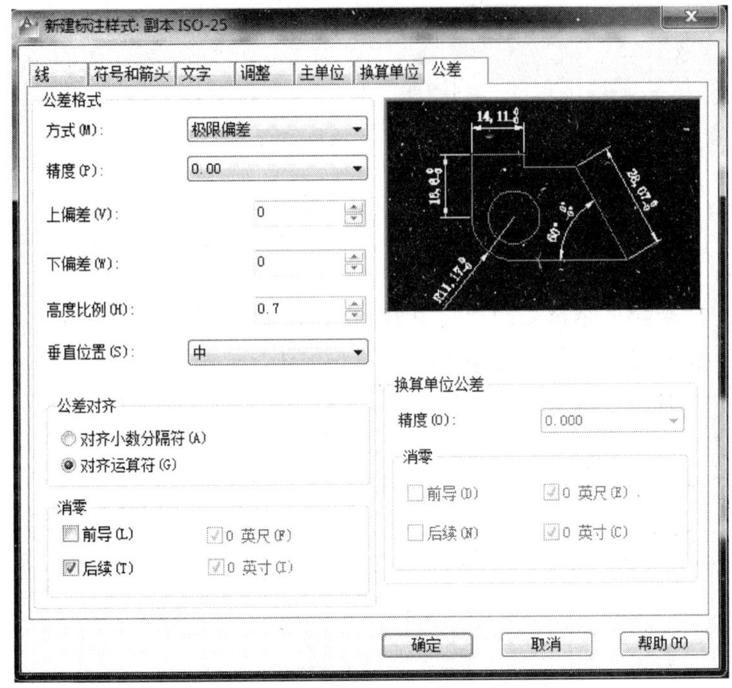

图 9-77 “新建标注样式：线性”对话框

任务实施

（1）新建图形 调用 A3 标注图幅样板图，绘制如图 9-78 所示。

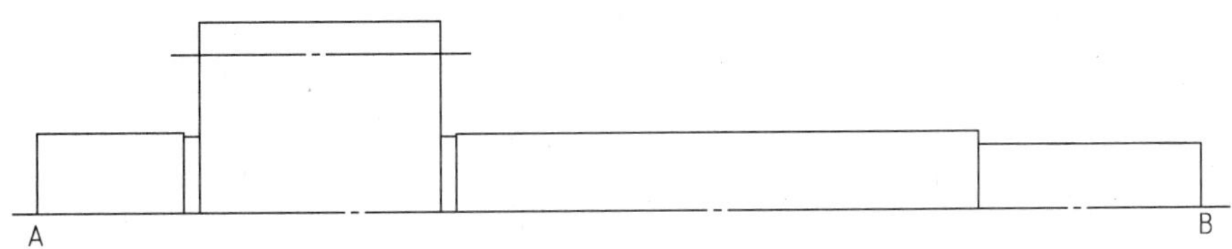

图 9-78 轴草图的绘制

（2）镜像图形 单击“常用”选项卡，“修改”面板中镜像按钮，命令行会出现如下提示：

命令：mirror

选择对象：(全部选中并按“Enter”键结束命令)

指定镜像线的第一点：(指定点 A)

指定镜像线的第二点：(指定点 B)

要删除源对象吗？[是(Y)/否(N)]<否>：(输入 Y 或 N，或按“Enter”键)

注意：指定的两个点将成为直线的两个端点，选定对象相对于这条直线被镜像，如图 9-79 所示。

（3）绘制倒角 单击“常用”选项卡，“修改”面板中的倒角图标，命令行提示：

命令：chamfer (“修剪”模式)当前倒角距离 1 = 10.000，距离 2 = 10.000

命令行提示：选择第一条直线或[放弃(U)/多段线(P)/距离(D)/角度(A)/修剪(T)/方

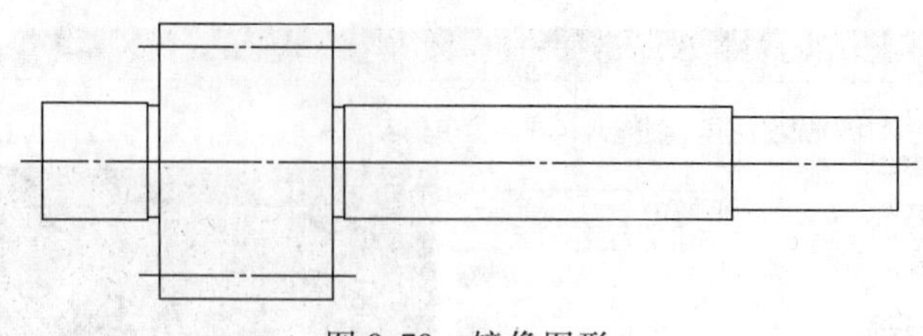

图 9-79　镜像图形

式(E)/多个(M)]:D(选择距离选项)

命令行提示:指定第一个倒角距离 < 0.0000 >:2(输入倒角距离)

命令行提示:指定第二个倒角距离 <2.0000 >:

命令行提示:选择第一条直线或[放弃(U)/多段线(P)/距离(D)/角度(A)/修剪(T)/方式(E)/多个(M)]:选择倒角第一个边

命令行提示:选择第二条直线,或按住“Shift”键选择直线以应用角点或 [距离(D)/角度(A)/方法(M)]: 选择倒角第二个边

同理，对其他直线进行倒角，再画出倒角处的两条直线，这样得到结果如图 9-80 所示。

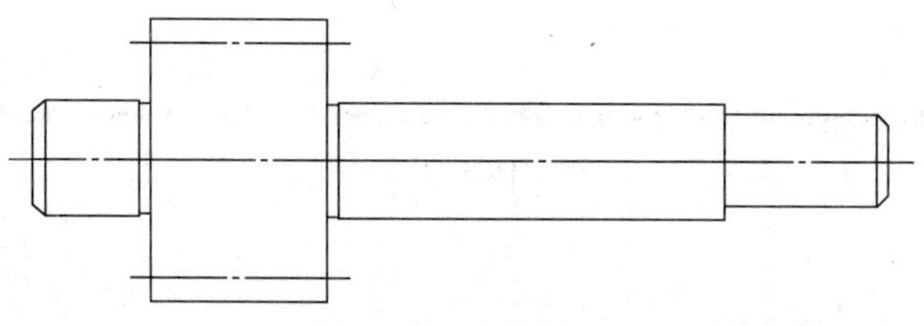

图 9-80　绘制倒角

(4) 绘制键　键的外形图如图 9-81 所示。

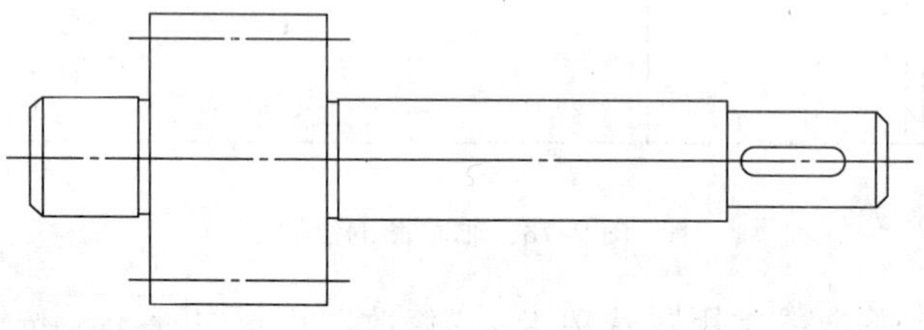

图 9-81　绘制键

(5) 绘制样条曲线（波浪线）　单击“绘图”面板中的图标，命令行提示:

命令行提示:“指定第一个点或 [方式(M)/阶数(D)/对象(O)]:”点 1

命令行提示:“输入下一个点:” 点 2

命令行提示:“输入下一个点或 [放弃(U)]:” 点 3

命令行提示:“输入下一个点或 [闭合(C)/放弃(U)]:” 点 4

命令行提示:“输入下一个点或 [闭合(C)/放弃(U)]:” 点 5

按回车键完成样条曲线绘制，如图 9-82 所示。

(6) 绘制剖面线

1) 启动命令：单击“绘图”面板中的图案填充图标或输入命令 hatch（或 bhatch）、bh。采用以上任一操作方式后，功能区增加一个“图案填充创建”选项卡，如图 9-83 所示。

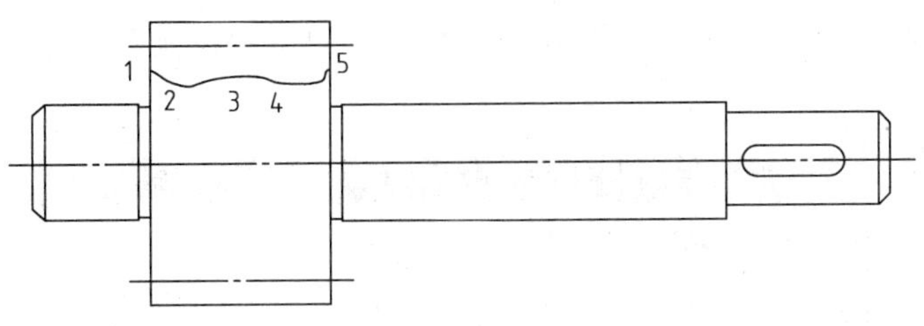

图 9-82 绘制样条曲线

图 9-83 “图案填充创建”选项卡

2）在“图案”面板中选择“ANSI31”图案名。

3）在“特性”面板中，选择的比例图标后输入 1.5。

4）单击“边界”面板中的“拾取点”图标，此时光标变成十字形。

命令行提示：“拾取内部点或［选择对象（S）/设置（T）］”：选取后按回车键即完成填充，如图 9-84 所示。

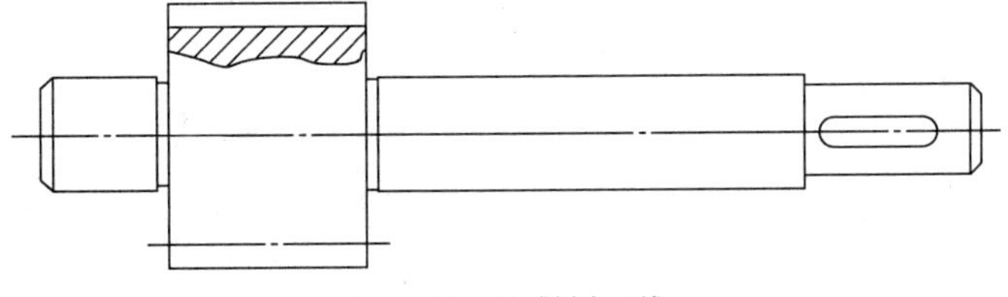

图 9-84 绘制剖面线

（7）绘制轴的断面图 结果如图 9-85 所示。

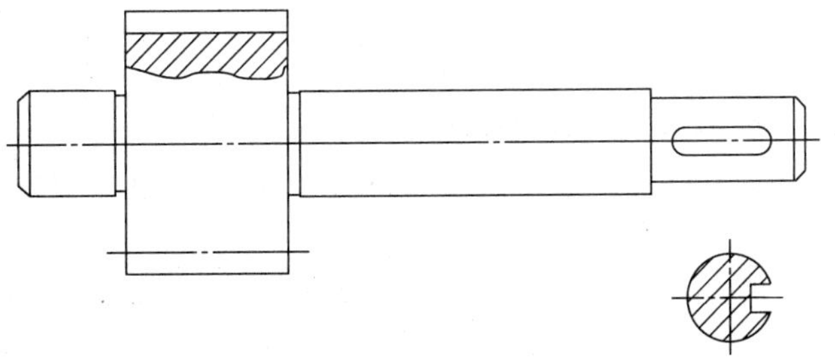

图 9-85 绘制轴的断面图

（8）标注尺寸（线性尺寸同前）

1）形位公差的标注。

① 启动命令：输入命令 qleader。

② 命令行提示：“指定第一个引线点或［设置（s）］〈设置〉：”按回车键。

③ 弹出“引线设置”的对话框，在“注释类型”区中选择“公差”，如图 9-86 所示。再单击“引线和箭头”按钮，在“引线”区中选择“直线”，单击“箭头”栏下的按钮，

在拉出的选项中选择“实心闭合”，如图 9-87 所示。单击“确定”按钮，关闭“引线设置”对话框。

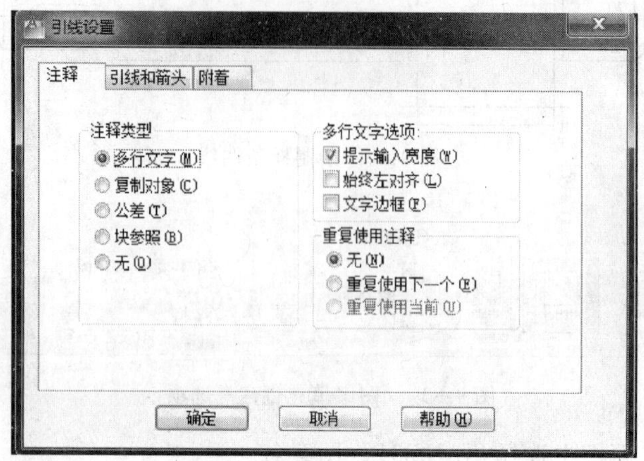

图 9-86 “引线设置”对话框

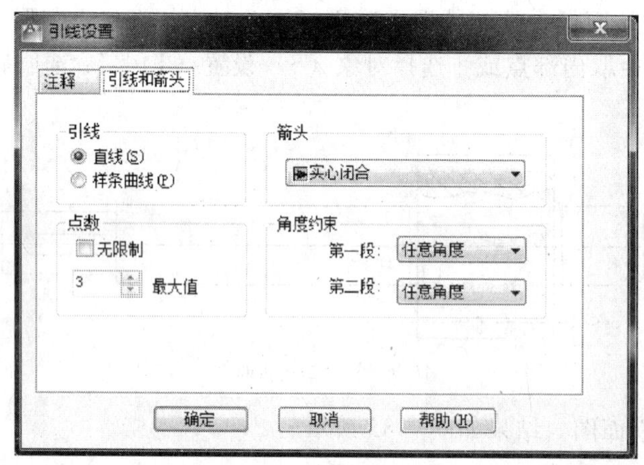

图 9-87 “引线和箭头”选项卡

④ 命令行提示：“指定第一个引线点或［设置（s）］〈设置〉:”此时，先打开“对象捕捉”开关，将光标移到要标注的第一点附近单击（图 9-76 所示键槽 5 的尺寸线的端点）选择第一点（引线起点）。

⑤ 命令行提示：“指定下一点:”移动光标，拉出引线和箭头，在第二点引线转折点处单击鼠标左键。

⑥ 命令行提示：“指定下一点:”移动光标，拉出引线，在第三点引线终点处单击鼠标左键。

弹出如图 9-88 所示“形位公差”对话框，单击符号栏下面的黑框，又会弹出“特征符号”面板，可选择公差符号（如本例中的“对称度”）。然后，在“公差 1”栏下，单击前面的黑框就会出现直径符号“ϕ”（再次单击前面的黑框又可以将 ϕ 去掉）。在数字框中填入公差值（如本例中填入 0.05）。单击数字框后面的黑框可弹出“附加符号”面板，可以选择附加符号。最后，在“基准 1”栏下的数字框中填入基准字母（如本例中的“A”），也可单击数字框后面的黑框弹出“附加符号”面板，以选择附加符号。单击“确定”按钮，关闭“形位公差”对话框。

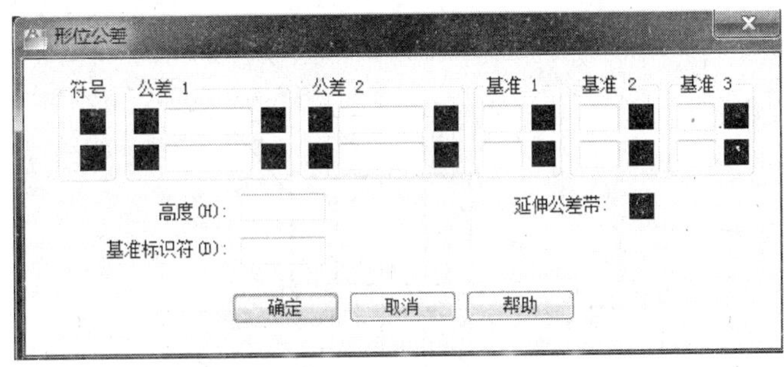

图 9-88　“形位公差”对话框

2）尺寸公差的标注。

① 启动命令：输入命令 dimlinear。

② 命令行提示：“指定第一条尺寸界线原点或〈选择对象〉”。先打开对象捕捉开关，将光标移到要标注的轮廓线第一点附近，单击鼠标左键选择第一点。

③ 命令行提示：“指定第二条尺寸界线原点”。用同样的方法，选择第二点。

④ 命令行提示：“指定尺寸线位置或［多行文字（M）/文字(T)/角度(A)/水平(H)/垂直(V)/旋转(R)］”。输入“m”按回车键，即可弹出一个名为“文字格式”的对话框，如图 9-89 所示。

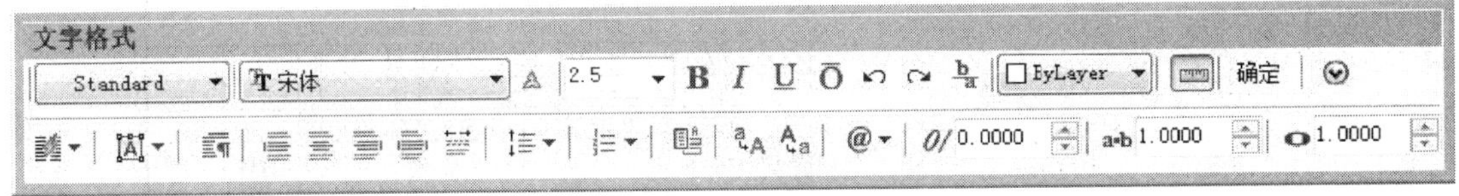

图 9-89　“文字格式”对话框

⑤ 此时，尺寸数字“20$^{+0}_{-0}$”的前面会有光标闪烁，单击“文字格式”对话框中的按钮，在弹出的菜单中选择“直径%%c”，即可在尺寸数字“20$^{+0}_{-0}$”前面插入直径符号 ϕ。然后，用光标选中尺寸数字“20$^{+0}_{-0}$”的“$^{+0}_{-0}$”（用光标选中尺寸数字“20$^{+0}_{-0}$”中的“$^{+0}_{-0}$”时会全部选中“20$^{+0}_{-0}$”，此时可单击鼠标右键，在弹出的菜单中选择“将标注转换为文字”，即可单独选中“$^{+0}_{-0}$”），单击鼠标右键，在弹出的菜单中选择“非堆叠”，“$^{+0}_{-0}$”会变成“0^-0”，将其更改为“0^-0.021”，再用光标选中它，单击鼠标右键，在弹出的菜单中选择“堆叠”，“0^-0.021”会变为“$^{+0}_{-0.021}$”，最终结果为 20$^{0}_{-0.021}$。

3）表面粗糙度的标注。将表面粗糙度符号定义为“图形块”，作为图形要素储存起来，方便不限次数地插入图样中的任意位置，这在任务 9 中会详细介绍。

任务 9　绘制螺栓联接装配图

任务描述

绘制如图 9-90 所示的螺栓联接装配图。

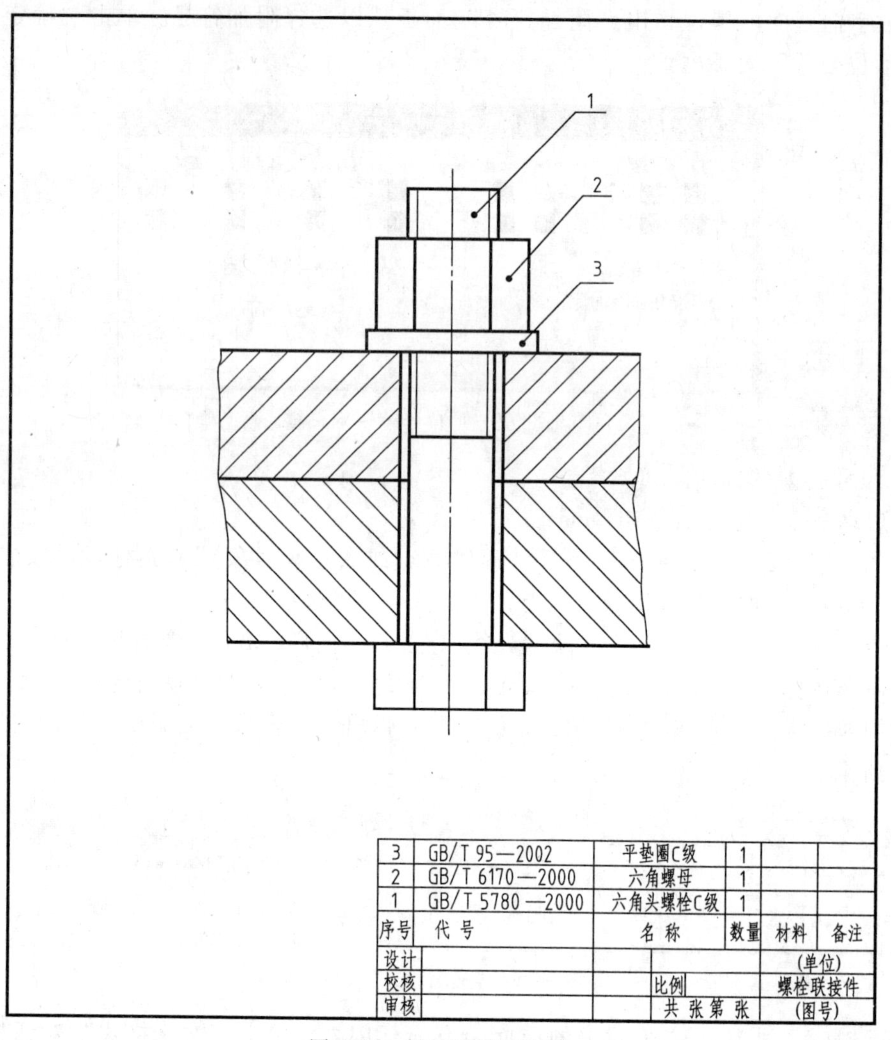

1
2
3
3 GB/T 95—2002 平垫圈C级 1
2 GB/T 6170—2000 六角螺母 1
1 GB/T 5780—2000 六角头螺栓C级 1
序号 代号 名称 数量 材料 备注
设计
校核
审核
比例
共 张 第 张
(单位)
螺栓联接件
(图号)

图 9-90 螺栓联接装配图

任务分析

螺栓联接由螺栓、螺母、垫圈组成。螺栓联接在被联接的两零件厚度不大，可以钻出通孔的情况下使用。

已知上板厚 20mm，下板厚 25mm，通孔 ϕ17mm，上、下两板件用 M16 的六角头螺栓联接起来。选用 C 级 GB/T 5780—2000 M16 × 70 六角头螺栓，C 级 GB/T 95—2002 平垫圈，GB/T 6170—2000 M16 螺母。

螺栓联接的装配图比较简单，每个零件的绘制在 AutoCAD 2012 中有与之相对应的命令和工具以便简单和方便地绘图。在用 AutoCAD 2012 绘图过程中，通过定义和插入“块”来完成装配图的绘制。

相关知识

零件序号的标注方法如下：

1）启动命令：输入命令 qleader。

2）命令行提示："指定第一个引线点或［设置（s）］＜设置＞:"按回车键。

3）弹出如图9-91所示的"引线设置"对话框。单击"注释"按钮，在"注释类型"区中选择"多行文字"；单击"引线和箭头"按钮，在"引线"区中选择"直线"，单击"箭头"区下的按钮，在拉出的选项中选择"无"；单击"附着"按钮，选择"最后一行加下划线"，单击"确定"按钮，关闭"引线设置"对话框。

图9-91　"引线设置"对话框

4）捕捉要标注倒角的轮廓线端点，单击鼠标左键，确定第一个点。

5）命令行提示："指定下一点"再顺着轮廓线方向（本任务为斜向上45°）移动光标，单击鼠标左键，确定第二个点。

6）命令行提示："指定下一点"再向水平方向移动光标，单击鼠标左键，确定第三个点。

7）命令行提示；"指定文字宽度＜0＞"按回车键（注意：如果系统默认文字宽度不是0，则要输入0，再回车）。

8）命令行提示："输入注释文字的第一行＜多行文字（M＞"输入"1"，按回车键。

9）命令行提示："输入注释文字的下一行＜多行文字（M）＞"按回车键。

任务实施

1）创建图形文件。启动AutoCAD 2012，使用"平面图形样板"为图形样板，创建名为"螺栓联接装配图"的图形文件。

2）设置图幅，绘制图框。由于装配图对图纸的幅度和图框的大小都有严格的要求，所以绘图之前一定要确定好图幅和图框。螺栓联接件的最大外形尺寸为60mm×81mm，可以采用A4图纸（210mm×297mm）绘制。首先用"limits"命令限制图幅，然后利用绘图工具栏或选项板中的"矩形"按钮图标，以起始点坐标为"0，0"　"210，297"和"25，5"　"205，292"分别绘制矩形，如图9-92所示。

图9-92　绘制图幅和图框

3）绘制并填写标题栏和明细栏。装配图的标题栏应置于图框的右下角，右边线和下边线与图框重合。按尺寸要求绘制标题栏和明细栏，并且明细栏在上，标题栏在下，使用“多行文字”命令在标题栏中添加文字，注意要使文字位于框的正中，如图 9-93 所示。

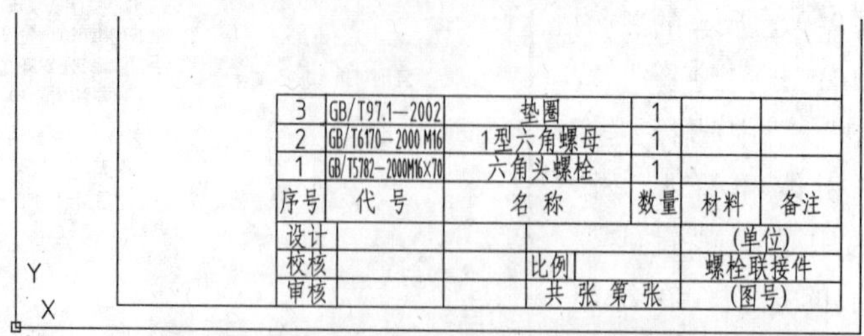

图 9-93　绘制并填写标题栏和明细栏

4）绘制上下联接件及通孔，如图 9-94 所示。

5）绘制 M16 的六角头螺栓并定义成图形块。根据查表法，查找出六角头螺栓的参数值绘制出来，如图 9-95 所示。

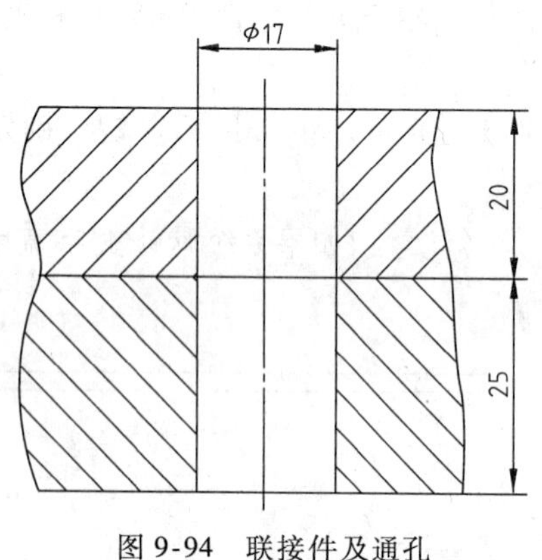

图 9-94　联接件及通孔

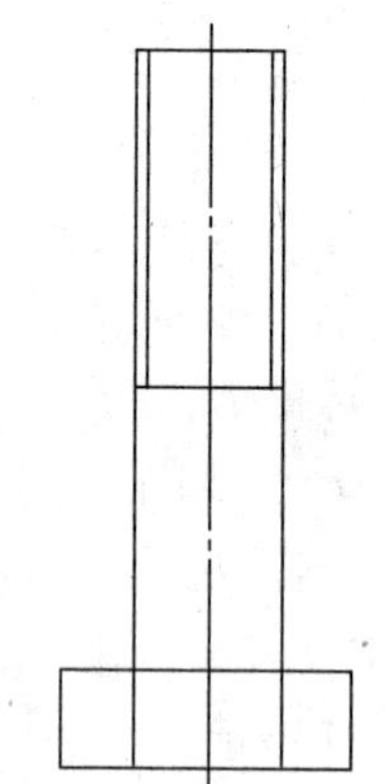

图 9-95　M16 六角头螺栓

① 选择“块”面板中的 创建 图标或单击“插入”选项卡中的“块定义”面板上的图标，弹出如图 9-96 所示的对话框，利用该对话框可将图形定义成图形块。

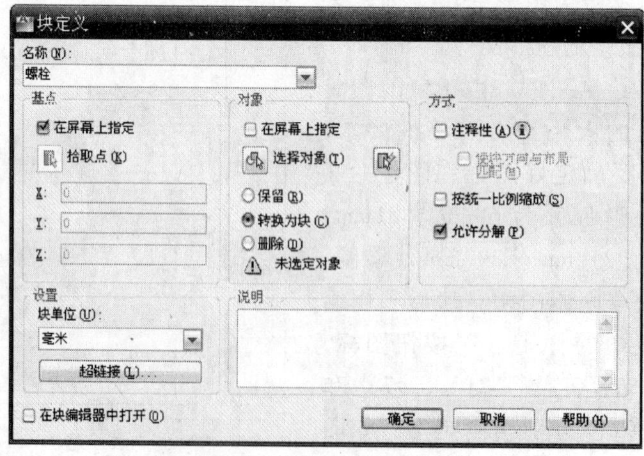

图 9-96　“块定义”对话框

② 输入块名。在“名称”文本框中键入图形块的块名“螺栓”。

③ 输入插入基点。用鼠标单击对话框中的“拾取点”按钮，AutoCAD 切换到绘图窗口，在图形中拾取图 9-94 的 A 点。

④ 选择图形要素。用鼠标单击对话框中的“选择对象”按钮，接着用窗口方式选择六角头螺栓图形。

⑤ 单击“确定”按钮。

6）绘制垫圈并定义成图形块（方法同上）。

7）绘制螺母并定义成图形块（方法同上）。

8）插入块。将六角头螺栓、垫圈、螺母插入到当前编辑的图纸当中，操作如下：

单击图标或输入命令“insert”，弹出如图 9-97 所示的“插入”块对话框。

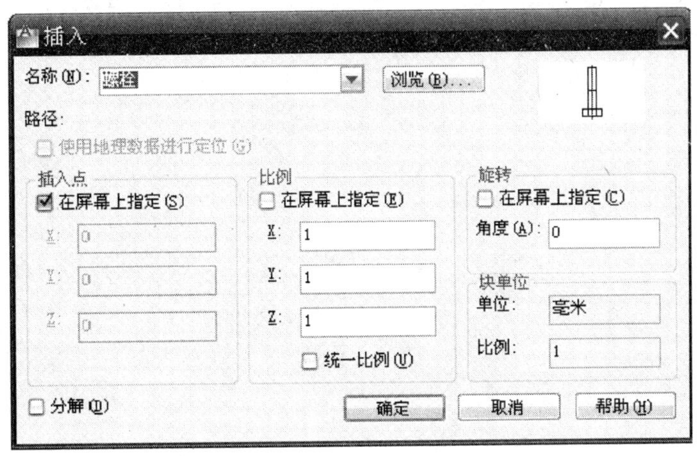

图 9-97 “插入”对话框

在“名称”文本框输入块名“螺栓”；单击“确定”按钮，返回绘图屏幕，此时命令区出现输入插入点提示：“指定插入点或［基点（B）/比例（S）/X/Y/Z/旋转（R）］:”，拾取连接板中的合适点；重复执行 insert 命令，在图中分别插入垫圈、螺母，结果如图 9-90 所示。

9）零件序号的标注，结果如图 9-90 所示。

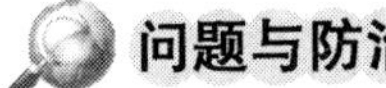

问题与防治

掌握边框、标题栏及文字输入，块的运用，绘制引线和插入序号的方法，才能绘制出完整的装配图。

参 考 文 献

[1] 赵香梅. 机械制图与零件测绘 [M]. 北京：机械工业出版社，2010.
[2] 钱可强. 机械制图（多学时）[M]. 北京：机械工业出版社，2010.
[3] 傅剑辉. 计算机绘图（AutoCAD 2006 中文版）[M]. 北京：中国劳动社会保障出版社，2007.
[4] 张元莹，郭红利. 机械制图 [M]. 北京：化学工业出版社，2011.
[5] 钱可强. 机械制图 [M]. 5 版. 北京：中国劳动社会保障出版社，2007.
[6] 莫新鉴，闭克辉. 机械制图 [M]. 北京：电子工业出版社，2010.
[7] 赵灼辉. 电力工程制图与 CAD [M]. 北京：中国电力出版社，2007.
[8] 汪凯，蒋寿伟. 技术制图与机械制图标准实用手册 [M]. 北京：中国标准出版社，1998.
[9] 李澄，闻百桥，吴天生. 机械制图 [M]. 北京：高等教育出版社，2004.

机械工业出版社

教师服务信息表

尊敬的老师：

您好！感谢您多年来对机械工业出版社的支持与厚爱！为了进一步提高我社教材的出版质量，更好地为职业教育的发展服务，欢迎您对我社的教材多提宝贵意见和建议。另外，如果您在教学中选用了《机械制图与计算机绘图（少学时·项目式）》（徐凤琴　柳海强　主编）一书，我们将为您免费提供与本书配套的电子课件。

一、基本信息

姓名：________　性别：________　职称：________　职务：________

学校：____　系部：________

地址：____　邮编：________

任教课程：________________　电话：________（O）　手机：________

电子邮件：________________　qq：__________　msn：________

二、您对本书的意见及建议

（欢迎您指出本书的疏误之处）

三、您近期的著书计划

请与我们联系：

100037　机械工业出版社·技能教育分社　马晋收

Tel：010-88379079

Fax：010-68329397

E-mail：major86@163.com